COURS D'ANALYSE INFINITÉSIMALE

COURS

d'Analyse Infinitésimale

PAR

Ch.-J. de la Vallée Poussin

Professeur à l'Université de Louvain,
Membre de l'Académie Royale de Belgique,
Correspondant de l'Institut de France.

TOME II

Quatrième édition

1922

LOUVAIN
A. Uystpruyst-Dieudonné
ÉDITEUR
10, rue de la Monnaie, 10.

PARIS
Gauthier-Villars
ÉDITEUR
55, Quai des Grands Augustins, 55.

IMPRIMÉ EN BELGIQUE.

Achevé d'imprimer le 8 février 1922

pour M. UYSTPRUYST-DIEUDONNÉ,

LIBRAIRE-ÉDITEUR, A LOUVAIN,

sur les presses de la Société anonyme

IMPRIMERIE JACQUES GODENNE,

17-19, RUE DE BRUXELLES, A NAMUR,

M. Paul GODENNE, imprimeur.

TABLE DES MATIÈRES

CHAPITRE PREMIER

Intégrales généralisées et fonctions d'un paramètre

CHAPITRE II

Intégration des différentielles exactes Intégrales curvilignes

CHAPITRE III

Intégrales eulériennes

CHAPITRE IV

Introduction à la théorie des séries trigonométriques

CHAPITRE V

Généralités sur les équations différentielles Existence et propriétés des intégrales

CHAPITRE VI

Intégration des équations du premier ordre

CHAPITRE VII

Equations d'ordre supérieur au premier

CHAPITRE VIII

Equations différentielles simultanées

CHAPITRE IX

Equations linéaires aux dérivées partielles et aux différentielles totales

CHAPITRE X

Notions sur le calcul des variations et le calcul des différences

CHAPITRE XI

Polynomes de Bernoulli. Formules sommatoires. Interpolation

CHAPITRE XII

Applications géométriques. Points singuliers. Contacts. Enveloppes

CHAPITRE XIII

Lignes tracées sur une surface

Supplément à l'errata du tome I

(4e ÉDITION)

pages	lignes	au lieu de	lire
(errata)	8	83	84
28	2*	ensemble la plus courte	domaine le maximum de la
80	13	$f(a - b)$	$f(a + b)$
148	7	indépendantes	dépendantes
»	2*, 4*, 8*	m	n
149	8	$2m + n$	$m + 2n$
»	10, 13, 15	m	n
192	2*	$\frac{\cos x\, dx}{\sin x} \int$	$\int \frac{\cos x\, dx}{\sin x}$
230	8*	$-\frac{yy'}{x'}$	$-\frac{yx'}{y'}$
249	10*	$(y - \alpha)\,\alpha'$	$(x - \alpha)\,\alpha'$
254	10*	VI	IV
282	10	vecteur μ_1	vecteur $0\mu_1$
307	3*	$\int^{L}$	$\int_{L}$
365	12	$\rho\, d\rho\, d\varphi$	$\rho\, d\rho\, dz$
385	14	$\iiint$	$\iint$
387	13	$\iint^{S}$	$\iint_{S}$
394	7	k_n	k^n

* L'astérisque indique qu'il faut compter en remontant.

Errata du tome II

pages	lignes	au lieu de	lire
36	6*	n° 398	n° 301
63	10	cofficient	coefficient
96	8*	Rieman	Riemann
133	8*	$= 3y''$	$- 3y''$
146	17	$u_{11}\ u_{22} \ldots$	$u_{21}\ u_{22} \ldots$
155	5	$e^{-\frac{y}{x}}$	$e^{-\frac{y}{x}}\, dx$
157	5*	$\eta =$	$\eta' =$
158	7*	$dx\ e^{-\int X\, dx}$	$dx\ e^{\int X\, dx}$
160	11*	y'_y	y'_1
171	12	$\Big] = 0$	$\Big] \frac{dp}{dx} = 0$
183	6*	sans second	avec second
187	14	u^p	u_p
188	14	$+ X_1,$	$- X_1,$
197	12	$w_i^{n-1}\, y^{n-1} + w_i^{n-1}\, y^{n-1}$	$w_i^{n-1}\, y^{n-1} + w_i^{n-2}\, y^{n-2}$
205	12	e^{-rx}	e^{rx}
233	1*	24	205
241	14*	$\frac{y''}{y'^2}$	$\frac{y''}{y'^3}$
253	14*	$C^1 = C + C'$	$C_1 = C + C'$
267	3	Φ	Φ'
285	5	Théorème V	Théorème IV
302	16	des différentiation	de différentiation
304	2*	$Y'\omega''$	$Y''\omega'$
»	10*	dx	δx
304	7	$\frac{\partial F}{\partial x_1}\, \delta y_0$	$\frac{\partial F}{\partial y_1}\, \delta y_0$
306	10		I
311	1	y	y'
316	3	$dy_1\, \delta_1 + dz_1\, \delta_1$	$dy_1\, \delta y_1 + dz_1\, \delta z_1$
318	6	$d\, \frac{dy}{X\, ds}$	$d\, \frac{dx}{X\, ds}$
320	4*	B	B_1
377	10	osculatoires	osculatrices

* L'astérisque indique qu'il faut compter en remontant.

Avertissement

La troisième édition du tome II de ce Cours d'Analyse *a été brûlée à Louvain en 1914 avant son achèvement et n'a pas vu le jour. Elle contenait une contribution assez étendue à la théorie des ensembles et de l'intégrale de Lebesgue. Depuis lors, je suis revenu sur ces questions et j'ai publié mes recherches ailleurs sous une forme plus complète. On en trouvera l'exposé dans mon ouvrage :* Intégrales de Lebesgue, fonctions d'ensemble, classes de Baire (Paris, Gauthier-Villars, 1916). *Pour les raisons que j'ai données dans l'avertissement du tome I, ces questions ont été écartées du présent volume, mais elles pourront peut-être trouver place avec d'autres dans un tome III. Par contre, j'ai repris dans celui-ci la théorie des intégrales eulériennes que j'avais exposée dans la première édition et où l'on reconnaît sans peine l'empreinte de l'enseignement d'Hermite; j'ai traité avec plus de soin qu'on ne le fait d'ordinaire les théorèmes d'existence et les propriétés des intégrales des équations différentielles; enfin je me suis étendu davantage sur la théorie des lignes tracées sur une surface et, en particulier, sur celle des géodésiques. Comme antérieurement, je me suis strictement borné dans toutes ces questions au domaine réel.*

C. DE LA VALLÉE POUSSIN.

Louvain, janvier 1922.

CHAPITRE PREMIER

Intégrales généralisées et fonctions d'un paramètre

§ 1. Intégrales généralisées

1. Intégrales proprement dites, intégrales généralisées. — La définition primitive des intégrales simples ou multiples suppose la fonction et le domaine d'intégration limités. Si la fonction ou le domaine d'intégration devient infini, il faut un passage à la limite de plus pour définir l'intégrale. Nous donnerons aux intégrales qui comportent ce nouveau passage à la limite le nom d'*intégrales généralisées,* par opposition aux précédentes que nous appellerons des *intégrales proprement dites*. Les principes de ces nouvelles définitions ont déjà été brièvement indiqués dans le premier volume (n° 184).

Nous commencerons par exposer un théorème qui est souvent utile dans les recherches relatives à ces intégrales.

2. Deuxième théorème de la moyenne. — I. *Soient* $f(x)$ *et* $\varphi(x)$ *deux fonctions bornées et intégrables dans l'intervalle* (a, b). *Si, pour* $x > a$ *et* $< b$, $\varphi(x)$ *est* : 1° *positive*, 2° *non décroissante*, 3° $\leqslant$ B, *on a*

$$(1)\qquad \int_a^b \varphi(x) f(x)\, dx = \mathrm{B} \int_\xi^b f(x)\, dx \qquad (a \leqslant \xi \leqslant b).$$

Décomposons l'intervalle (a, b) en éléments infiniment petits par les points $x_1 = a, x_2, x_3, \dots x_{n+1} = b$. Désignons, en général, par δ_i l'amplitude et par ξ_i un point intermédiaire de l'élément (x_i, x_{i+1}). Le premier membre de (1) est la limite de la somme

$$\sum_{i=1}^{n} \varphi(\xi_i) \int_{x_i}^{x_{i+1}} f(x)\, dx,$$

car la différence de ces deux expressions, à savoir

$$\sum_{i=1}^{n} \int_{x_i}^{x_{i+1}} [\varphi(x) - \varphi(\xi_i)] f(x)\, dx,$$

tend vers zéro. En effet, soient Δ_i l'oscillation de φ dans l'intérieur de δ_i et μ la plus grande des intégrales de $|f|$ dans les divers intervalles δ_i, cette différence est moindre en valeur absolue que

$$\sum_{i=1}^{n} \Delta_i \int_{x_i}^{x_{i+1}} |f|\, dx < \mu \sum \Delta_i \leqslant \mu\, B,$$

et elle tend vers zéro avec μ (qui tend évidemment vers 0 avec les δ_i). Donc, en écrivant la même somme autrement, le premier membre de (1) est aussi la limite de

$$\sum_{1}^{n} \varphi(\xi_i) \int_{x_i}^{x_{i+1}} f(x)\, dx = \sum_{1}^{n} \varphi(\xi_i) \left[\int_{x_i}^{b} - \int_{x_{i+1}}^{b} f\, dx \right]$$

$$= \varphi(\xi_1) \int_{a}^{b} f\, dx + \sum_{2}^{n} [\varphi(\xi_i) - \varphi(\xi_{i-1})] \int_{x_i}^{b} f\, dx.$$

On ne change pas non plus cette limite par l'addition d'un terme qui tend vers 0, de sorte que le premier membre de (1) est encore la limite de l'expression

$$\varphi(\xi_1) \int_{a}^{b} f\, dx + \sum_{2}^{n} [\varphi(\xi_i) - \varphi(\xi_{i-1})] \int_{x_i}^{b} f\, dx + [B - \varphi(\xi_n)] \int_{x_n}^{b} f\, dx.$$

Les coefficients des trois intégrales de $f\, dx$ qui sont écrites dans cette expression sont respectivement positifs en vertu des trois hypothèses du théorème. Donc, en désignant par μ une moyenne entre ces intégrales ou, ce qui revient au même, entre les valeurs de $\int_{x}^{b} f\, dx$ dans l'intervalle (a, b) de x, l'expression précédente est de la forme

$$\mu\, [\varphi(\xi_1) + \varphi(\xi_2) - \varphi(\xi_1) + \ldots + B - \varphi(\xi_n)] = \mu\, B.$$

Sa limite, ou le premier membre de (1), est donc aussi de la forme μB. D'ailleurs la fonction continue $\int_{x}^{b} f\, dx$ atteint la valeur intermédiaire μ pour une valeur au moins ξ de x dans l'intervalle (a, b), ce qui établit l'équation (1).

II. *Plus généralement, quel que soit le signe de* $\varphi(x)$, *si, pour* $x > a$ *et* $< b$, *cette fonction est :* 1° $\geqslant$ A et $\leqslant$ B, 2° *non décroissante, on a*

$$(2)\quad \int_a^b \varphi(x) f(x)\, dx = \mathrm{A}\int_a^\xi f(x) + \mathrm{B}\int_\xi^b f(x), \qquad (a \leqslant \xi \leqslant b).$$

Si $\varphi(x)$ *était non croissante, la formule subsisterait sauf qu'il faudrait y permuter* A *et* B.

En effet, si $\varphi(x)$ croît, on a, par le théorème I (φ — A étant positif),

$$\int_a^b (\varphi - \mathrm{A}) f\, dx = (\mathrm{B} - \mathrm{A})\int_\xi^b f\, dx,$$

ce qui revient à la formule (2). Si, au contraire, φ décroît, on changera dans la formule (2) le signe de φ, donc ceux de A et de B, ce qui revient à changer les signes des deux membres et, comme $-\varphi$ croît, on sera ramené au cas précédent.

La proposition II donne lieu à deux formules particulières, souvent employées :

III. *On a, en particulier, sous les conditions de la proposition* II,

$$(3)\quad \int_a^b \varphi(x) f(x)\, dx = \varphi(a+0)\int_a^\xi f\, dx + \varphi(b-0)\int_\xi^b f\, dx.$$

En effet, on peut faire, dans la formule (2), $\mathrm{A} = \varphi(a+0)$ et $\mathrm{B} = \varphi(b-0)$ en désignant par là les limites de φ quand x tend vers a en décroissant ou vers b en croissant, limites toujours existantes car, dans les deux cas, la variation de φ ne change pas de sens.

IV. *Si la variation de* $\varphi(x)$ *ne change pas de sens dans l'intervalle* (a, b), *on a*

$$(4)\quad \int_a^b \varphi(x) f(x)\, dx = \varphi(a)\int_a^\xi f\, dx + \varphi(b)\int_\xi^b f\, dx.$$

En effet $\varphi(x)$ reste alors compris entre $\varphi(a) = \mathrm{A}$ et $\varphi(b) = \mathrm{B}$.

3. Définition des intégrales à limites infinies. — Soit $f(x)$ une fonction bornée et intégrable au sens élémentaire, c'est-à-dire n'ayant que des points de discontinuité isolés dans l'intervalle (a, x') quelque grand que soit x'; on pose, par définition,

$$\int_a^\infty f(x)\,dx = \lim_{x'=\infty} \int_a^{x'} f(x)\,dx.$$

Si cette limite est finie et déterminée, l'intégrale *existe* ou est *convergente*. Dans le cas contraire, l'intégrale *n'existe pas* ou est *divergente*. Ceci peut avoir lieu de plusieurs manières. Si la limite est infinie, positive ou négative, l'intégrale est *infinie positive* ou *négative*. S'il n'y a pas de limite, l'intégrale est *indéterminée*, mais elle n'est pas nécessairement dépourvue de toute signification, car l'indétermination peut être incomplète. Ainsi les plus grande et plus petite limites du second membre de l'équation sont les *limites d'indétermination* de l'intégrale.

Si l'on sait effectuer l'intégration indéfinie de $f(x)$, la connaissance d'une fonction primitive $F(x)$ permet de reconnaître immédiatement si l'intégrale existe et d'en calculer la valeur. Il faut, pour que l'intégrale existe, que $F(x)$ ait une limite finie $F(\infty)$ pour $x = \infty$ et l'intégrale aura pour valeur $F(\infty) - F(a)$.

Mais, en général, on ne connaît pas de fonction primitive et il faut un examen plus minutieux.

D'après les principes de la théorie des limites, la condition nécessaire et suffisaute pour que l'intégrale à limite infinie *converge*, est que la différence des deux intégrales prises dans les intervalles (a, x') et (a, x'') soit infiniment petite, x' et x'' étant des infiniment grands indépendants. Cette différence se réduit à l'intégrale, prise entre deux limites qui augmentent indéfiniment,

$$\int_{x'}^{x''} f(x)\,dx,$$

que l'on appelle une *intégrale singulière*. Donc, *pour que l'intégrale à limite infinie existe, il est nécessaire et suffisant que l'intégrale singulière correspondante ait pour limite* 0.

La condition se simplifie quand $f(x)$ ne change pas de signe, car, dans ce cas, l'intégrale entre a et x' varie toujours dans le même sens quand x' augmente. L'intégrale entre a et l'infini sera donc nécessairement convergente ou infinie.

Une intégrale est *absolument convergente* quand elle converge après qu'on y a remplacé $f(x)$ par sa valeur absolue; et alors elle est convergente, car la valeur absolue de l'intégrale singulière ne diminue certainement pas quand on rend tous ses éléments positifs, et si elle tend vers 0 après ce changement, elle tendait déjà vers 0 avant.

On considère aussi des intégrales dont la limite inférieure est infinie. En supposant $f(x)$ toujours finie ou intégrable dans l'intervalle (x', b), elles se définissent par la formule analogue à la précédente

$$\int_{-\infty}^{b} f(x)\,dx = \lim_{x'=-\infty} \int_{x'}^{b} f(x)\,dx.$$

Elles donnent lieu aux mêmes considérations que les intégrales précédentes et s'y ramènent d'ailleurs en changeant x en $-x$.

Enfin, si les deux limites sont infinies, on pose (le choix de a étant évidemment indifférent)

$$\int_{-\infty}^{+\infty} f(x)\,dx = \int_{-\infty}^{a} + \int_{a}^{\infty} f(x)\,dx,$$

ce qui ramène aux deux cas précédents.

4. Règles de convergence absolue. (Limites infinies). — Nous nous bornerons à la seule intégrale $\int_a^\infty f(x)\,dx$, car les règles relatives aux autres s'obtiennent par analogie. Nous remarquerons d'abord que cette intégrale sera convergente ou non, absolument convergente ou non, en même temps que $\int_p^\infty f(x)\,dx$ où p est un nombre aussi grand qu'on veut, car elle n'en diffère que par une intégrale proprement dite. C'est pourquoi, la limite inférieure de l'intégrale étant indifférente dans les règles suivantes (sous la seule condition que $f(x)$ soit intégrable), nous nous dispenserons de l'écrire.

I. *Supposons qu'on ait* $|f(x)| \leqslant |\varphi(x)|$ *à partir d'une certaine valeur de* x, *et formons les deux intégrales :*

$$\int^{\infty} f\,dx, \qquad \int^{\infty} \varphi\,dx.$$

Si la seconde est absolument convergente, la première l'est aussi; si la première n'est pas absolument convergente, la seconde ne l'est pas non plus.

En effet, si l'intégrale de $|\varphi|$ est finie, celle de $|f|$ le sera *a fortiori* (donc elle convergera); si l'intégrale de $|f|$ est infinie, celle de $|\varphi|$ le sera *a fortiori* (donc celle de φ ne sera pas absolument convergente).

On applique souvent ce théorème dans le cas où f est infiniment petit par rapport à φ pour $x = \infty$; il prouve alors que, si la seconde intégrale est absolument convergente, la première l'est aussi.

II. *Si* φ *ne change pas de signe et que le quotient* $f : \varphi$ *tende vers une limite* L *finie et différente de* 0 *pour* $x = \infty$, *les deux intégrales de la règle précédente seront en même temps soit absolument convergentes soit divergentes.*

En effet, si x croît suffisamment, $f(x)$ finit par rester compris entre $(L - \varepsilon)\,\varphi(x)$ et $(L + \varepsilon)\,\varphi(x)$. Or les deux intégrales

$$\int^{\infty} (L-\varepsilon)\,\varphi\,dx = (L-\varepsilon)\int^{\infty} \varphi\,dx, \qquad \int^{\infty} (L+\varepsilon)\,\varphi\,dx = (L+\varepsilon)\int^{\infty} \varphi\,dx,$$

convergent ou divergent en même temps que celle de φ, et cela *absolument* car leur élément ne change pas de signe ; nous en concluons, par le théorème I, que l'intégrale de $f\,dx$ ayant son élément intermédiaire entre ceux des précédentes, converge ou diverge en même temps qu'elles.

III. *Si, pour* x *infini,* $f(x)$ *est infiniment petit d'ordre déterminé* α, *la condition nécessaire et suffisante pour la convergence de* $\int^{\infty} f\,dx$ *est que l'on ait* $\alpha > 1$ *et alors la convergence est absolue.*

On dit que f est infiniment petit d'ordre α si le rapport $f(x) : x^{-\alpha}$ tend vers une limite L, finie et différente de 0, pour $x = \infty$. Cette règle est donc un cas particulier de la précédente : l'intégrale de $f\,dx$

converge ou diverge en même temps que celle de $x^{-\alpha}\,dx$, laquelle converge si $\alpha > 1$ et diverge si $\alpha \leqslant 1$. On le vérifie directement au moyen de l'intégrale indéfinie

$$\int \frac{dx}{x^\alpha} = \begin{cases} \dfrac{x^{1-\alpha}}{1-\alpha}, \text{ si } \alpha \text{ diffère de } 1\,; \\ \operatorname{Log} x, \text{ si } \alpha = 1, \end{cases}$$

qui tend vers l'infini avec x, sauf si α est > 1.

Exemples — Les intégrales suivantes convergent, par la règle III où $\alpha = 2$:

$$\int^\infty \frac{dx}{x\sqrt{1+x^2}}, \qquad \int^\infty \frac{x^2\,dx}{(a^2+x^2)^2}, \qquad \int^\infty \frac{dx}{a+x^2}.$$

Les intégrales suivantes (dont l'élément est moindre en valeur absolue que celui de la dernière écrite ci-dessus) sont absolument convergentes par la règle I :

$$\int^\infty \frac{\sin x\,dx}{a^2+x^2}, \qquad \int^\infty \frac{\sin x\,dx}{x\,(a^2+x^2)}.$$

Soient a et n des quantités positives ; les intégrales suivantes (dont l'élément est infiniment petit par rapport à $dx : x^{1+\varepsilon}$) convergent par la même règle :

$$\int^\infty e^{-ax}\,dx, \qquad \int^\infty x^n\,e^{-ax}\,dx, \qquad \int^\infty x^n\,e^{-ax}\cos bx\,dx.$$

5. Règles applicables à la convergence non absolue. — IV. *Si une intégrale* $F(x)$ *de* $\varphi(x)$ *reste finie pour* $x = \infty$, *l'intégrale*

$$\int^\infty \frac{\varphi(x)}{x^\alpha}\,dx$$

converge pour toute valeur positive de α.

On a, en effet, par intégration par parties, puis passage à la limite,

$$\int_a^{x'} \frac{\varphi(x)}{x^\alpha}\,dx = \left[\frac{F(x)}{x^\alpha}\right]_a^{x'} + \alpha \int_a^{x'} \frac{F(x)\,dx}{x^{1+\alpha}}$$

$$\int_a^\infty \frac{\varphi(x)}{x^\alpha}\,dx = -\frac{F(a)}{a^\alpha} + \alpha \int_a^\infty \frac{F(x)\,dx}{x^{1+\alpha}}.$$

Or cette dernière intégrale converge par la règle II, car $F(x)\,dx : x^{1+\alpha}$ est infiniment petit par rapport à $dx : x^{1+\varepsilon}(\varepsilon < \alpha)$, ce qui est l'élément d'une intégrale convergente.

Par exemple, les *sinus* et *cosinus* ayant leurs intégrales finies et périodiques, cette règle prouve l'existence des intégrales

$$\int_0^\infty \frac{\sin x}{x}\,dx, \qquad \int_0^\infty \frac{\sin x}{\sqrt{x}}\,dx.$$

V. *Soit* $\varphi(x)$ *une fonction dont le sens de variation ne change pas et qui tend vers une limite finie pour* $x = \infty$, *formons les deux intégrales :*

$$\int^\infty f(x)\,dx, \qquad \int^\infty f(x)\,\varphi(x)\,dx,$$

si la première converge, la deuxième converge aussi.

En effet, par le deuxième théorème de la moyenne, on a

$$\int_{x'}^{x''} \varphi f\,dx = \varphi(x') \int_{x'}^{\xi} f\,dx + \varphi(x'') \int_{\xi}^{x''} f dx$$
$$(x' \leqq \xi \leqq x'').$$

Si x', x'' et, par suite, ξ tendent vers l'infini, les deux intégrales singulières du second membre tendent vers 0 par hypothèse. Comme elles sont multipliées par des quantités finies par hypothèse, le second membre tend vers 0 et, avec lui, l'intégrale singulière du premier membre, ce qui prouve le théorème.

VI. *Soient* $\varphi(x)$ *une fonction dont le sens de variation ne change pas et qui a pour limite* 0 *pour* $x = \infty$, *ensuite* $F(x)$ *une fonction primitive de* $f(x)$; *si* $F(x)$ *est bornée pour* $x = \infty$, *l'intégrale* $\int^\infty f(x)\,\varphi(x)\,dx$ *sera convergente.*

En effet, la formule de la démonstration précédente subsiste ; son second membre peut se mettre sous la forme

$$\varphi(x')\Big[F(x)\Big]_{x'}^{\xi} + \varphi(x'')\Big[F(x)\Big]_{\xi}^{x''}$$

et tend vers 0 avec $\varphi(x')$ et $\varphi(x'')$, car $F(x')$, $F(\xi)$ et $F(x'')$ restent bornés.

6. Définition des intégrales de fonctions infinies. — Soit maintenant à intégrer une fonction $f(x)$ non bornée dans l'intervalle (a, b).

1° Si $f(x)$ est bornée et intégrable (au même sens que précédemment) dans l'intervalle $(a, b - \varepsilon)$ quelque petit que soit ε, mais illimitée dans l'intervalle $(b - \varepsilon, b)$, on pose, par définition, ε restant positif,

$$\int_a^b f(x)\,dx = \lim_{\varepsilon=0} \int_a^{b-\varepsilon} f(x)\,dx.$$

La condition nécessaire et suffisante pour que cette intégrale *existe* ou soit *convergente*, est que la différence des intégrales étendues aux intervalles $(a, b - \varepsilon)$ et $(a, b - \varepsilon')$, ou que l'*intégrale singulière* à laquelle elle se réduit,

$$\int_{b-\varepsilon}^{b-\varepsilon'} f(x)\,dx,$$

ait pour limite 0, ε et ε' étant des infiniment petits (positifs) indépendants. Si l'intégrale existe, elle peut être *absolument convergente* ou non ; et, si elle n'existe pas, elle est *infinie* ou *indéterminée* comme les intégrales à limites infinies. Pratiquement, on ne rencontre guère que des intégrales absolument convergentes.

2° Si f est bornée et intégrable dans l'intervalle $(a + \varepsilon, b)$ mais illimitée dans $(a, a + \varepsilon)$, l'intégrale dans (a, b) se définit par la formule, analogue à la précédente,

$$\int_a^b f(x)\,dx = \lim_{\varepsilon=0} \int_{a+\varepsilon}^{b} f(x)\,dx.$$

Elle existera si l'*intégrale singulière* $\int_{a+\varepsilon'}^{a+\varepsilon} f\,dx$ tend vers 0, ε et ε' étant des infiniment petits indépendants.

3° Si f est bornée et intégrable dans l'intervalle (a, b) sauf aux environs des extrémités a et b, on partagera l'intervalle en deux autres par un point intermédiaire c (dont le choix est indifférent) et l'intégrale dans (a, b) sera la somme de celles dans (a, c) et (c, b).

4° Plus généralement, $f(x)$ peut être bornée et intégrable dans toute portion de l'intervalle (a, b) ne contenant pas un nombre limité de *valeurs singulières* aux environs desquelles elle devient infinie. Supposons, pour fixer les idées, que les valeurs a et b soient de ce nombre et désignons les autres par x_1, x_2... L'intégrale étendue à (a, b) sera, par définition, la somme de celles étendues à (a, x_1), (x_1, x_2),... ce qui ramène au cas précédent. La condition d'existence de l'intégrale étendue à (a, b) est donc que chacune des intégrales singulières :

$$\int_{a+\varepsilon'}^{a+\varepsilon} f\,dx, \qquad \int_{x_1-\varepsilon}^{x_1-\varepsilon'} f\,dx, \qquad \int_{x_1+\varepsilon'}^{x_1+\varepsilon} f\,dx, \ldots$$

ait pour limite 0, ε et ε' étant des infiniment petits indépendants.

7. Propriétés des intégrales généralisées. — I. Les définitions précédentes sont évidemment telles que, si l'on partage l'intervalle (a, b) en plusieurs parties, l'intégrale dans (a, b) sera la somme des intégrales dans chaque partie.

II. Les conditions d'existence que nous venons d'écrire expriment que l'*intégrale* $\int^{x} f\,dx$ *est encore une fonction continue de* x *dans l'intervalle* (a, b). En effet, en faisant tendre ε' vers 0 avant ε, on en conclut que les intégrales :

$$\int_{a}^{a+\varepsilon} f\,dx, \qquad \int_{x_1-\varepsilon}^{x_1} f\,dx, \qquad \int_{x_1}^{x_1+\varepsilon} f\,dx, \ldots$$

sont infiniment petites avec ε. Donc l'intégrale entre a et x est continue aux points singuliers a, x_1,... les seuls pour lesquels sa continuité soit en question.

III. On peut énoncer, pour les intégrales généralisées, un *théorème analogue à celui de la moyenne*. Ainsi, si f a une borne inférieure m ou bien une borne supérieure M dans l'intervalle (a, b), on a

$$\int_a^b f\,dx \geqslant m\,(b-a) \qquad \text{ou bien} \qquad \int_a^b f\,dx \leqslant \mathrm{M}\,(b-a).$$

En effet, en admettant pour fixer les idées que b soit le seul point singulier, ces relations ont lieu quand on y remplace b par $b - \varepsilon$; elles subsistent donc, à la limite, pour $\varepsilon = 0$.

8. Règles de convergence (fonctions infinies). — I. *Supposons qu'ont ait $|f(x)| \leqq |\varphi(x)|$, sauf pour les valeurs singulières de x, et formons les intégrales :*

$$\int_a^b f\,dx, \qquad \int_a^b \varphi\,dx.$$

Si la seconde est absolument convergente, la première l'est aussi. Si la première n'est pas absolument convergente, la seconde ne l'est pas non plus.

Ce théorème se démontre comme le théorème analogue relatif aux intégrales à limites infinies (n° 4, I).

Supposons maintenant, pour fixer les idées, que $f(x)$ ne soit infinie que quand x tend vers b. La règle suivante, énoncée dans cette hypothèse spéciale, s'adaptera d'elle-même aux autres cas :

II. *Si φ ne change pas de signe quand x tend vers b (unique valeur singulière) et que le quotient $f : \varphi$ tende vers une limite L finie et différente de 0 quand x tend vers b, les deux intégrales de la règle précédente seront en même temps absolument convergentes ou en même temps divergentes.*

La démonstration faite (n° 4, II) pour les intégrales à limites infinies se généralise d'elle-même.

III. *Si, pour chaque valeur singulière, $f(x)$ est infinie d'ordre déterminé α, la condition nécessaire et suffisante pour la convergence de $\int_a^b f(x)\,dx$ est que tous ces ordres α soient < 1 et alors la convergence sera absolue.*

Ce théorème se ramène au précédent par la définition de l'*ordre d'infinitude*. On dit que $f(x)$ est infinie d'ordre α pour $x = c$, si l'on a

$$f(x) = \frac{\psi_1(x)}{(c-x)^\alpha} \text{ (pour } x < c), \qquad f(x) = \frac{\psi_2(x)}{(x-c)^\alpha} \text{ (pour } x > c),$$

les fonctions ψ_1 et ψ_2 ayant, quand x tend vers c, des limites finies et différentes de 0. Toutefois, si c est une des extrémités de l'intervalle (a, b), on ne tient compte que du seul cas où x varie dans cet intervalle.

Ceci posé, nous pouvons admettre dans la démonstration que b soit la seule valeur singulière. Il suffit alors d'appliquer l'énoncé du théorème précédent en y faisant $\varphi = (b - x)^{-\alpha}$, car l'intégrale de $(b - x)^{-\alpha}\,dx$ converge dans l'intervalle (a, b) si $\alpha < 1$ et diverge si $\alpha \geqslant 1$. On le vérifie directement au moyen de l'intégrale indéfinie

$$\int \frac{dx}{(b-x)^\alpha} = \begin{cases} (b-x)^{1-\alpha} : (1-\alpha) \text{ si } \alpha \text{ diffère de } 1, \\ \operatorname{Log}(b-x) \text{ si } \alpha = 1, \end{cases}$$

qui est infinie quand x tend vers b, sauf si $\alpha < 1$.

Par exemple, si p et q désignent deux nombres compris entre 0 et 1, l'intégrale

$$\int_0^1 x^{p-1}(1-x)^{q-1}\,dx$$

est absolument convergente, car, pour chacune des deux valeurs singulières 0 et 1, $f(x)$ est infinie d'ordre < 1.

9. Intégrales généralisées élémentaires. Intégrales doublement généralisées. — Une même intégrale peut comporter en même temps les deux sortes de généralisations précédentes. C'est ce qui arrive si l'on intègre dans un intervalle infini une fonction présentant des points singuliers isolés où elle devient infinie.

Si ces points sont en nombre limité, pour définir l'intégrale étendue de a à l'infini, on désigne par b un nombre arbitraire supérieur à toutes les valeurs singulières et l'on pose, par définition,

$$\int_a^\infty f(x)\,dx = \int_a^b f(x)\,dx + \int_b^\infty f(x)\,dx.$$

Par exemple, si l'on a $0 < a < 1$, l'intégrale

$$\int_0^\infty x^{a-1}e^{-x}\,dx = \int_0^1 x^{a-1}e^{-x}\,dx + \int_1^\infty x^{a-1}e^{-x}\,dx.$$

est *absolument convergente* comme somme de deux intégrales absolument convergentes.

Plus généralement, s'il y a une infinité de valeurs singulières isolées et que l'intégrale existe dans toute portion limitée de l'intervalle d'intégration, on la définit dans l'intervalle entier par les mêmes passages à la limite qu'au n° 3.

Quand la fonction à intégrer est positive et les valeurs singulières isolées, l'intégrale est toujours *déterminée* : sa valeur est finie ou infinie positive.

Les définitions peuvent se généraliser, mais les précédentes suffisent en pratique. Nous dirons que les intégrales qui rentrent dans ces définitions sont des *intégrales généralisées élémentaires*. Ces intégrales sont donc celles de fonctions ne présentant que des points de discontinuité isolés.

10. Valeurs principales. — Cauchy a fait grand usage de ce qu'il appelle la *valeur principale* d'une intégrale indéterminée. Soit d'abord $f(x)$ une fonction continue pour toutes les valeurs de x. Il peut arriver que la définition habituelle,

$$\int_{-\infty}^{+\infty} f(x)\,dx = \lim_{x',x''=\infty} \int_{-x''}^{x'} f(x)\,dx,$$

ne conduise à aucun résultat déterminé, mais que la limite existe si l'on fait $x'' = x'$. Dans ce cas, cette limite sera, par définition, la *valeur principale* de l'intégrale du premier membre.

De même, soit $f(x)$ une fonction continue en tout point de l'intervalle (a, b), sauf un seul point x_1 où elle est infinie; il se peut que la définition habituelle,

$$\int_a^b f(x)\,dx = \lim_{\varepsilon,\varepsilon'=0} \int_a^{x_1-\varepsilon} + \int_{x_1+\varepsilon''}^{b} f(x)\,dx,$$

ne conduise à aucun résultat déterminé, mais que la limite existe en faisant $\varepsilon' = \varepsilon$. Cette limite est alors, par définition, la *valeur principale* du premier membre. On aperçoit immédiatement en partageant l'intervalle d'intégration ce que deviendra cette définition s'il y a plusieurs points singuliers entre a et b.

Par exemple, l'intégrale de $dx : x$ est indéterminée si on l'étend de -1 à $+1$, mais sa valeur principale est nulle.

II. **Calcul des intégrales généralisées. Intégration par décomposition et par parties.** — 1° La FORMULE FONDAMENTALE pour le calcul des intégrales définies,

$$\int_a^b f(x)\,dx = \mathrm{F}(b) - \mathrm{F}(a),$$

subsiste si l'intégrale est généralisée, pourvu que la fonction $\mathrm{F}(x)$ soit continue en tout point de l'intervalle (a, b) sans exception et qu'elle ait $f(x)$ pour dérivée sauf aux points singuliers de $f(x)$. Nous avons déjà établi ce théorème dans le premier volume (n° 184) et montré qu'il subsiste pour $b = \infty$ quand $\mathrm{F}(x)$ a une limite $\mathrm{F}(\infty)$ pour $x = \infty$.

2° LA FORMULE D'INTÉGRATION PAR DÉCOMPOSITION se généralise aussi. Soit $f(x) = f_1(x) + f_2(x)$; on aura (a et b pouvant être infinis)

$$\int_a^b f(x)\,dx = \int_a^b f_1(x)\,dx + \int_a^b f_2(x)\,dx,$$

pourvu que deux au moins de ces trois intégrales soient déterminées, la troisième l'étant alors nécessairement, car la limite d'une somme est toujours égale à la somme des limites supposées existantes.

REMARQUE. — Supposons qu'on sache seulement qu'une des deux intégrales du second membre est déterminée. Si l'on s'interdit de faire passer les termes d'un membre dans l'autre, on pourra encore écrire la formule précédente, mais elle signifiera seulement que les deux membres sont ou égaux ou tous deux indéterminés mais avec les mêmes limites d'indétermination s'il y en a.

Pour justifier cette remarque, considérons un cas particulier, le raisonnement étant général. Supposons a et b finis et admettons que f, f_1 et f_2 n'aient qu'un point singulier b. Si c'est l'intégrale de f_1 qui est déterminée, on aura, η tendant vers 0 avec ε,

$$\int_a^{b-\varepsilon} f(x)\,dx = \int_a^b f_1(x)\,dx + \int_a^{b-\varepsilon} f_2(x)\,dx + \eta.$$

Donc, ε étant infiniment petit, toute restriction à l'indétermination d'un des deux membres de cette relation entraîne la même restriction pour l'autre membre.

Cette remarque a son importance pour reconnaître si une intégrale donnée est déterminée ou non, car, si l'on peut simplifier celle-ci par l'addition d'une intégrale déterminée, il suffira de raisonner sur l'intégrale simplifiée.

3° Quand la RÈGLE D'INTÉGRATION PAR PARTIES est encore applicable, elle résulte des précédentes. Soient $f(x)$ et $\varphi(x)$ deux fonctions continues entre a et b mais dont les dérivées $f'(x)$ et $\varphi'(x)$ n'aient que des points de discontinuité isolés. On a, par la première règle qui précède,

$$\int_a^b [f(x)\,\varphi'(x) + \varphi(x)\,f'(x)]\,dx = \Big| f(x)\,\varphi(x)\Big]_a^b.$$

Donc, si l'une des deux intégrales :

$$\int_a^b f(x)\,\varphi'(x)\,dx, \qquad \int_a^b \varphi(x)\,f'(x)\,dx$$

est déterminée, l'autre l'est aussi et l'on a

$$\int_a^b f(x)\,\varphi'(x)\,dx = \Big[f(x)\,\varphi(x)\Big]_a^b - \int_a^b \varphi(x)\,f'(x)\,dx.$$

Si a ou b est infini, le terme aux limites peut être indéterminé et il faut une condition de plus pour légitimer la formule précédente. Il faut admettre que deux au moins des trois termes qu'elle renferme aient une valeur déterminée et alors ils sont déterminés tous les trois.

12. Changement de variables. — La formule de transformation des intégrales définies par substitution établie dans le premier volume, peut être généralisée. Voici cette formule, dans laquelle nous supposerons, pour fixer les idées, que T est $> t_1$:

$$(1) \qquad \int_{\varphi(t_1)}^{\varphi(T)} f(x)\,dx = \int_{t_1}^{T} f[\varphi(t)]\,\varphi'(t)\,dt.$$

On peut énoncer la règle suivante :

Si la dérivée $\varphi'(t)$ est continue et différente de 0 dans l'intervalle (t_1, T) sauf peut-être aux extrémités, la formule (1) subsiste pour les intégrales généralisées en ce sens que les deux membres seront ou bien *égaux ou bien tous deux indéterminés, mais avec les mêmes limites d'indétermination s'il y en a.*

Cette règle n'exclut pas le cas où $\varphi(t)$ serait discontinue aux extrémités t_1 et T, ni celui où t_1 et T seraient eux-mêmes infinis, mais il faut alors, comme la démonstration va le montrer, que $\varphi(t_1)$ et $\varphi(T)$ désignent les limites de $\varphi(t)$ quand t tend vers t_1 en décroissant ou vers T en croissant, limites qui seront finies ou infinies (de signe déterminé), puisque, φ' ne s'annulant pas, la variation de φ ne change pas de sens.

Cette remarque faite, nous pouvons démontrer la règle.

Supposons d'abord que t_1 et T soient finis et admettons, pour fixer les idées, qu'il n'y ait de point singulier de $f(x)$ ou de $f(\varphi)$ qu'aux deux limites des intégrales. Quand t varie de t_1 à T, la fonction $\varphi(t)$ varie toujours dans le même sens et ne passe qu'une fois par les valeurs $\varphi(t_1+\varepsilon)$ et $\varphi(T-\eta)$, en sorte que l'on a, sans difficulté, les deux membres étant des intégrales proprement dites,

$$(2)\qquad \int_{\varphi(t_1+\varepsilon)}^{\varphi(T-\eta)} f(x)\,dx = \int_{t_1+\varepsilon}^{T-\eta} f(\varphi)\,\varphi'\,dt.$$

Si l'on fait tendre ε et η vers 0, on obtient la relation (1) à la limite, avec le sens que nous lui avons donné.

Par exemple, par la substitution $x = \sin^2 t$, on a

$$\int_0^1 x^{p-1}(1-x)^{q-1}\,dx = 2\int_0^{\frac{\pi}{2}} (\sin t)^{2p-1}(\cos t)^{2q-1}\,dt$$

et, par la substitution $x = -\log t$,

$$\int_0^\infty x^{a-1}e^{-x}\,dx = -\int_1^0 \left(\log\frac{1}{t}\right)^{a-1} dt = \int_0^1 \left(\log\frac{1}{t}\right)^{a-1} dt.$$

Si t_1 et T étaient infinis, il faudrait simplement, pour faire la démonstration, remplacer dans la formule (2), $t_1+\varepsilon$ par un infiniment grand négatif t', et $T-\eta$ par un infiniment grand positif T', la formule (2) subsistant avec ces nouvelles limites en vertu de la démonstration même que nous venons de faire.

Par exemple, on a, par la substitution $x = \sqrt{t}$,

$$\int_0^\infty \sin x^2\, dx = \frac{1}{2}\int_0^\infty \frac{\sin t}{\sqrt{t}}\, dt.$$

Remarque. — Lorsque les conditions de la règle précédente ne sont pas vérifiées, il faut le plus souvent, pour procéder avec sécurité, partager l'intervalle (t_1, T) en intervalles partiels satisfaisant aux conditions de la règle et étudier la transformation dans chaque intervalle séparément. Toutefois, dans certains cas, on peut utiliser la règle suivante :

Si $\varphi(t)$ *est continue entre* t_1 *et* T *et que* $\varphi'(t)$ *ne soit nulle ou discontinue qu'en des points isolés de l'intervalle* (t_1, T), *la formule* (1) *subsiste pourvu que son second membre soit déterminé.*

En effet, on peut écrire la formule analogue à (1) pour chacun des intervalles de t compris entre deux points singuliers consécutifs de $\varphi'(t)$. Pour chacun d'eux, les deux membres de la formule obtenue sont déterminés et égaux. En ajoutant ces diverses formules, on retrouve la formule (1), dont les deux membres sont donc aussi déterminés et égaux.

13. Nouvelle définition des intégrales généralisées élémentaires de fonctions positives. — Soit $f(x)$ une fonction non négative, admettant une intégrale généralisée élémentaire (n° 9). Définissons une fonction auxiliaire $f_n(x)$ en posant :

$$f_n(x) = \begin{cases} f(x), & \text{si } f \leqslant n; \\ n, & \text{si } f \geqslant n. \end{cases}$$

Cette fonction est bornée et n'est discontinue qu'avec f. Elle peut servir à définir l'intégrale généralisée de f par un seul passage à la limite, au moyen des formules suivantes :

Si l'intervalle d'intégration est borné, on a

$$\int_a^b f(x)\, dx = \lim_{n=\infty} \int_a^b f_n(x)\, dx;$$

et si cet intervalle est infini, soit par exemple $(-\infty, +\infty)$, *on a*

$$\int_{-\infty}^{+\infty} f(x)\, dx = \lim_{n=\infty} \int_{-n}^{+n} f_n(x)\, dx.$$

En effet, les limites (finies ou infinies) écrites dans les seconds membres existent et ne peuvent surpasser les valeurs des premiers membres (car $f_n \leqslant f$), il suffit donc de prouver qu'elles ne sont pas moindres.

Faisons d'abord cela pour la première formule. Il y a dans (a, b) un nombre limité de valeurs singulières où f cesse d'être borné, et il suffit de prouver la formule dans l'intervalle de deux d'entre elles. Autant admettre que les valeurs singulières sont a et b. On a, dans ce cas, quelque petit que soit ε positif,

$$\lim_{n=\infty} \int_a^b f_n\, dx \geqslant \lim_{n=\infty} \int_{a+\varepsilon}^{b-\varepsilon} f_n\, dx = \int_{a+\varepsilon}^{b-\varepsilon} f\, dx,$$

car f_n devient égal à f entre $a+\varepsilon$ et $b-\varepsilon$. Il vient donc à la limite, quand ε tend vers zéro,

$$\lim_{n=\infty} \int_a^b f_n dx \geqslant \int_a^b f\, dx.$$

Passons à la seconde formule. On a, par ce qui précède, quelque grand que soit N fixe,

$$\lim_{n=\infty} \int_{-n}^{+n} f_n\, dx \geqslant \lim_{n=\infty} \int_{-N}^{+N} f_n\, dx = \int_{-N}^{+N} f dx\,;$$

et, en faisant tendre N vers l'infini,

$$\lim_{n=\infty} \int_{-n}^{n} f_n\, dx \geqslant \int_{-\infty}^{\infty} f\, dx,$$

ce qui achève la démonstration.

14. Théorème. — *Soit* $F_1, F_2, \ldots F_n, \ldots$ *une suite* NON DÉCROISSANTE *de fonctions* POSITIVES *de x; si chaque fonction est bornée, continue (sauf peut-être pour des valeurs isolées de x indépendantes de n), et si $F_n(x)$ tend vers une limite finie ou infinie $F(x)$ quand n tend vers l'infini, on a*

$$\lim_{n=\infty} \int_a^b F_n(x)\, dx = \int_a^b F(x)\, dx,$$

que l'intervalle (a, b) soit fini ou non, pourvu que la fonction F n'ait que des points de discontinuité isolés et admette, par conséquent, une intégrale élémentaire. Celle-ci d'ailleurs peut être finie ou infinie.

La démonstration est immédiate si les fonctions F_n sont continues et l'intervalle (a, b) fini. L'énoncé revient alors à dire que l'on peut intégrer terme à terme la série de fonctions continues et positives

$$F = F_1 + (F_2 - F_1) + \ldots + (F_n - F_{n-1}) + \ldots,$$

ce qui est permis (*t.* I, n° 326).

Si l'intervalle (a, b) est encore fini, mais que les fonctions F_n cessent d'être continues en un nombre limité de points $x_1, x_2, \ldots$, on peut, comme au n° précédent, admettre que a et b soient les seules valeurs singulières. On a, dans ce cas, quel que soit ε positif, d'après ce qui vient d'être démontré,

$$\lim_{n=\infty} \int_a^b F_n\, dx \gtreqless \lim_{n=\infty} \int_{a+\varepsilon}^{b-\varepsilon} F_n\, dx = \int_{a+\varepsilon}^{b-\varepsilon} F\, dx.$$

Faisons tendre ε vers zéro, il vient, le second membre pouvant d'ailleurs croître indéfiniment,

$$\lim_{n=\infty} \int_a^b F_n\, dx \gtreqless \int_a^b F\, dx.$$

Mais l'égalité seule est possible, car le premier membre est inférieur au second quel que soit n.

Enfin, si les limites a et b sont infinies, par exemple toutes les deux, on a, quel que soit N positif, d'après ce qu'on vient de prouver,

$$\lim_{n=\infty} \int_{-\infty}^{+\infty} F_n\, dx \gtreqless \lim_{n=\infty} \int_{-N}^{+N} F_n\, dx = \int_{-N}^{+N} F\, dx;$$

et il suffit de faire tendre N vers l'infini pour démontrer la proposition, comme dans le cas précédent.

15. Intégrales doubles généralisées. — On suppose que les points de discontinuité de la fonction $f(x, y)$ à intégrer sont isolés ou répartis sur certaines lignes de discontinuité satisfaisant aux conditions stipulées dans le premier volume (n° 270). Par contre, la fonction ou le domaine d'intégration n'est plus supposé borné. On appelle *points singuliers* ceux autour desquels la fonction n'est pas bornée.

FONCTIONS NON NÉGATIVES. — En premier lieu, si le domaine D est borné et limité par un contour C satisfaisant aux conditions déjà rappelées, pour définir l'intégrale d'une fonction $f(x, y)$ *non négative*,

$$\iint_D f(x, y)\, dx\, dy,$$

on procède à peu près comme pour les intégrales simples. On commence par enlever les points singuliers du champ d'intégration. A cet effet, on entoure les points singuliers isolés d'un contour infiniment petit, on enferme les lignes de discontinuité entre deux contours infiniment voisins, et l'on considère la portion D' de l'aire D qui est extérieure aux contours auxiliaires. L'intégrale étendue à D' étant une intégrale proprement dite, on pose, par définition,

$$\iint_D f(x, y)\, dx\, dy = \lim \iint_{D'} f(x, y)\, dx\, dy.$$

Si cette limite est finie, l'intégrale généralisée *existe*. Il suffit évidemment pour cela, f étant positif, que le second membre soit borné quand D' tend vers D, et alors sa limite est indépendante de la manière dont D' tend vers D. Si l'intégrale n'existe pas, elle est infinie positive.

En second lieu, si le champ d'intégration s'étend à l'infini dans certaines directions ou dans tous les sens, on procède d'une manière analogue. On considère d'abord l'intégrale (généralisée ou non) dans une portion bornée D' de l'aire D, puis on étend successivement D' à D tout entier : l'intégrale dans D est la limite (finie ou infinie) de celle dans D'. Cette limite sera d'ailleurs indépendante de la manière dont D' tend vers D; et, si D s'étend à l'infini dans plusieurs directions, D' peut croître à l'infini soit *simultanément* soit *successivement* dans les divers sens.

Le cas des fonctions non positives se ramène à celui-ci par un simple changement de signe ; il n'y a pas lieu de s'y arrêter.

FONCTIONS DE SIGNE VARIABLE. — *On ne reconnaît d'existence à l'intégrale double généralisée d'une fonction de signe variable que si elle est absolument convergente*, c'est-à-dire que si l'intégrale

$$\iint_D |f(x, y)| \, dx \, dy$$

existe.

Si cette condition est remplie, l'intégrale de $f(x, y)$ dans D se définit par les mêmes passages à la limite que pour les fonctions positives et l'on est assuré que cette limite est finie et unique de quelque manière que D′ tende vers D. En effet, la fonction f est alors la différence de deux fonctions non négatives $|f|$ et $|f| - f$, dont les intégrales existent.

REMARQUE. — Si f est positive, son intégrale généralisée dans D peut encore se définir à l'aide de la fonction auxiliaire f_n, déjà définie,

$$f_n = \begin{cases} n, \text{ si } f \geqslant n; \\ f, \text{ si } f \leqslant n. \end{cases}$$

En effet, si D est borné, on a

$$\iint_D f \, dx \, dy = \lim_{n=\infty} \iint_D f_n \, dx \, dy;$$

et, si D n'est pas borné, on a, D_n tendant vers D quand n tend vers l'infini,

$$\iint_D f \, dx \, dy = \lim_{n=\infty} \iint_{D_n} f_n \, dx \, dy.$$

Les démonstrations se font comme pour les intégrales simples.

16. Réduction des intégrales doubles généralisées à des intégrales simples. — *Si $f(x, y)$ ne change pas de signe dans le domaine* D *borné au non, son intégrale dans* D *se réduit à deux intégrales simples consécutives par la règle ordinaire, pourvu que l'intégration par rapport à la première variable fournisse une fonction de la seconde qui n'ait que des points de discontinuité isolés.* Cette règle s'applique que l'intégrale double soit finie ou infinie.

Premier cas : *L'intégrale double est étendue à tout le plan.* Définissons f_n comme au n° précédent et posons

$$F_n(x) = \int_{-n}^{+n} f_n \, dy.$$

Soient D′ la portion de D entre les abscisses — N et + N, D'_n celle de D′ entre les ordonnées — n et + n. Utilisons la remarque qui termine le n° précédent. Il vient, la réduction se faisant sur une intégrale proprement dite,

$$\iint_{D'} f \, dx \, dy = \lim_{n=\infty} \int_{D'_n} f \, dx \, dy = \lim_{n=\infty} \int_{-N}^{N} F_n(x) \, dx.$$

La fonction $F_n(x)$ est continue, sauf peut-être pour les abscisses d'une ligne de discontinuité de $f(x, y)$ parallèle à l'axe de y, celles-ci supposées en un nombre limité entre — N et N. On peut donc appliquer le théorème du n° 14 et il vient, en remplaçant F_n par sa limite,

$$\iint_{D'} f \, dx \, dy = \int_{-N}^{+N} dx \int_{-\infty}^{\infty} f \, dx.$$

Si l'on fait tendre N vers l'infini, D′ tend vers D et l'on obtient, à la limite, la formule à démontrer :

$$\iint_{D} f \, dx \, dy = \int_{-\infty}^{+\infty} dx \int_{-\infty}^{\infty} f \, dy.$$

Cas général. — Les autres cas se ramènent au précédent à l'aide d'une fonction auxiliaire f_1 égale à f dans le domaine D et à zéro en dehors. L'intégrale de f dans D revient à celle de f_1 dans tout le plan, laquelle se réduit par la formule précédente. En négligeant les intervalles où f_1 est nulle, cette formule de réduction revient à celle relative à f.

Remarque. — Si f change de signe dans le domaine D, le procédé le plus simple pour légitimer la réduction sera généralement de partager le domaine D en plusieurs autres où f n'a qu'un seul signe et d'effectuer la réduction dans chacun d'eux.

17. **Interversion des intégrations.** — *Si f ne change pas de signe, on a, les limites étant finies ou infinies mais constantes,*

$$\int_a^A dx \int_b^B f\, dy = \int_b^B dy \int_a^A f\, dx$$

pourvu que les intégrales intérieures soient des fonctions continues la première de x et la seconde de y, sauf en des points isolés.

En effet, les deux membres représentent la même intégrale double, car on peut intervertir les variables x et y dans les formules du n° précédent.

18. **Transformation des intégrales doubles généralisées.** — Soient Ω un domaine, limité ou non, dans le plan uv, $\varphi(u, v)$ et $\psi(u, v)$ deux fonctions continues ainsi que leurs dérivées partielles, dont le jacobien J ne change pas de signe dans Ω. On ne stipule rien sur la frontière. Supposons que les formules :

$$x = \varphi(u, v) \qquad y = \psi(u, v),$$

fassent correspondre uniformément les *points intérieurs* à Ω aux *points intérieurs* à une aire D, limitée ou non, dans le plan xy. On aura

$$\iint_D f(x, y)\, dx\, dy = \iint_\Omega |\,J\,|\, f(\varphi, \psi)\, du\, dv.$$

En effet, représentons par Ω' une portion limitée de Ω, dans laquelle f est continue, et qui tend vers Ω ; le domaine correspondant D′ sera aussi limité et tendra vers D. L'équation précédente a lieu sans difficulté quand on y accentue D et Ω (t. I, n° 285) ; elle subsiste donc à la limite, et c'est précisément ce qu'on écrit en supprimant les accents.

Le sens de l'équation précédente est le même que pour la formule de transformation des intégrales simples (n° 12). Les deux membres sont soit égaux, soit tous deux indéterminés, mais alors avec les mêmes limites d'indétermination.

§ 2. Intégration et dérivation des intégrales définies. Convergence uniforme. Applications

19. Intégration par rapport à un paramètre. — Soit $f(x, \alpha)$ une fonction continue des deux variables x et α dans un domaine rectangulaire R, limité par les valeurs a et b de x et par les valeurs α_0 et α_1 de α ; l'intégrale

$$\varphi(\alpha) = \int_a^b f(x, \alpha)\, dx$$

est une fonction *continue* de α dans l'intervalle (α_0, α_1). On peut se proposer d'intégrer ou de dériver cette fonction.

Si l'on intègre $\varphi(\alpha)$, on tombe sur une intégrale double

$$\int_{\alpha_0}^{\alpha} \varphi(\alpha)\, d\alpha = \int_{\alpha_0}^{\alpha} d\alpha \int_a^b f(x, \alpha)\, dx.$$

On peut utiliser pour la calculer toutes les méthodes de transformation étudiées dans le premier volume, mais la plus employée est la *règle d'intégration sous le signe* qui consiste à intervertir les intégrations par rapport à x et α. Toutefois il ne faut pas oublier que cette règle n'est établie que pour les intégrales proprement dites. Nous verrons tout à l'heure qu'elle ne s'étend aux intégrales généralisées que sous des conditions particulières.

20. Dérivation par rapport à un paramètre. Règle de Leibniz. — Considérons, comme au n° précédent, l'intégrale proprement dite

$$\varphi(\alpha) = \int_a^b f(x, \alpha)\, dx$$

et supposons que la fonction $f(x, \alpha)$ ait une dérivée partielle $f'_\alpha(x, \alpha)$ déterminée et continue dans le rectangle limité par les valeurs a et b de x, α_0 et α_1 de α. La dérivée de $\varphi(\alpha)$ dans l'intervalle (α_0, α_1) s'obtiendra en dérivant simplement par rapport à α la fonction sous le signe d'intégration. Cette règle est celle de la *dérivation sous le signe* ou *règle de Leibniz*. C'est une conséquence de la précédente.

Soit, en effet, α un point quelconque de l'intervalle (α_0, α_1) ; on a, par la règle d'intégration sous le signe,

$$\int_{\alpha_0}^{\alpha} d\alpha \int_a^b f'_\alpha(x, \alpha)\, dx = \int_a^b [f(x, \alpha) - f(x, \alpha_0)]\, dx = \varphi(\alpha) - \varphi(\alpha_0).$$

La dérivée du premier membre par rapport à α est la fonction sous le signe d'intégration extérieur (car cette fonction est continue). Il vient donc, en égalant les dérivées des deux membres extrêmes,

$$\int_a^b f'_\alpha(x, \alpha)\, dx = \varphi'(\alpha).$$

C'est la règle de Leibniz.

Cette règle suppose que les limites a et b sont indépendantes de α. Considérons maintenant une intégrale dont les limites x_1 et x_2 soient des fonctions de α, par exemple

$$\varphi(\alpha) = \int_{x_1}^{x_2} f(x, \alpha)\, dx, \qquad (x_2 > x_1).$$

Nous supposerons : 1° que x_1 et x_2 sont deux fonctions continues de α ayant des dérivées également continues dans l'intervalle (α_0, α_1) ; 2° que la dérivée partielle $f'_\alpha(x, \alpha)$ est déterminée et continue dans le domaine D du plan $x\alpha$ compris entre les droites $\alpha = \alpha_0$, $\alpha = \alpha_1$ et les courbes $x = x_1$, $x = x_2$.

Je dis que, sous ces conditions, l'on aura dans l'intervalle (α_0, α_1)

$$\varphi'(\alpha) = \int_{x_1}^{x_2} \frac{\partial f}{\partial \alpha}\, dx + f(x_2, \alpha)\frac{dx_2}{d\alpha} - f(x_1, \alpha)\frac{dx_1}{d\alpha}.$$

On doit donc ajouter deux termes complémentaires à celui fourni par la règle de Leibniz.

Cette nouvelle règle se ramène à celle de Leibniz par un changement de variables. Substituons, en effet, à x une nouvelle variable d'intégration t par la relation

$$x = x_1 + (x_2 - x_1)\, t,$$

de sorte que x est maintenant fonction de t et de α et coïncide avec x_1 pour $t = 0$ et avec x_2 pour $t = 1$. L'intégrale transformée sera

$$\varphi(\alpha) = \int_0^1 f(x, \alpha)\frac{\partial x}{\partial t}\, dt.$$

La fonction à intégrer et sa dérivée partielle par rapport à α sont des fonctions continues de t et de α dans le rectangle du plan $t\alpha$ compris entre les valeurs 0 et 1 de t, α_0 et α_1 de α. La règle de Leibniz s'applique donc à l'intégrale transformée (aux limites constantes 0 et 1) ; elle donne

$$\varphi'(\alpha) = \int_0^1 \left(\frac{\partial f}{\partial \alpha} \frac{\partial x}{\partial t} + \frac{\partial f}{\partial x} \frac{\partial x}{\partial \alpha} \frac{\partial x}{\partial t} + f \frac{\partial^2 x}{\partial t \partial \alpha} \right) dt$$

$$= \int_0^1 \frac{\partial f}{\partial \alpha} \frac{dx}{\partial t}\, dt + \int_0^1 \frac{\partial}{\partial t} \left(f \frac{\partial x}{\partial \alpha} \right) dt = \int_{x_1}^{x_2} \frac{\partial f}{\partial \alpha}\, dx + \left[f \frac{\partial x}{\partial \alpha} \right]_{t=0}^{t=1}$$

C'est, sous une autre forme, la formule qu'il fallait démontrer.

21. Convergence uniforme des intégrales généralisées. — Les règles précédentes et la continuité même de $\varphi(\alpha)$ reposent sur les hypothèses : 1° que $f(x, \alpha)$ et sa dérivée partielle (s'il s'agit de la règle de Leibniz) sont des fonctions continues ; 2° que l'intervalle d'intégration est limité. Ces règles ne s'appliquent pas toujours aux intégrales généralisées et, pour reconnaître si elles subsistent, il est commode d'introduire une notion nouvelle, celle de la *convergence uniforme* des intégrales généralisées. Il y a deux cas à considérer :

1° La fonction est continue sous le signe $\int$, mais une limite de l'intégrale est infinie. Soit

$$\varphi(\alpha) = \int_a^\infty f(x, \alpha)\, dx.$$

Cette intégrale converge uniformément pour un certain mode de variation de α, par exemple dans l'intervalle (α_0, α_1), si à tout nombre positif ε si petit qu'il soit correspond un nombre X, indépendant de α, tel qu'on ait, sous la condition $X' > X$, et pour toutes les valeurs considérées de α,

$$\left| \int_{X'}^\infty f(x, \alpha)\, dx \right| < \varepsilon.$$

2° La fonction $f(x, \alpha)$ peut croître indéfiniment pour certaines valeurs de x et α, mais est continue en tout point aux environs duquel elle reste finie. Ce cas est plus complexe que le précédent, car la répartition des points de discontinuité dans le plan (x, α)

peut être plus ou moins compliquée. Ces points peuvent être isolés ou bien se suivre d'une manière continue sur certaines lignes. Pour abréger, nous nous bornerons au cas le plus simple mais le plus fréquent, celui où $f(x, \alpha)$ n'est infinie que pour un nombre limité de valeurs de x indépendantes de α.

Cette condition peut se réaliser de deux manières différentes, soit que $f(x, \alpha)$ ne devienne infinie qu'en des points isolés du plan (x, α), soit qu'elle devienne infinie le long de certaines droites parallèles à l'axe des x. Les deux intégrales suivantes sont des exemples des ces deux cas ·

$$\int_0^1 \frac{dx}{x^2 + \alpha^2}, \qquad \int_0^1 x^{-\alpha}(1 - x)\,dx.$$

Dans la première, la fonction sous le signe n'est infinie qu'en un point isolé (l'origine); dans la seconde, elle est discontinue tout le long de l'axe des α positifs. Dans les définitions et les théorèmes qui vont suivre, cette distinction n'interviendra pas.

Sous les conditions précédentes, l'uniformité de la convergence des intégrales de fonctions discontinues est tout analogue à celle des intégrales à limites infinies et les théorèmes relatifs à ces diverses intégrales vont s'énoncer dans les mêmes termes.

Considérons d'abord l'intégrale

$$\varphi(\alpha) = \int_a^b f(x, \alpha)\,dx$$

où $f(x, \alpha)$ ne devient infinie que pour $x = b$. Nous dirons qu'*elle converge uniformément pour un certain mode de variation de α, si à tout nombre positif ε si petit qu'il soit correspond un autre nombre positif δ indépendant de α et tel qu'on ait, sous la condition* $0 < \delta' < \delta$,

$$\left| \int_{b-\delta'}^b f(x, \alpha)\,dx \right| < \varepsilon.$$

On voit immédiatement comment il faut modifier la définition précédente si c'est pour $x = a$ que f devient infinie. Si cette fonction devient infinie pour plusieurs valeurs x_1, x_2... de x, on partage l'intervalle d'intégration et, en même temps, l'intégrale proposée en plusieurs autres dans lesquels f ne devient infinie qu'à l'une des limites. Enfin, si f ayant des points de discontinuité en nombre limité, l'intégrale est à limite infinie, elle se décompose en plusieurs autres semblables aux précédentes, avec en plus une intégrale de fonction continue mais à limite infinie. Si chacune de ces intégrales composantes converge uniformément, il en sera de même pour la proposée.

Dans ces conditions, la convergence uniforme des intégrales généralisées correspond exactement à la convergence uniforme des séries étudiée dans le premier volume. Montrons, en effet, qu'une intégrale généralisée *uniformément convergente* peut se mettre sous forme d'une série uniformément convergente d'*intégrales proprement dites*.

Si l'intégrale est à limite infinie, on désignera par $b_1, b_2, \dots b_n, \dots$ une suite de nombres croissant à l'infini et l'on écrira

$$\int_a^\infty f\,dx = \int_a^{b_1} + \int_{b_1}^{b_2} + \dots + \int_{b_{n-1}}^{b_n} f\,dx + \dots$$

et si l'intégrale du premier membre converge uniformément, il en est de même de la série du second membre.

Réciproquement, si la série converge uniformément de quelque manière qu'on choisisse $b_1, b_2, \dots$, l'intégrale converge aussi uniformément, car on peut choisir $b_1, b_2, \dots$ assez rapprochés pour que l'intégrale entre a et x diffère aussi peu qu'on veut de celle entre a et l'un des b.

D'autre part, si, l'intégrale étant à limites infinies, la fonction sous le signe ne devient infinie qu'à l'une des limites, par exemple à la limite supérieure b, on désignera par $b_1, b_2, \dots b_n, \dots$ une suite croissante de nombres tendant vers b et l'on écrira

$$\int_a^b f\,dx = \int_a^{b_1} + \int_{b_1}^{b_2} + \dots + \int_{b_{n-1}}^{b_n} f\,dx + \dots$$

Si l'intégrale du premier membre converge uniformément, il en sera de même de la série du second membre, et réciproquement comme ci-dessus.

Il s'ensuit que l'on pourra appliquer immédiatement aux intégrales uniformément convergentes les théorèmes correspondants relatifs à la continuité, à l'intégration et à la dérivation des séries. Il est donc très utile de savoir reconnaître l'uniformité de la convergence. La règle suivante est loin d'être générale mais suffit dans beaucoup de cas.

22. Critère de convergence uniforme. — *Une intégrale généralisée qui dépend d'un paramètre converge uniformément si ses éléments successifs ne surpassent pas en valeur absolue les éléments correspondants d'une intégrale absolument convergente, prise entre les mêmes limites, mais ne renfermant pas le paramètre.*

Nous pouvons borner la démonstration au cas d'une intégrale à limite infinie, car elle est analogue pour les autres cas. Comparons donc les deux intégrales :

$$\int_a^\infty f(x, \alpha)\, dx, \qquad \int_a^\infty |\, \varphi(x)\, |\, dx,$$

en supposant que la seconde converge et qu'on ait constamment $|\, f(x, \alpha)\, | \leqslant |\, \varphi(x)\, |$. On aura évidemment l'inégalité

$$\left| \int_{X'}^\infty f(x, \alpha)\, dx \right| \leqslant \int_{X'}^\infty |\, \varphi(x)\, |\, dx.$$

Mais, puisque $\int_a^\infty |\, \varphi(x)\, |\, dx$ converge par hypothèse, à tout nombre ε correspond un nombre X tel que le second membre de cette inégalité soit $< \varepsilon$ pourvu que X' soit $> X$. Alors le premier membre est *a fortiori* $\leqslant \varepsilon$, ce qui est, par définition, la condition de convergence uniforme à démontrer.

Il doit être d'ailleurs bien entendu que la fonction $f(x, \alpha)$ satisfait aux conditions de continuité que comporte la définition de la convergence uniforme donnée au n° précédent.

23. Continuité, intégration, dérivation des intégrales uniformément convergentes. — I. *Une intégrale généralisée qui contient un paramètre α est fonction continue du paramètre dans tout intervalle où la convergence est uniforme.*

II. *Quand l'expression sous le signe est positive, la condition nécessaire et suffisante pour qu'une intégrale généralisée soit fonction continue du paramètre* α *qu'elle contient, est que la convergence soit uniforme.*

III. *L'intégration sous le signe d'une intégrale généralisée par rapport à un paramètre* α *demeure légitime dans tout intervalle fini où la convergence est uniforme.*

IV. *Quand l'expression à intégrer est positive, une intégrale fonction continue du paramètre* α *peut toujours être intégrée sous le signe entre des limites finies.*

V. *Une intégrale généralisée, fonction du paramètre* α *et uniformément convergente dans l'intervalle* (α_0, α_1), *peut s'intégrer sous le signe entre* α_0 *et un point variable* α *de l'intervalle* (α_0, α_1), *et la nouvelle intégrale ainsi obtenue est encore uniformément convergente dans l'intervalle* (α_0, α_1).

En répétant l'application du théorème et de la règle qui précèdent, on voit que l'intégration entre α_0 et α d'une intégrale uniformément convergente dans l'intervalle (α_0, α_1), peut être effectuée sous le signe un nombre quelconque de fois de proche en proche et que l'intégrale obtenue après un nombre quelconque d'intégrations sera uniformément convergente dans le même intervalle que la proposée.

VI. *Lorsque la dérivation sous le signe d'une intégrale proprement dite ou d'une intégrale généralisée (supposée existante) conduit à une intégrale généralisée, la règle de Leibniz demeure légitime, c'est-à-dire que l'intégrale proposée a pour dérivée l'intégrale fournie par la règle, pourvu que cette dernière intégrale converge uniformément dans le voisinage de la valeur considérée du paramètre.*

Comme il est bien entendu que les conditions de continuité que comporte la définition de la convergence uniforme (n° 21) sont vérifiées, tous ces théorèmes se ramènent aux théorèmes analogues de la théorie des séries (t. I, n° 325 à 327) en écrivant les intégrales sous forme de séries uniformément convergentes. Il serait aussi très simple de les démontrer directement en imitant les démonstrations faites pour les séries.

A titre d'exemple, considérons une intégrale à limite infinie,

$$\varphi(\alpha) = \int_a^\infty f(x, \alpha)\, dx,$$

uniformément convergente dans un intervalle (α_0, α_1), et montrons qu'on peut l'intégrer sous le signe dans cet intervalle (Règle III). A cet effet, écrivons, sous forme de série uniformément convergente,

$$\varphi(\alpha) = \int_a^{b_1} + \int_{b_1}^{b_2} + \dots + \int_{b_{n-1}}^{b_n} f\, dx + \dots$$

Cette série peut être intégrée terme à terme et chaque terme peut s'intégrer sous le signe; on obtient ainsi la série, uniformément convergente dans l'intervalle (α_0, α_1),

$$\int_{\alpha_0}^{\alpha} \varphi(\alpha)\, d\alpha = \Sigma \int_{b_{n-1}}^{b_n} dx \int_{\alpha_0}^{\alpha} f\, d\alpha = \int_a^\infty dx \int_{\alpha_0}^{\alpha} f\, d\alpha,$$

et cette dernière intégrale est uniformément convergente comme la série.

24. Applications diverses. — 1° Calculons d'abord l'intégrale

$$\int_0^\infty e^{-x^2}\, dx.$$

Cette intégrale a déjà été calculée dans le premier volume (n° 190). Nous allons indiquer un procédé plus rapide pour l'obtenir. Considérons pour cela l'intégrale double

$$\iint e^{-x^2-y^2}\, dx\, dy,$$

étendue à un carré D compris entre les axes Ox et Oy et les deux droites $x = r$, $y = r$. On a, en faisant la réduction en coordonnées rectangulaires,

$$\iint_D e^{-x^2-y^2}\, dx\, dy = \int_0^r e^{-x^2}\, dx \int_0^r e^{-y^2}\, dy = \left[\int_0^r e^{-x^2}\, dx\right]^2.$$

D'autre part, soient D′ et D″ les quarts de cercle (de centre O) respectivement inscrit et circonscrit à D, donc de rayons r et $r\sqrt{2}$. On a, en réduisant avec les coordonnées polaires,

$$\iint_{D'} e^{-x^2-y^2}\, dx\, dy = \int_0^{\frac{\pi}{2}} d\theta \int_0^r e^{-r^2}\, dr = \frac{\pi}{4}(1 - e^{-r^2});$$

de même,

$$\iint_{D''} e^{-x^2-y^2}\,dx\,dy = \frac{\pi}{4}(1 - e^{-2r^2}).$$

Mais D′ est intérieur à D, qui l'est lui-même à D″; donc l'élément étant positif, les intégrales dans D′, D et D″ se suivent par ordre de grandeur, leurs racines aussi, ce qui donne

$$\frac{\sqrt{\pi}}{2}\sqrt{1 - e^{-r^2}} < \int_0^r e^{-x^2}\,dx < \frac{\sqrt{\pi}}{2}\sqrt{1 - e^{-2r^2}}.$$

Si r tend vers l'infini, les deux membres extrêmes tendent rapidement vers la même limite; il vient donc

$$(1) \qquad \int_0^\infty e^{-x^2}\,dx = \frac{\sqrt{\pi}}{2}$$

et l'intégrale $\int_0^r e^{-x^2}\,dx$ converge très rapidement vers cette valeur quand r augmente. Cette intégrale joue un rôle important en calcul des probabilités.

2° Comme second exemple, nous allons calculer l'intégrale

$$\int_0^\infty \frac{\sin x}{x}\,dx.$$

Dans le premier volume (n° 165), on a obtenu l'intégrale suivante:

$$\int e^{ax}\cos bx\,dx = \frac{e^{ax}(a\cos bx + b\sin bx)}{a^2 + b^2} + C.$$

On en conclut

$$\int_0^\infty e^{-x}\cos\alpha x\,dx = \frac{1}{1+\alpha^2}.$$

Tous les éléments de cette intégrale sont maximés et positifs pour $\alpha = 0$, comme l'intégrale converge encore pour cette valeur, elle converge uniformément de quelque manière que varie α (n° 22). Intégrons donc deux fois de suite de 0 à α, ce qui se fera sous le signe (n° 23); il vient

$$\int_0^\infty e^{-x}\frac{1-\cos\alpha x}{x^2}\,dx = \int_0^\alpha \operatorname{arctg}\alpha\,d\alpha = \alpha\operatorname{arctg}\alpha - \frac{\operatorname{Log}(1+\alpha^2)}{2}.$$

Supposons α positif et changeant x en $x : \alpha$, il vient

$$\int_0^\infty e^{-\frac{x}{\alpha}} \frac{1 - \cos x}{x^2} dx = \operatorname{arctg}\alpha - \frac{\operatorname{Log}(1+\alpha)^2}{2\alpha}.$$

Considérons cette intégrale comme dépendant du paramètre $1 : \alpha$; tous ses éléments sont maximés et positifs pour $1 : \alpha = 0$, valeur qui laisse l'intégrale convergente. Donc l'intégrale converge uniformément (n° 22) pour les valeurs nulles ou positives de $1 : \alpha$ et elle est fonction continue de $1 : \alpha$ (n° 23). Faisons tendre α vers l'infini ou $1 : \alpha$ vers 0; il vient ainsi, à la limite,

$$\int_0^\infty \frac{1 - \cos x}{x^2} dx = \frac{\pi}{2}.$$

Cette intégrale en donne d'autres. On peut d'abord intégrer par parties en considérant $dx : x^2$ comme une différentielle, ce qui donne l'intégrale du titre. On peut ensuite remplacer $1 - \cos x$ par $2 \sin^2 (x : 2)$ et prendre $x : 2$ comme variable d'intégration. On trouve ainsi les deux résultats :

$$(2) \qquad \int_0^\infty \frac{\sin x}{x} dx = \int_0^\infty \left(\frac{\sin x}{x}\right)^2 dx = \frac{\pi}{2}.$$

Soit α un paramètre positif. Changeons la variable d'intégration x en αx dans l'intégrale (**2**), ce qui n'altère pas les limites; il vient

$$\int_0^\infty \frac{\sin \alpha x}{x} dx = \frac{\pi}{2}, \qquad \text{si } \alpha > 0.$$

Donc, pour α positif, cette intégrale a une valeur constante indépendante de α. Si l'on change le signe de α, tous les éléments de l'intégrale changent de signe, donc l'intégrale aussi, et sa valeur sera $-\pi : 2$. Enfin, si $\alpha = 0$, tous les éléments sont nuls et l'intégrale aussi. En résumé,

$$(3) \qquad \int_0^\infty \frac{\sin \alpha x}{x} dx = \begin{cases} -\frac{\pi}{2} \text{ si } \alpha < 0; \\ 0, \text{ si } \alpha = 0; \\ \frac{\pi}{2}, \text{ si } \alpha > 0. \end{cases}$$

Ainsi cette intégrale est une fonction discontinue du paramètre, sa valeur change brusquement quand α atteint ou dépasse la valeur 0. On en conclut, en vertu du théorème I du n° 23, que la convergence n'est pas uniforme quand α tend vers 0, ce qu'il est facile de vérifier directement. On a, en effet, pour α positif,

$$\int_{N}^{\infty} \frac{\sin \alpha x}{x}\, dx = \int_{N\alpha}^{\infty} \frac{\sin x}{x}\, dx$$

et, sous cette forme, on voit immédiatement que la convergence est uniforme si α ne tend pas vers zéro, tandis qu'elle ne l'est pas si α tend vers zéro.

L'intégrale (3) est un exemple d'intégrale qu'il n'est pas permis de dériver sous le signe par rapport à α. L'intégrale étant une constante, sa dérivée est nulle, tandis que la dérivation sous le signe conduit à une intégrale indéterminée.

25. Intégrales de Frullani. — On donne ce nom à certaines intégrales dont la valeur se détermine par la considération d'une intégrale singulière. Soit $f(x)$ une fonction continue de x pour x positif, telle que l'intégrale à limite infinie,

$$\int_{A}^{\infty} f(x)\, \frac{dx}{x},$$

ait une valeur déterminée pour $A > 0$; soient ensuite a et b deux constantes positives; l'intégrale

$$I = \int_{0}^{\infty} \frac{f(ax) - f(bx)}{x}\, dx$$

est une intégrale de *Frullani*. Pour en déterminer la valeur, écrivons

$$I = \lim_{\varepsilon=0} \left[\int_{\varepsilon}^{\infty} \frac{f(ax)}{x}\, dx - \int_{\varepsilon}^{\infty} \frac{f(bx)}{x}\, dx \right.$$

$$= \lim_{\varepsilon=0} \left[\int_{a\varepsilon}^{\infty} - \int_{b\varepsilon}^{\infty} f(x)\, \frac{dx}{x} \right] = \lim_{\varepsilon=0} \int_{a\varepsilon}^{b\varepsilon} f(x)\, \frac{dx}{x}.$$

La valeur de cette intégrale singulière s'obtient par le théorème de la moyenne. Soit ξ une quantité comprise entre $a\varepsilon$ et $b\varepsilon$ et qui tend vers 0 avec ε, on a

$$\int_{a\varepsilon}^{b\varepsilon} f(x)\, \frac{dx}{x} = \lim f(\xi) \int_{a\varepsilon}^{b\varepsilon} \frac{dx}{x} = f(0) \operatorname{Log} \frac{b}{a}.$$

Par conséquent,

$$(4) \qquad \int_0^\infty \frac{f(ax)-f(bx)}{x}\,dx = f(0)\,\text{Log}\,\frac{b}{a}.$$

Par exemple, prenant $f(x) = \cos x$, puis $f(x) = e^{-x}$, il vient $(a > 0)$

$$(5) \qquad \int_0^\infty \frac{\cos x - \cos ax}{x}\,dx = \int_0^\infty \frac{e^{-x} - e^{-ax}}{x}\,dx = \text{Log}\,a.$$

Souvent une intégrale peut se ramener à la forme (4) par un changement de variables. Ainsi, par la relation $x = e^{-z}$, il vient (a et $b > -1$)

$$\int_0^1 \frac{x^b - x^a}{\text{Log}\,x}\,dx = \int_0^\infty \frac{e^{-(a+1)z} - e^{-(b+1)z}}{z}\,dz = \text{Log}\,\frac{b+1}{a+1}.$$

EXERCICES

1. On substitue $x\sqrt{t}$ à x dans la formule (1); en déduire

$$\int_0^\infty e^{-tx^2} x^{2n}\,dx = \frac{1}{2}\sqrt{\pi}\;\frac{1.3\ldots(2n-1)}{2^n}\;t^{-n-\frac{1}{2}}.$$

2. Etablir la relation

$$\int_0^\infty e^{-x^2}\cos 2tx\,dx = \frac{\sqrt{\pi}}{2}\,e^{-t^2}.$$

Soit I cette intégrale. On prouve que $\frac{dI}{dt} = -2tI$, d'où $I = I_0 e^{-t^2}$ et I_0 est donné par la formule (1).

3. On a, par la relation $x = \text{tg}\,\varphi$,

$$\int_0^1 \frac{\text{Log}\,(1+x)}{1+x^2}\,dx = \int_0^{\frac{\pi}{4}} \log\,(1+\text{tg}\,\varphi)\,d\varphi = \frac{\pi}{8}\,\text{Log}\,2.$$

R. En effet, $(1 + \text{tg}\,\varphi)$ peut s'écrire $\sqrt{2}\cos\left(\frac{\pi}{4} - \varphi\right) : \cos\varphi$ et est, par conséquent, un produit de trois facteurs; donc l'intégrale peut se décomposer en une somme des trois autres. Les deux dernières se détruisent et la première donne la valeur cherchée.

4. Déduire la seconde intégrale ci-dessous de la première :

$$2\alpha \int_0^\infty e^{-\alpha^2 x^2}\, dx = \sqrt{\pi}, \qquad \int_0^\infty \left(e^{-\frac{a^2}{x^2}} - e^{-\frac{b^2}{x^2}} \right) dx = (b-a)\sqrt{\pi}.$$

R. On intègre par rapport à α de a à b change x en $1 : x$.

5. Montrer que l'on a, si $a > 0$,

$$\int_0^\infty e^{-\left(x^2 + \frac{a^2}{x^2}\right)} dx = \frac{\sqrt{\pi}}{2} e^{-a}, \qquad \int_0^\infty e^{-\left(x - \frac{a}{x}\right)^2} dx = \frac{\sqrt{\pi}}{2}.$$

R. Les deux relations sont équivalentes. La seconde intégrale a pour demi-dérivée par rapport à a l'expression

$$\int_0^\infty e^{-\left(x-\frac{a}{x}\right)^2} dx - \int_0^\infty e^{-\left(x-\frac{a}{x}\right)^2} \frac{a\, dx}{x^2},$$

qui est nulle, car ces deux intégrales se détruisent (elles se ramènent l'une à l'autre en changeant x en $a : x$). La seconde des deux intégrales proposées est donc constante par rapport à a et on la détermine en posant $a = 0$.

6. Montrer (en développant en série par rapport à a) que l'on a

$$\int_0^a \frac{\sin x}{x}\, dx = \frac{\pi}{2} - \int_0^{\frac{\pi}{2}} e^{-a \cos x} \cos(a \sin x)\, dx.$$

7. Montrer, en développant Log $(1+x)$ en série potentielle, que l'on a

$$\int_0^1 \operatorname{Log}(1+x) \frac{dx}{x} = 1 - \frac{1}{2^2} + \frac{1}{3^2} - \dots = \frac{\pi^2}{12}.$$

La série numérique revient, en effet, à

$$\left(1 - \frac{2}{2^2}\right) \Sigma \frac{1}{n^2} = \frac{1}{2} s_2,$$

s_2 valant $\pi^2 : 6$ (n° 398).

§ 3. Passage à la limite sous le signe d'intégration

26. Considérations préliminaires. — La considération de la convergence uniforme fournit un criterium très simple pour justifier le passage à la limite sous le signe d'intégration. On a, en effet, le théorème suivant :

Théorème. — *Si une suite de fonctions continues de x : $f_1(x)$, $f_2(x)$,... $f_n(x)$,... converge uniformément dans un intervalle fini (a, b) vers une fonction limite $f(x)$, on a*

$$\lim_{n=\infty} \int_a^b f_n(x)\, dx = \int_a^b f(x)\, dx.$$

En effet, $f(x)$ est continue, donc intégrable; d'autre part, la différence $| f - f_n |$ devient inférieure à tout nombre positif ε quand n augmente suffisamment. La différence des deux membres de la relation précédente est donc de module moindre que

$$\lim \int_a^b | f - f_n |\, dx < \int_a^b \varepsilon\, dx = \varepsilon(b - a).$$

Elle est donc inférieure à tout nombre donné et, par conséquent, elle est nulle.

Les théorèmes sur l'intégration des séries et des intégrales uniformément convergentes ne sont que des cas particuliers du précédent; et le théorème précédent est lui-même un cas particulier d'un théorème plus général, dû à M. Osgood, et que nous allons maintenant établir. Nous utiliserons pour cela le lemme suivant :

27. Lemme. — On considère une suite illimitée d'intervalles, formés suivant une loi assignée,

$$(1) \qquad \delta_1, \delta_2, \dots \delta_m, \dots$$

tous contenus dans un intervalle (a, b). On peut alors énoncer le lemme suivant :

S'il existe un nombre $\omega > 0$ tel que l'on puisse, quel que soit p donné, trouver dans la suite un nombre limité d'intervalles d'indices $> p$, non empiétants et dont la somme des longueurs soit $> \omega$, alors il existe au moins un point commun à une infinité d'intervalles de la suite.

Dans la démonstration, nous admettrons que tout intervalle de la suite (1) qui n'est pas contenu dans l'un des précédents, a, au plus, un point commun avec lui. Cette hypothèse est légitime, car on peut la réaliser en modifiant la suite sans rien changer aux conditions du théorème. On peut, en effet, de proche en proche, décomposer δ_2, δ_3,... en parties δ satisfaisant aux conditions précédentes et que l'on écrit successivement, à la suite l'une de l'autre, en place de δ_2, δ_3,..., avec une nouvelle numérotation.

Convenons de dire qu'un intervalle δ (ou un groupe de plusieurs intervalles δ) de la suite (1) est *privilégié* si l'on peut lui faire correspondre un nombre $\varepsilon > 0$, tel que, quel que soit p donné, on puisse trouver dans la suite un nombre limité d'intervalles d'indices $> p$, contenus dans ce δ (ou ce groupe de δ), non empiétants et dont la somme des longueurs soit $> \varepsilon$.

D'après cette définition, si δ n'est pas privilégié, toute somme d'intervalles d'indices $> p$, contenus dans δ et non empiétants, tend vers 0 quand p tend vers l'infini. Donc un groupe de plusieurs intervalles non privilégiés ne l'est pas non plus; et si un groupe est privilégié, il contient un intervalle privilégié.

Cette remarque permet de montrer que *tout intervalle privilégié en contient un autre de même nature*. En effet, supposons que δ_1 soit privilégié et que la suite (1) ne renferme que des intervalles contenus dans δ_1, ce qui est légitime, car il est évidemment permis de supprimer les autres intervalles. Deux cas sont possibles :

1° On peut former un groupe de k intervalles δ_2, δ_3,... contenant tous les suivants; alors ce groupe est privilégié et contient un intervalle privilégié.

2° Dans le cas contraire, la mesure d'une somme d'intervalles non empiétants de la suite δ_2, δ_3,... a une borne supérieure $L \leqslant \delta_1$. On peut donc former un groupe d'intervalles non empiétants de mesure $> L - \varepsilon : 2$. Alors ce groupe est privilégié (avec substitution de $\varepsilon : 2$ à ε), car toute somme $> \varepsilon$ d'intervalles non empiétants contenus dans δ_1, renferme une somme $> \varepsilon : 2$ d'intervalles contenus dans ce groupe. On est ramené au cas précédent et la proposition soulignée est établie.

La démonstration du lemme s'ensuit. Plaçons l'intervalle (a, b) en tête de la suite (1) : cet intervalle est privilégié. Donc il y a, dans la suite (1), un premier intervalle privilégié δ', puis un premier intervalle privilégié δ'' contenu dans δ', un premier intervalle privilégié δ''' contenu dans δ'', etc. Ces intervalles emboîtés, en nombre infini, ont un point commun, par exemple la limite de leurs frontières gauches.

28. Théorème d'Osgood. — *Considérons une suite de fonctions continues*

$$f_1(x),\ f_2(x), \ldots\ f_n(x), \ldots$$

bornées dans leur ensemble, c'est-à-dire quels que soient n et x, quand x varie dans un intervalle (a, b). Si cette suite tend vers une limite f(x) continue dans le même intervalle, on a

$$\lim_{n=\infty} \int_a^b f_n(x)\, dx = \int_a^b f(x)\, dx.$$

Remarquons que les différences $f - f_n$ sont continues et bornées et ont pour limite zéro; ensuite que l'on a

$$\left| \int_a^b (f - f_n)\, dx \right| \leqq \int_a^b |\, f - f_n \,|\, dx.$$

Posons $\varphi_n = |\, f - f_n \,|$; le théorème sera établi si l'on prouve que l'on a

$$\lim_{n=\infty} \int_a^b \varphi_n dx = 0,$$

sous la condition que la suite des fonctions positives, continues et bornées dans leur ensemble, $\varphi_1, \varphi_2, \ldots \varphi_n, \ldots$ tende vers zéro. Faisons donc cette démonstration.

Soit ε positif donné. Partageons (a, b) en parties égales, assez petites pour que l'oscillation de φ_n soit $\leqslant \frac{\varepsilon}{2}$ dans chacune d'elles, de sorte que le nombre de ces parties dépendra de n. Soit ω_n l'ensemble des parties en un point desquelles φ_n surpasse ε et aussi la somme des longueurs de ces parties. Je dis d'abord que ω_n tend vers zéro quand n tend vers l'infini. En effet, φ_n est $> \varepsilon : 2$ sur tout ω_n. Si ω_n ne tendait pas vers zéro, il y aurait une infinité d'indices pour lesquels ω_n surpasserait un nombre assignable $\omega > 0$. Si donc on écrit dans une suite illimitée :

$$(a, b),\ \delta_1,\ \delta_2, \ldots\ \delta_m, \ldots$$

l'intervalle (a, b), puis les intervalles qui composent ω_1, ceux qui composent $\omega_2, \ldots$, l'intervalle (a, b) de la suite serait privilégié au sens du lemme précédent. Donc il y aurait un point commun à une infinité d'intervalles δ; en ce point, il y aurait une infinité de φ_n surpassant $\varepsilon : 2$ et φ_n n'aurait pas pour limite zéro. Donc ω_n tend vers zéro.

Ceci établi, soit μ la borne de tous les φ_n; comme φ_n ne surpasse ε que sur une longueur $\leqslant \omega_n$, on a, par le théorème de la moyenne,

$$\int_a^b \varphi_n \, dx < \mu \, \omega_n + \varepsilon (b - a).$$

Quand n tend vers l'infini, cette intégrale tombe au-dessous de $\varepsilon (b - a)$ qui est aussi petit qu'on veut ; elle a donc pour limite zéro.

Corollaire. — *Le théorème précédent subsiste si la fonction limite $f(x)$, au lieu d'être partout continue, admet un nombre limité de points de discontinuité entre a et b.*

On peut admettre qu'il n'y ait qu'un seul point de discontinuité b. Alors le théorème est établi pour l'intervalle $(a, b - \varepsilon)$ quelque petit que soit ε. Mais f et f_n sont bornés dans tout (a, b), donc les intégrales de f et de f_n sont infiniment petites avec ε dans l'intervalle $(b - \varepsilon, b)$ et, par conséquent, le théorème subsiste, à la limite, dans l'intervalle (a, b) tout entier.

CHAPITRE II

Intégration des différentielles exactes
Intégrales curvilignes

§ 1. Intégration des différentielles totales exactes

29. Différentielles totales à deux variables indépendantes. — Soient x et y deux variables indépendantes, $P(x, y)$ et $Q(x, y)$ deux fonctions, continues et univoques ainsi que leurs dérivées partielles P'_y et Q'_x. On dit que l'expression $P\,dx + Q\,dy$ est une *différentielle exacte* s'il existe une fonction u des deux variables x et y dont cette expression soit la différentielle totale, en sorte que l'on ait

$$du = P\,dx + Q\,dy. \tag{1}$$

En général, l'expression $P\,dx + Q\,dy$ n'est pas une différentielle exacte. En effet, la relation (1) revient, par définition, aux deux suivantes :

$$P = \frac{\partial u}{\partial x}, \qquad Q = \frac{\partial u}{\partial y},$$

d'où l'on tire

$$\frac{\partial P}{\partial y} = \frac{\partial^2 u}{\partial x\, \partial y}, \qquad \frac{\partial Q}{\partial x} = \frac{\partial^2 u}{\partial y\, \partial x}.$$

Les seconds membres étant égaux (puisqu'on les suppose continus), on voit que $P\,dx + Q\,dy$ ne peut être une différentielle exacte que si l'on a *identiquement*, c'est-à-dire x et y restant arbitraires et indépendants,

$$\frac{\partial P}{\partial y} = \frac{\partial Q}{\partial x}. \tag{2}$$

Cette condition est *nécessaire* pour que $P\,dx + Q\,dy$ soit une différentielle exacte. J'ajoute qu'elle est aussi *suffisante* et, pour le prouver, je vais montrer que, si elle a lieu, l'intégrale u de l'équation (1) s'obtient par deux quadratures.

La fonction inconnue u est d'abord assujettie à la condition

$$\frac{\partial u}{\partial x} = \mathrm{P}(x, y).$$

Soit a une constante choisie à volonté, l'intégrale définie

$$\int_a^x \mathrm{P}(x, y)\, dx,$$

effectuée en considérant y comme une constante, est une solution particulière de cette équation. La solution générale s'obtient en lui ajoutant une constante arbitraire par rapport à x, c'est-à-dire une fonction arbitraire $\varphi(y)$. Nous poserons donc

$$u = \int_a^x \mathrm{P}(x, y)\, dx + \varphi(y). \tag{3}$$

Il reste à déterminer, si c'est possible, la fonction φ de manière vérifier la seconde condition

$$\frac{\partial u}{\partial y} = \mathrm{Q}(x, y),$$

c'est-à-dire, à cause de (3) et par la règle de Leibniz,

$$\int_a^x \frac{\partial \mathrm{P}}{\partial y}\, dx + \varphi'(y) = \mathrm{Q}(x, y).$$

Mais on a, en vertu de l'identité (2) supposée vérifiée,

$$\int_a^x \frac{\partial \mathrm{P}}{\partial y}\, dx = \int_a^x \frac{\partial \mathrm{Q}}{\partial x}\, dx = \mathrm{Q}(x, y) - \mathrm{Q}(a, y),$$

ce qui réduit la relation précédente à

$$\varphi'(y) = \mathrm{Q}(a, y), \qquad \text{d'où} \qquad \varphi(y) = \int \mathrm{Q}(a, y)\, dy.$$

Enfin, en substituant cette valeur de φ dans (3), et en mettant en évidence la constante C comprise dans l'intégrale indéfinie, on trouve

$$u = \int_a^x \mathrm{P}(x, y)\, dx + \int \mathrm{Q}(a, y)\, dy + \mathrm{C}. \tag{4}$$

On voit donc que, si la condition (2) a lieu, l'équation (1) admet une infinité d'intégrales ne différant l'une de l'autre que par la valeur de la constante d'intégration C.

La constante a pouvant être prise à volonté, on la choisira, dans chaque cas particulier, de manière à simplifier autant que possible les intégrations.

Il est clair qu'on aurait pu procéder dans l'ordre inverse et commencer l'intégration par rapport à y. Alors, b désignant une constante choisie à volonté, on aurait obtenu

$$(5) \qquad u = \int_b^y Q(x, y)\, dy + \int P(x, b)\, dx + C.$$

Exemple. — L'expression

$$(3x^2 + 2y)\, dx + 2(x + y)\, dy$$

est une différentielle exacte, car on a

$$\frac{\partial P}{\partial y} = \frac{\partial Q}{\partial x} = 2.$$

Calculons son intégrale en faisant $a = 0$ dans la formule (4); il vient

$$u = \int_0^x (3x^2 + 2y)\, dx + \int 2y\, dy = x^3 + 2xy + y^2 + C.$$

30. Remarque. — Les formules (4) et (5) supposent les fonctions P et Q continues et univoques ainsi que leurs dérivées premières pour tous les systèmes de valeurs de x, y qui interviennent dans les formules. Si ces conditions sont réalisées dans tout le plan, il n'y a aucune difficulté. Plus généralement, si elles sont réalisées dans le rectangle R compris entre les abscisses a_1 et a_2, les ordonnées b_1 et b_2, la formule (4) est applicable dans ce rectangle à condition de choisir a entre a_1 et a_2, et la formule (5) à condition de choisir b entre b_1 et b_2. En effet, tous les systèmes de valeurs de x, y à considérer dans ces formules restent alors compris dans le rectangle R.

Ces formules mettent en évidence que, pour chaque valeur de la constante arbitraire C, *l'intégrale u est une fonction continue et univoque de x et de y dans le rectangle* R où ces conditions sont réalisées.

31. Cas de trois variables indépendantes. — La méthode précédente s'étend à un nombre quelconque de variables indépendantes, mais il suffira de développer les calculs pour trois variables, Soient P, Q, R trois fonctions de x, y, z, continues ainsi que leurs dérivées premières. On dit que l'expression

$$P\,dx + Q\,dy + R\,dz \tag{6}$$

est une *différentielle exacte*, s'il existe une fonction u des trois variables x, y, z dont elle soit la différentielle totale. Il faut pour cela que u satisfasse aux trois équations :

$$\frac{\partial u}{\partial x} = P, \qquad \frac{\partial u}{\partial y} = Q, \qquad \frac{\partial u}{\partial z} = R.$$

Comme les dérivées secondes (supposées continues) sont indépendantes de l'ordre dans lequel on effectue les dérivations, on obtient *trois conditions nécessaires* pour que l'expression proposée soit une différentielle exacte, à savoir

$$\frac{\partial P}{\partial y} = \frac{\partial Q}{\partial x}, \qquad \frac{\partial Q}{\partial z} = \frac{\partial R}{\partial y}, \qquad \frac{\partial R}{\partial x} = \frac{\partial P}{\partial z}. \tag{7}$$

Ces conditions sont aussi *suffisantes*, car nous allons montrer que si elles ont lieu, l'intégrale u de l'expression (6) s'obtiendra par des quadratures.

En effet, cette intégrale a d'abord P comme dérivée par rapport à x, donc elle est comprise dans la formule générale

$$u = \int_a^x P(x, y, z)\,dx + \varphi(y, z), \tag{8}$$

où a est une constante choisie à volonté, et φ une fonction arbitraire de y et z.

Pour que u ait l'expression (6) pour différentielle totale, il faut encore que l'on ait

$$\frac{\partial u}{\partial y}\,dy + \frac{\partial u}{\partial z}\,dz = Q\,dy + R\,dz. \tag{9}$$

Mais on a, par la règle de Leibniz et en observant que P'_y, étant identique à Q'_x, s'intègre immédiatement,

$$\frac{\partial u}{\partial y} = \int_a^x \frac{\partial P}{\partial y} dx + \frac{\partial \varphi}{\partial y} = Q(x, y, z) - Q(a, y, z) + \frac{\partial \varphi}{\partial y}.$$

De même,

$$\frac{\partial u}{\partial z} = R(x, y, z) - R(a, y, z) + \frac{\partial \varphi}{\partial z}.$$

Par ces relations, l'équation (9) se réduit à

$$\frac{\partial \varphi}{\partial y} \partial y + \frac{\partial \varphi}{\partial z} dz = d\varphi = Q(a, y, z)\, dy + R(a, y, z)\, dz.$$

Donc la détermination de φ dépend de l'intégration d'une expression différentielle à deux variables. La condition d'intégrabilité est vérifiée en vertu des équations (7). Donc φ se détermine par la méthode établie précédemment (n° 29). En désignant par b une nouvelle constante choisie à volonté, et en remplaçant dans (8) φ par sa valeur, on voit que l'expression (6) admet une infinité d'intégrales, comprises dans la formule générale, comportant une constante arbitraire,

$$u = \int_a^x P(x, y, z)\, dx + \int_b^y Q(a, y, z)\, dy + \int R(a, b, z)\, dz.$$

Les conditions de continuité supposées dans la démonstration précédente appellent évidemment une remarque analogue à celle du n° 30.

§ 2. Fonctions à variation bornée. Courbes rectifiables

32. Définition des fonctions à variation bornée. — Soit $y = f(x)$ une fonction de x, univoque et bornée dans un intervalle fini (a, b). Donnons à x une suite de valeurs croissantes $x_1 = a$, $x_2, x_3, \ldots x_n, x_{n+1} = b$; soient $y_1, y_2, \ldots y_{n+1}$ les valeurs correspondantes de y. Faisons la somme des différences successives de y; nous aurons

$$(1) \qquad \sum_1^n (y_{k+1} - y_k) = y_{n+1} - y_1 = p - n,$$

p désignant la somme des différences positives et $-n$ celle des différences négatives. Désignons encore par t la somme des différences absolues

$$(2) \qquad t = \sum_1^n |y_{k+1} - y_k| = p + n.$$

Les valeurs extrêmes a et b restant fixes, les trois sommes p, n, t dépendent du nombre et de la position des valeurs intermédiaires. Faisons varier ces deux éléments de toutes les manières possibles ; si l'une des trois sommes est bornée, les deux autres le seront aussi, en vertu des équations (1) et (2). Quand il en sera ainsi, nous dirons que $f(x)$ est une *fonction à variation bornée dans l'intervalle* (a, b) (C. Jordan).

Dans cette hypothèse, on peut choisir successivement les points intermédiaires de manière que p s'approche indéfiniment de sa borne supérieure P. Les équations (1) et (2) montrent que n et t tendront, en même temps, vers leurs bornes supérieures N et T, et ces équations elles-mêmes deviendront, à la limite,

$$f(b) - f(a) = y_{n+1} - y_1 = \mathrm{P} - \mathrm{N}, \qquad \mathrm{T} = \mathrm{P} + \mathrm{N}.$$

Cette dernière quantité T s'appelle la *variation totale* de $f(x)$ dans l'intervalle (a, b). Les deux quantités P et $-$ N sont respectivement les *variations positive* et *négative* de $f(x)$ dans le même intervalle.

Théorème. — *Si $f(x)$ est à variation bornée dans l'intervalle (a, b) et que l'on divise cet intervalle en deux autres par un point intermédiaire c, la variation totale* T *de $f(x)$ dans (a, b) est la somme des variations totales, T_1 et T_2, de $f(x)$ dans (a, c) et dans (c, b).*

On peut, par définition, former une somme t relative à l'intervalle (a, b) et infiniment voisine de T ; et l'on peut supposer que c soit pris comme point de subdivision. En effet, si c tombait entre deux points de subdivision x_i et x_{i+1}, on ajouterait le point de subdivision c et la somme t augmenterait, car le terme $|y_{i+1} - y_i|$ serait remplacé par une somme au moins égale

$$|y_{i+1} - f(c)| + |f(c) - y_i|.$$

Or, quand c est un point de subdivision, t résulte de l'addition des deux sommes partielles analogues, t_1 et t_2, relatives aux deux intervalles (a, c) et (c, b). On a $t_1 + t_2 = t$, donc $T_1 + T_2 \geqslant t$ et, à la limite, $T_1 + T_2 \geqslant T$.

Réciproquement, toute somme $t_1 + t_2$ est une somme t, donc $\leqslant T$. Ainsi t_1 et t_2 sont bornés et $f(x)$ est à variation bornée dans (a, c) et dans (c, b). Alors on peut faire tendre t_1 et t_2 vers leurs bornes T_1 et T_2, et il vient, à la limite, $T_1 + T_2 \leqslant T$. De la comparaison des deux résultats, on conclut $T_1 + T_2 = T$.

Le théorème précédent prouve que, si une fonction $f(x)$ est à variation bornée dans un intervalle (a, b), elle est aussi à variation bornée dans toute partie de cet intervalle. Il s'ensuit que la variation totale t de f dans l'intervalle variable (a, x) est une fonction non décroissante de x. Le même raisonnement prouve que les fonctions P et N relatives à l'intervalle variable (a, x) sont aussi des fonctions non décroissantes de x.

33. Propriétés des fonctions à variation bornée. — I. *Une fonction à variation bornée, $y = f(x)$, est la différence de deux fonctions bornées, positives et non décroissantes dans l'intervalle (a, b). Réciproquement, la différence de deux fonctions bornées et non décroissantes est une fonction à variation bornée.*

Soit y_1 la valeur de y au point a; on a, les variations P et $-$ N se rapportant à l'intervalle (a, x),

$$y = (y_1 + P) - N.$$

Donc y est la différence de deux fonctions de x bornées et non décroissantes. On peut faire en sorte que ces deux fonctions soient positives et même *essentiellement croissantes;* il suffit, en effet, d'ajouter aux deux termes de cette différence une même quantité croissante et suffisamment grande, par exemple, la quantité

$$|\, y_1 \,| + (x - a).$$

Réciproquement, si z et u sont deux fonctions de x bornées et non décroissantes, la fonction $z - u$ est à variation bornée. En effet, la différence des valeurs de $z - u$ pour deux valeurs x_k et x_{k+1} de x

est au plus égale à la somme des accroissements de z et de u dans cet intervalle. Donc la somme de toutes ces différences entre deux valeurs extrêmes de x ne peut surpasser la somme des accroissements de z et de u entre les mêmes valeurs, et $z - u$ est à variation bornée.

II. *La somme, la différence et le produit de deux fonctions à variation bornée sont des fonctions de même nature. L'inverse* $1 : y$ *d'une fonction à variation bornée sera aussi de même nature, pourvu que* $|y|$ *reste supérieur à un nombre positif fixe.*

La première partie se démontre immédiatement en considérant les deux fonctions y et y' comme les différences $z - u$ et $z' - u'$ de deux fonctions positives non décroissantes. On a, en effet,

$$y + y' = (z + z') - (u + u'), \qquad y - y' = (z + u') - (u + z'),$$
$$yy' = (zz' + uu') - (zu' + uz').$$

La dernière partie se vérifie aussi facilement, en observant que, si $|y|$ est $> \mu$, la somme :

$$t = \Sigma \left| \frac{1}{y_{k+1}} - \frac{1}{y_k} \right| = \Sigma \left| \frac{y_{k+1} - y_k}{y_k\, y_{k+1}} \right| \begin{matrix} = \\ < \end{matrix} \frac{1}{\mu^2} \Sigma \, | y_{k+1} - y_k |$$

reste toujours inférieure à un nombre fixe.

III. *Si la fonction $f(x)$ à variation bornée est, de plus, continue en un point (ou dans un intervalle), ses trois variations* $T(x)$, $P(x)$, $N(x)$ *dans l'intervalle (a, x), sont des fonctions de x continues en ce point (ou dans cet intervalle).*

Supposons, pour fixer les idées, que $f(x)$ soit continue à droite du point b. Si $P(x)$ ou $N(x)$ est discontinue à droite du même point, l'oscillation ω, à droite du point b, de ces deux fonctions croissantes sera la même, puisque la différence des deux fonctions est continue. Définissons deux fonctions $P_1(x)$ et $N_1(x)$ comme étant respectivement égales à P et à N pour $x \leqslant b$ et à $P - \omega$, $N - \omega$ pour $x > b$. Ces deux nouvelles fonctions seront encore non décroissantes, nulles pour $x = a$ et telles que l'on ait

$$f(x) - f(a) = P_1(x) - N_1(x).$$

Mais les variations totales de P_1 et N_1 dans (a, x) sont égales aux fonctions elles-mêmes P_1 et N_1; d'autre part, la variation totale d'une différence ne peut évidemment surpasser la somme des variations totales de chaque terme; il vient donc, pour $x > b$,

$$T(x) \overline{\overline{<}} P_1(x) + N_1(x) = P(x) + N(x) - 2\omega.$$

Or, $T = P + N$, donc $\omega = 0$. Alors, P, N et, par suite, T sont continues à droite du point b.

Il résulte de ce théorème que *toute fonction continue à variation bornée est la différence de deux fonctions continues non décroissantes. Elle est donc aussi la différence de deux fonctions continues essentiellement croissantes.*

IV. *Les fonctions à variation bornée sont susceptibles d'intégration.* Toute la théorie de l'intégrale définie qui a été exposée dans le premier volume leur est applicable, et, en particulier, la définition. Si $f(x)$ est à variation bornée dans un intervalle (a, b) et que l'on divise cet intervalle en parties consécutives d'amplitudes δ_i, où la fonction admet les bornes m_i et M_i $(i = 1, 2 \ldots n)$, l'intégrale de $f(x)\,dx$ dans (a, b) est intermédiaire entre les deux sommes $\Sigma m_i \delta_i$, $\Sigma M_i \delta_i$ étendues à tous les intervalles δ_i, et est leur limite commune quand ces intervalles tendent vers 0.

En effet, si l'on se reporte aux raisonnements du premier volume, on voit que le seul appel qui y soit fait à la continuité supposée de la fonction $f(x)$ sert à prouver que la différence $\Sigma(M_i - m_i)\,\delta_i$ des deux sommes a pour limite zéro. Ce résultat découle aussi bien de l'hypothèse que $f(x)$ soit à variation bornée.

Soit, en effet, $T(x)$ sa variation totale dans l'intervalle (a, x); l'oscillation $M_i - m_i$ dans δ_i ne surpasse pas la variation totale $T(x_{i+1}) - T(x_i)$ dans le même intervalle, donc, si toutes les amplitudes δ_i sont $< \delta$, on a

$$\Sigma(M_i - m_i)\,\delta_i < \delta\,\Sigma\Big[T(x_{i+1}) - T(x_i)\Big] = \delta\Big[T(b) - T(a)\Big]$$

et cette quantité est aussi petite que l'on veut avec δ.

34. Courbes rectifiables. — Considérons une courbe plane définie par les deux équations :

$$x = \varphi(t), \qquad y = \psi(t),$$

où φ et ψ sont des fonctions continues de t, ne se réduisant pas simultanément à des constantes.

Donnons à t une suite de valeurs $t_1, t_2, \dots t_n, t_{n+1} = T$. Soient, en général, x_i, y_i les valeurs de x, y pour $t = t_i$. Le périmètre p du polygone inscrit ayant ces points pour sommets, sera

$$p = \sum_1^n \sqrt{(x_{i+1} - x_i)^2 + (y_{i+1} - y_i)^2}.$$

Faisons tendre vers zéro les amplitudes de tous les intervalles $(t_{i+1} - t_i)$. Si le périmètre du polygone ainsi construit tend vers une limite déterminée et unique, quel que soit le mode de subdivision de l'intervalle (t_1, T) en parties infiniment petites, l'arc correspondant de la courbe est *rectifiable* et *la longueur de l'arc* est égale à cette limite.

Pour que cette limite existe, il faut d'abord que le périmètre considéré ne croisse pas indéfiniment. Or le côté $t_i\, t_{i+1}$ est au moins égal $|\, x_{i+1} - x_i \,|$ et à $|\, y_{i+1} - y_i \,|$, mais ne peut surpasser la somme de ces quantités. Pour que le périmètre reste fini, il est donc nécessaire et suffisant que les deux sommes

$$\sum_1^n |\, x_{i+1} - x_i \,| \qquad \text{et} \qquad \sum_1^n |\, y_{i+1} - y_i \,|$$

soient bornées et, par suite, que $\varphi(t)$ et $\psi(t)$ soient des fonctions à variation bornée dans l'intervalle (t_1, T).

Cette condition nécessaire pour que l'arc soit rectifiable est aussi suffisante. En effet, supposons-la vérifiée et désignons par S la borne supérieure des périmètres de tous les polygones possibles. Nous allons montrer que le périmètre du polygone $t_1\, t_2 \dots t_{n+1}$ tend vers S quand l'amplitude de tous les intervalles tend vers zéro.

Pour établir ce théorème, on observe que le périmètre p reste stationnaire ou augmente quand on intercale un nouveau sommet entre t_k et t_{k+1}, mais que cette augmentation, ne pouvant surpasser la somme des deux nouveaux côtés, est inférieure au double de la somme des oscillations de x et de y dans l'intervalle (t_k, t_{k+1}).

Ceci posé, commençons par inscrire un polygone auxiliaire π' dont le périmètre p soit $< S - \varepsilon$, ce qui est possible par définition de S, et soit ν le nombre des sommets. Soit π le polygone inscrit de périmètre p, dont les sommets soient de paramètres t_1, t_2,... suffisamment voisins pour que la somme des oscillations de φ et ψ soit $< \varepsilon : 2\nu$ dans chaque intervalle $t_k\, t_{k+1}$. Nous allons montrer que la différence $L - p$ est aussi petite que l'on veut avec ε. A cet effet, formons un troisième polygone π'' de périmètre p'', ayant tous les sommets de π et de π'. Comme π'' se construit par l'addition de nouveaux sommets à π, et que l'accroissement du périmètre est au plus de $\varepsilon : \nu$ par nouveau sommet, on a $p'' < p + \varepsilon$. D'autre part, π'' provient aussi de l'addition de nouveaux sommets à π' de sorte que $p'' > p' > S - \varepsilon$. On a, en définitive,

$$p + \varepsilon > p'' > L - \varepsilon, \qquad \text{d'où} \qquad p > L - 2\varepsilon.$$

Donc p qui est $< S$, en diffère aussi peu qu'on voudra à condition de rendre ε (donc les intervalles $t_k\, t_{k+1}$) suffisamment petits.

Nous pouvons donc énoncer le théorème suivant :

La condition nécessaire et suffisante pour qu'une courbe continue, dont les coordonnées sont des fonctions de t, soit rectifiable, est que ces fonctions soient à variation bornée (C. JORDAN).

L'arc d'une courbe rectifiable possède les propriétés suivantes :

1° *Si l'on partage un arc en plusieurs parties, la longueur totale est égale à la somme des longueurs de chaque partie.*

On s'en assure par la considération des polygones inscrits dans chaque partie et dont l'ensemble est inscrit dans l'arc total.

2° *La longueur s d'un arc, comptée d'un point fixe t_1 à un point mobile t, est une fonction continue et croissante de t.*

L'arc varie en croissant à cause de la propriété précédente et sa continuité résulte de celle de la variation totale d'une fonction continue. En effet, le raisonnement fait au début montre que la longueur de l'arc dans l'intervalle $(t, t + \Delta t)$ est inférieure à la somme des variations totales de x et y dans le même intervalle, donc elle est aussi petite qu'on veut avec Δt.

3° *Réciproquement, t est une fonction continue et croissante de s. Les coordonnées x et y, qui sont fonctions continues de t, peuvent donc toujours être considérées comme fonctions continues de s.*

Ces définitions et ces propriétés s'étendent d'elles-mêmes aux courbes de l'espace.

§ 3. Intégrales curvilignes qui ne dépendent que de leurs limites

35. Intégrales curvilignes. — Soient P et Q deux fonctions continues et univoques de x et y dans une aire D à contour simple. L'intégrale curviligne,

$$\int_L P\,dx + Q\,dy,$$

effectuée sur une ligne L tracée dans l'aire D, a été définie dans le premier volume moyennant certaines restrictions imposées à cette ligne. Nous allons faire disparaître ces restrictions et étendre la définition de l'intégrale à toute courbe rectifiable.

Considérons une représentation paramétrique de la ligne L. Soient $\varphi(t)$ et $\psi(t)$ deux fonctions continues de t ne se réduisant pas simultanément à des constantes, et supposons que le point

$$x = \varphi(t), \qquad y = \psi(t),$$

décrive la ligne L quand t varie de t_1 à T. Cette ligne est supposée rectifiable. Soient S sa longueur totale, s sa longueur variable entre les points t_1 et t. Pour définir l'intégrale curviligne, divisons l'arc L en segments consécutifs par les points $t_1, t_2, \ldots t_k, \ldots t_n, t_{n+1} = T$. Désignons par $x_k, y_k, P_k, \ldots$ les valeurs des fonctions $x, y, P(x, y), \ldots$ au point t_k. Faisons tendre tous les segments, c'est-à-dire tous les intervalles $t_k\, t_{k+1}$, vers zéro; les intégrales curvilignes sur L sont définies par les limites de sommes :

$$\lim \sum_1^n P_k\,(x_{k+1} - x_k) = \int_L P\,dx,$$

$$\lim \sum_1^n Q_k\,(y_{k+1} - y_k) = \int_L Q\,dy.$$

Mais il faut prouver l'existence de ces limites, et c'est ce que nous allons faire en les ramenant à des intégrales définies ordinaires. Il suffit de faire le raisonnement pour la première somme.

La courbe étant rectifiable, on peut mettre x sous la forme, $u - v$, de deux fonctions de t continues et essentiellement croissantes. On posera, par exemple,

$$u = 2s, \qquad v = 2s - x,$$

auquel cas u et v croissent plus rapidement que s. Il vient ainsi, u_k et v_k se rapportant au point t_k,

$$\sum_1^n \mathrm{P}_k(x_{k+1} - x_k) = \sum_1^n \mathrm{P}_k(u_{k+1} - u_k) - \sum_1^n \mathrm{P}_k(v_{k+1} - v_k).$$

Mais u et v sont fonctions continues et croissantes de t; alors, réciproquement, t est fonction continue et croissante de u ou de v à volonté. Il s'ensuit que x, y et, par conséquent, P sont aussi fonctions continues soit de u dans l'intervalle (u_1, U) soit de v dans l'intervalle (v_1, V).

Considérons le second membre de la dernière équation; prenons u comme variable indépendante dans le premier terme, et v dans le second; il vient, par la définition même de l'intégrale définie,

$$\lim \sum_1^n \mathrm{P}_k(x_{k+1} - x_k) = \int_{u_1}^{\mathrm{U}} \mathrm{P}\, du - \int_{v_1}^{\mathrm{V}} \mathrm{P}\, dv.$$

C'est le résultat annoncé.

En particulier, si x et y sont des fonctions de t, continues ainsi que leurs dérivées premières dans l'intervalle (t_1, T), s, u et v jouissent de la même propriété. On peut prendre t comme variable d'intégration et l'on a

$$\int_{\mathrm{L}} \mathrm{P}\, dx = \int_{t_1}^{\mathrm{T}} \mathrm{P}(u' - v')\, dt = \int_{t_1}^{\mathrm{T}} \mathrm{P}x'\, dt;$$

de même,

$$\int_{\mathrm{L}} \mathrm{Q}\, dy = \int_{t_1}^{\mathrm{T}} \mathrm{Q}\, y' dt.$$

36. Lemme. — *La ligne d'intégration* L *étant tracée dans l'aire* D, *on peut lui inscrire un polygone* π *tel que l'intégrale sur* L *diffère aussi peu que l'on veut de l'intégrale sur* π. *Il suffit pour cela que les côtés du polygone soient suffisamment petits.*

Il suffit évidemment de démontrer le théorème pour chacune des intégrales de $P\,dx$ et de $Q\,dy$. Considérons seulement la première, la démonstration se faisant de la même manière pour l'autre.

Soient S la longueur de la ligne d'intégration, m_1 et M ses extrémités. Inscrivons un polygone ayant pour sommets les points m_1, $m_2, \ldots m_n$ et M. Soient x_i et P_i les valeurs de x et de P au point m_i ; c_i le côté $m_i\, m_{i+1}$ et aussi la longueur de ce côté. Soit ε un nombre positif arbitraire; on peut prendre tous les côtés c_i assez petits pour que l'oscillation de la fonction continue P soit $< \varepsilon$ sur chaque côté et pour que la différence entre $\sum\limits_i (x_{i+1} - x_i)\, P_i$ et sa limite $\int_L P\,dx$ soit aussi $< \varepsilon$. Ceci fait, on a

$$\int_\pi P\,dx = \sum_i \int_{c_i} P\,dx,$$

ce qui peut s'écrire

$$\int_\pi P\,dx = \sum_i (x_{i+1} - x_i) P_i + \sum_i \int_{c_i} (P - P_i)\, dx.$$

Cette relation prouve le théorème, car, si l'on porte son attention sur le second membre, la première somme diffère de moins de ε de $\int_L P\,dx$, tandis que la seconde, qui est moindre en valeur absolue que $\varepsilon \Sigma c_i$ et *a fortiori* que εS, est aussi petite que l'on veut avec ε.

37. Intégrales curvilignes qui ne dépendent que de leurs limites. — En général, l'intégrale curviligne effectuée sur une ligne L, tracée dans le plan xy et allant du point (x_1, y_1) au point (X, Y), dépend non seulement de ces deux points, mais aussi du tracé de la ligne. Si l'intégrale ne dépend que des extrémités de la ligne d'intégration et du sens du parcours, il est naturel de faire apparaître cette propriété par une notation analogue à celle des intégrales ordinaires : l'intégrale effectuée de (x_1, y_1) à (X, Y) sur une ligne arbitraire se désigne alors par

$$\int_{x_1, y_1}^{X, Y} P\,dx + Q\,dy$$

et l'on dit que *l'intégrale curviligne ne dépend que de ses limites.*

Les intégrales qui ne dépendent que de leurs limites ne sont autres que celles des différentielles totales exactes, ainsi qu'il résulte des propositions suivantes :

THÉORÈME. — *Si* $P\,dx + Q\,dy$ *est la différentielle totale d'une fonction* $F(x, y)$ *supposée univoque dans l'aire* D, *l'intégrale de* $P\,dx + Q\,dy$ *ne dépend que de ses limites sur toute ligne de l'aire* D *et elle est égale à l'accroissement de* F *entre les extrémités de la ligne d'intégration.*

L'intégrale sur une ligne quelconque étant la limite de celle sur une ligne polygonale en vertu du lemme précédent, il suffit de prouver le théorème pour toute ligne polygonale.

Or, sur une ligne polygonale π, on peut considérer x et y comme des fonctions continues d'une variable t qui varie de t_1 à T, ces fonctions admettant des dérivées continues, sauf aux sommets du polygone où elles restent toujours bornées. On peut alors prendre t comme variable d'intégration et il vient

$$\int_\pi P\,dx + Q\,dy = \int_{t_1}^{T} \left(P\frac{dx}{dt} + Q\frac{dy}{dt}\right) dt = \int_{t_1}^{T} \frac{dF}{dt}\,dt.$$

Par conséquent, x_1, y_1 et X, Y étant les coordonnées des extrémités, il vient

$$\int_\pi P\,dx + Q\,dy = F(X, Y) - F(x_1, y_1),$$

ce qui prouve le théorème.

THÉORÈME. — *Quand elle ne dépend que de ses limites dans l'aire* D, *l'intégrale de* $P\,dx + Q\,dy$, *effectuée entre un point fixe* x_1, y_1 *et un point variable* x, y, *est une fonction univoque de* x, y, *ayant pour différentielle totale* $P\,dx + Q\,dy$, *ou pour dérivées partielles* P *et* Q.

Désignons par x_1, y_1 le point fixe, par X, Y le point variable. Soit alors

$$F(X, Y) = \int_{x_1, y_1}^{X, Y} P\,dx + Q\,dy.$$

Cette fonction F est univoque par hypothèse ; il reste à montrer qu'elle a pour dérivées partielles P et Q.

Laissons Y fixe et donnons à X un accroissement infiniment petit $\Delta X = h$. Calculons la nouvelle intégrale sur un polygone ayant pour dernier côté la droite menée du point (X, Y) à $(X + h, Y)$. L'accroissement ΔF se réduit alors à l'intégrale sur ce dernier côté où y est constant et dy nul, c'est-à-dire à l'intégrale définie ordinaire

$$\Delta F = \int_{X}^{X+h} P(x, Y)\,dx.$$

On en déduit, par le théorème de la moyenne, $\Delta F = P(X + \theta h)\,\Delta X$ et, par conséquent,

$$F'_X = \lim \frac{\Delta F}{\Delta X} = P(X, Y); \qquad \text{de même,} \qquad F'_Y = Q.$$

En rapprochant les deux théorèmes précédents, on voit que l'on peut énoncer la conclusion suivante :

Théorème. — *Si* P *et* Q *sont des fonctions continues et univoques de x et de y dans l'aire* D, *la condition nécessaire et suffisante pour que l'intégrale de* $P\,dx + Q\,dy$ *ne dépende que de ses limites dans l'intérieur de* D, *est que* $P\,dx + Q\,dy$ *soit la différentielle totale d'une fonction univoque dans cette aire.*

Nous allons maintenant chercher des conditions seulement suffisantes, mais que l'on puisse vérifier directement connaissant les fonctions P et Q.

38. Théorème. — *La condition nécessaire et suffisante pour que l'intégrale de* $P\,dx + Q\,dy$ *ne dépende que de ses limites dans l'aire* D, *est qu'elle soit nulle sur tout contour fermé* C *tracé dans* D. *Il suffit d'ailleurs pour cela qu'elle soit nulle sur tout contour* *triangulaire, et même sur tout contour triangulaire supposé aussi petit qu'on le voudra.*

Soient L et L_1 deux lignes ayant les mêmes extrémités, L_1^{-1} la ligne L_1 parcourue en sens contraire. Le parcours LL_1^{-1} est fermé et l'on a

$$\int_L - \int_{L_1} = \int_{LL_1^{-1}}.$$

Donc, si les intégrales sur L et sur L_1 sont égales, celle sur le contour fermé LL_1^{-1} est nulle, et réciproquement, ce qui prouve la première partie du théorème.

Je dis maintenant que pour que l'intégrale soit nulle sur tout contour fermé, il suffit qu'elle le soit sur tout contour triangulaire. En effet, l'intégrale sur le contour fermé est la limite de celle sur un polygone fermé π. Pour que l'intégrale soit nulle sur π, il suffit qu'elle le soit sur tout contour triangulaire suffisamment petit. En effet, si le contour polygonal π est simple (ne se coupe pas), on peut, par des lignes auxiliaires, décomposer l'aire intérieure à π en un réseau de triangles aussi petits qu'on le désire. Sommons les intégrales effectuées sur les contours de tous les triangles; les intégrales sur les lignes auxiliaires se détruisent, car ces lignes sont parcourues deux fois en sens contraires. La somme se réduit donc à l'intégrale effectuée sur le contour polygonal extérieur, laquelle s'annule avec les intégrales sur les triangles.

Si le contour polygonal π se coupe, il est formé par la juxtaposition de plusieurs contours simples et l'on est ramené au cas précédent.

39. Théorème. — *Si* P *et* Q *et leurs dérivées partielles* P'_y *et* Q'_x *sont des fonctions continues et univoques de* x *et* y *dans l'aire* D, *la condition nécessaire et suffisante pour que l'intégrale de* $P\,dx + Q\,dy$ *ne dépende que de ses limites sur toute ligne tracée dans l'intérieur de l'aire* D *est que l'on ait l'identité* $P'_y = Q'_x$ *dans l'intérieur de cette aire.*

La condition est nécessaire en vertu du théorème du n° 29. Il reste à prouver qu'elle est suffisante.

Cette conclusion se tire immédiatement de la formule de Green. Il suffit, d'après le lemme précédent, de montrer que l'intégrale de $P\,dx + Q\,dy$ est nulle sur tout triangle C tracé dans l'aire D. Soit A l'aire intérieure au triangle. Il vient, par la formule de Green, $Q'_x - P'_y$ étant nul,

$$\int_C P\,dx + Q\,dy = \iint_A (Q'_x - P'_y)\,dx\,dy = 0,$$

ce qui prouve la proposition.

Nous allons indiquer maintenant un autre théorème analogue qui ne suppose pas la continuité des dérivées partielles. Il s'appuie sur le lemme suivant :

40. Lemme. — *Supposons* $P(x, y)$ *et* $Q(x, y)$ *différentiables dans un domaine* D *et sur le bord, celui-ci formé par hypothèse d'un contour unique* C. *Soit alors* ω *un nombre positif donné. Je dis qu'on peut décomposer* D *en carrés (ou morceaux de carrés sur le bord), tous aussi petits qu'on veut (mais non pas supposés égaux), de telle façon qu'il existe dans chaque élément (carré ou morceau de carré) un point au moins* (ξ, η) *tel qu'on ait, pour chaque point* (x, y) *du même élément, les deux relations simultanées :*

$$P(x, y) = P(\xi, \eta) + \frac{\partial P}{\partial \xi}(x - \xi) + \frac{\partial P}{\partial \eta}(y - \eta) + \varepsilon\rho,$$

$$Q(x, y) = Q(\xi, \eta) + \frac{\partial Q}{\partial \xi}(x - \xi) + \frac{\partial Q}{\partial \eta}(y - \eta) + \varepsilon'\rho,$$

où l'on suppose

$$\rho = |\xi - x| + |\eta - y|, \qquad |\varepsilon| < \omega, \qquad |\varepsilon'| < \omega.$$

Pour le prouver par l'absurde, supposons que, ω étant donné, il soit impossible de satisfaire à ces conditions. Partageons D en un réseau de petits carrés (sauf la restriction déjà indiquée pour le bord) : il y aura au moins un de ces carrés où les conditions seront encore irréalisables. S'il y en avait plusieurs, fixons le choix de l'un d'eux par une loi. Subdivisons ce carré en d'autres plus petits et continuons ainsi de suite ; nous prouvons par le raisonnement connu qu'il existe au moins un point (ξ, η) de D, compris dans un carré aussi petit qu'on veut où les conditions sont irréalisables. Ceci est absurde, car P et Q étant différentiables au point (ξ, η), les conditions sont réalisées dans tout carré suffisamment petit contenant ce point (sans qu'il soit même besoin de subdiviser ce carré).

41. Théorème. — *Si* P *et* Q *sont des fonctions continues, univoques et* DIFFÉRENTIABLES *de* x *et* y *dans l'aire* D, *la condition nécessaire et suffisante pour que l'intégrale de* $P\,dx + Q\,dy$ *ne dépende que de ses limites sur une ligne quelconque tracée à l'intérieur de l'aire* D, *est que l'on ait l'identité* $P'_y = Q'_x$ *à l'intérieur de cette aire.*

Il suffit, comme au n° 39, de démontrer que cette condition est suffisante, et cela pour un contour triangulaire.

Prouvons donc que, si l'on a dans un triangle T la relation $P'_y = Q'_x$, l'intégrale de $P\,dx + Q\,dy$ est nulle sur le contour du triangle. Décomposons le triangle en carrés de manière à réaliser la condition du lemme précédent. Considérons l'un de ces éléments. S'il est intérieur au triangle, c'est un carré de côté α, de périmètre 4α et d'aire α^2. S'il est sur le bord, c'est une portion convexe d'un carré de côté α, son aire est $< \alpha^2$ et son périmètre $< 4\alpha$.

Intégrons $P\,dx$ sur le contour γ de cet élément. En décomposant $P\,dx$ par la formule du lemme précédent et en observant que l'intégrale de $\left[P(\xi, \eta) + \frac{\partial P}{\partial \xi}(x - \xi)\right] dx$ est nulle, car c'est celle d'une différentielle exacte, il vient

$$\int_\gamma P(x, y)\,dx = \frac{\partial P}{\partial \eta}\int_\gamma y\,dx + \int_\gamma \varepsilon\rho\,dx,$$

où l'on a, par le théorème de la moyenne,

$$\left|\int_\gamma \varepsilon\rho\,dx\right| < 4\alpha^2\omega,$$

car $|\,\varepsilon\,|$ est $< \omega$, ensuite $|\,\rho\,| < 2\alpha$ et x décrit au plus deux intervalles d'amplitude α.

On a, de même,

$$\int_\gamma Q(x, y)\, dx = \frac{\partial Q}{\partial \xi}\int_\gamma x dy + \int_\gamma \varepsilon' \rho dy.$$

$$\left|\int_\gamma \varepsilon' \rho dy\right| < 4\alpha^2\omega.$$

Ajoutons membre à membre ces deux équations. Au second membre, $\int x dy$ et $\int y dx$ ont, par hypothèse, le même coefficient et leur somme est nulle, car c'est l'intégrale de la différentielle exacte $d(xy)$. Il vient donc $(-1 < \Theta < 1)$

$$\int_\gamma P dx + Q dy = \int_\gamma \varepsilon\rho dx + \int_\gamma \varepsilon' \rho dy = 8\Theta\omega\alpha^2.$$

Sommons maintenant pour tous les éléments du triangle, il vient, l'intégration se faisant sur le contour du triangle T,

$$\int_T P dx + Q dy = 8\Theta\omega\Sigma\alpha^2 \qquad (-1 < \Theta < 1).$$

Le second membre est aussi petit qu'on veut avec ω, car la somme $\Sigma\alpha^2$ des aires de tous les carrés surpasse aussi peu qu'on veut celle du triangle T. Donc le premier membre ne peut différer de 0, et l'intégrale est nulle sur le contour triangulaire.

42. Extension à un nombre quelconque de variables. — Les propositions des nos 36 et 38 s'étendent d'elles-mêmes à un nombre quelconque de variables indépendantes. Toute l'analyse précédente se généralise alors aisément. Pour plus de facilité, considérons seulement le cas de trois variables.

Soient P, Q, R trois fonctions continues et univoques de x, y, z, *admettant les dérivées partielles premières* : P'_y, P'_z, Q'_x, Q'_z, R'_x, R'_y, *continues* dans un domaine D. Ce domaine D peut être limité par une ou plusieurs surfaces, mais on le suppose tel, que tout contour fermé qu'on y trace puisse se réduire à un point unique par une déformation continue sans sortir de D. (Dans le cas de deux variables, c'est la simplicité du contour de l'aire qui assurait cette condition).

On a alors le théorème suivant :

La condition nécessaire et suffisante pour que $P\,dx + Q\,dy + R\,dz$ *soit la différentielle totale d'une fonction univoque* $F(x, y, z)$ *dans* D, *ou pour que l'intégrale curviligne*

$$\int P\,dx + Q\,dy + R\,dz$$

ne dépende que de ses limites dans D, *est que l'on ait, dans ce domaine,*

$$\frac{\partial P}{\partial y} = \frac{\partial Q}{\partial x}, \quad \frac{\partial Q}{\partial z} = \frac{\partial R}{\partial y}, \quad \frac{\partial R}{\partial x} = \frac{\partial P}{\partial z}.$$

Dans ce cas, $F(x, y, z)$ *sera exprimée, à une constante près, par l'intégrale curviligne*

$$\int_{x_1, y_1, z_1}^{x, y, z} P\,dx + Q\,dy + R\,dz,$$

effectuée sur un chemin arbitraire entre un point fixe et un point variable du domaine D.

Le théorème précédent subsiste sans faire d'hypothèses sur la continuité des dérivées partielles, mais *à condition d'admettre la différentiabilité des trois fonctions* P, Q, R.

Tout revient, en effet, pour justifier ces conclusions, à montrer que l'intégrale de $P\,dx + Q\,dy + R\,dz$ est nulle sur un contour triangulaire aussi petit qu'on veut, donc tout entier dans le domaine D. Or on peut, dans le plan de ce triangle, considérer x, y, z comme des fonctions linéaires de deux variables u, v, ce qui ramène l'expression $P\,dx + Q\,dy + R\,dz$ à la forme $A\,du + B\,dv$, qui contient deux variables seulement et satisfait aux conditions des théorèmes précédents. On s'en assure en formant les expressions de A et de B.

EXERCICES

1. Quelle est la condition nécessaire et suffisante pour que l'intégrale de surface,

$$(1) \qquad \iint_S A\,dy\,dz + B\,dz\,dx + C\,dx\,dy,$$

ne dépende que du contour L de la surface S et non de la forme de celle-ci ?

R. Il faut que l'intégrale soit nulle sur toute surface fermée S. Soit V le volume compris dans S supposée fermée; l'intégrale de surface revient par la formule de Green à l'intégrale triple

$$\iiint_V \left(\frac{\partial A}{\partial x} + \frac{\partial B}{\partial y} + \frac{\partial C}{\partial z}\right) dx\, dy\, dz.$$

Cette intégrale devant s'annuler quel que soit V, la condition cherchée est

$$\frac{\partial A}{\partial x} + \frac{\partial B}{\partial y} + \frac{\partial C}{\partial z} = 0. \tag{2}$$

2. Montrer que si l'intégrale de surface (1) ne dépend que du contour L de S, elle se ramène à une intégrale curviligne sur L.

R. La condition (2) ayant lieu, il est possible de déterminer trois fonctions P, Q, R par les relations

$$\frac{\partial R}{\partial y} - \frac{\partial Q}{\partial z} = A, \quad \frac{\partial P}{\partial z} - \frac{\partial R}{\partial x} = B, \quad \frac{\partial Q}{\partial x} - \frac{\partial P}{\partial y} = C.$$

On y satisfait, par exemple, en posant

$$P = \int_{z_0}^{z} B\,dz + \int C(x, y, z_0)\,dy, \qquad Q = -\int_{z_0}^{z} H\,dz, \qquad R = 0.$$

L'intégrale de surface se transforme alors par la formule de Stokes (t. I, n° 304) dans l'intégrale curviligne

$$\int_L P\,dx + Q\,dy + R\,dz. \tag{3}$$

Ce résultat permet de généraliser la notion des différentielles exactes. On dit (Poincaré) que l'équation (2) exprime la condition pour que (1) soit une intégrale de différentielle exacte. Dans ce cas, en effet, l'intégrale *double* (1) se ramène à l'intégrale *simple* (3). Cette généralisation peut s'étendre à un nombre quelconque de variables.

CHAPITRE III

Intégrales Eulériennes

§ I. Expressions des fonctions circulaires et hyperboliques en produits infinis et en séries de fractions

43. Décomposition de $\sin m\Theta$ **en facteurs.** — Nous considérons seulement le cas où m est un entier impair $2n + 1$.

L'expression de $\sin m\Theta$ se tire de la *formule de Moivre :*

$$\cos m\Theta + i \sin m\Theta = (\cos \Theta + i \sin \Theta)^m,$$

en égalant les cofficients de i dans les deux membres. Il vient ainsi, pour toute valeur *réelle* ou *imaginaire* de Θ,

$$\sin m\Theta = m \cos^{m-1}\Theta \sin \Theta - \frac{m(m-1)(m-2)}{1.\ 2.\ 3} \cos^{m-3}\Theta \sin^3 \Theta + \dots$$

Par conséquent, m étant égal à $2n + 1$,

$$\frac{\sin m\Theta}{\sin \Theta} = m \cos^{2n}\Theta - \frac{m(m-1)(m-2)}{1.\ 2.\ 3} \cos^{2n-2}\Theta \sin^2\Theta + \dots$$

Tous les exposants sont pairs au second membre. Donc, si l'on remplace $\cos^2\Theta$ par $1 - \sin^2\Theta$, le second membre se transforme en un polynôme de degré n en $\sin^2\Theta$.

Posons, en abrégé, $z = \sin^2\Theta$ et soit $F_n(z)$ ce polynôme de degré n; on peut écrire, en désignant par $\alpha_1, \alpha_2, \dots \alpha_n$ les racines de $F_n(z)$,

$$(1) \quad \frac{\sin m\Theta}{m \sin \Theta} = \left(1 - \frac{z}{\alpha_1}\right)\left(1 - \frac{z}{\alpha_2}\right)\dots\left(1 - \frac{z}{\alpha_n}\right), \quad (z = \sin^2\Theta)$$

les deux membres ayant la même limite 1 quand Θ et, par suite, z tendent vers 0.

Mais les racines α_1, α_2.... de $F_n(z)$ s'obtiennent tout de suite. En effet, $\sin m\Theta$ s'annule pour les valeurs $\frac{\pi}{m}, \frac{2\pi}{m}, \dots \frac{n\pi}{m}$ de Θ, toutes inférieures à $\frac{\pi}{2}$ (car $m = 2n + 1$) et auxquelles correspondent les valeurs croissantes (donc différentes) de z :

$$(2) \quad \alpha_1 = \sin^2 \frac{\pi}{m}, \qquad \alpha_2 = \sin^2 \frac{2\pi}{m} \quad \dots \quad \alpha_n = \sin^2 \frac{n\pi}{m},$$

qui sont donc les racines de $F_n(z)$, car $\sin\Theta$ ne s'annule pas.

Portant les valeurs (2) dans (1), on aura la formule de décomposition cherchée.

44. Décompositions de $\operatorname{sh} x$ et de $\sin x$ en produits infinis. — Soit x une valeur réelle; changeons Θ en $\frac{xi}{m}$ dans la formule (1). Il faut remplacer $\sin\Theta$ par $i \operatorname{sh}\frac{x}{m}$ et $\sin m\Theta$ par $i \operatorname{sh} x$. Il vient donc

$$\frac{\operatorname{sh} x}{m \operatorname{sh} \frac{x}{m}} = \prod_{k=1}^{n} \left(1 + \frac{\operatorname{sh}^2 \frac{x}{m}}{\alpha_k} \right) \qquad (m = 2n + 1).$$

Tout est positif dans le second membre de cette formule. Prenons les logarithmes : le produit sera remplacé par une somme. Soit p un entier $< n$; nous aurons

$$(3) \qquad \operatorname{Log} \frac{\operatorname{sh} x}{m \operatorname{sh} \frac{x}{m}} = \sum_{k=1}^{p} \operatorname{Log} \left(1 + \frac{\operatorname{sh}^2 \frac{x}{m}}{\alpha_k} \right) + R_p,$$

en désignant par R_p la somme des logarithmes non écrits, qui sont tous positifs. Mais, si α est positif, on a $e^\alpha > 1 + \alpha$, par conséquent $\alpha > \operatorname{Log}(1 + \alpha)$; il vient donc

$$0 < R_p < \sum_{p+1}^{n} \frac{\operatorname{sh}^2 \frac{x}{m}}{\alpha_k} = \left(\operatorname{sh}^0 \frac{x}{m} \right) \sum_{p+1}^{n} \frac{1}{\alpha_k}.$$

Quand k varie de 1 à $n = \frac{m-1}{2}$, le rapport $\left(\sin \frac{k\pi}{m}\right) : \frac{k\pi}{m}$ est $> \frac{2}{\pi}$, car c'est celui du sinus à l'arc, qui décroît constamment sans atteindre le minimum $\left(\sin \frac{\pi}{2}\right) : \frac{\pi}{2} = \frac{2}{\pi}$. On a donc

$$\frac{1}{\alpha_k} = \frac{1}{\sin^2 \frac{k}{m}} < \frac{1}{\left(\frac{2}{\pi}\right)^2 \left(\frac{k\pi}{m}\right)^2} = \frac{m^2}{4k^2} < \frac{m^2}{4}\left[\frac{1}{k-1} - \frac{1}{k}\right]$$

et, par conséquent, *a fortiori*

$$R_p < \frac{m^2}{4}\left(\text{sh}^2 \frac{x}{m}\right)\sum_{p+1}^{\infty}\left[\frac{1}{k-1} - \frac{1}{k}\right] = \frac{m^2}{4p}\,\text{sh}^2 \frac{x}{m}.$$

Faisons maintenant tendre m vers l'infini dans la formule (3), et observons que l'on a

$$\lim m \,\text{sh}\frac{x}{m} = x, \qquad \lim m^2 \alpha_k = \lim m^2 \sin^2 \frac{k\pi}{m} = k^2\pi^2;$$

il vient, quelque grand que soit p,

$$\text{Log}\frac{\text{sh}\, x}{x} = \sum_1^p \text{Log}\left(1 + \frac{x^2}{k^2\pi^2}\right) + \lim R_p,$$

$$0 < \lim R_p < \frac{x^2}{4p}.$$

Si l'on fait tendre maintenant p vers l'infini, $\lim R_p$ tend vers 0 et l'on trouve

$$(4) \quad \text{Log}\frac{\text{sh}\, x}{x} = \text{Log}\frac{e^x - e^{-x}}{2x} = \sum_1^{\infty} \text{Log}\left(1 + \frac{x^2}{k^2\pi^2}\right)$$

Enfin, en repassant des logarithmes aux nombres, on obtient sh$x$ sous forme de *produit infini*, c'est-à-dire comme limite du produit d'un nombre illimité de facteurs :

$$(5) \qquad \text{sh}\, x = \frac{e^x - e^{-x}}{2} = x \prod_1^{\infty}\left(1 + \frac{x^2}{k^2\pi^2}\right).$$

La décomposition de $\sin x$ peut s'obtenir directement, par un raisonnement analogue. Mais on peut la déduire de la formule précédente. Il suffit de remarquer que *la formule* (5) *subsiste si l'on remplace x par une variable imaginaire z.*

En effet, le produit qui constitue le second membre de (5) se développe, par les multiplications successives, en une somme de puissances de x toutes positives. Donc, l'ordre des termes étant indifférent, ce second membre peut être ordonné suivant les puissances de x, ce qui le ramènera nécessairement à la série potentielle qui définit $\operatorname{sh} x$.

Cette réduction à la série qui définit le sinus hyperbolique demeure légitime quand on remplace x par une imaginaire z de module x, car la somme de puissances de x sera seulement remplacée par une somme absolument convergente de puissances de z et l'ordre des termes demeure indifférent.

Donc on peut remplacer x par ix dans (5) et l'on en déduit

$$(6) \qquad \sin x = x \prod_{1}^{\infty} \left(1 - \frac{x^2}{k^2\pi^2}\right).$$

On tire de là le développement analogue

$$\cos x = \frac{\sin 2x}{2 \sin x} = \prod_{0}^{\infty} \left(1 - \frac{4x^2}{(2k+1)^2 \pi^2}\right).$$

45. Séries de fractions. — Si l'on dérive la formule (4), il vient, pour toute valeur réelle de x,

$$(7) \qquad \frac{e^x + e^{-x}}{e^x - e^{-x}} - \frac{1}{x} = 2x \sum_{k=1}^{\infty} \frac{1}{k^2\pi^2 + x^2}.$$

En effet, cette série, ayant tous ses termes inférieurs à ceux de la série convergente à termes positifs $\Sigma\, k^{-2}$, est *uniformément* convergente quand x varie d'une manière quelconque, ce qui justifie la dérivation.

De même, remplaçons, dans (6), $\sin x$ et tous les facteurs par leur valeur absolue ; prenons les logarithmes des deux membres, et dérivons. Il viendra

$$(8) \qquad \cot x = \frac{1}{x} - 2x \sum_{k=1}^{\infty} \frac{1}{k^2\pi^2 - x^2}.$$

En effet, cette série converge encore absolument et *uniformément* dans tout intervalle où les dénominateurs ne s'annulent pas, car le rapport de son terme général à celui de la série $\Sigma\, k^{-2}$ tend vers une limite finie pour k infini.

Si l'on remarque que l'on a

$$\frac{2x}{x^2 - k^2\pi^2} = \frac{1}{x - k\pi} + \frac{1}{x + k\pi},$$

on voit que la formule (8) peut s'écrire plus simplement

$$\text{(9)} \qquad \cot x = \sum_{-\infty}^{+\infty} \frac{1}{x - k\pi},$$

à la condition d'associer dans la sommation les valeurs $+ k$ et $- k$.

Le développement de $\cot x$, en donne encore d'autres :

$$\operatorname{tg} x = - \cot\left(x - \frac{\pi}{2}\right) = - \sum_{-\infty}^{+\infty} \frac{1}{x - \left(k + \frac{1}{2}\right)\pi}$$

$$\frac{1}{\sin x} = \frac{1}{2}\left(\cot\frac{x}{2} + \operatorname{tg}\frac{x}{2}\right) = \sum_{-\infty}^{+\infty} \frac{1}{x - 2k\pi} - \sum_{-\infty}^{+\infty} \frac{1}{x - (2k+1)\pi},$$

ou, plus simplement,

$$\text{(10)} \qquad \frac{1}{\sin x} = \sum_{-\infty}^{+\infty} \frac{(-1)^k}{x - k\pi} = \frac{1}{x} + 2x \sum_{1}^{\infty} \frac{(-1)^k}{x^2 - k^2\pi^2}.$$

Remarque. — Il est souvent utile d'écrire la formule (7) sous une autre forme. On remarque que l'on a

$$\frac{e^x + e^{-x}}{e^x - e^{-x}} = \frac{2}{e^{2x} - 1} + 1.$$

On substitue cette valeur dans le premier membre de (7), puis on change x en $x : 2$. L'équation prend la forme

$$\text{(11)} \qquad \frac{x}{e^x - 1} - 1 + \frac{x}{2} = 2x^2 \sum_{1}^{\infty} \frac{1}{4k^2\pi^2 + x^2},$$

46. Calcul d'une intégrale d'Euler. — Soit x une quantité comprise entre 0 et 1 ; on a

$$\frac{1}{1 + x} = \sum_{0}^{n-1} (-x)^k + (-1)^n \theta x^n,$$

et θ est compris entre 0 et 1, car θ est égal à $1 : (1 + x)$.

Donc, si a désigne une quantité *positive*, il vient, en multipliant la relation précédente par $x^{a-1}\,dx$ et intégrant, puis en observant que θ peut sortir du signe d'intégration tout en gardant le sens d'une quantité comprise entre 0 et 1,

$$\int_0^1 \frac{x^{a-1}\,dx}{1+x} = \sum_0^{n-1} \frac{(-1)^k}{a+k} + \frac{(-1)^n\theta}{a+n}.$$

Enfin, en faisant tendre a vers l'infini, on obtient

$$\int_0^1 \frac{x^{a-1}\,dx}{1+x} = \sum_0^{\infty} \frac{(-1)^k}{a+k}.$$

Supposons maintenant a compris entre 0 et 1 ; on peut changer a en $1-a$ dans cette intégrale, puis x en $1:x$; il vient

$$\int_0^1 \frac{x^{-a}\,dx}{1+x} = \int_1^{\infty} \frac{x^{a-1}\,dx}{1+x} = \sum_1^{\infty} \frac{(-1)^k}{a-k}.$$

Ajoutons cette relation à la précédente, nous trouvons, par (10),

$$(12) \qquad \int_0^{\infty} \frac{x^{a-1}\,dx}{1+x} = \pi \sum_{-\infty}^{+\infty} \frac{(-1)^k}{a\pi - k\pi} = \frac{\pi}{\sin a\pi}.$$

Cette intégrale importante est due à Euler, qui l'a calculée par un procédé très différent du précédent.

§ 2. Nombres de Bernoulli

47. Développement de $\frac{x}{e^x-1}$ en série potentielle. — Soit x une quantité positive; on a $(0 < \theta < 1)$

$$\frac{x}{1+x} = -\sum_1^{n-1} (-x)^p - \frac{(-x)^n}{1+x} = -\sum_1^{n-1} (-x)^p - \theta\,(-x)^n.$$

Donc, en changeant x en $x^2 : 4k^2\pi^2$, et en supposant seulement x réel,

$$\frac{x^2}{4k^2\pi^2+x^2} = -\sum_{r=1}^{n-1} \left(-\frac{x^2}{4k^2\pi^2}\right)^p - \theta\left(-\frac{x^2}{4k^2\pi^2}\right)^n.$$

Portons ces développements dans le second membre de la formule (II) du n° précédent; en posant, en abrégé,

$$s_p = 1 + \frac{1}{2^p} + \frac{1}{3^p} + \frac{1}{4^p} \ldots,$$

il viendra $(0 < \theta < 1)$

$$(1) \quad \frac{x}{e^x - 1} - 1 + \frac{x}{2} = -2\sum_{p=1}^{n-1} s_{2p}\left(-\frac{x^2}{4\pi^2}\right)^p - 2\theta\, s_{2n}\left(-\frac{x^2}{4\pi^2}\right)^n$$

Si n tend vers l'infini, s_{2n} tend vers l'unité et le dernier terme tend vers 0, pourvu que $|x|$ soit $< 2\pi$. Donc, si $|x|$ est $< 2\pi$, on a le développement en série potentielle convergente

$$\frac{x}{e^x - 1} - 1 + \frac{x}{2} = 2\left[\frac{s_2 x^2}{(2\pi)^2} - \frac{s_4 x^4}{(2\pi)^4} + \frac{s_6 x^6}{(2\pi)^6} - \ldots\right]$$

48. Nombres de Bernoulli. — Les nombres de Bernoulli (*) sont les nombres B_1, B_2,... B_n,..., définis par le développement en série

$$(2) \quad \frac{x}{e^x - 1} = 1 + \frac{B_1 x}{1} + \frac{B_2 x^2}{2!} + \ldots + \frac{B_n x^n}{n!} + \ldots,$$

qui converge, comme on vient de le voir, pourvu que $|x|$ soit $< 2\pi$.

Comparant cette formule à la précédente, on en conclut que tous les nombres B d'indice impair sont nuls, sauf B_1 qui est égal à $-\frac{1}{2}$, et que les nombres d'indice pair, B_2, B_4,... sont alternativement positifs et négatifs. On a effectivement

$$(3) \quad B_{2n} = (-1)^{n-1}\frac{2\,(2n)!}{(2\pi)^{2n}}\, s_{2n}.$$

Quand n est grand, s_{2n} diffère peu de 1; cette formule montre que les nombres de Bernoulli croissent très rapidement quand n augmente.

(*) La notation des nombres de Bernoulli est variable avec les auteurs. Nous avons adopté celle d'Edouard Lucas qui est la plus commode.

Si l'on introduit la notation des nombres de Bernoulli dans la formule (1), il vient, x étant réel et θ compris entre 0 et 1,

$$(4)\quad \frac{x}{e^x - 1} - 1 + \frac{x}{2} = \frac{B_2 x^2}{2!} + \frac{B_4 x^4}{4!} + \ldots + \frac{B_{2n-2} x^{2n-2}}{(2n-2)!} + \theta \frac{B_{2n} x^{2n}}{(2n)!}.$$

49. Calcul des nombres de Bernoulli. — Nous allons montrer que *les nombres de Bernoulli sont rationnels*. Pour les calculer, il est commode de se servir de la notation symbolique suivante :

Convenons de remplacer B^n par B_n dans le développement de e^{Bx} en série potentielle; la formule (2) pourra s'écrire symboliquement

$$(5)\quad \frac{x}{e^x - 1} = e^{Bx}.$$

L'utilité de cette notation vient de la propriété suivante :

Si l'on multiplie la série e^{Bx} par celle qui représente $e^{\alpha x}$, on aura aussi symboliquement

$$e^{\alpha x}\, e^{Bx} = e^{(\alpha + B)x}.$$

En effet, si l'on considère B comme une indéterminée, l'égalité précédente a lieu par la propriété de l'exponentielle. Les deux membres peuvent être ordonnés suivant les puissances de B; après quoi, les coefficients des mêmes puissances de B doivent être identiques de part et d'autre. L'identité des deux membres subsiste donc quand on remplace B, B^2,... par B_1, B_2,... Cette substitution donne aux deux membres leur sens symbolique. D'ailleurs les séries convergent pourvu que x soit $< 2\pi$ en valeur absolue.

Chassons le dénominateur dans l'équation (5); il vient

$$(6)\quad x = e^{(B+1)x} - e^{Bx}.$$

Par suite, en égalant les coefficients des mêmes puissances de x, on obtient les équations symboliques :

$$(7)\quad \left\{\begin{array}{l} (B+1) - B = 1 \\ (B+1)^2 - B^2 = 0 \\ (B+1)^3 - B^3 = 0 \\ \ldots\ldots\ldots \\ (B+1)^n - B^n = 0 \end{array}\right. \quad \text{d'où} \quad \left\{\begin{array}{l} 1 = 1 \\ 2B_1 + 1 = 0 \\ 3B_2 + 3B_1 + 1 = 0 \\ \ldots\ldots\ldots \\ \ldots\ldots\ldots \end{array}\right.$$

C'est un système des formules récurrentes à coefficients entiers, d'où l'on tire de proche en proche les valeurs de B_1, B_2, B_3,...

On trouve (B_{2n+1} étant nul) les valeurs rationnelles :

$$B_1 = -\frac{1}{2} \qquad B_6 = \frac{1}{42} \qquad B_{12} = -\frac{691}{2730}$$

$$B_2 = \frac{1}{6} \qquad B_8 = -\frac{1}{30} \qquad B_{14} = \frac{7}{6}$$

$$B_4 = -\frac{1}{30} \qquad B_{10} = \frac{5}{66} \qquad B_{16} = -\frac{3617}{510}$$

50. Propriétés des nombres de Bernoulli. — Multiplions la formule (**6**) par e^{yx} ; il vient

$$xe^{yx} = e^{(B+1+y)x} - e^{(B+y)x},$$

d'où, en égalant les coefficients de x^n de part et d'autre,

$$(8) \qquad ny^{n-1} = (B + 1 + y)^n - (B + y)^n.$$

Désignons par $f(y)$ un polynome entier quelconque ; on aura

$$(9) \qquad f(y + B + 1) - f(y + B) = f'(y).$$

C'est l'identité symbolique fondamentale à laquelle satisfont les nombres de Bernoulli. Elle résulte de la formule (**8**), qui exprime que (**9**) est exacte pour chacun des termes du polynome.

Voici quelques cas particuliers :

1° Soit $f(y) = (2y - 1)^p$; on a, pour $y = 0$,

$$(2B + 1)^p - (2B - 1)^p = 2p(-1)^{p-1}$$

2° Soit $f(y) = y(y + 1)(y + 2) \ldots (y + p)$; on a, pour $y = 0$,

$$(p + 1)(B + 1)(B + 2) \ldots (B + p) = p!$$

3° Soit $1 < q \leqslant p$; posons $f(y) = (y - 1)^p y^q$; on a, pour $y = 0$,

$$B^p (B + 1)^q - B^q (B - 1)^p = 0.$$

Cette dernière formule, qui est due à *Stern*, est peut-être la plus commode pour le calcul des nombres de Bernoulli, parce qu'elle ne contient pas tous les nombres B, mais seulement ceux qui sont compris entre B_q et B_{p+q}.

§ 3. Intégrales eulériennes

51. Définitions et premières propriétés. — Legendre a donné le nom *d'intégrales eulériennes de première et de deuxième espèce* aux expressions :

$$(1)\quad B(a, b) = \int_0^1 x^{a-1}(1-x)^{b-1}\,dx, \quad \Gamma(a) = \int_0^\infty x^{a-1}e^{-x}\,dx.$$

La première est la fonction *Bêta,* la seconde la fonction *Gamma.*

Ces intégrales sont absolument convergentes pourvu que a et b soient > 0 (nos 4 et 9). Elles cessent d'exister si a ou b est < 0 (b n'intervenant que pour B). Il sera donc entendu, dans ce chapitre, que a et b sont réels et positifs.

Assignons aux variables a et b un minimum positif ε ; tous les éléments de l'intégrale B sont alors maxima et positifs si $a = b = \varepsilon$, ce qui laisse subsister la convergence. Donc B converge uniformément (n° 22) et est fonction continue de a et de b (n° 23).

Supposons maintenant que a varie dans un intervalle positif (ε, A). Faisons la décomposition

$$\Gamma(a) = \int_0^1 x^{a-1}e^{-x}\,dx + \int_1^\infty x^{a-1}e^{-x}\,dx\,;$$

ces deux intégrales convergeront uniformément, car leurs éléments sont respectivement égaux ou inférieurs à ceux des deux intégrales convergentes :

$$\int_0^1 x^{\varepsilon-1}\,dx, \qquad \int_1^\infty x^{A-1}e^{-x}\,dx.$$

Donc Γ est une fonction continue de a.

Voici maintenant quelques propriétés qui résultent immédiatement des définitions :

1° Si, dans l'expression (1) de B, on change la variable x en $1 - x$, cela revient à permuter a et b. Par conséquent,

$$(2)\qquad B(a, b) = B(b, a).$$

2° *Si a ou b est entier, on obtient* B(a, b) *sous forme explicite.*

En effet, soit b entier; on a d'abord, si $b = 1$,

$$B(a, 1) = \int_0^1 x^{a-1}\, dx = \frac{1}{a}.$$

Ensuite, si b est un entier $n > 1$, on trouve, en intégrant par parties,

$$B(a, n) = \frac{n-1}{a} \int_0^1 x^a (1-x)^{n-2}\, dx = \frac{n-1}{a} B(a+1, n-1)$$

et ainsi, de proche en proche,

$$(3) \qquad B(a, n) = \frac{1 . 2 . \ldots (n-1)}{a(a+1)\ldots(a+n-1)}.$$

3° On a la relation, d'un usage fréquent,

$$(4) \qquad \Gamma(a+1) = a\Gamma(a),$$

qui se démontre par l'intégration par parties effectuée ci-dessous :

$$\Gamma(a+1) = \int_0^\infty x^a e^{-x}\, dx = [-x^a e^{-x}]_0^\infty + a\int_0^\infty x^{a-1} e^{-x}\, dx,$$

le terme aux limites étant nul.

Si n est entier, on a, en appliquant (4) de proche en proche,

$$(5) \quad \Gamma(a+n) = a(a+1)\ldots(a+n-1)\,\Gamma(a).$$

Cette formule permet de réduire à $(0, 1)$ l'intervalle dans lequel il est nécessaire de calculer $\Gamma(a)$.

4° On voit immédiatement, par la formule (1), que $\Gamma(a) = 1$. Donc, si n est entier, on obtient, par la formule (5), $\Gamma(n+1)$ sous forme explicite :

$$\Gamma(n+1) = n!$$

On remarquera, en particulier, que $\Gamma(2) = 1$.

5° Multiplions par $\Gamma(a)$ les deux termes de la fraction qui forme le second membre de (3); il viendra, par (5) et puisque $(n-1)!$ $= \Gamma(n)$,

$$(6) \qquad B(a, n) = \frac{\Gamma(a)\,\Gamma(n)}{\Gamma(a+n)}.$$

Cette formule n'est encore établie que si n est entier, mais on va montrer dans le n° suivant qu'elle est générale.

6° Soit y un nombre positif; si l'on change la variable d'intégration x en yx dans l'expression (1) de Γ, on obtient la formule importante

$$(7) \qquad \frac{\Gamma(a)}{y^a} = \int_0^\infty x^{a-1} e^{-yx}\, dx.$$

52. Nouvelle expression de B. Réduction définitive de B à Γ. — Dans l'expression (1) de B, faisons le changement de variable

$$x = \frac{y}{1+y}, \qquad 1 - x = \frac{1}{1+y}, \qquad dx = \frac{dy}{(1+y)^2}.$$

Les nouvelles limites seront 0 et ∞; il viendra donc

$$(8) \qquad B(a, b) = \int_0^\infty \frac{y^{a-1}\, dy}{(1+y)^{a+b}}.$$

On tire de cette formule la démonstration générale de la formule (6). On a, en effet, par la formule (7),

$$\int_0^\infty x^{a+b-1} e^{-(1+y)x}\, dx = \frac{\Gamma(a+b)}{(1+y)^{a+b}}.$$

Multiplions par $y^{b-1}\, dy$ et intégrons de 0 à ∞. On peut intervertir les intégrations dans le premier membre, car les fonctions sont positives et la règle du n° 17 s'applique; il vient ainsi

$$\int_0^\infty x^{a+b-1} e^{-x}\, dx \int_0^\infty y^{b-1} e^{-yx}\, dy = \Gamma(a+b) \int_0^\infty \frac{y^{b-1}\, dy}{(1+y)^{a+b}},$$

ou, par (7) et (8),

$$\Gamma(b) \int_0^\infty x^{a-1} e^{-x}\, dx = \Gamma(a+b)\, B(a, b)$$

$$(9) \qquad B(a, b) = \frac{\Gamma(a)\,\Gamma(b)}{\Gamma(a+b)}.$$

Cette formule, dont la démonstration précédente est due à Jacobi, ramène l'étude B à celle Γ, qui ne dépend plus que d'un paramètre.

Remarque. — Revenons à l'intégrale (8). On peut, en même temps que l'intervalle d'intégration, la partager en deux autres étendues de 0 à 1 et de 1 à ∞. Changeons y en $1 : y$ dans cette dernière ; il viendra

$$B(a, b) = \int_0^1 \frac{y^{a-1} + y^{b-1}}{(1+y)^{a+b}}\, dy, \tag{10}$$

formule qui met aussi en évidence la symétrie par rapport à a et b.

53. Relation des compléments. — On a, par les formules (9) et (8),

$$B(a, 1-a) = \Gamma(a)\,\Gamma(1-a) = \int_0^\infty \frac{x^{a-1}\,dx}{1+x}.$$

La valeur de cette intégrale a été calculée au n° 46. On en conclut la formule importante, trouvée par Euler et connue sous le nom de *relation des compléments*,

$$\Gamma(a)\,\Gamma(1-a) = \frac{\pi}{\sin a\pi}. \tag{11}$$

En particulier, si $a = \frac{1}{2}$,

$$\Gamma^2\left(\frac{1}{2}\right) = \pi, \qquad \text{d'où (*)} \qquad \Gamma\left(\frac{1}{2}\right) = \sqrt{\pi}.$$

La relation (11) ramène le calcul de $\Gamma(a)$ à celui de $\Gamma(1-a)$ et, par conséquent, permet de réduire à $\left(0, \frac{1}{2}\right)$ l'intervalle dans lequel il est nécessaire de calculer $\Gamma(a)$.

54. Formule de Legendre. — On tire des formules (9) et (10)

$$B(a, a) = \frac{\Gamma^2(a)}{\Gamma(2a)} = 2\int_0^1 \frac{y^{a-1}\,dy}{(1+y)^{2a}}.$$

Faisons le changement de variable

$$y = \frac{1-z}{1+z}, \text{ il vient } \left\{ \begin{aligned} 1 + y &= \frac{2}{1+z} \\ dy &= -\frac{2dz}{(1+z)^2} \end{aligned} \right.$$

$$B(a, a) = \frac{1}{2^{2a-2}} \int_0^1 (1 - z^2)^{a-1}\, dz$$

(*) On obtient aussi ce résultat en changeant x en $\sqrt{x}$ dans l'intégrale du n° 24.

ou, en changeant encore z en $\sqrt{z}$.

$$B(a, a) = \frac{1}{2^{2a-1}}\int_0^1 (1-z)^{a-1} z^{-\frac{1}{2}}\, dz = \frac{B\left(a, \frac{1}{2}\right)}{2^{2a-1}}.$$

Remplaçons $B(a, a)$ et $B\left(a, \frac{1}{2}\right)$ par leurs expressions en Γ tirées de (9), puis $\Gamma\left(\frac{1}{2}\right)$ par $\sqrt{\pi}$; la relation précédente donnera

$$\text{(12)} \qquad \Gamma(a)\,\Gamma\left(a+\frac{1}{2}\right) = \frac{\sqrt{\pi}}{2^{2a-1}}\,\Gamma(2a).$$

Cette relation a été trouvée par Legendre.

En y changeant a en $\frac{a}{2}$, on peut l'écrire

$$\Gamma(a) = \frac{2^{a-1}}{\sqrt{\pi}}\,\Gamma\left(\frac{a}{2}\right)\Gamma\left(\frac{a+1}{2}\right).$$

En tenant compte de (11), cette relation permet de réduire à $\left(0, \frac{1}{2}\right)$ l'intervalle dans lequel il est nécessaire de calculer $\Gamma(a)$.

55. Produit d'Euler. — Substitutons successivement les valeurs $a = \frac{1}{n}, \frac{2}{n}, \dots \frac{n-1}{n}$ dans la relation (11) et multiplions les résultats; il vient

$$\left[\Gamma\left(\frac{1}{n}\right)\Gamma\left(\frac{2}{n}\right)\dots\Gamma\left(\frac{n-1}{n}\right)\right]^2 = \frac{\pi^{n-1}}{\sin\frac{\pi}{n}\sin\frac{2\pi}{n}\dots\sin\frac{n-1}{n}\pi}.$$

Pour évaluer ce produit de sinus, considérons la décomposition en facteurs

$$x^n - 1 = (x-1)\prod_{k=1}^{n-1}\left(x - e^{-\frac{2k\pi i}{n}}\right).$$

En y faisant tendre x vers 1, on en tire

$$\prod_{k=1}^{n-1}\left(1 - e^{-\frac{2k\pi i}{n}}\right) = \lim \frac{x^n-1}{x-1} = n.$$

Multiplions, facteur par facteur, cette relation avec

$$\prod_{k=1}^{n-1} \frac{e^{\frac{k\pi i}{n}}}{2i} = \frac{e^{\frac{(n-1)\pi i}{2}}}{(2i)^{n-1}} = \frac{1}{2^{n-1}};$$

nous trouvons, en égard à l'expression du sinus en exponentielles,

$$\prod_{k=1}^{n-1} \sin \frac{k\pi}{n} = \frac{1}{2^{n-1}}.$$

Par conséquent,

$$(13) \qquad \Gamma\left(\frac{1}{n}\right)\Gamma\left(\frac{2}{n}\right)\cdots\Gamma\left(\frac{n-1}{n}\right) = \frac{(2\pi)^{\frac{n-1}{2}}}{\sqrt{n}}.$$

Cette relation a été trouvée par Euler et généralisée par Gauss (n° 59).

56. Intégrale de Raabe. — On tire de la relation précédente, en prenant les logarithmes et divisant par n,

$$\sum_{k=1}^{n} \operatorname{Log} \Gamma\left(\frac{k}{n}\right)\frac{1}{n} = \left(\frac{1}{2} - \frac{1}{2n}\right)\operatorname{Log} 2\pi - \frac{1}{2}\frac{\operatorname{Log} n}{n}.$$

Faisons tendre n vers l'infini ; on peut faire, dans la somme du premier membre, $\frac{k}{n} = x$ et $\frac{1}{n} = dx$, et la limite de cette somme est une intégrale définie ; il vient

$$\int_0^1 \operatorname{Log} \Gamma(x)\, dx = \frac{1}{2}\operatorname{Log} 2\pi = \operatorname{Log}\sqrt{2\pi}.$$

Ce résultat permet de calculer facilement l'intégrale de Raabe, qui est la suivante :

$$I = \int_0^1 \operatorname{Log} \Gamma(a+x)\, dx = \int_a^{a+1} \operatorname{Log} \Gamma(x)\, dx.$$

En effet, les dérivées de $\Gamma(a+x)$ sont les mêmes par rapport à x et à a ; donc

$$D_a I = \int_0^1 \frac{\Gamma'(a+x)}{\Gamma(a+x)}\, dx = \operatorname{Log}\frac{\Gamma(a+1)}{\Gamma(a)} = \operatorname{Log} a,$$

car $\Gamma(a+1) = a\Gamma(a)$, en vertu de (4). Par conséquent,

$$I = \int \operatorname{Log} a \, da = a(\operatorname{Log} a - 1) + C.$$

La constante C se détermine pour $a = 0$; il vient, comme on l'a prouvé au début du n° actuel, $C = I_0 = \operatorname{Log} \sqrt{2\pi}$. En définitive, *l'intégrale de Raabe* s'évalue par la formule

$$(14) \quad I = \int_0^1 \operatorname{Log} \Gamma(a+x)\, dx = a(\operatorname{Log} a - 1) + \operatorname{Log} \sqrt{2\pi}.$$

Cette intégrale joue un rôle important dans la théorie de la fonction Γ; on verra plus loin qu'elle est la valeur asymptotique de $\operatorname{Log} \Gamma\left(a + \frac{1}{2}\right)$.

§ 4. Expressions des eulériennes en produits infinis

57. Formule de Cauchy donnant $D \operatorname{Log} \Gamma(a)$. — En dérivant sous le signe l'intégrale qui définit Γ, il vient

$$(15) \quad \Gamma'(a) = \int_0^\infty x^{a-1} e^{-x} \operatorname{Log} x \, dx = \int_0^1 + \int_1^\infty x^{a-1} e^{-x} \operatorname{Log} x \, dx.$$

Cette dérivation est légitime, car chacune des deux intégrales de 0 à 1 et de 1 à ∞ ci-dessus converge uniformément quand a varie dans un intervalle positif quelconque (ε, A) : elles ont, en effet, respectivement leur élément moindre que celui des intégrales correspondantes à éléments positifs et bien déterminées :

$$\int_0^1 x^{\varepsilon-1} (-\operatorname{Log} x)\, dx, \qquad \int_1^\infty x^A e^{-x} \, dx,$$

car e^{-x} est < 1 et (pour $x > 1$) $\operatorname{Log} x$ est > 0 et $< x$.

Nous allons transformer la formule (15). Soit y un paramètre positif; considérons la relation

$$\int_0^\infty x^{a-1} e^{-x} \frac{e^{-y} - e^{-xy}}{y} dx = \frac{e^{-y}}{y} \int_0^\infty x^{a-1} e^{-x} dx - \frac{1}{y} \int_0^\infty x^{a-1} e^{-(1+y)x} dx,$$

qui peut aussi s'écrire, en égard à (1) et (7),

$$\int_0^1 + \int_1^\infty x^{a-1}e^{-x}\,\frac{e^{-y}-e^{-xy}}{y}\,dx = \frac{\Gamma(a)}{y}\left[e^{-y} - \frac{1}{(1+y)^a}\right].$$

Multiplions par dy et intégrons de 0 à ∞. On peut intervertir les signes d'intégration dans le premier membre (n° 17), car la fonction à intégrer est toujours négative sous le signe $\int_0^1$ et toujours positive sous le signe $\int_1^\infty$ et, en se rappelant qu'on a (n° 25)

$$\int_0^\infty \frac{e^{-y}-e^{-xy}}{y}\,dy = \operatorname{Log} x,$$

on voit que les intégrales intérieures sont respectivement fonctions continues de x ou de y, sauf si x ou y est nul. Il vient ainsi

$$\int_0^1 + \int_1^\infty x^{a-1}e^{-x}\operatorname{Log} x\,dx = \Gamma'(a) = \Gamma(a)\int_0^\infty \left[e^{-y} - \frac{1}{(1+y)^a}\right]\frac{dy}{y}$$

D'où la *formule de Cauchy* :

$$(16)\qquad \operatorname{D}\operatorname{Log}\Gamma(a) = \frac{\Gamma'(a)}{\Gamma(a)} = \int_0^\infty \left[e^{-y} - \frac{1}{(1+y)^a}\right]\frac{dy}{y}.$$

58. Formule de Gauss. Constante d'Euler. — En faisant $a = 1$ dans la formule de Cauchy, on obtient la relation suivante, qui définit la constante d'Euler C :

$$(17)\qquad -C = \frac{\Gamma'(1)}{\Gamma(1)} = \Gamma'(1) = \int_0^\infty \left[e^{-y} - \frac{1}{1+y}\right]\frac{dy}{y}.$$

Soustrayons cette équation de (16) ; il vient

$$\frac{\Gamma'(a)}{\Gamma(a)} + C = \int_0^\infty \left(\frac{1}{1+y} - \frac{1}{(1+y)^a}\right)\frac{dy}{y}$$

et, en posant $1 + y = 1 : x$, on trouve la *formule de Gauss* :

$$(18)\qquad \frac{\Gamma'(a)}{\Gamma(a)} + C = \int_0^1 \frac{1-x^{a-1}}{1-x}\,dx.$$

Si a est rationnel, on peut effectuer l'intégration ; en particulier, si a est un entier n, on a

$$\frac{\Gamma'(n)}{\Gamma(n)} + C = \int_0^1 (1 + x + \ldots + x^{n-2})dx = 1 + \frac{1}{2} + \frac{1}{3} + \ldots + \frac{1}{n-1}.$$

C'est de cette formule qu'on se sert pour calculer C, en utilisant les formules d'approximation de $\Gamma'(n) : \Gamma(n)$ que nous indiquerons plus loin. La valeur de C est

$$C = 0,5772\ 1566\ 4901\ 5328\ldots$$

59. Produit de Gauss. — C'est une généralisation de la formule d'Euler (n° 55). Changeons, dans la formule **(18)**, a en $a + \frac{k}{n}$ où k et n sont entiers, ensuite la variable x et x^n ; il vient

$$\frac{\Gamma'\left(a+\frac{k}{n}\right)}{\Gamma\left(a+\frac{k}{n}\right)} + C = \int_0^1 dx\,\frac{1 - x^{a+\frac{k}{n}-1}}{1+x} = n\int_0^1 dx\,\frac{x^{n-1} - x^{na-1+k}}{1-x^n}.$$

Faisons $k = 0, 1, 2, \ldots (n-1)$ et ajoutons ; il vient

$$\sum_{k=0}^{n-1} \frac{\Gamma'\left(a+\frac{k}{n}\right)}{\Gamma\left(a+\frac{k}{n}\right)} + nC = n\int_0^1 dx\,\frac{nx^{n-1} - x^{na-1}\sum x^k}{1-x^n}$$

$$= n\int_0^1 dx\left(\frac{nx^{n-1}}{1-x^n} - \frac{x^{na-1}}{1-x}\right)$$

Soustraions de cette équation n fois la suivante, tirée de **(18)** :

$$\frac{\Gamma'(na)}{\Gamma(na)} + C = \int_0^1 dx\left(\frac{1}{1-x} - \frac{x^{na-1}}{1-x}\right);$$

il vient

$$\sum_{k=0}^{n-1} \frac{\Gamma'\left(a+\frac{k}{n}\right)}{\Gamma\left(a+\frac{k}{n}\right)} - n\,\frac{\Gamma'(na)}{\Gamma(na)} = n\int_0^1 dx\left(\frac{nx^{n-1}}{1-x^n} - \frac{1}{1-x}\right).$$

Le second membre se ramène à une intégrale de *Frullani* (n° 25), par la substitutiou $x = e^{-z}$; il devient ainsi

$$n\int_0^\infty \left(\frac{nze^{-nz}}{1-e^{-nz}} - \frac{ze^{-z}}{1-e^{-z}}\right)\frac{dz}{z} = n\int_0^\infty \frac{f(nz)-f(z)}{z}dz = -n \operatorname{Log} n.$$

Remplaçons donc le second membre de l'équation précédente par $-n \operatorname{Log} n$ et intégrons ; il vient

$$\operatorname{Log}\frac{\Gamma(a)\Gamma\left(a+\frac{1}{n}\right)\ldots\Gamma\left(a+\frac{n-1}{n}\right)}{\Gamma(na)} = -an \operatorname{Log} n + \operatorname{Log} C.$$

On détermine la constante d'intégration C en faisant $a = \frac{1}{n}$, ce qui réduit le produit sous le logarithme à celui d'Euler (n° 55), dont la valeur est $(2\pi)^{\frac{n-1}{2}} : \sqrt{n}$. Il vient donc, pour déterminer C,

$$\operatorname{Log}\frac{(2\pi)^{\frac{n-1}{2}}}{\sqrt{n}} = \operatorname{Log}\frac{C}{n}, \qquad \text{d'où} \qquad C = \sqrt{n}(2\pi)^{\frac{n-1}{2}}.$$

On obtient ainsi la *relation de Gauss*

$$(19)\quad \Gamma(a)\Gamma\left(a+\frac{1}{x}\right)\Gamma\left(a+\frac{2}{n}\right)\ldots\Gamma\left(a+\frac{n-1}{n}\right) = (2\pi)^{\frac{n-1}{2}}\frac{\Gamma(na)}{n^{na-\frac{1}{2}}}.$$

En particulier, si $n = 2$, on retrouve la formule (11). On peut, au moyen de la formule (19), en donnant successivement à n les valeurs 3, 5, 7, 11... restreindre de plus en plus l'intervalle dans lequel le calcul direct de $\Gamma(a)$ est nécessaire.

60. Expression de $D^2 \operatorname{Log} \Gamma(a)$ en série de fractions. — Changeons x en e^{-x} dans la formule de Gauss (18) ; il vient

$$D \operatorname{Log} \Gamma(a) + C = \int_0^\infty \frac{e^{-x} - e^{-ax}}{1 - e^{-x}} dx ;$$

et, en dérivant encore une fois, ce qui se fait sous le signe (n° 23),

$$D^2 \operatorname{Log} \Gamma(a) = \int_0^\infty \frac{xe^{-ax}}{1 - e^{-x}} dx.$$

Dans cette intégrale, substituons le développement

$$\frac{1}{1-e^{-x}} = \sum_0^{n-1} e^{-kx} + \frac{e^{-nx}}{1-e^{-x}} = \sum_0^{n-1} e^{-kx} + \theta\frac{e^{-(n-1)x}}{x},$$

(θ étant compris entre 0 et 1, car le dénominateur $1 - e^{-x} = e^{-x}(e^x - 1)$ est $> xe^{-x}$); il vient

$$\begin{aligned} D^2 \operatorname{Log} \Gamma(a) &= \sum_0^{n-1} \int_0^\infty xe^{-(k+a)x}\,dx + \theta\int_0^\infty e^{-(a+n-1)x}\,dx. \\ &= \sum_0^{n-1} \frac{1}{(a+k)^2} + \frac{\theta}{a+n-1}. \end{aligned}$$

Donc, en faisant tendre n vers l'infini, on obtient la série absolument et *uniformément* convergente :

$$(20) \qquad D^2 \operatorname{Log} \Gamma(a) = \sum_0^\infty \frac{1}{(a+k)^2} = \frac{1}{a^2} + \frac{1}{(a+1)^2} + \frac{1}{(a+2)^2} + \dots$$

61. Formule de Weierstrass : Développement de $1 : \Gamma(a)$ **en produit de facteurs primaires.** — Intégrons l'équation (20) de 1 à a; il vient, puisque la constante d'Euler $C = -\Gamma'(1)$,

$$D \operatorname{Log} \Gamma(a) + C = \sum_0^\infty \left(\frac{1}{1+n} - \frac{1}{a+n}\right)$$

et, en intégrant encore une fois de 1 à a,

$$(21) \qquad \operatorname{Log} \Gamma(a) + C(a-1) = \sum_0^\infty \left(\frac{a-1}{1+n} - \operatorname{Log}\frac{a+n}{1+n}\right).$$

Si l'on change a en $a+1$, on peut écrire, plus simplement,

$$\operatorname{Log} \Gamma(a+1) + Ca = \sum_1^\infty \left(\frac{a}{n} - \operatorname{Log}\frac{a+n}{n}\right).$$

Revenons des logarithmes aux nombres; nous obtenons la *formule de Weierstrass*

$$(22) \qquad \frac{1}{\Gamma(a+1)} = e^{Ca} \prod_1^\infty \left(1 + \frac{a}{n}\right) e^{-\frac{a}{n}}.$$

Les facteurs de ce produit infini sont ce que Weierstrass appelle des *facteurs primaires*. Ce produit peut servir de point de départ pour étendre la définition de $\Gamma(a)$ aux valeurs imaginaires du paramètre. Nous ne nous occuperons pas de cette question pour le moment. Cette extension peut aussi se faire au moyen d'une expression de $\Gamma(a)$ en produit infini, expression trouvée par Euler et retrouvée par Gauss, que nous allons faire connaître.

62. Formule d'Euler : Expression de $\Gamma(a)$ en produit infini. — Débarrassons la formule (**21**) de C, en faisant $a = 2$ dans cette formule, puis soustrayant de la formule (**21**) la formule ainsi obtenue multipliée par $(a - 1)$; il vient

$$\operatorname{Log} \Gamma(a) = \sum_0^\infty \left[(a - 1) \operatorname{Log} \frac{2+n}{1+n} - \operatorname{Log} \frac{a+n}{1+n} \right].$$

Effectuons la somme des termes depuis $n = 0$ jusque $n = m - 2$; la relation précédente peut s'écrire

$$\operatorname{Log} \Gamma(a) = \lim_{m=\infty} \left[(a - 1) \operatorname{Log} m + \sum_0^{m-2} \operatorname{Log} \frac{1+n}{a+n} \right]$$

et, en revenant des logarithmes aux nombres,

$$\Gamma(a) = \lim_{m=\infty} m^{a-1} \cdot \frac{1.2\ldots(m-1)}{a(a+1)\ldots(a+m-2)}.$$

Multiplions encore par le facteur $m : (a + m - 1)$, qui tend vers l'unité ; il vient, sous une forme plus commode,

$$(23) \qquad \Gamma(a) = \lim_{m=\infty} m^a \frac{1.2\ldots(m-1)}{a(a+1)\ldots(a+m-1)}.$$

C'est la formule obtenue par Euler.

§ 5. Formules asymptotiques

63. Expression Log $\Gamma(a)$ par une intégrale définie. — Rappelons la formule de Cauchy (**16**), que nous écrirons comme il suit :

$$\frac{\Gamma'(a)}{\Gamma(a)} = \int_0^1 + \int_1^\infty \left[e^{-y} - (1+y)^{-a} \right] \frac{dy}{y}.$$

Le second membre est ainsi décomposé en deux intégrales, dont la seconde, qui est à limite infinie, est seule *généralisée*. Mais cette intégrale converge *uniformément* pourvu que a reste supérieur à un nombre positif ε, car elle est la différence de deux autres :

$$\int_1^\infty e^{-y}\frac{dy}{y} - \int_1^\infty \frac{dy}{(1+y)^a\, y},$$

dont la première est indépendante de a et la seconde *uniformément convergente* (son élément décroissant quand a augmente).

Multiplions donc l'équation de Cauchy par da et intégrons de 1 à a $(a > 0)$; on peut intégrer sous le signe (la convergence étant uniforme) et l'on trouve l'intégrale *uniformément convergente* (n° 23)

$$\text{Log}\,\Gamma(a) = \int_0^\infty \left[(a-1)e^{-y} - \frac{(1+y)^{-1} - (1+y)^{-a}}{\text{Log}\,(1+y)}\right]\frac{dy}{y}.$$

Si $a = 2$, on a, en particulier,

$$0 = \int_0^\infty \left[\frac{e^{-y}}{y} - \frac{(1+y)^{-2}}{\text{Log}\,(1+y)}\right] dy.$$

Multiplions par $(a-1)$ et soustrayons de l'équation précédente; il vient

$$\text{Log}\,\Gamma(a) = \int_0^\infty \left[\frac{a-1}{(1+y)^2} - \frac{(1+y)^{-1} - (1+y)^{-a}}{y}\right]\frac{dy}{\text{Log}\,(1+y)}$$

et, en posant $\text{Log}\,(1+y) = x$, d'où $y = e^x - 1$,

$$\int_0^\infty \left[(a-1)e^{-x} - \frac{e^{-x} - e^{-ax}}{1 - e^{-x}}\right]\frac{dx}{x}.$$

Enfin en changeant encore x en $-x$, nous obtenons l'intégrale cherchée

$$(24) \qquad \text{Log}\,\Gamma(a) = \int_{-\infty}^0 \frac{dx}{x}\left[\frac{e^{ax} - e^x}{e^x - 1} - (a-1)e^x\right]$$

et les changements de variables n'ont pas altéré le caractère de convergence uniforme pour $a > \varepsilon$.

Remarque. — En multipliant l'expression précédente par da et en intégrant de a à $a+1$ sous le signe (ce qui est permis, la convergence étant uniforme) on obtient une expression utile de l'*intégrale de Raabe* :

$$(25) \qquad \text{I} = \int_{-\infty}^0 \frac{dx}{x}\left[\frac{e^{ax}}{x} - \frac{e^x}{e^x - 1} - \left(a - \frac{1}{2}\right)e^x\right].$$

On a d'ailleurs, comme on le sait (n° 55), sous forme finie,

$$I = \int_a^{a+1} \operatorname{Log} \Gamma(a) da = a(\operatorname{Log} a - 1) + \operatorname{Log} \sqrt{2\pi}.$$

64. Fonction de Binet. — Soustrayons la formule (**25**) de (**24**) et ajoutons membre à membre avec

$$\frac{1}{2} \operatorname{Log} a = \int_0^{\infty} \frac{e^{-x} - e^{-ax}}{2} \frac{dx}{x} = \int_{-\infty}^{0} \frac{e^{ax} - e^{x}}{2} \frac{dx}{x};$$

tous les termes qui ne contiennent pas le facteur e^{ax} se détruisent sous le signe $\int$ et il vient

$$(\mathbf{26}) \quad \left\{ \begin{aligned} &\operatorname{Log} \Gamma(a) - I + \frac{\operatorname{Log} a}{2} = \int_{-\infty}^{0} f(x) e^{ax} \, dx. \\ &f(x) = \frac{1}{x}\left(\frac{1}{e^x - 1} - \frac{1}{x} + \frac{1}{2}\right). \end{aligned} \right.$$

L'intégrale qui figure au second membre de cette formule est une fonction de a; on l'appelle *fonction de Binet* et on la désigne par $\Omega(a)$. On a donc

$$(\mathbf{27}) \qquad \Omega(a) = \int_{-\infty}^{0} f(x) e^{ax} \, dx.$$

En remplaçant dans la formule (**26**) l'intégrale I par sa valeur rappelée à la fin du n° précédent, on obtient la formule

$$(\mathbf{28}) \quad \operatorname{Log} \Gamma(a) = \operatorname{Log} \sqrt{2\pi} + \left(a - \frac{1}{2}\right) \operatorname{Log} a - a + \Omega(a).$$

Quand a tend vers l'infini, $\Omega(a)$ tend vers 0, de sorte qu'en négligeant $\Omega(a)$ dans la formule précédente, on obtient la valeur asymptotique de $\operatorname{Log} \Gamma(a)$. Mais nous allons examiner, dans le n° suivant, les formules d'approximation de $\Omega(a)$.

65. Série et formule de Stirling. — Dans l'intégrale (**27**), remplaçons $f(x)$ par le développement trouvé au n° 48 (form. 4) $(0 < \theta < 1)$

$$(\mathbf{29}) \quad f(x) = \frac{B_2}{2!} + \frac{B_4 x^2}{4!} + \ldots + \frac{B_{2n-2} x^{2n-4}}{(2n-2)!} + \theta \frac{B_{2n} x^{2n-2}}{(2n)!};$$

observons que chaque terme s'intègre par la formule

$$\int_{-\infty}^{0} x^{2k} e^{ax}\,dx = \int_{0}^{\infty} x^{2k} e^{-ax}\,dx = \frac{\Gamma(2k+1)}{a^{2k+1}} = \frac{(2k)!}{a^{2k+1}}$$

et que l'on peut, sans changer la signification générale de θ, en vertu du théorème de la moyenne, faire sortir θ du signe $\int$; nous obtenons la *série de Stirling*, avec l'expression du reste R,

$$(30)\quad \begin{cases} \Omega(a) = \dfrac{B_2}{1.2}\dfrac{1}{a} + \dfrac{B_4}{3.4}\dfrac{1}{a^3} + \ldots + \dfrac{B_{2n-2}}{(2n-1)(2n-2)}\dfrac{1}{a^{2n-3}} + R, \\ R = \theta\dfrac{B_{2n}}{(2n-1)2n}\dfrac{1}{a^{2n-1}}, \qquad (0 < \theta < 1). \end{cases}$$

En particulier, en faisant $n = 1$, la série se réduit à R; et il vient, B_2 étant égal $\frac{1}{6}$,

$$(31)\qquad \Omega(a) = \theta\,\frac{B_2}{2a} = \frac{\theta}{12a}.$$

Si l'on remplace $\Omega(a)$ par cette expression dans la formule (28), on obtient la *formule de Stirling* :

$$(32)\quad \begin{cases} \operatorname{Log}\Gamma(a) = \operatorname{Log}\sqrt{2\pi} + \left(a - \dfrac{1}{2}\right)\operatorname{Log} a - a + \dfrac{\theta}{12a}, \\ \Gamma(a) = \sqrt{2\pi}\, a^{a-\frac{1}{2}}\, e^{-a+\frac{\theta}{12a}} \end{cases}$$

Lorsque a est égal à un entier m, cette formule, multipliée par m, s'écrira sous la forme

$$1.2.3\ldots m = \sqrt{2\pi m}\left(\frac{m}{e}\right)^m e^{\frac{\theta}{12m}},$$

résultat qui a une grande importance dans le calcul des probabilités.

66. Remarques sur la série de Stirling. — La série (30) porte le nom de *Stirling* qui l'a considérée le premier, mais sans faire connaître l'expression du reste. Celle-ci est due à *Cauchy*. La série de Stirling prolongée indéfiniment est divergente, quel que soit le nombre positif a, car, en recourant à l'expression (3) donnée au n° 48 des nombres de Bernoulli, on reconnaît facilement que son terme général croît au delà de toute limite avec n.

Mais il est très remarquable que la série de Stirling, malgré sa divergence, fournisse un procédé très exact et très commode pour le calcul de $\Omega(a)$; et l'approximation que l'on peut obtenir par cette voie est d'autant plus grande que a est plus considérable. Effectivement, cette série est ce qu'on nomme une série *pseudo-convergente*. Si a est considérable, les termes commencent par décroître très rapidement au début de la série, et la formule (**30**) montre que l'erreur commise est de même signe et inférieure en valeur absolue au premier terme négligé. On aura donc la plus grande approximation possible en arrêtant la série au terme qui précède le terme minimum, et ce terme minimum sera lui-même une limite de l'erreur commise.

67. Valeur asymptotique de D Log $\Gamma(a)$. — Si l'on dérive les formules (**27**) et (**28**), on en tire

$$(33)\quad \begin{cases} D \operatorname{Log} \Gamma(a) = \operatorname{Log} a - \dfrac{1}{2a} + \Omega'(a), \\ \Omega'(a) = \displaystyle\int_{-\infty}^{0} f(x)\, x e^{ax}\, dx. \end{cases}$$

En remplaçant dans cette intégrale $f(x)$ par son développement (**29**), il vient, comme plus haut, θ étant compris entre 0 et 1,

$$\Omega'(a) = -\frac{B_2}{2a^2} - \frac{B_4}{4a^4} - \dots - \frac{B_{2n-2}}{(2n-2)a^{2n-2}} - \frac{\theta B_{2n}}{2na^{2n}}.$$

Ce résultat coïncide avec celui qu'on obtiendrait en dérivant directement la série de Stirling. Cette nouvelle série est *pseudo-convergente* comme celle de Stirling et elle convient de la même manière au calcul approché de $\Omega'(a)$ quand a est grand.

Les formules précédentes fournissent le moyen le plus simple de calculer la constante C d'Euler. On tire de la formule établie au n° 58, et pour m entier,

$$C = 1 + \frac{1}{2} + \frac{1}{3} + \dots + \frac{1}{m-1} - D \operatorname{Log} \Gamma(m),$$

Il suffit de choisir m suffisamment grand et d'évaluer D Log $\Gamma(m)$ par les formules précédentes; on obtiendra C avec une approximation aussi grande que l'on voudra. Par exemple, en faisant $m = 10$

et en prenant les six premiers termes du développement de $\Omega'(m)$, on obtient déjà C avec quinze décimales exactes (*).

68. Valeur asymptotique de Log $\Gamma\left(a+\frac{1}{2}\right)$. Si l'on remplace a par $\left(a+\frac{1}{2}\right)$ dans la formule (**24**) et qu'on soustraie l'équation ainsi obtenue de (**25**), tous les termes qui ne contiennent pas e^{ax} en facteur sous le signe d'intégration se détruisent encore, et il vient

$$(34)\quad \left\{\begin{aligned} &I - \operatorname{Log}\Gamma\left(a+\frac{1}{2}\right) = \int_{-\infty}^{0} F(x)\, e^{ax}\, dx \\ &F(x) = \frac{1}{x}\left(\frac{1}{x} - \frac{e^{\frac{x}{2}}}{e^{x}-1}\right). \end{aligned}\right.$$

Nous poserons

$$\Omega_1(a) = \int_{-\infty}^{0} F(x)\, e^{ax}\, dx\,;$$

alors, en remplaçant I par sa valeur, nous obtenons

$$(35)\quad \operatorname{Log}\Gamma\left(a+\frac{1}{2}\right) = a(\operatorname{Log} a - 1) + \operatorname{Log}\sqrt{2\pi} - \Omega_1(a).$$

Si a augmente indéfiniment, $\Omega_1(a)$ tend vers 0, donc *l'intégrale de Raabe est la valeur asymptotique de* Log $\Gamma\left(a+\frac{1}{2}\right)$.

69. Relation entre $\Omega(a)$ et $\Omega_1(a)$. — Cette formule se tire de la formule de Legendre (n° 54) :

$$\Gamma(a)\,\Gamma\left(a+\frac{1}{2}\right) = \frac{\sqrt{\pi}}{2^{2a-1}}\,\Gamma(2a),$$

d'où

$$\operatorname{Log}\Gamma(a) + \operatorname{Log}\Gamma\left(a+\frac{1}{2}\right) = \operatorname{Log}\sqrt{\pi} - (2-1)\operatorname{Log} 2 + \operatorname{Log}\Gamma(2a).$$

Remplaçons Log $\Gamma(a)$ et Log $\Gamma(2a)$ par leurs valeurs tirées de la formule (**28**), puis Log $\Gamma\left(a+\frac{1}{2}\right)$ par sa valeur tirée de (**36**). Il restera, après la suppression des termes qui se détruisent,

$$(35)\qquad \Omega_1(a) = \Omega(a) - \Omega(2a).$$

(*) Serret. *Cours de calcul différentiel et intégral*, t. II, 1877, p. 228.

70. Intégrales de Schaar. — Les fonctions $\Omega(a)$ et $\Omega_1(a)$ peuvent s'exprimer par des intégrales de différentielles *rationnelles par rapport à a*. Ces formules très remarquables sont dues à Schaar et nous allons les faire connaître.

Considérons d'abord $\Omega(a)$. La fonction $f(x)$ de la formule (**26**) a été développée en série de fractions (n° 45); on a trouvé

$$f(x) = \sum_1^\infty \frac{2}{x^2 + 4k^2\pi^2}.$$

Les termes et la somme de cette série sont des fonctions continues et positives. Si l'on porte ce développement de $f(x)$ dans l'expression (**27**) de $\Omega(a)$, on peut intervertir les signes $\int$ et Σ (t. I, n° 326). On trouve ainsi

$$(37)\qquad \Omega(a) = \int_{-\infty}^0 f(x)\, e^{ax}\, dx = \sum_1^\infty \int_{-\infty}^0 \frac{2e^{ax}\, dx}{x^2 + 4k^2\pi^2}.$$

Changeons dans chaque intégrale x en $\frac{2k\pi x}{a}$ et intervertissons de nouveau les signes Σ et $\int$, ce qui est permis, les termes de la nouvelle série étant encore des fonctions continues et positives, il vient

$$(38)\ \Omega(a) = \frac{1}{\pi}\int_{-\infty}^0 \frac{a\, dx}{a^2 + x^2} \sum_1^\infty \frac{e^{2k\pi x}}{k} = \frac{1}{\pi}\int_0^{-\infty} \frac{a\, dx}{a^2 + x^2} \operatorname{Log}(1 - e^{2\pi x}).$$

C'est la première formule de Schaar.

La seconde intégrale de Schaar s'obtient par la relation (**36**); il vient

$$\Omega_1(a) = \frac{1}{\pi}\int_0^{-\infty} \frac{a\, dx}{a^2 + x^2} \operatorname{Log}(1 - e^{2\pi x}) - \frac{1}{\pi}\int_0^{-\infty} \frac{2a\, dx}{4a^2 + x^2} \operatorname{Log}(1 - e^{2\pi x}).$$

On change x en $2x$ dans cette dernière intégrale; il vient

$$(39)\ \Omega_1(a) = \frac{1}{\pi}\int_0^{-\infty} \frac{a\, dx}{a + x^2} \operatorname{Log} \frac{1 - e^{2\pi x}}{1 - e^{4\pi x}} = \frac{1}{\pi}\int_{-\infty}^0 \frac{a\, dx}{a^2 + x^2} \operatorname{Log}(1 + e^{2\pi x})$$

ce qui est la seconde intégrale de Schaar.

71. Développement de $\Omega_1(a)$ suivant les puissances négatives de a. Formules asymptotiques de Gauss. — Si, dans les intégrales de Schaar, on substitue le développement $(0 < \theta < 1)$

$$\frac{a}{a^2 + x^2} = \frac{1}{a}\left[1 - \frac{x^2}{a^2} + \left(\frac{x^2}{a^2}\right)^2 - \dots \left(-\frac{x^2}{a^2}\right)^{n-1} + \theta\left(-\frac{x^2}{a^2}\right)^n\right],$$

et si l'on intègre terme à terme, en remarquant que θ peut sortir du signe $\int$ en vertu du théorème de la moyenne, on obtiendra les développements de $\Omega(a)$ et de $\Omega_1(a)$ suivant les puissances négatives de a avec l'expression du reste. On voit, sans qu'il soit nécessaire de l'écrire, que *ce reste est de même signe et moindre en valeur absolue que le premier terme négligé.*

Les coefficients de ces développements sont exprimés ainsi par des intégrales, mais il est inutile de considérer ces intégrales, car les coefficients du développement de $\Omega(a)$ ont déjà été calculés (**30**) :

$$\Omega(a) = \frac{B_2}{1.2}\frac{1}{a} + \frac{B_4}{3.4}\frac{1}{a^3} + \frac{B_6}{5.6}\frac{1}{a^5} + \dots.$$

et ceux du développement de $\Omega_1(a)$ s'en déduisent par la relation (**36**),

$$\Omega_1(a) = \frac{B_2}{1.2}\left(1 - \frac{1}{2}\right)\frac{1}{a} + \frac{B_4}{3.4}\left(1 - \frac{1}{2^3}\right)\frac{1}{a^3} + \frac{B_6}{5.6}\left(1 - \frac{1}{2^5}\right)\frac{1}{a^5} + \dots.$$

Cette série est divergente, mais elle est *pseudo-convergente* comme celle de Stirling : elle convient de la même manière au calcul approché, l'erreur commise étant égale à une fraction du premier terme négligé. Ainsi, en particulier, en prenant une fraction du premier terme, on a

$$\Omega_1(a) = \theta\,\frac{B_2}{1.2}\left(1 - \frac{1}{2}\right)\frac{1}{a} = \frac{\theta}{24a} \qquad (0 < \theta < 1).$$

Si l'on porte cette approximation dans la formule (**35**), on obtient la *formule de Gauss*, qui est l'analogue de celle de Stirling, mais plus avantageuse,

$$(\mathbf{40}) \quad \operatorname{Log}\Gamma\left(a + \frac{1}{2}\right) = a(\operatorname{Log} a - 1) + \operatorname{Log}\sqrt{2\pi} - \frac{\theta}{24a}.$$

Soit n un entier ; en faisant $a = n + \frac{1}{2}$, on obtient pour l'évaluation des factorielles la formule suivante, qui donne une meilleure approximation que celle de Stirling :

$$(\mathbf{41}) \quad n\,! = \sqrt{2\pi}\left(\frac{n + \frac{1}{2}}{e}\right)^{n+\frac{1}{2}} e^{-\frac{\theta}{24n+12}} \quad (0 < \theta < 1).$$

CHAPITRE IV

Introduction à la théorie des séries trigonométriques

§ 1. Séries de Fourier. Conditions nécessaires et suffisantes de convergence

72. Séries trigonométriques. Formules d'Euler. — On appelle *série trigonométrique* une série de la forme

$$(1)\qquad \frac{1}{2}a_0 + \sum_{m=1}^{\infty}(a_m \cos mx + b_m \sin mx),$$

où x désigne une variable et a, b des coefficients constants. Si cette série converge quel que soit x, elle représente une fonction de période 2π.

C'est Euler en 1753 qui a posé la question de savoir si une fonction $f(x)$, arbitrairement donnée, mais de période 2π, peut être représentée par un développement de cette forme et c'est lui encore qui a trouvé les formules classiques pour la détermination des coefficients. Voici d'ailleurs à peu près comment il procède pour effectuer le développement de la fonction donnée $f(x)$.

Posons *a priori*

$$(2)\qquad f(x) = \frac{a_0}{2} + \Sigma\,(a_m \cos mx + b_m \sin mx)$$

et proposons-nous de déterminer les coefficients. A cet effet, multiplions les deux membres par $\cos nx\,dx$ et intégrons terme à terme de 0 à 2π; opérons de même, mais en multipliant par $\sin nx\,dx$; nous trouvons les *formules d'Euler* ou *de Fourier :*

$$(3)\qquad a_n = \frac{1}{\pi}\int_0^{2\pi} f(x)\cos nx\,dx, \qquad b_n = \frac{1}{\pi}\int_0^{2\pi} f(x)\sin nx\,dx,$$
$$(n = 0,\ 1,\ 2,\ldots).$$

En effet, les intégrales de $\cos mx \cos nx$, de $\sin mx \sin nx$ et de $\cos mx \sin nx$ sont nulles entre 0 et 2π si m est différent de n, tandis que, si $m = n$, la dernière seule est nulle et les deux premières sont égales à π (t. I, n° 186).

Mais il importe d'observer tout de suite que ce raisonnement postule : 1° la possibilité du développement; 2° la légitimité de l'intégration terme à terme. Il ne prouve donc rien, tant que ces deux démonstrations n'ont pas été faites. Aussi importe-t-il d'abord de bien préciser les questions que nous allons traiter.

73. Séries et constantes de Fourier. Problèmes qu'elles soulèvent. — Soit $f(x)$ une fonction susceptible d'intégration. Les constantes a_n et b_n déterminées par les formules (3) s'appellent les *constantes de Fourier* de $f(x)$; la série trigonométrique (1) formée avec ces constantes comme coefficients et considérée au point de vue purement formel (qu'elle soit convergente ou non), s'appelle *la série de Fourier de* $f(x)$. Alors on se pose les questions suivantes :

La série de Fourier de $f(x)$ est-elle convergente?

Si elle converge, a-t-elle pour somme $f(x)$?

Converge-t-elle *uniformément?*

La fonction $f(x)$ peut-elle admettre un développement trigonométrique autre que celui de Fourier?

Ces questions ont donné lieu à une foule de travaux intéressants dont nous allons exposer quelques résultats. Aucune d'elles cependant ne peut encore être considérée comme complètement épuisée.

74. Hypothèses sur $f(x)$. — La fonction $f(x)$ dont nous allons étudier le développement sera, jusqu'à la fin du chapitre, soumise aux deux conditions suivantes : 1° c'est une fonction *périodique* de période 2π; 2° elle est *intégrable* par les procédés que nous connaissons.

Si $f(x)$ est *absolument* intégrable, c'est-à-dire si $|f(x)|$ est intégrable, la série est une série de Fourier au sens *propre*. Dans le cas contraire, la série de Fourier de $f(x)$ est *impropre*. Nous ne nous occuperons de ces dernières qu'à la fin du chapitre.

75. Sommation de la série de Fourier par l'intégrale de Dirichlet. — Soit donc $f(x)$ une fonction de période 2π et *intégrable*. Ses constantes de Fourier sont bien déterminées par les intégrales existantes :

$$(4)\qquad a_m = \frac{1}{\pi}\int_0^{2\pi} f(\alpha)\cos m\alpha\, d\alpha, \qquad b_m = \frac{1}{\pi}\int_0^{2\pi} f(\alpha)\sin m\alpha\, d\alpha.$$

D'ailleurs, par suite de la périodicité de la fonction sous le signe, on peut remplacer l'intervalle d'intégration par tout autre de même amplitude 2π. On a ainsi, en particulier,

$$a_m = \frac{1}{\pi}\int_{x-\pi}^{x+\pi} f(\alpha)\cos m\alpha\, d\alpha, \qquad b_m = \frac{1}{\pi}\int_{x-\pi}^{x+\pi} f(\alpha)\sin m\alpha\, d\alpha.$$

Soit S_m la somme des $m + 1$ premiers termes de la série de Fourier de f, à savoir

$$S_m = \frac{1}{2}a_0 + \sum_1^m (a_k\cos kx + b_k\sin kx).$$

Elle devient, par la substitution des valeurs des coefficients,

$$S_m = \frac{1}{\pi}\int_{x-\pi}^{x+\pi}\left[\frac{1}{2} + \sum_1^m \cos k\,(\alpha - x)\right] f(\alpha)\, d\alpha;$$

ou encore, en remplaçant la variable d'intégration α par $\alpha + x$,

$$S_m = \frac{1}{\pi}\int_{-\pi}^{\pi}\left[\frac{1}{2} + \sum_1^m \cos k\alpha\right] f(\alpha + x)\, d\alpha.$$

Mais, en sommant pour $k = 1, 2, \ldots m$ les m équations :

$$\sin\left(k + \tfrac{1}{2}\right)\alpha - \sin\left(k - \tfrac{1}{2}\right)\alpha = 2\cos k\alpha \sin\tfrac{1}{2}\alpha,$$

puis en divisant par $2\sin\frac{1}{2}\alpha$, on trouve

$$(5)\qquad \frac{1}{2} + \sum_1^m \cos k\alpha = \frac{\sin\left(m + \frac{1}{2}\right)\alpha}{2\sin\frac{1}{2}\alpha}.$$

Enfin, en substituant ce résultat dans la valeur de S_m, on exprime S_m par l'intégrale suivante, connue sous le nom d'*intégrale de Dirichlet* :

$$(6)\qquad S_m = \frac{1}{\pi}\int_{-\pi}^{\pi} f(x + \alpha)\,\frac{\sin\left(m + \frac{1}{2}\right)\alpha}{2\sin\frac{1}{2}\alpha}\, d\alpha.$$

La convergence de la série de Fourier revient donc à la convergence de cette intégrale quand m entier tend vers l'infini.

Dans l'étude de cette convergence, le théorème suivant est tout à fait fondamental.

76. Théorème. — *Si la fonction* $F(\alpha)$ *est absolument intégrable* (nº 74), *les deux intégrales :*

$$\int_a^b F(\alpha) \sin k\alpha \, d\alpha, \qquad \int_a^b F(\alpha) \cos k\alpha \, d\alpha,$$

tendent vers 0 *quand* k *tend vers l'infini d'une manière quelconque.*

En particulier, les constantes de Fourier, a_m *et* b_m, *d'une fonction* $f(x)$ *absolument intégrable tendent vers* 0 *quand* m *tend vers l'infini.*

Il suffit de prouver le théorème pour la première des deux intégrales, le raisonnement étant le même pour l'autre.

Premier cas. — *Si* $F(\alpha)$ *est continue dans l'intervalle* (a, b), cette première intégrale ne diffère de chacune des deux suivantes :

$$\int_{a+\frac{\pi}{k}}^{b} \quad \text{et} \quad \int_a^{b-\frac{\pi}{k}} F(\alpha) \sin k\alpha \, d\alpha$$

que par des intégrales infiniment petites avec l'intervalle d'intégration supprimé. Il suffit donc de montrer que la somme de ces deux-ci tend vers 0. Or cette somme, après la substitution de $\alpha + \frac{\pi}{k}$ à α dans son premier terme, s'écrit

$$\int_a^{b-\frac{\pi}{k}} \left[F(\alpha) - F\left(\alpha + \frac{\pi}{k}\right) \right] \sin k\alpha \, d\alpha.$$

Quand k tend vers l'infini, la différence entre crochets tend uniformément vers 0, donc l'intégrale tend vers 0.

Deuxième cas. — *Si* $F(\alpha)$ *est discontinue en un nombre limité de points*, on peut admettre que ce soit aux extrémités a et b seulement, car l'intégrale considérée peut se décomposer en plusieurs autres satisfaisant à cette condition. Alors il suffit, ce qui ramène au premier cas, de démontrer le théorème pour la seconde des deux intégrales :

$$\int_a^b F(\alpha) \sin k\alpha \, d\alpha, \qquad \int_{a+\varepsilon}^{b-\varepsilon} F(\alpha) \sin k\alpha \, d\alpha,$$

car leur différence est moindre que celle des deux intégrales de $| F | \, d\alpha$ prises respectivement entre les mêmes limites : elle est donc aussi petite qu'on veut avec ε.

Troisième cas. — Si $F(\alpha)$ est à variation bornée, il suffit de faire la démonstration pour F *positive* et *croissante*, car toute fonction à variation bornée est la différence de deux fonctions positives et croissantes (nº 33). Ensuite, si F est positive et croissante, on a, par le second théorème de la moyenne (nº 2), dont la démonstration s'applique aussi bien à ce cas,

$$\int_a^b F(\alpha) \sin k\alpha \, d\alpha = F(b) \int_\xi^b \sin k\alpha \, d\alpha = F(b) \frac{\cos k\xi - \cos kb}{k}.$$

Cette expression tend vers 0 pour $k = \infty$.

77. Convergence uniforme des intégrales précédentes. — 1º Dans les deux intégrales du théorème précédent, considérons les limites a et b comme variables, mais dans un intervalle fixe (A, B) dans lequel $| F |$ est intégrable. Alors ces intégrales varient avec a, b moins rapidement que l'intégrale, fonction continue de a, b et indépendante de k,

$$\int_a^b | F | \, d\alpha.$$

Dans les intégrales du théorème sont fonctions *uniformément continues de a, b : elles tendent donc uniformément vers* 0 *quand k tend vers l'infini,* puisqu'elles tendent vers 0 pour tout système particulier a, b.

2º Considérons maintenant l'intégrale

$$\int_a^b F(\alpha + x) \sin k\alpha \, d\alpha,$$

qui dépend de x variable, mais de telle façon que la variable $t = \alpha + x$ ne sorte pas d'un intervalle (A, B) où $| F(t) |$ est intégrable. Par la substitution de $\alpha - x$ à α, cette intégrale se décompose en deux autres, multipliées par des facteurs de modules < 1,

$$\cos kx \int_{a+x}^{b+x} F(\alpha) \sin k\alpha \, d\alpha - \sin kx \int_{a+x}^{b+x} F(\alpha) \cos k\alpha \, d\alpha,$$

auxquelles s'applique le raisonnement précédent. Donc *elle converge encore uniformément vers 0 pour k infini.*

3° Considérons enfin l'intégrale plus générale

$$\int_a^b F(\alpha + x)\, \Omega(\alpha) \sin k\alpha \, d\alpha,$$

où nous supposerons que $\Omega(\alpha)$ admet une dérivée continue $\Omega'(\alpha)$. Dans les mêmes conditions que la précédente, *elle tend uniformément vers 0 quand k tend vers l'infini.*

Posons, en effet,

$$\Phi(\alpha) = \int_a^\alpha F(\alpha + x) \sin k\alpha \, d\alpha;$$

cette intégrale devient, par intégration par parties,

$$\Phi(b)\, \Omega(b) - \int_a^b \Phi(\alpha)\, \Omega'(\alpha)\, d\alpha,$$

et elle tend uniformément vers zéro avec Φ, auquel s'applique la démonstration précédente.

Il peut se faire que $\Omega(\alpha)$ dépende de k. La démonstration précédente subsiste alors sous la condition que Ω et Ω' restent bornés quand k tend vers l'infini.

78. Théorème de Rieman. — *La manière dont se comporte la série de Fourier de $f(x)$ au point x ne dépend que de la nature de $f(x)$ dans le voisinage du point x, pourvu que $f(x)$ soit absolument intégrable.*

En effet, si nous désignons par $\Omega(\alpha)$ la fonction $1 : 2 \sin \frac{1}{2}\alpha$, qui est continue ainsi que sa dérivée dans les intervalles $(-\pi, -\varepsilon)$ et (ε, π) quelque petit que soit ε positif, l'intégrale (6), qui exprime S_m (n° 75), devient

$$S_m = \frac{1}{\pi}\int_{-\varepsilon}^{\varepsilon} f(x + \alpha)\, \Omega(\alpha) \sin (m + \tfrac{1}{2})\, \alpha \, d\alpha.$$

Donc, en négligeant deux portions de cette intégrale qui tendent uniformément vers zéro quand m tend vers l'infini (n° 77), on voit que cette intégrale converge vers la même limite et de la même manière (uniforme ou non) que

$$\frac{1}{\pi}\int_{-\varepsilon}^{\varepsilon} f(x+\alpha)\,\frac{\sin\left(m+\frac{1}{2}\right)\alpha}{2\sin\frac{1}{2}\alpha}\,d\alpha.$$

79. Forme préliminaire de la condition nécessaire et suffisante de convergence. — Nous allons chercher la condition pour que la série de Fourier d'une fonction absolument intégrable converge vers une limite déterminée S. Ainsi, S est une quantité indépendante de m mais généralement fonction de x. Multiplions par S la relation

$$1 = \frac{1}{\pi}\int_{-\pi}^{\pi} \frac{\sin\left(m+\frac{1}{2}\right)\alpha}{2\sin\frac{1}{2}\alpha}\,d\alpha,$$

qui s'obtient en intégrant les deux membres de la formule (5) du n° 75 ; puis soustrayons-la de l'équation (6) du même numéro. Il vient

$$(7)\qquad S_m - S = \frac{1}{\pi}\int_{-\pi}^{\pi} [f(x+\alpha) - S]\,\frac{\sin\left(m+\frac{1}{2}\right)\alpha}{2\sin\frac{1}{2}\alpha}\,d\alpha.$$

Donc, *pour que la série de Fourier converge vers* S, *il faut et il suffit qu'à tout nombre* ω *positif donné, corresponde un entier positif* M, *tel que l'intégrale* (7) *soit de valeur absolue* $< \omega$ *sous la condition* $m >$ M. *De plus,* M *devra être indépendant de x pour que la convergence soit uniforme.*

Mais, dans cet énoncé, nous allons successivement remplacer l'intégrale (7) par d'autres plus simples. D'abord par

$$(8)\qquad \frac{1}{\pi}\int_{-\pi}^{\pi} [f(x+\alpha) - S]\sin\left[\left(m+\frac{1}{2}\right)\alpha\right]\frac{d\alpha}{\alpha},$$

ce qui est permis, parce que la différence des deux intégrales tend uniformément vers 0 en vertu des conclusions du n° 77. Cette différence est, en effet, de la forme

$$\frac{1}{\pi}\int_{-\pi}^{\pi} F(x+\alpha)\sin\left[\left(m+\frac{1}{2}\right)\alpha\right]\left[\frac{1}{2\sin\frac{1}{2}\alpha} - \frac{1}{\alpha}\right]d\alpha,$$

où le dernier crochet est une fonction $\Omega(\alpha)$ continue ainsi que sa dérivée. En second lieu, on peut remplacer l'intégrale (**8**) par la suivante, où ε est un nombre positif aussi petit qu'on veut, mais indépendant de m (et de x),

$$(9) \qquad \frac{1}{\pi}\int_{-\varepsilon}^{\varepsilon} [f(x+\alpha) - S] \sin\left[\left(m+\frac{1}{2}\right)\alpha\right]\frac{d\alpha}{\alpha},$$

car on néglige seulement deux portions de l'intégrale (**8**) qui tendent (uniformément) vers zéro quand m tend vers l'infini.

Partageons l'intégrale (**9**) en deux autres, l'une aux limites $-\varepsilon$ et 0, l'autre aux limites 0 et ε; puis ramenons la première aux mêmes limites que la seconde par le changement de signe de α; l'intégrale (**9**) sera remplacée par l'intégrale (**11**) de la règle suivante, que nous sommes maintenant en droit d'énoncer.

80. Règle de convergence. — *La condition nécessaire et suffisante pour que la série de Fourier d'une fonction absolument intégrable $f(x)$ converge (uniformément) vers* S *est que, quelque petit que soit le nombre positif donné ω, on puisse lui faire correspondre deux nombres ε et* M *(indépendants de x) tels qu'en posant*

$$(10) \qquad \varphi(\alpha) = f(x+\alpha) + f(x-\alpha) - 2S,$$

l'intégrale

$$(11) \qquad \frac{1}{\pi}\int_{0}^{\varepsilon} \varphi(\alpha) \sin\left[\left(m+\frac{1}{2}\right)\alpha\right]\frac{d\alpha}{\alpha}$$

soit de module $< \omega$ pour tout entier $m >$ M.

Dans cette règle, *on peut laisser tomber la condition que m soit entier*. En effet, si l'on retranche de l'intégrale précédente celle qu'on en déduit en remplaçant m par $(m+\theta)$ où θ est une fraction et m un entier, on trouve, après avoir transformé $\sin\left(m+\theta+\frac{1}{2}\right)\alpha - \sin\left(m+\frac{1}{2}\right)\alpha$ en produit,

$$\frac{2}{\pi}\int_{0}^{\varepsilon} \varphi(\alpha) \frac{\sin\dfrac{\theta\alpha}{2}}{\alpha} \cos\left[\left(m+\frac{\theta+1}{2}\right)\alpha\right] d\alpha,$$

et l'on voit que cette différence tend uniformément vers 0 pour m infini, d'après les conclusions du n° 77.

§ 2. Critères de convergence des séries de Fourier

Donnons d'abord quelques définitions générales :

81. Points de discontinuité de 1re espèce. Points réguliers. Fonctions à variation bornée. — Nous dirons, avec M. Lebesgue, que le point x_0 est un *point de discontinuité de première espèce* de $f(x)$ si cette fonction a une limite finie $f(x_0 - 0)$ quand x tend vers x_0 en croissant, et une autre $f(x_0 + 0)$ quand x tend vers x_0 en décroissant. Si ces deux limites étaient égales, la fonction serait continue au point x_0.

Nous dirons encore, avec M. Lebesgue, que le point x_0 est un *point régulier* si $f(x_0 - 0)$ et $f(x_0 + 0)$ existent et que $f(x_0)$ soit leur moyenne arithmétique. En particulier, tout point où f est continue est régulier.

Les points de discontinuité d'une fonction bornée non décroissante (ou non croissante) sont toujours de première espèce, en vertu d'un principe général de la théorie des limites (t. I, n° 16).

Une fonction à variation bornée (n° 33) est la différence de deux fonctions φ et ψ bornées et non décroissantes. Elle ne peut donc avoir que des points de discontinuité de première espèce.

Dirichlet, qui a traité le premier rigoureusement la théorie des séries de Fourier, a considéré des fonctions bornées n'ayant qu'un nombre limité d'extrémés. Ce sont les fonctions qui satisfont aux *conditions de Dirichlet*. Elles sont évidemment à variation bornée.

82. Choix de S. — Pour les fonctions dont nous venons de parler, on peut choisir la valeur de la quantité S qui entre dans la définition (10) de $\varphi(\alpha)$, à savoir

$$\varphi(\alpha) = f(x + \alpha) + f(x - \alpha) - 2S,$$

de manière que $\varphi(\alpha)$ tende vers 0 avec α. Il doit être entendu que S reçoit alors cette valeur.

Ainsi, si la fonction est *continue* ou régulière au point x, on fait $S = f(x)$; si x est un point de discontinuité de première espèce, on fait

$$S = \frac{f(x+0) + f(x-0)}{2}.$$

83. Premier critère de convergence (Dini). — *La série de Fourier d'une fonction absolument intégrable $f(x)$ converge vers $f(x)$ en tout point régulier tel que l'intégrale*

$$\int_0^\varepsilon |\varphi(\alpha)| \frac{d\alpha}{\alpha}$$

existe.

C'est la conséquence de la règle du n° 80. Quel que soit ω positif, on peut alors prendre ε assez petit pour que cette intégrale soit $< \omega$, auquel cas l'intégrale (11) l'est *a fortiori* quel que soit m. Si cette condition se réalise avec ε indépendant de x, la convergence sera uniforme.

Ce critère donne lieu à autant de cas particuliers qu'il y a de règles d'existence pour l'intégrale. Par exemple, l'intégrale existe si $\varphi(\alpha)$ est infiniment petit d'ordre > 0 quand α tend vers 0.

Donc la série de Fourier converge en tout point x tel que $f(x+\alpha) - f(x)$ soit infiniment petit d'ordre $r > 0$ pour $\alpha = 0$. En particulier, toute fonction dérivable est représentable en série de Fourier.

84. Deuxième critère (C. Jordan). — *La série de Fourier d'une fonction absolument intégrable $f(x)$ converge dans tout intervalle, si petit soit-il, où $f(x)$ est à variation bornée. De plus, la convergence sera uniforme dans un intervalle intérieur à un intervalle de continuité. La somme S de la série sera $f(x)$ en tout point régulier; en un point de discontinuité non régulier, ce sera*

$$\frac{f(x+0) + f(x-0)}{2}.$$

Remarquons que si f est à variation bornée, φ l'est aussi et est, par conséquent, la différence de deux fonctions positives non décroissantes qui tendent vers 0 avec α (uniformément pour x variable si $f(x)$ est continue). Or, si la condition de la règle du n° 80 se vérifie pour deux fonctions, elle se vérifiera pour leur différence. Il suffit donc de la vérifier en supposant φ positive, non décroissante et tendant (uniformément) vers 0 avec α. On a, dans ce cas, en remplaçant $m + \frac{1}{2}$ par k, et transformant par le second théorème de la moyenne,

$$\frac{1}{\pi}\int_0^\varepsilon \varphi(\alpha) \sin k\alpha \frac{d\alpha}{\alpha} = \frac{\varphi(\varepsilon)}{\pi}\int_{\varepsilon'}^\varepsilon \frac{\sin k\alpha}{\alpha} d\alpha = \frac{\varphi(\varepsilon)}{\pi}\int_{k\varepsilon'}^{k\varepsilon} \frac{\sin \alpha}{\alpha} d\alpha.$$

Cette quantité est en valeur absolue moindre que (*)

$$\frac{1}{\pi} \mid \varphi(\varepsilon) \mid \int_0^\pi \frac{\sin \alpha}{\alpha} d\alpha < \mid \varphi(\varepsilon) \mid .$$

La condition de la règle se vérifiera, ω étant donné, en prenant ε assez petit pour qu'on ait $\mid \varphi(\varepsilon) \mid < \omega$. Enfin, à l'intérieur d'un intervalle de continuité de f, cette condition peut se réaliser avec un ε indépendant de x, ce qui achève la démonstration.

85. Troisième critère. — *La série de Fourier d'une fonction $f(x)$ absolument intégrable converge vers la limite pour $\alpha = 0$ de la fonction*

$$\frac{1}{2\alpha}\int_0^\alpha [f(x+\alpha) + f(x-\alpha)]\, d\alpha,$$

en tout point x tel que cette fonction de α soit à variation bornée dans l'intervalle $(0, \varepsilon)$.

Soit S cette limite, toujours existante dans notre hypothèse. Substituons-la dans $\varphi(\alpha)$ (nº 82); la fonction *à variation bornée :*

$$\Psi(\alpha) = \frac{1}{\alpha}\int_0^\alpha \varphi(\alpha)\, d\alpha = \frac{1}{\alpha}\int_0^\alpha [f(x+\alpha) + f(x-\alpha) - 2S]\, d\alpha$$

tend vers 0 avec α et je dis que la règle du nº 80 est applicable.

En effet, écrivons k au lieu de $m + \frac{1}{2}$ et intégrons par parties l'intégrale de l'énoncé de cette règle. Il vient

$$\int_0^\varepsilon \varphi(\alpha) \sin k\alpha \frac{d\alpha}{\alpha} = \Psi(\varepsilon) \sin k\varepsilon - \int_0^\varepsilon \Psi(\alpha)\, \alpha d\, \frac{\sin k\alpha}{\alpha}.$$

(*) En effet, l'intégrale de $k\varepsilon'$ à $k\varepsilon$ est la différence de celles de O à $k\varepsilon$ et de O à $k\varepsilon'$. Ces deux-ci sont positives et $\leqslant$ que l'intégrale de O à π, parce que cette dernière mesure la plus grande arcade de la courbe $\varphi = \sin \alpha : \alpha$ qui se compose d'une suite d'arcades décroissantes de signes alternés. D'autre part, $\sin \alpha : \alpha$ est $\leqslant 1$.

Soit ω positif donné. On peut prendre ε assez petit pour que le terme intégré soit $< \omega$ quel que soit k (donc m), car $\varphi(\varepsilon)$ tend vers 0 avec ε. Reste à montrer qu'on peut aussi réaliser cette condition pour l'intégrale.

Comme Ψ' est à variation bornée, on peut, ainsi que dans le numéro précédent, raisonner sur Ψ' comme sur une fonction positive non décroissante. Alors, par le second théorème de la moyenne, l'intégrale revient à

$$\Psi'(\varepsilon)\int_{\varepsilon'}^{\varepsilon} \alpha d\,\frac{\sin k\alpha}{\alpha} = \Psi'(\varepsilon)\,[\sin k\alpha]_{\varepsilon'}^{\varepsilon} - \Psi'(\varepsilon)\int_{\varepsilon'}^{\varepsilon}\frac{\sin k\alpha}{\alpha}\,d\alpha.$$

Donc, en prenant ε et, avec lui, $\Psi'(\varepsilon)$ assez petits, on rendra la valeur absolue de cette expression $< \omega$ quel que soit k.

Si $\Psi'(\varepsilon)$ tend uniformément vers 0 quand x varie, la convergence sera *uniforme*.

Il est assez facile de montrer que ce criterium contient les deux précédents.

§ 3. Exemples de développements en séries de Fourier

86. Cas des fonctions non périodiques. Séries de sinus et séries de cosinus. — On peut avoir à développer une fonction non périodique dans un intervalle d'amplitude 2π, par exemple, dans l'intervalle $(-\pi, +\pi)$. On revient alors au cas de la fonction périodique par l'artifice suivant :

Soit $F(x)$ la fonction proposée. On lui substitue une fonction $f(x)$ de période 2π, définie par la condition d'être égale à $F(x)$ dans l'intervalle de $(-\pi + 0, \pi)$. Le développement de $f(x)$ en série de Fourier sera celui de $F(x)$ dans l'intervalle $(-\pi, +\pi)$.

Les propriétés de $f(x)$ feront connaître la manière dont la série se comporte aux extrémités de l'intervalle. Supposons $F(x)$ et, par suite, $f(x)$ à variation bornée. Pour $x = \pi$, la somme de la série sera

$$\frac{f(\pi - 0) + f(\pi + 0)}{2} = \frac{F(\pi - 0) + F(-\pi + 0)}{2}.$$

Donc, si F est continue mais non périodique, les extrémités de l'intervalle se comportent exactement comme des points de discontinuité. Au contraire, si F est continue et reprend la même valeur aux points $x = \pm \pi$, la convergence sera uniforme dans tout intervalle d'après le critère de Jordan (n° 84).

On peut aussi se proposer de développer $F(x)$ en série de cosinus (ou de sinus) seuls dans un intervalle d'amplitude π, par exemple dans $(0, \pi)$. On substitue alors à $F(x)$ une fonction $f(x)$, paire (ou impaire), de période 2π, définie par la condition d'être égale à $F(x)$ dans l'intervalle $(0, \pi)$. Le développement de $f(x)$ sera le développement cherché, car il ne contient que des cosinus si f est paire, que des sinus si f est impaire.

87. Exemples de séries de sinus. — Les coefficients b_m du développement en série du sinus sont (f étant impaire) fournis par les formules

$$b_m = \frac{1}{\pi}\int_{-\pi}^{\pi} = \frac{2}{\pi}\int_0^{\pi} = \frac{2}{\pi}\left[\int_0^{\frac{\pi}{2}} + \int_{\frac{\pi}{2}}^{\pi} f(\alpha) \sin m\alpha \, d\alpha\right],$$

d'où, en changeant π en $\pi - \alpha$ dans la dernière intégrale,

$$b_m = \frac{2}{\pi}\int_0^{\frac{\pi}{2}} [f(\alpha) - (-1)^m f(\pi - \alpha)] \sin m\alpha \, d\alpha.$$

Premier exemple. — Soit à développer $\pi : 4$ dans l'intervalle $(0, \pi)$; on a $f(\alpha) = f(\pi - \alpha)$, donc $b_{2k} = 0$ et

$$b_{2k+1} = \int_0^{\frac{\pi}{2}} \sin (2k + 1) \alpha \, d\alpha = \frac{1}{2k + 1}.$$

Par conséquent, entre 0 et π (limites exclues),

$$\frac{\pi}{4} = \sin x + \frac{\sin 3x}{3} + \frac{\sin 5x}{5} + \dots$$

Entre $-\pi$ et 0, la série a pour somme $-\pi : 4$. Pour $x = 0$, sa valeur est 0, moyenne des valeurs de part et d'autre de ce point, conformément aux théories générales.

Deuxième exemple. — Soit à développer $\frac{\pi}{4} - \frac{x}{2}$ dans l'intervalle $(0, \pi)$. On a $f(\alpha) = -f(\pi - \alpha)$, donc $b_{2k+1} = 0$ et, en intégrant par parties,

$$b_{2k} = \int_0^{\frac{\pi}{2}} \left(1 - \frac{2\alpha}{\pi}\right) \sin 2k\alpha \, d\alpha = \frac{1}{2k} - \frac{1}{k\pi}\int_0^{\frac{\pi}{2}} \cos 2k\alpha \, d\alpha = \frac{1}{2k}.$$

Par conséquent, entre 0 et π (limites exclues),

$$\frac{\pi}{4} - \frac{x}{2} = \frac{\sin 2x}{2} + \frac{\sin 4x}{4} + \frac{\sin 6x}{6} + \dots$$

et la série est encore discontinue pour $x = 0$.

Si l'on soustrait ce développement du précédent, il vient

$$\frac{x}{2} = \sin x - \frac{\sin 2x}{2} + \frac{\sin 3x}{3} - \frac{\sin 4x}{4} + \dots$$

et, les deux membres étant impairs, cette nouvelle formule est valable entre $-\pi$ et $+\pi$ (limites exclues).

De même, en ajoutant les mêmes développements,

$$\frac{\pi - x}{2} = \sin x + \frac{\sin 2x}{2} + \frac{\sin 3x}{3} + \dots$$

et cette formule est valable de 0 à 2π (limites exclues), parce que les deux membres changent seulement de signe quand on change x en $2\pi - x$.

88. Exemples de séries de cosinus. — Les coefficients a_m du développement en série de cosinus sont (f étant paire) fournis par les formules

$$a_m = \frac{2}{\pi}\int_{-\pi}^{\pi} = \frac{2}{\pi}\int_0^{\pi} = \left[\int_0^{\frac{\pi}{2}} + \int_{\frac{\pi}{2}}^{\pi} f(\alpha) \cos m\alpha \, d\alpha\right],$$

d'où, en changeant α en $\pi - \alpha$ dans la dernière intégrale,

$$a_m = \frac{2}{\pi}\int_0^{\frac{\pi}{2}} [f(\alpha) + (-1)^m f(\pi - \alpha)] \cos m\alpha \, d\alpha.$$

Premier exemple. — Soit à développer $\frac{\pi}{4} - \frac{x}{2}$ dans l'intervalle $(0, \pi)$. Comme $f(\alpha) = -f(\pi - \alpha)$, on a $a_{2k} = 0$ et, en intégrant par parties,

$$a_{2k+1} = \int_0^{\frac{\pi}{2}} \left(1 - \frac{2\alpha}{\pi}\right) \cos(2k+1)\alpha \, d\alpha = \frac{2}{(2k+1)\pi} \int_0^{\frac{\pi}{2}} \sin(2k+1)\alpha \, d\alpha,$$

d'où $a_{2k+1} = 2 : (2k+1)^2 \pi$. Par conséquent,

$$\frac{\pi}{4} - \frac{x}{2} = \frac{2}{\pi}\left[\cos x + \frac{\cos 3x}{3^2} + \frac{\cos 5x}{5^2} + \dots\right].$$

Cette égalité est valable entre 0 et π, limites comprises.

Deuxième exemple. — Soit à développer $\sin px$ (p entier) dans l'intervalle $(0, \pi)$.

Si p est pair, $f(\alpha) = -f(\pi - \alpha)$; donc $\alpha_{2k} = 0$ et

$$a_{2k+1} = \frac{4}{\pi} \int_0^{\frac{\pi}{2}} \sin p\alpha \cos(2k+1)\alpha \, d\alpha = \frac{4p}{\pi} \cdot \frac{1}{p^2 - (2k+1)^2}.$$

Si p est impair, $f(\alpha) = f(\pi - \alpha)$; donc $a_{2k+1} = 0$, et

$$a_{2k} = \frac{4}{\pi} \int_0^{\frac{\pi}{2}} \sin p\alpha \cos 2k\alpha \, d\alpha = \frac{4p}{\pi} \frac{1}{p^2 - (2k)^2}.$$

Il vient, en définitive, entre 0 et π,

$$\sin px = \begin{cases} \dfrac{4p}{\pi}\left[\dfrac{\cos x}{p^2 - 1} + \dfrac{\cos 3x}{p^2 - 3^2} + \dfrac{\cos 5x}{p^2 - 5^2} + \dots\right] & (p \text{ pair}) \\ \dfrac{4p}{\pi}\left[\dfrac{1}{2p^2} + \dfrac{\cos 2x}{p^2 - 2^2} + \dfrac{\cos 4x}{p^2 - 4^2} + \dots\right] & (p \text{ impair}). \end{cases}$$

Troisième exemple. — Soit à développer $\operatorname{Log}\left(2 \sin \frac{x}{2}\right)$ en série de cosinus dans l'intervalle $(0, \pi)$. On a d'abord (t. I, n° 190)

$$a_0 = \frac{2}{\pi} \int_0^{\pi} \operatorname{Log}\left(2 \sin \frac{\alpha}{2}\right) d\alpha = 2 \operatorname{Log} 2 - \frac{2}{\pi} \int_0^{\pi} \operatorname{Log}\left(\sin \frac{\alpha}{2}\right) d\alpha = 0.$$

Ensuite, en intégrant par parties, puis par la formule (5) du n° 75,

$$a_m = \frac{2}{\pi}\int_0^\pi \cos m\alpha \operatorname{Log}\left(2\sin\frac{\alpha}{2}\right)d\alpha = -\frac{1}{m\pi}\int_0^\pi \frac{\sin m\alpha \cos\frac{\alpha}{2}}{\sin\frac{\alpha}{2}}d\alpha$$

$$= -\frac{1}{m\pi}\int_0^\pi \frac{\sin\left(m+\frac{1}{2}\right)\alpha}{2\sin\frac{\alpha}{2}}d\alpha - \frac{1}{m\pi}\int_0^\pi \frac{\sin\left(m-\frac{1}{2}\right)\alpha}{2\sin\frac{\alpha}{2}}d\alpha = -\frac{1}{m}.$$

On a donc, entre 0 et π,

$$-\operatorname{Log}\left(2\sin\frac{x}{2}\right) = \cos x + \frac{\cos 2x}{2} + \frac{\cos 3x}{3} + \dots$$

Si l'on écrit au premier membre $-\frac{1}{2}\operatorname{Log}\left(4\sin^2\frac{x}{2}\right)$, les deux membres seront pairs de période 2π et la formule subsistera quel que soit x. La fonction considérée ici n'est plus bornée, elle est, en effet, infinie pour $x = k\pi$.

§ 4. Séries de Fourier quelconques

89. Intégration des séries de Fourier. — Théorème. — *Une série de Fourier (même divergente) de fonction absolument intégrable* (n° 74) *peut toujours être intégrée terme à terme dans un intervalle. Si les limites de l'intervalle varient, la convergence est uniforme.* (Lebesgue).

En effet, considérons le développement formel

$$(1)\qquad f(x) - \frac{1}{2}a_0 \backsim \sum_1^\infty (a_m \cos mx + b_m \sin mx),$$

le signe $\backsim$ signifiant seulement que le second membre est la série de Fourier du premier, donc que a_m et b_m sont les constantes de Fourier de $f(x)$.

Soit F(x) l'intégrale du premier membre entre 0 et x ; on aura la relation

$$(2)\qquad F(2\pi) = \int_0^{2\pi}\left[f(x) - \frac{a_0}{2}\right]dx = 0.$$

Mais F, étant continue et à variation bornée et s'annulant aux limites 0 et 2π, peut se développer en série de Fourier *uniformément convergente* entre 0 et 2π (n°s 84 et 86), sous la forme

$$(3) \qquad F(x) = \frac{A_0}{2} + \sum_1^{\infty} (A_m \cos mx + B_m \sin mx).$$

Les coefficients de Fourier de F se ramènent à ceux de f par une intégration par parties. En effet, les termes aux limites s'annulant par (2), il vient, pour $m \geqslant 1$,

$$A_m = \frac{1}{\pi}\int_0^{2\pi} F(x) \cos mx \, dx = -\frac{1}{m\pi}\int_0^{2\pi} F'(x) \sin mx \, dx = -\frac{b_m}{m}.$$

$$B_m = \frac{1}{\pi}\int_0^{2\pi} F(x) \sin mx \, dx = \frac{1}{m\pi}\int_0^{2\pi} F'(x) \cos mx \, dx = \frac{a_m}{m}.$$

Substituons ces valeurs dans (3). Eliminons ensuite A_0 et soustrayons membre à membre de l'équation (3) ainsi transformée celle qu'elle fournit pour $x = 0$. Nous trouvons, pour x compris entre 0 et 2π, le développement uniformément convergent

$$F(x) = \sum_1^{\infty} \frac{b_m (1 - \cos mx) + a_m \sin mx}{m}.$$

C'est précisément ce qu'on obtient en intégrant le second membre de (1). L'intégration est donc permise entre 0 et 2π et, par suite, dans tout intervalle à cause de la périodicité.

90. Sommation des séries de Fourier divergentes. — *Sommer une série de Fourier divergente, c'est, connaissant cette série, déterminer la fonction génératrice.* En d'autres termes, c'est *déterminer $f(x)$ quand on connaît ses constantes de Fourier.*

Le théorème précédent fournit un premier procédé pour résoudre cette question, car il permet de déterminer l'intégrale indéfinie de $f(x)$ et, par conséquent, $f(x)$ lui-même partout où $f(x)$ est la dérivée de son intégrale indéfinie, en particulier partout où $f(x)$ est continue.

Ce procédé de sommation est indirect. On peut aussi se servir des procédés généraux de sommation des séries divergentes étudiés par M. BOREL *(Leçons sur les séries divergentes)*. Nous allons indiquer en quoi ils consistent.

91. Procédé général de sommation des séries divergentes. — Le procédé de M. Borel consiste à multiplier les termes successifs de la série divergente proposée, à savoir

$$u_0 + u_1 + \dots + u_n + \dots$$

par des facteurs, fonctions d'un paramètre r :

$$a_0(r),\ a_1(r), \dots\ a_n(r), \dots$$

qui sont positifs et $\leqslant 1$, non croissants d'un facteur au suivant, et tendent tous vers l'unité quand r tend vers une certaine limite r_0. On forme ainsi une série auxiliaire

$$\Sigma a_n(r)\, u_n.$$

On s'arrange de manière qu'elle converge tant que r n'atteint pas sa limite. Alors si la somme de la série auxiliaire, qui dépend de r, tend vers une limite quand r tend vers r_0, cette limite sera, par définition, la somme (au sens généralisé) de la série proposée.

Cette généralisation serait évidemment inutile si l'on n'avait le théorème suivant :

THÉORÈME. — *La somme d'une série au sens généralisé coïncide avec la somme au sens ordinaire chaque fois que la série converge.*

Les termes de la série auxiliaire tendent vers ceux de la proposée. Reste à montrer que l'on peut passer à la limite dans chaque terme et, à cet effet, que la convergence de la série proposée entraîne, pour r variable, la convergence *uniforme* de la série auxiliaire.

Soit ε un nombre positif. Posons

$$R_n = u_n + u_{n+1} + \dots$$

La série étant convergente, on peut assigner un nombre N tel que $| R_n |$ soit $< \varepsilon$ pour $n >$ N. Le reste ρ_n de la série auxiliaire est

$$\begin{aligned}\rho_n &= a_n(R_n - R_{n+1}) + a_{n+1}(R_{n+1} - R_{n+2}) + a_{n+2}(R_{n+2} - R_{n+3}) + \dots \\ &= a_n R_n + (a_{n+1} - a_n)\, R_{n+1} + (a_{n+2} - a_{n+1})\, R_{n+2} + \dots\end{aligned}$$

Tous les R sont de module $< \varepsilon$, toutes les parenthèses négatives, de sorte que, pour $n > N$, on a aussi

$$|\rho_n| < \varepsilon\,[a_n + (a_n - a_{n+1}) + \ldots] < 2\varepsilon a_n < 2\varepsilon.$$

Donc, N étant indépendant de r, la convergence est uniforme.

92. Procédé de la moyenne arithmétique. — Le procédé de sommation qui précède avait déjà été appliqué par Poisson aux séries de Fourier. Poisson faisait $a_n = r^n$, r tendant vers l'unité. Nous avons fait connaître nous-mêmes un nouveau procédé du même genre (*). Nous laisserons ces méthodes de côté et nous allons étudier le *procédé de la moyenne arithmétique*, que M. Fejèr a appliqué avec beaucoup de succès à la théorie des séries de Fourier. Ce procédé, qui rentre aussi dans les procédés généraux de M. Borel, consiste à attribuer comme somme à la série considérée, dont les $n + 1$ premiers termes ont pour somme S_n, la limite pour n infini, quand elle existe, des quantités

$$(4) \qquad \sigma_n = \frac{S_0 + S_1 + \ldots + S_{n-1}}{n} = \frac{1}{n} \sum_{k=0}^{n-1} (n - k)\, u_k.$$

Les facteurs a de la méthode de M. Borel sont ici de la forme $\left(1 - \frac{k}{n}\right)$ et tendent vers 1 quand le paramètre n (au lieu de r) tend vers l'infini. Mais les coefficients a deviennent tous nuls à partir d'un certain rang, ce qui peut être considéré comme un avantage, les sommes σ_n définissant alors *des suites trigonométriques finies*.

Quand la série est convergente, le procédé de la moyenne arithmétique coïncide avec le procédé de sommation ordinaire, en vertu du théorème du n° précédent. Mais la réciproque n'est pas toujours vraie. Elle l'est cependant dans un cas important, comme le montre le théorème suivant :

93. Théorème de Hardy-Landau. — *Lorsqu'une série* $u_0 + u_1 + u_2 + \ldots$ *est positive ou, plus généralement, telle que le produit* mu_m *reste supérieur à un nombre négatif fixe* $-$ A, *alors, si la série est*

(*) *Bulletins de l'Académie Royale de Belgique*, n° 3, 1908.

sommable par le procédé de la moyenne arithmétique, elle est convergente et on lui trouve, par conséquent, la même somme par le procédé de sommation ordinaire.

Soit, comme ci-dessus,

$$S_m = \sum_0^m u_k, \qquad \sum_0^{m-1} S_k = m\sigma_m.$$

On en tire, pour tout entier $p < m$,

$$\sum_{m-p}^{m-1} S_k = m\sigma_m - (m-p)\sigma_{m-p} = p\sigma_{m-p} - m(\sigma_m - \sigma_{m-p}).$$

$$\sum_m^{m+p-1} S_l = (m+p)\sigma_{m+p} - m\sigma_m = p\sigma_{m+p} - m(\sigma_{m+p} - \sigma_m).$$

Mais on a, pour k compris entre $m-p$ et m, et pour l compris entre m et $m+p$, la parenthèse dans les expressions ci-dessous renfermant au plus p termes,

$$S_k = S_m - (u_{k+1} + \ldots + u_m) < S_m + p\,\frac{A}{m-p};$$

$$S_l = S_m + (u_{m+1} + \ldots + u_l) > S_m - p\,\frac{A}{m}.$$

Substituant ces limites dans les précédentes équations, et divisant par p, on en tire

$$S_m + \frac{p}{m-p}A > \sigma_{m-p} - \frac{m}{p}(\sigma_m - \sigma_{m-p})$$

$$S_m - \frac{p}{m}A < \sigma_{m+p} - \frac{m}{p}(\sigma_{m+p} - \sigma_m).$$

Soit S la limite de σ_m. Faisons tendre m vers l'infini, et $m-p$ avec lui, mais de manière que $p : m$ tende vers un nombre positif donné ε d'une petitesse arbitraire. Nous tirons des relations précédentes

$$\lim S_m + \frac{\varepsilon A}{1-\varepsilon} \geqslant S, \qquad \lim S_m - \varepsilon A \leqslant S.$$

Donc, ε étant arbitraire, $\lim S_m = S$.

94. Intégrale de Fejèr. — Dans le cas des séries de Fourier, σ_m s'exprime par une intégrale remarquable, qu'il faut rapprocher de celle de Dirichlet, et que nous appellerons *intégrale de Fejèr*.

La somme S_m étant fournie par l'intégrale de Dirichlet (nº 75), il vient, en effet,

$$\sigma_m = \frac{1}{m\pi}\int_{-\pi}^{\pi} f(x+\alpha)\,\frac{\sum_0^{m-1}\sin\left(k+\frac{1}{2}\right)\alpha}{2\sin\frac{1}{2}\alpha}\,d\alpha;$$

et, en utilisant la formule de sommation suivante :

$$\sin\frac{\alpha}{2}\sum_0^{m-1}\sin\left(k+\tfrac{1}{2}\right)\alpha = \sum_0^{m-1}\frac{\cos k\alpha - \cos(k+1)\alpha}{2} = \frac{1-\cos m\alpha}{2},$$

on trouve l'*intégrale de Fejèr* :

$$(5)\qquad \sigma_m = \frac{1}{m\pi}\int_{-\pi}^{\pi} f(x+\alpha)\,\frac{1-\cos m\alpha}{\left(2\sin\frac{1}{2}\alpha\right)^2}\,d\alpha.$$

Si l'on remplace $(1-\cos m\alpha)$ par $2\sin^2 m\frac{\alpha}{2}$ et la variable d'intégration α par 2α, elle se ramène à la forme

$$(6)\qquad \sigma_m = \frac{1}{m\pi}\int_0^{\frac{\pi}{2}}[f(x+2\alpha)+f(x-2\alpha)]\left(\frac{\sin m\alpha}{\sin\alpha}\right)^2 d\alpha.$$

L'*intégrale de Fejèr* présente sur celle de Dirichlet un avantage précieux : le facteur qui multiple f est essentiellement positif, ce qui autorise l'usage du théorème de la moyenne. Nous allons immédiatement nous en servir.

95. Théorème obtenu par l'application du théorème de la moyenne à l'intégrale de Fejèr. — *Si l'on désigne par* L *et* l *les bornes supérieure et inférieure de* f *supposée bornée, toutes les sommes* σ_m *de Fejèr sont intermédiaires entre* l *et* L.

En effet, le théorème de la moyenne s'appliquant à l'intégrale de Fejèr, σ_m est comprise entre

$$\frac{2l}{m\pi}\int_0^{\frac{\pi}{2}} \quad\text{et}\quad \frac{2L}{m\pi}\int_0^{\frac{\pi}{2}}\left(\frac{\sin m\alpha}{\sin\alpha}\right)^2 d\alpha,$$

c'est-à-dire entre l et L, car, pour $m \geqslant 1$, on a nécessairement

$$(7)\qquad \frac{2}{m\pi}\int_0^{\frac{\pi}{2}}\left(\frac{\sin m\alpha}{\sin\alpha}\right)^2 = 1,$$

l'intégrale de Fejèr se réduisant à cela quand f se réduit à 1.

M. Fejèr a déduit de là un résultat très élégant :

Si $f(x)$ est bornée comme ci-dessus par les deux nombres l et L et si les modules des produits ma_m et mb_m de ses constantes de Fourier par leur indice ne surpassent pas deux nombres fixes A et B quel que soit m, alors une somme S_m quelconque de la série de Fourier est comprise entre

$$l - (A + B) \qquad \text{et} \qquad L + (A + B).$$

En effet, l'équation (4) du n° 92 peut s'écrire

$$\sigma_n = S_{n-1} - \frac{1}{n}\sum_0^{n-1} ku_k.$$

Dans notre hypothèse, on a

$$| ku_k | = | k(a_k \cos kx + b_k \sin kx) | < A + B.$$

Par conséquent, $\sigma_n - S_{n-1}$ est compris entre $\pm (A + B)$. D'ailleurs σ_n étant compris entre l et L, on obtient ainsi le théorème énoncé.

Remarque. — Le théorème précédent est toujours applicable aux fonctions qui sont à variation bornée dans tout l'intervalle d'amplitude 2π. En effet, *les produits ma_m et mb_m sont essentiellement bornés quand la fonction est à variation bornée.* Il suffit de le prouver pour une fonction non décroissante. On a, dans ce cas, par le deuxième théorème de la moyenne,

$$\frac{1}{\pi}\int_{-\pi}^{\pi} f(x) \cos mx \, dx = \frac{f(-\pi)}{\pi}\int_{-\pi}^{\xi} + \frac{f(\pi)}{\pi}\int_{\xi}^{\pi} \cos mx \, dx,$$

donc

$$a_m = \frac{f(-\pi) - f(\pi)}{\pi} \frac{\sin m\xi}{m}$$

et une formule analogue pour b_m, ce qui prouve la proposition.

Application. — On a, entre 0 et 2π (n° 87),

$$\frac{\pi - x}{2} = \frac{\sin x}{1} + \frac{\sin 2x}{2} + \frac{\sin 3x}{3} + \ldots$$

Dans ce cas-ci, $l = -\frac{\pi}{2}$, $L = +\frac{\pi}{2}$, $A = 0$, $B = 1$; donc, quel que soit n, la somme

$$\frac{\sin x}{1} + \frac{\sin 2x}{2} + \ldots + \frac{\sin nx}{n}$$

est comprise entre $\pm\left(\frac{\pi}{2} + 1\right)$.

96. Condition de convergence du procédé de M. Fejèr. — Supposons $f(x)$ absolument intégrable. Cherchons la condition pour que σ_m tende vers une limite déterminée S. A cet effet, soustrayons de l'équation (6) l'équation (7) du n° précédent multipliée par S. En posant, comme précédemment,

$$(8) \qquad \varphi(\alpha) = f(x + 2\alpha) + f(x - 2\alpha) - 2S,$$

il vient

$$\sigma_m - S = \frac{1}{m\pi}\int_0^{\frac{\pi}{2}} \varphi(\alpha)\left(\frac{\sin m\alpha}{\sin \alpha}\right)^2 d\alpha.$$

La condition pour que σ_m tende (uniformément) vers S est que cette intégrale tende (uniformément) vers 0. D'ailleurs, quelque petit que soit ε positif, on peut, de proche en proche, remplacer dans cette condition l'intégrale précédente par les deux suivantes :

$$\frac{1}{m\pi}\int_0^{\frac{\pi}{2}} \varphi(\alpha)\left(\frac{\sin m\alpha}{\alpha}\right)^2 d\alpha, \qquad \frac{1}{m\pi}\int_0^{\varepsilon} \varphi(\alpha)\left(\frac{\sin m\alpha}{\alpha}\right)^2 d\alpha,$$

car les différences de chacune de ces intégrales à la suivante s'expriment par les intégrales

$$\frac{1}{m\pi}\int_0^{\frac{\pi}{2}} \varphi(\alpha) \sin^2 m\alpha\left(\frac{1}{\alpha^2} - \frac{1}{\sin^2 \alpha}\right) d\alpha, \qquad \frac{1}{m\pi}\int_{\varepsilon}^{\frac{\pi}{2}} \varphi(\alpha)\left(\frac{\sin m\alpha}{\alpha}\right)^2 d\alpha,$$

qui sont respectivement de modules moindres que

$$\frac{1}{m\pi}\int_0^{\frac{\pi}{2}} |\,\varphi(\alpha)\,| \left(\frac{1}{\alpha^2} - \frac{1}{\sin^2 \alpha}\right) d\alpha, \qquad \frac{1}{m\pi\,\varepsilon^2}\int_0^{\frac{\pi}{2}} |\,\varphi(\alpha)\,|\, d\alpha,$$

et tendent, par conséquent, uniformément vers 0 quand m tend vers l'infini. De là, la règle suivante :

Règle. — *Si $f(x)$ est absolument intégrable, la condition nécessaire et suffisante pour que σ_m tende (uniformément) vers S est que, à tout nombre positif ω, on puisse faire correspondre deux nombres ε et M (indépendants de x) tels que l'intégrale*

$$\frac{1}{m\pi}\int_0^{\varepsilon} \varphi(\alpha)\left(\frac{\sin m\alpha}{\alpha}\right)^2 d\alpha$$

soit de module $< \omega$ pour tout entier $m > $ M.

Cette condition est évidemment réalisée si $\varphi(\alpha)$ tend vers 0 avec α, car alors on peut prendre ε assez petit pour que $|\varphi(\alpha)|$ soit $< \omega$ tant que α est $< \varepsilon$, auquel cas l'intégrale précédente est de module moindre que

$$\frac{\omega}{m\pi}\int_0^{\varepsilon}\left(\frac{\sin m\alpha}{\alpha}\right)^2 d\alpha < \frac{\omega}{\pi}\int_0^{\infty}\left(\frac{\sin \alpha}{\alpha}\right)^2 d\alpha = \frac{\omega}{2},$$

cette dernière intégrale ayant été calculée au n° 24.

C'est ce qui arrive : 1° en tout point de continuité, en faisant $S = f(x)$; 2° en tout point de discontinuité de première espèce, en faisant $2S = f(x+0) + f(x-0)$. De plus, la convergence sera uniforme dans tout intervalle intérieur à un intervalle de continuité. De là, le théorème suivant :

97. Théorème de Fejèr. — *Le procédé de la moyenne arithmétique permet de sommer la série de Fourier d'une fonction $f(x)$ absolument intégrable en tout point de continuité de $f(x)$ ou en tout point de discontinuité de première espèce. La somme ainsi attribuée à la série sera*

$$f(x) \qquad \text{ou} \qquad \frac{f(x+0)+f(x-0)}{2},$$

suivant le cas.

Corollaire I. — Si la série de Fourier converge en un point de continuité ou de discontinuité de première espèce, elle doit donc nécessairement converger vers les valeurs indiquées dans le théorème précédent. C'est un cas particulier du théorème établi au n° 91.

Corollaire II. — Si les produits ma_m et mb_m sont bornés, le produit mu_m où u_m est le terme général de la série de Fourier est borné aussi. On peut appliquer le théorème de Hardy-Landau. Donc

Si les produits ma_m et mb_m sont bornés, la série de Fourier converge vers $f(x)$ en tout point de continuité et vers $\frac{1}{2}[f(x-0)+f(x+0)]$ en tout point de discontinuité de première espèce.

C'est ce qui a lieu pour les fonctions à variation bornée dans tout intervalle, d'après la remarque du n° 95. Nous retrouvons ainsi, dans un cas particulier, le critère de M. C. Jordan (n° 84).

§ 5. Singularités des séries de Fourier

98. Singularités des séries de Fourier de fonctions continues. — Une série de Fourier peut présenter deux genres de singularités qui méritent de fixer l'attention. D'abord elle peut diverger sans que la fonction cesse d'être continue. C'est la singularité de P. du Bois-Reymond, qui l'a signalée en 1876. Ensuite elle peut représenter une fonction continue sans converger uniformément dans un intervalle de continuité. C'est la singularité de M. Lebesgue, qui l'a signalée en 1905.

M. Fejèr a indiqué, pour former ces singularités, des procédés systématiques. Celui que nous allons exposer est imité des siens.

99. Remarques préliminaires. – Posons

$$\varphi(n, x) = 2\left(\frac{\sin x}{1} + \frac{\sin 2x}{2} + \dots + \frac{\sin nx}{n}\right).$$

Nous savons (n° 95) que cette fonction ne peut surpasser en valeur absolue une constante fixe A quels que soient n et x.

Soit maintenant m un entier $> n$; les deux fonctions :

$$\varphi(n, x)\sin mx, \qquad -\varphi(n, x)\cos mx,$$

admettent la même borne absolue A. Leurs développements de

Fourier, écrits dans l'ordre naturel des termes, sont respectivement les sommes limitées de cosinus et de sinus ci-dessous :

$$(1) \qquad \sum_{r=n}^{1} \frac{\cos (m - r)x}{r} - \sum_{r=1}^{n} \frac{\cos (m + r)x}{r}$$

$$(2) \qquad \sum_{r=n}^{1} \frac{\sin (m - r)x}{r} - \sum_{r=1}^{n} \frac{\sin (m + r)x}{r}.$$

Ce sont les propriétés des sommes partielles de ces deux développements qui vont nous servir. Nous appelons d'ailleurs *somme partielle* d'un développement de Fourier (dont les termes sont rangés dans l'ordre naturel) la somme d'un groupe quelconque de termes *consécutifs* de ce développement.

Première propriété. — *Quand* x *varie de* $2k\pi + \varepsilon$ *à* $2k\pi + (2\pi - \varepsilon)$, *on peut assigner aux sommes partielles des développements* (1) *et* (2) *une borne absolue* $L(\varepsilon)$, *qui ne dépend que de* ε.

Il suffit évidemment de prouver cela pour les sommes des deux types suivants (dont les sommes partielles en question ne sont que des combinaisons linéaires très simples) :

$$\sum_{r=1}^{s} \frac{\cos (m + r)x}{r}, \qquad \sum_{r=1}^{s} \frac{\sin (m + r)x}{r} \qquad (s = 1, 2, 3 \ldots).$$

car le changement de signe de r revient à ceux de m et de x.

Le module de chacune de ces sommes est moindre que celui de l'expression obtenue en ajoutant à la première somme la seconde multipliée par i (ou $\sqrt{-1}$), à savoir

$$e^{mix} \sum_{r=1}^{s} \frac{e^{rix}}{r}.$$

Mais, comme le facteur $1 : r$ est positif et décroissant, cette expression admet, en vertu du théorème d'Abel, la même borne absolue que l'ensemble des expressions :

$$\sum_{1}^{s} e^{rix} = \frac{e^{ix} (e^{six} - 1)}{e^{ix} - 1} = \frac{e^{\frac{ix}{2}} (e^{six} - 1)}{2i \sin \frac{x}{2}},$$

où $s = 1, 2\dots$ Ces expressions sont de modules $< 1 : \left|\sin\frac{x}{2}\right|$ et ont, par conséquent, pour borne $1 : \sin\frac{\varepsilon}{2}$.

Deuxième propriété. — Si x tend vers $2k\pi$, la propriété précédente disparaît et l'on voit apparaître, dans les développements (1) et (2) respectivement, le germe des singularités de du Bois-Reymond et de Lebesgue.

En effet, pour $x = 2k\pi$, le développement (1) contient une somme partielle, infiniment grande avec n, à savoir

$$\sum_1^n \frac{1}{r} > \int_1^{n+1} \frac{dr}{r} > \operatorname{Log} n.$$

Pour $x = (\pi : 2m) + 2k\pi$, le développement (2) contient aussi une somme partielle, infiniment grande avec n, à savoir (m étant $> n$)

$$\sum_{r=1}^{n} \frac{\sin\left(\frac{m-r}{m}\frac{\pi}{2}\right)}{r} > \sum_{r=1}^{n} \frac{\left(\frac{m-r}{m}\right)}{r} = \sum_1^n \frac{1}{r} - \frac{n}{m} > \operatorname{Log} n - 1.$$

100. Construction des singularités. — Soit maintenant $a_1 + a_2 + \dots$ une série illimitée convergente à termes positifs. Considérons deux suites de nombres entiers croissants b_n, $c_n (b_n < c_n)$ définis par leurs indices $n = 1, 2,\dots$ Formons les deux séries :

$$\text{(I)} \qquad \sum_{n=1}^{\infty} a_n\, \varphi(b_n, x) \sin(c_n x) = \Phi(x),$$

$$\text{(II)} \qquad -\sum_{n=1}^{\infty} a_n\, \varphi(b_n, x) \cos(c_n x) = \Psi(x).$$

Ces deux séries sont absolument et uniformément convergentes, car leurs termes sont de modules moindres que les termes correspondants de la série à termes positifs $A\Sigma a_n$. Donc les deux séries ont pour sommes des fonctions de x *toujours continues*.

Faisons croître b_n assez rapidement pour que le produit $a_n \operatorname{Log} b_n$ croisse à l'infini avec n. Alors, par la deuxième propriété ci-dessus, le développement de Fourier du terme général de (I) renferme une somme partielle infiniment grande avec n pour $x = 2k\pi$; celui du terme général de la série (II) une somme partielle infiniment grande avec n dans le voisinage de $x = 2k\pi$.

Faisons croître c_n avec n assez vite pour que les développements de Fourier de deux termes consécutifs de la série (I) ou de la série (II) ne renferment pas de termes semblables et ne puissent pas se réduire entre eux. Il suffit pour cela de faire (*)

$$c_n > c_{n-1} + b_{n-1} + b_n.$$

Alors les séries de Fourier des fonctions Φ et Ψ s'obtiennent en écrivant tout simplement à la suite les uns des autres les développements de Fourier des termes consécutifs des séries (I) et (II). Les sommes partielles relatives aux termes généraux de ces deux séries sont aussi, dans ce cas, des sommes partielles des développements de Fourier des fonctions Φ et Ψ.

Donc *la série de Fourier de Φ est divergente pour $x = 2k\pi$; celle de Ψ ne peut converger uniformément dans le voisinage de $x = 2k\pi$.*

Par contre, quelque petit que soit ε, ces deux séries de Fourier convergent uniformément vers les fonctions Φ et Ψ dans l'intervalle de $2k\pi + \varepsilon$ à $2k\pi + (2\pi - \varepsilon)$. Démontrons-le seulement pour la première, le raisonnement étant le même pour les deux. La somme S_m des premiers termes de la série de Fourier de Φ se compose d'une certaine somme s_{n-1} des premiers termes de la série (I), plus une somme partielle du développement de Fourier du terme suivant de (I); ce terme est

$$a_n \varphi(b_n, x) \sin (c_n x).$$

Donc cette dernière somme partielle, de module moindre que $a_n L(\varepsilon)$ par la première propriété qui précède, tend uniformément vers 0 quand n (ou m) tend vers l'infini. Elle est sans influence sur la convergence, de sorte que la série de Fourier de Φ converge de la même façon que la série (I).

Les séries de Fourier de Φ et Ψ ne peuvent donc cesser de converger que pour les valeurs $2k\pi$. Nous avons vu tantôt que celle

(*) On réalisera, par exemple, toutes ces conditions par le choix :

$$a_n = \frac{1}{2^n}, \qquad b_n = 2^{n^3}, \qquad c_n = 2^{(n+1)^3}.$$

de Φ diverge : *elle présente donc, aux points* $x = 2k\pi$, *la singularité de P. du Bois-Reymond.* Celle de Ψ, au contraire, converge pour $x = 2k\pi$ puisque tous ses termes sont nuls ; mais nous avons vu tout à l'heure qu'elle ne peut converger *uniformément* autour de ces points : *elle présente donc aux points* $x = 2k\pi$ *la singularité de Lebesgue.*

Les deux séries de Fourier de Φ et de Ψ sont respectivement des séries de cosinus seuls et de sinus seuls, mais *elles ont les mêmes coefficients*. On dit que les deux séries sont *conjuguées*. Les fonctions Φ et Ψ fournissent donc un exemple de deux séries de Fourier conjuguées présentant l'une la singularité de P. du Bois-Reymond, l'autre celle de M. Lebesgue. C'est M. Fejèr qui a construit le premier exemple réalisant ces conditions.

101. Remarque. – Si l'on modifie les définitions des fonctions Φ et Ψ en remplaçant x par nx dans le terme général des séries (I) et (II), les fonctions Φ et Ψ ne cessent pas d'être continues. La série de Fourier de Φ devient divergente pour toute valeur de x commensurable à π, mais nous ne savons plus comment elle se comporte pour les autres ; la série de Fourier de Ψ ne peut plus converger uniformément dans aucun intervalle, mais nous ne sommes plus assurés qu'elle converge.

§ 6. Séries trigonométriques quelconques Unicité du développement

102. Théorème de Cantor. — *Lorsqu'une série trigonométrique*

$$\Sigma\, a_m \cos mx + b_m \sin mx \tag{1}$$

est convergente dans un intervalle, ses coefficients tendent vers zéro quand m tend vers l'infini.

En posant

$$a_m = \rho_m \cos \lambda_m, \qquad b_m = \rho_m \sin \lambda_m,$$

la série prend la forme

$$\Sigma\, \rho_m \cos (x - \lambda_m) \tag{2}$$

et si ρ_m tend vers 0, a_m et b_m tendent aussi vers 0. Nous supposerons donc que, dans cette série (**2**), il y ait une infinité de ρ_m supérieurs à un nombre $k > 0$ et nous allons montrer que tout intervalle δ contient un point de divergence.

Soit p un nombre quelconque donné ; montrons d'abord que tout intervalle d'amplitude δ en contient un autre δ' où un terme au moins d'indice $> p$ de la série (**2**) sera de module $> k : 2$.

En effet, un terme dans lequel ρ_m est $> k$, satisfera à cette condition à la condition de prendre $m > p$ et $m > \pi : \delta$, car alors l'intervalle δ contient au moins un point x' où $|\cos m(x' - \lambda_m)| = 1$ et, par conséquent, au moins un intervalle δ' où ce même cosinus est de module $> \frac{1}{2}$.

Parcourons maintenant les termes successifs de la série (**2**). Il y a un premier terme satisfaisant à la condition d'avoir son module $> k : 2$ dans un intervalle contenu dans δ, soit δ' cet intervalle (où le premier à gauche en cas d'ambiguité) ; il y a un premier terme après celui-ci dont le module surpasse $k : 2$ dans un intervalle contenu dans δ' ; soit δ'' cet intervalle, et ainsi de suite. La suite illimitée d'intervalles emboîtés $\delta, \delta', \delta'',\ldots$ admet au moins un point commun. En ce point, une infinité de termes de la série (**2**) sont de modules $> k : 2$ et la série est divergente.

103. Dérivée seconde généralisée. — Soit $f(x)$ une fonction de x. Nous poserons, pour simplifier l'écriture, cette différence seconde ayant cependant ici une définition particulière,

$$\Delta^2 f(x) = f(x+h) + f(x-h) - 2f(x).$$

La *dérivée seconde généralisée* de $f(x)$ est la limite pour $h = 0$, quand elle existe, du quotient

$$\frac{\Delta^2 f(x)}{h^2} = \frac{f(x+h) + f(x-h) - 2f(x)}{h^2}.$$

Cette limite est égale à la dérivée seconde ordinaire en tout point x où cette dernière existe. En effet, la dérivée première existe alors aux environs de x et l'on a, par la formule de Cauchy, (t. I, n° 66),

$$\frac{\Delta^2 f(x)}{h^2} = \frac{f'(x+\theta h) - f'(x-\theta h)}{2\theta h} \qquad (0 < \theta < 1).$$

Ce rapport tend vers $f''(x)$, supposée existante, quand h tend vers 0.

104. Théorème de Schwarz. — *Une fonction dont la dérivée seconde généralisée est constamment nulle dans un intervalle (a, b), est une fonction linéaire dans cet intervalle.*

Observons d'abord que, pour h suffisamment petit, $\Delta^2 f(x)$ est < 0 en tout point où $f(x)$ est maximée, et > 0 en tout point où cette fonction est minimée.

Donc une fonction ne peut pas avoir de maximum dans un intervalle où sa dérivée seconde généralisée est partout positive (et non nulle), ni de minimum si la dérivée est négative (et non nulle).

Soit $f(x)$ une fonction continue dont la dérivée seconde généralisée est nulle dans tout l'intervalle (a, b); on peut déterminer une fonction linéaire $px + q$ prenant les mêmes valeurs que $f(x)$ aux deux limites de l'intervalle. Alors, quel que soit ε positif, la fonction

$$f(x) - (px + q) + \varepsilon(x - a)(b - x),$$

qui s'annule aux deux limites a et b, ne sera pas négative dans l'intervalle, sinon elle aurait un minimum (ce qui est impossible car la dérivée seconde généralisée, -2ε, est négative). Pour une raison analogue, la fonction

$$f(x) - (px + q) - \varepsilon(x - a)(b - x)$$

ne peut être positive. On a donc, dans (a, b),

$$-\varepsilon(x - a)(b - x) \leqslant f(x) - (px + q) \leqslant \varepsilon(x - a)(b - x);$$

et, en faisant tendre ε vers 0, il vient (C. Q. F. D.)

$$f(x) = px + q.$$

Ce théorème peut être généralisé de la manière suivante :

Soit $f(x)$ une fonction ayant une dérivée seconde généralisée nulle, sauf en un nombre limité de points, dans un intervalle (a, b); si, en chacun de ces points singuliers, la fonction est continue et que l'on ait

$$\lim_{h=0} \frac{\Delta^2 f(x)}{h} = 0,$$

la fonction $f(x)$ se réduit encore à une fonction linéaire dans tout l'intervalle.

En effet, d'après le théorème de Schwarz, la courbe $y = f(x)$ se réduit à une ligne polygonale continue, dont les sommets correspondent aux points singuliers. Soit x l'abscisse de l'un d'eux, la condition

$$0 = \lim \frac{\Delta^2 f(x)}{h} = \lim \frac{f(x+h) - f(x)}{h} - \lim \frac{f(x-h) - f(x)}{-h}$$

exprime que les deux côtés aboutissant à ce même sommet ont la même direction. Ils sont donc dans le prolongement l'un de l'autre et la ligne polygonale se réduit à une seule droite.

Corollaires. — Le théorème de Schwarz fixe le degré d'indétermination d'une fonction dont la dérivée seconde généralisée est donnée : *Deux fonctions qui ont la même dérivée seconde généralisée ne peuvent différer que par une fonction linéaire.*

Plus généralement, *deux fonctions qui ont la même dérivée seconde généralisée, sauf en un nombre limité de points singuliers, ne diffèrent que par une fonction linéaire, pourvu qu'elles soient continues et qu'elles satisfassent toutes deux à la condition $\lim \Delta^2 f : h = 0$.*

Supposons maintenant qu'une fonction continue $F(x)$ ait une dérivée seconde généralisée $f(x)$ sauf peut être pour un nombre limité de points de l'intervalle (a, b), que $f(x)$ n'ait qu'un nombre limité de points de discontinuité et soit intégrable (absolument ou non), enfin que $F(x)$ satisfasse à la condition $\lim \Delta^2 F : h = 0$. Alors on aura

$$F(x) = \int_a^x dx \int_a^x f(x)\, dx + px + q.$$

En effet, F et l'intégrale double ont la même dérivée seconde généralisée sauf aux points singuliers, et les deux fonctions satisfont à la condition $\lim \Delta^2 F : h = 0$, la première par hypothèse et la seconde, parce qu'elle a une dérivée unique en chaque point.

105. Méthode de Riemann pour sommer les séries trigonométriques. Premier théorème de Riemann. — Considérons la série trigonométrique *quelconque*, c'est-à-dire que ses coefficients peuvent n'être pas ceux de Fourier,

$$(1) \qquad \frac{1}{2} a_0 + \sum_1^\infty (a_m \cos mx + b_m \sin mx),$$

ou, si, pour abréger, nous posons

$$A_0 = \frac{1}{2} a_0, \qquad A_m = a_m \cos mx + b_m \sin mx,$$

la série

$$(1^{\text{bis}}) \qquad A_0 + A_1 + A_2 + \ldots + A_m + \ldots$$

Supposons que a_m et b_m soient bornés, ce qui a toujours lieu si la série converge dans un intervalle (n° 102). Formons la série nouvelle

$$(2) \qquad F(x) = A_0 \frac{x^2}{2} - A_1 - \frac{A_2}{2^2} - \ldots - \frac{A_m}{m^2} - \ldots,$$

que l'on déduit de la première en intégrant deux fois chaque terme. Cette série sera uniformément convergente dans tout intervalle, car, A_m ne pouvant surpasser en valeur absolue un nombre positif A, les termes de la série précédente sont inférieurs en valeur absolue aux termes correspondants de la série positive convergente $A\Sigma m^{-2}$. Donc la série (2) a pour somme une fonction $F(x)$ continue pour toutes les valeurs de x.

La méthode de sommation de Riemann consiste à attribuer comme somme à la série (1) la dérivée seconde généralisée de $F(x)$ quand elle existe, c'est-à-dire la limite pour $\alpha = 0$ du rapport

$$\frac{\Delta^2 F}{4\alpha^2} = \frac{F(x + 2\alpha) + F(x - 2\alpha) - 2F(x)}{4\alpha^2}.$$

Cette méthode comprend comme cas particulier la méthode de sommation ordinaire, ainsi qu'il résulte du théorème suivant :

THÉORÈME. — *Si la série trigonométrique sommée par le procédé ordinaire admet les limites d'indétermination $s - l$ et $s + l$, les* *limites d'indétermination du rapport $\Delta^2 F : 4\alpha^2$ quand α tend vers zéro, seront comprises entre $s - kl$ et $s + kl$ où k est une constante numérique que l'on peut assigner une fois pour toutes.*

Si l'on tient compte des relations

$$\cos n(x + 2\alpha) + \cos n(x - 2\alpha) - 2 \cos nx = -4 \cos nx \sin^2 n\alpha,$$
$$\sin n(x + 2\alpha) + \sin n(x - 2\alpha) - 2 \sin nx = -4 \sin nx \sin^2 n\alpha,$$

il vient facilement

$$(3) \quad \frac{\Delta^2 F}{4\alpha^2} = A_0 + A_1 \left(\frac{\sin \alpha}{\alpha}\right)^2 + \dots + A_n \left(\frac{\sin n\alpha}{n\alpha}\right)^2 + \dots$$

Soit s_n la somme des n premiers termes de la série (1); en substituant s_1 à A_0 et $s_{n+1} - s_n$ à A_n, l'expression devient

$$s_1 + (s_2 - s_1)\left(\frac{\sin \alpha}{\alpha}\right)^2 + \dots = \sum_{n=1}^{\infty} s_n \left[\left(\frac{\sin (n-1)\alpha}{(n-1)\alpha}\right)^2 - \left(\frac{\sin n\alpha}{n\alpha}\right)^2\right];$$

ou encore, en introduisant des termes s qui se détruisent,

$$\frac{\Delta^2 F}{4\alpha^2} = s + \sum_{n=1}^{\infty} (s_n - s)\left[\left(\frac{\sin (n-1)\alpha}{(n-1)\alpha}\right)^2 - \left(\frac{\sin n\alpha}{n\alpha}\right)^2\right].$$

Il reste à montrer que les limites d'indétermination de la somme ajoutée ici à s sont comprises entre $-kl$ et $+kl$. Mais on peut, pour cela, faire abstraction d'un nombre de termes aussi grand qu'on veut au début, car tous ces termes tendent vers 0. On peut donc raisonner comme si toutes les différences $s_n - s$ étaient, à un infiniment petit près, comprises entre $-l$ et $+l$. Les limites d'indétermination de la somme ajoutée à s sont donc de module inférieur à

$$l \sum_{n=1}^{\infty} \left| \int_{(n-1)\alpha}^{n\alpha} d\left(\frac{\sin \alpha}{\alpha}\right)^2 \right| \leqslant l \sum \int_{(n-1)\alpha}^{n\alpha} \left| d\left(\frac{\sin \alpha}{\alpha}\right)^2 \right| = kl,$$

où k est la constante purement numérique

$$k = \int_0^{\infty} \left| d\left(\frac{\sin \alpha}{\alpha}\right)^2 \right|$$

et cette intégrale existe, parce que son élément est infiniment petit d'ordre 2 pour $\alpha = \infty$.

Si $l = 0$, on obtient comme cas particulier le théorème fondamental suivant, qui est dû à Riemann : *Si la série trigonométrique* *converge en un point x, le quotient $\Delta^2 F : 4\alpha^2$ converge vers la même limite quand α tend vers 0; autrement dit, le procédé de sommation de Riemann conduit au même résultat que le procédé ordinaire. On suppose a_n et b_n bornés.*

106. Deuxième théorème de Riemann. — *Quand les coefficients a_n et b_n tendent vers 0 pour $n = \infty$, le quotient*

$$\frac{\Delta^2 F}{2\alpha} = \frac{F(x + 2\alpha) - F(x)}{2\alpha} - \frac{F(x - 2\alpha) - F(x)}{-2\alpha}$$

tend vers 0 avec α quel que soit x.

En effet, ce quotient est le produit de la série (3) par 2α. Quelque petit que soit ε positif, le produit par 2α de la somme des termes en nombre limité où $|A_m| > \varepsilon$ tend vers 0 avec α. On majore donc la valeur absolue de la limite en remplaçant tous les A par ε, ce qui donne l'expression

$$2\alpha\left[\varepsilon + \varepsilon\left(\frac{\sin\alpha}{\alpha}\right)^2 + \varepsilon\left(\frac{\sin 2\alpha}{2\alpha}\right)^2 + \ldots + \varepsilon\left(\frac{\sin n\alpha}{n\alpha}\right)^2 + \ldots\right]$$

Soit p un nombre fixe; la somme des termes où $n\alpha \leqslant p$ a pour limite, par définition, l'intégrale définie

$$2\varepsilon\int_0^p\left(\frac{\sin t}{t}\right)^2 dt$$

et elle est aussi petite que l'on veut avec ε. La somme des termes restants est inférieure à

$$2\varepsilon\sum_{\lambda=0}^{\infty}\frac{\alpha}{(p+\lambda\alpha)^2} < 2\varepsilon\sum_{\lambda=0}^{\infty}\left[\frac{1}{p+(\lambda-1)\alpha} - \frac{1}{p+\lambda\alpha}\right] = \frac{2\varepsilon}{p-\alpha};$$

elle est également infiniment petite avec ε. Donc la majorante obtenue est infiniment petite avec ε et la limite considérée ne peut être que 0.

107. Théorème d'unicité. — *Si une fonction $f(x)$, périodique de période 2π, n'admettant qu'un nombre limité de points de discontinuité dans la période et intégrable (absolument ou non), admet un développement en série trigonométrique qui converge vers $f(x)$, sauf* *peut-être encore pour un nombre limité de points singuliers, alors cette série est celle (propre ou impropre) de Fourier.*

Supposons que $f(x)$ admette le développement

$$\frac{a_0}{2} + \sum_1^\infty a_n \cos nx + b_n \sin nx.$$

La série étant convergente, les coefficients a_n et b_n tendent vers 0. On peut donc employer la méthode de sommation de Riemann et tout d'abord former la fonction $F(x)$. Celle-ci aura pour dérivée seconde généralisée la fonction $f(x)$, sauf pour un nombre limité de points. Mais, en ces points exceptionnels, la condition $\lim \Delta^2 F : h = 0$ sera réalisée, en vertu du second théorème de Riemann que nous venons d'établir (h étant égal à 2α). On a donc, ainsi que nous l'avons déduit du théorème de Schwarz (n° 104),

$$F(x) = \int_a^x dx \int_a^x f(x)\, dx + px + q;$$

par suite, on a partout

$$F'(x) = \int_a^x f(x)\, dx + p$$

et, sauf aux points exceptionnels,

$$F''(x) = f(x).$$

Faisons encore $h = 2\alpha$, on vérifie facilement l'identité

$$\Delta^2 F(x) = \int_0^{2\alpha} \Big[F'(x+t) - F'(x-t) \Big] dt = \int_0^{2\alpha} dt \int_{-t}^{t} f(x+u)\, du.$$

Nous connaissons le développement de $\Delta^2 F(x)$ en série de Fourier uniformément convergente, à savoir

$$\Delta^2 F(x) = 4 \sum_0^\infty (a_n \cos nx + b_n \sin nx) \left(\frac{\sin n\alpha}{n} \right)^2.$$

On a donc, par la loi de formation des coefficients,

$$4\left(\frac{\sin n\alpha}{n}\right)^2 a_n = \frac{1}{\pi} \int_0^{2\pi} \Delta^2 F(x) \cos nx\, dx.$$

Supposons d'abord que $f(x)$ soit bornée. Remplaçons $\Delta^2 F(x)$ par sa valeur précédente sous forme d'intégrale double. On peut intervertir les intégrations et l'on a

$$4\left(\frac{\sin n\alpha}{n}\right)^2 a_n = \frac{1}{\pi}\int_0^{2\alpha} dt \int_{-t}^{t} du \int_0^{2\pi} f(x+u) \cos nx \, dx.$$

Soient α_n et β_n les constantes de Fourier de $f(x)$; on a, $f(x)$ étant périodique,

$$\frac{1}{\pi}\int_0^{2\pi} f(x+u)\cos nx\, dx = \frac{1}{\pi}\int_0^{2\pi} f(x) \cos n(x-u)\, dx$$
$$= \alpha_n \cos nu + \beta_n \sin nu.$$

Portant cette valeur dans la formule précédente, on observe que l'intégrale de sin nu est nulle entre $-t$ et t; et il vient

$$4\left(\frac{\sin n\alpha}{n}\right)^2 a_n = \alpha_n \int_0^{2\alpha} \frac{2\sin nt}{n}\, dt = 4\,\frac{1-\cos 2n\alpha}{2n^2}\,\alpha_n.$$

Donc $a_n = \alpha_n$; de même $b_n = \beta_n$. Le développement trigonométrique est celui de Fourier.

Supposons, en second lieu, que $f(x)$ ne soit pas bornée. Enfermons les points de discontinuité de $f(x)$ dans des intervalles d'amplitude ε et désignons par $f(x, \varepsilon)$ une fonction égale à f sauf dans ces intervalles où elle sera nulle. Donnons à ε une suite de valeurs tendant vers 0; les deux intégrales

$$\int_{-t}^{t} f(x+u, \varepsilon)\, du \qquad \int_0^{2\alpha} dt \int_{-t}^{t} f(x+u, \varepsilon)\, du$$

convergent *uniformément* quel que soit x vers leurs limites respectives

$$\int_{-t}^{t} f(x+u)\, du, \qquad \int_0^{2\alpha} dt \int_{-t}^{t} f(x+u)\, du,$$

car elles n'en diffèrent que par des *intégrales singulières* (existantes par hypothèse) dont la définition est indépendante de x.

Ainsi l'on a, successivement,

$$\Delta^2 F(x) = \lim_{\varepsilon=0} \int_0^{2\alpha} dt \int_{-t}^{t} f(x+u, \varepsilon)\, du$$

$$\frac{1}{\pi}\int_0^{2\pi} \Delta^2 F(x) \cos nx\, dx = \lim_{\varepsilon=0} \frac{1}{\pi}\int_0^{2\pi} \cos nx\, dx \int_0^{2\alpha} dt \int_{-t}^{t} f(x+u, \varepsilon)\, du.$$

Maintenant la fonction f est bornée sous les signes $\int$ et on peut intervertir et effectuer les intégrations comme dans le cas précédent. Il vient, de la même façon,

$$4\left(\frac{\sin n\alpha}{n}\right)^2 a_n = 4\left(\frac{\sin n\alpha}{n}\right)^2 . \frac{1}{\pi} \lim_{\varepsilon=0} \int_0^{2\pi} f(x, \varepsilon) \cos nx \, dx,$$

et, par conséquent, par définition des intégrales généralisées,

$$a_n = \frac{1}{\pi} \int_0^{2\pi} f(x) \cos nx \, dx.$$

Donc a_n et de même b_n, sont les constantes de Fourier de $f(x)$. Toutefois, si $f(x)$ n'est pas absolument intégrable, la série de Fourier est impropre.

COROLLAIRE. — *Une même fonction ne peut admettre deux développements trigonométriques différents qui convergeraient vers la fonction sauf pour un nombre limité de points dans la période* 2π. (HEINE-CANTOR.)

Ce théorème est la conséquence du précédent. En effet, la différence de deux tels développements serait un développement trigonométrique de 0 satisfaisant aux conditions du théorème précédent, ce serait donc le développement de 0 en série de Fourier. Tous les coefficients seraient nuls. Donc les deux séries dont on a fait la différence seraient identiques.

Les théorèmes précédents sont susceptibles de généralisations très importantes. Mais ces généralisations supposent une extension de la notion d'intégrale définie qui est due à M. Lebesgue et que nous nous réservons d'exposer éventuellement dans un autre volume.

CHAPITRE V

Généralités sur les équations différentielles Existence et propriétés des intégrales

§ 1. Formation des équations différentielles

108. Définitions. Ordre d'une équation. — On appelle *équation différentielle* une relation qui renferme à la fois les variables et leurs différentielles (ou leurs dérivées). Celles qui ne renferment qu'une seule variable indépendante et les dérivées des variables dépendantes sont des *équations différentielles ordinaires*. Ce sont les seules dont nous nous occuperons pour le moment.

Dans le cas le plus simple, l'équation ne contient que la variable indépendante x, une fonction inconnue y de x et sa dérivée première y'; elle est alors du *premier ordre* ou de la forme

$$f(x, y, y') = 0.$$

En général, *une équation différentielle de l'ordre n* contient la variable indépendante x, une fonction y de x et ses dérivées jusqu'à l'ordre n inclus.

Les relations entre les seules variables qui résultent des équatious différentielles sont les *intégrales* ou les *solutions* de ces équations.

La génération des équations différentielles peut se concevoir d'une manière qui permet de prévoir la nature de leurs intégrales.

109. Formation d'équations du premier ordre. — Soit une équation

$$(1) \qquad F(x, y, C) = 0$$

entre deux variables x, y est une constante arbitraire C. En la dérivant, on a

$$(2) \qquad \frac{\partial F}{\partial x} + \frac{\partial F}{\partial y} y' = 0.$$

Généralement cette équation renferme encore C; mais si l'on peut éliminer C entre (1) et (2), on obtient une relation

$$(3) \qquad f(x, y, y') = 0,$$

au moins aussi générale; mais qui a lieu entre x, y et y' seuls quel que soit C. C'est une équation différentielle. Elle exprime, par exemple, une propriété géométrique commune à toutes les courbes représentées par l'équation (1), C restant quelconque.

L'équation (1) qui renferme une constante arbitraire, s'appelle l'*intégrale générale* de l'équation (3). On voit ainsi que l'intégration d'une équation du premier ordre a pour effet d'introduire une constante arbitraire. La généralité de ce résultat sera établie dans le paragraphe suivant.

Exemple. — Soit l'*équation des coniques homofocales*

$$\frac{x^2}{a + C} + \frac{y^2}{b + C} = 1.$$

On en tire

$$\frac{x}{a+C} + \frac{yy'}{b+C} = 0, \qquad \text{d'où} \qquad \frac{x}{a+C} = \frac{-yy'}{b+C} = \frac{x + yy'}{a - b}$$

et, en portant dans la première équation ces valeurs de $x : (a + C)$ et $y : (b + C)$. On obtient l'équation différentielle de ces coniques

$$y'^2 + \frac{x^2 - y^2 - a + b}{xy} y' - 1 = 0.$$

110. Formation d'équations du deuxième ordre. — Considérons maintenant une équation avec deux constantes arbitraires

$$(4) \qquad F(x, y, C_1, C_2) = 0.$$

Si l'on dérive une première fois, on obtient

$$(5) \qquad \frac{\partial F}{\partial x} + \frac{\partial F}{\partial y} y' = 0.$$

Généralement il est impossible d'éliminer C_1 et C_2 entre (4) et (5), auquel cas il n'existe aucune relation sans constante arbitraire entre x, y et y'. On dit alors que les deux constantes sont *distinctes*, et pour les éliminer, il faut dériver une fois de plus, ce qui introduit y''. L'élimination des constantes conduira donc à une équation différentielle du second ordre.

Pour former cette équation, on peut aussi faire l'élimination de proche en proche. On élimine d'abord une des constantes, C_2 par exemple, entre (4) et (5), ce qui suppose que (5) renferme encore les deux constantes sinon l'élimination serait toute faite. On a de la sorte une relation

$$(6) \qquad f_1(x, y, y', C_1) = 0,$$

qui renferme encore une constante arbitraire.

Maintenant on peut éliminer C_1 entre (6) et sa dérivée, ce qui fournit l'équation cherchée.

$$(7) \qquad f_2(x, y, y', y'') = 0.$$

Celle-ci, qui ne renferme plus de constante arbitraire, a au moins la même généralité que les précédentes.

La relation (7) est la seule relation indépendante des constantes arbitraires (supposées distinctes) qui puisse exister entre x, y, y' et y'', car, s'il en existait une autre, en éliminant y'' entre elles deux, on trouverait une relation sans constante entre x, y et y', ce qui est contraire à l'hypothèse.

L'équation (7) est une équation différentielle du second ordre; l'équation (6) est du premier ordre, mais contient une constante arbitraire : c'est une *intégrale première* de l'équation (7). Enfin l'équation (4) qui contient deux constantes arbitraires est son *intégrale générale*.

On prévoit d'après cela que l'intégration d'une équation du second ordre doit introduire deux constantes arbitraires, ce qui sera démontré rigoureusement dans le paragraphe suivant.

III. **Formation d'équations d'ordre quelconque.** — Ces résultats se généralisent aisément. Soit une équation avec n constantes

$$(8) \qquad F(x, y, C_1, C_2, \ldots C_n) = 0.$$

Si on dérive $n - 1$ fois de suite, on forme $(n - 1)$ équations nouvelles et l'on a en tout n équations entre les n constantes et $x, y, y', \ldots y^{n-1}$. On dit que les constantes sont *distinctes* si l'élimination des n constantes entre ces n équations est impossible, ou s'il n'existe pas de relation sans constante arbitraire entre $x, y, y' \ldots y^{n-1}$. Mais, si l'on dérive une fois de plus, on a $(n + 1)$ équations entre lesquelles on peut éliminer les n constantes, ce qui conduit à une relation entre $x, y, y', \ldots y^{n}$.

Pour former cette relation, on peut d'ailleurs faire l'élimination de proche en proche. En éliminant C_n entre $F = 0$ et sa dérivée, on trouve

$$f_1(x, y, y', C_1, C_2, \ldots C_{n-1}) = 0,$$

De même, en éliminant C_{n-1} entre $f_1 = 0$ et sa dérivée,

$$f_2(x, y, y', y'', C_1, C_2, \ldots C_{n-2}) = 0.$$

Après n opérations analogues, on obtiendra

$$f_n(x, y, y', \ldots y^n) = 0. \tag{9}$$

Cette relation est la seule qui puisse exister entre $x, y, y', \ldots y^n$ sans constante arbitraire, car s'il y en avait deux distinctes, on en déduirait une autre entre $x, y, \ldots y^{n-1}$ seulement et les constantes ne seraient pas distinctes.

L'équation (9) est une équation différentielle de l'ordre n. Les équations successives $f_{n-1} = 0$, $f_{n-2} = 0, \ldots f_1 = 0$, qui renferment chaque fois une dérivée de moins et une constante arbitraire de plus, sont des *intégrales premières, secondes,*... $(n - 1)^{me}$ de l'équation (9). Enfin l'équation $F = 0$, qui a lieu entre x et y seuls et renferme n constantes arbitraires, est son *intégrale générale.*

On conçoit donc que l'intégration d'une équation de l'ordre n aura généralement pour effet d'introduire n constantes arbitraires, ce qui sera démontré rigoureusement dans le paragraphe suivant.

Exemples. — 1° *L'équation générale des cercles*

$$x^2 + y^2 + 2ax + 2by + c + 0$$

contient trois constantes arbitraires. Leur équation différentielle sera donc du 3e ordre. Pour l'obtenir, dérivons d'abord deux fois de suite, il vient

$$1 + y'^2 + yy'' + by'' = 0.$$

Divisons par y'' et dérivons une dernière fois, on a

$$\left(\frac{1 + y'^2}{y''}\right)' + y' = 0, \qquad \text{d'où} \qquad 3y' y''^2 = (1 + y'^2) y'''.$$

2° *L'équation générale des coniques* étant

$$y = ax + b + \sqrt{px^2 + 2qx + r},$$

leur équation différentielle a été obtenue par Halphen comme il suit : En dérivant deux fois, il vient

$$y' = a + \frac{px + q}{\sqrt{px^2 + 2qx + r}}, \qquad y'' = \frac{pr - q^2}{(px^2 + 2qx + r)^{\frac{3}{2}}}$$

d'où

$$(y'')^{-\frac{2}{3}} = \frac{px^2 + 2qx + r}{(pr - q^2)^{\frac{2}{3}}}, \qquad \left(y''^{-\frac{2}{3}}\right)''' = 0.$$

Dans le cas de la parabole, $p = 0$; l'équation se réduit au 4e ordre

$$\left(y''^{-\frac{2}{3}}\right)'' = 0.$$

Si l'on effectue les dérivations indiquées et qu'on chasse les dénominateurs, on trouve, pour l'équation différentielle des coniques,

$$40y''^3 - 45y'' y''' y^{\text{IV}} + 9y'^2 y^{\text{V}} = 0.$$

et, pour celle des paraboles,

$$5y''^2 = 3y'' y^{\text{IV}} = 0.$$

§ 2. Existence de l'intégrale d'une équation du premier ordre

112. Considérations préliminaires. — Soit une équation du 1er ordre

$$y' = f(x, y).$$

Intégrer cette équation, c'est trouver toutes les fonctions y de x qui la vérifient. Au point de vue géométrique, c'est trouver toutes les courbes dont la tangente possède, au point de contact (x, y), la direction déterminée par cette équation.

La première question qui se pose est de savoir si le problème admet des solutions et combien il en admet. L'interprétation géométrique fait prévoir la réponse.

En effet, imaginons qu'une *courbe intégrale*, c'est-à-dire satisfaisant à l'équation $y' = f(x, y)$, soit décrite par un point mobile. Dans chacune de ses positions successives, ce point marche dans une direction imposée par cette équation. On conçoit aisément que son mouvement sera déterminé de proche en proche, mais le point de départ reste arbitraire. Il existera donc une infinité de courbes répondant à la question, chacune d'elles étant déterminée par un de ses points considéré comme *initial*. Par conséquent, il existera aussi une infinité d'intégrales ou de fonctions y satisfaisant à l'équation. Une intégrale sera déterminée par sa valeur initiale y_0 pour $x = x_0$, mais cette valeur reste arbitraire.

Les considérations précédentes sont dépourvues de valeur démonstrative, mais elles font nettement saisir la nature du problème. Elles facilitent l'intelligence des démonstrations rigoureuses qui suivent et qui vont mettre en lumière les conditions sous lesquelles ces conclusions sont exactes.

113. Existence et unicité de l'intégrale d'une équation du premier ordre. — L'existence et l'unicité de l'intégrale d'une équation différentielle ne peuvent se démontrer que moyennant certaines conditions. Nous allons introduire celle de Lipschitz.

Condition de Lipschitz. — Soit $f(x, y)$ une fonction continue dans un domaine D. Pour éviter toute obscurité, nous supposerons que ce domaine est limité par un contour *convexe*. Nous dirons que la fonction $f(x, y)$ satisfait à la *condition de Lipschitz relativement à y* dans le domaine D, si l'on peut assigner une constante positive M telle que l'on ait, quels que soient les deux points (x, Y) et (x, y) de même abscisse dans ce domaine,

$$|f(x, Y) - f(x, y)| < M\,|Y - y|.$$

La condition de Lipschitz sera réalisée, en particulier, si $f(x, y)$ admet une dérivée partielle f'_y bornée dans le domaine D, car elle résulte alors de la formule des accroissements finis : M sera la borne supérieure du module de cette dérivée.

Théorème d'existence et d'unicité. — *Soit une équation différentielle de la forme normale (c'est-à-dire résolue par rapport à y')*

$$(1) \qquad y' = f(x, y).$$

Si la fonction $f(x, y)$ est continue et satisfait à la condition de Lipschitz relativement à y dans le domaine convexe D, et que l'on désigne par (x_0, y_0) un point intérieur du domaine, l'équation (1) admet, dans ce domaine, une intégrale $y = F(x)$ prenant la valeur initiale y_0 pour $x = x_0$ et cette intégrale est unique.

Ce théorème fondamental est la conséquence des trois suivants, qui se démontrent sous ces mêmes conditions.

114. Théorème I. — *Considérons deux courbes tracées dans le domaine D et passant par le point (x_0, y_0). Soient y et Y les ordonnées, fonctions continues de x, de ces deux courbes ; si ces deux fonctions ont des dérivées bornées et intégrables et satisfont à l'équation (1), sauf des erreurs respectives ω et ω_1 dont la somme des modules est $< \varepsilon$, on a, dans l'intérieur du domaine D,*

$$|Y - y| < \frac{\varepsilon}{M}\left(e^{M|x - x_0|} - 1\right).$$

En effet, on a, par hypothèse,

$$(2) \quad \begin{cases} y' = f(x, y) + \omega, \\ Y' = f(x, Y) + \omega_1, \end{cases} \qquad |\omega| + |\omega_1| < \varepsilon;$$

et, par la condition de Lipschitz,

$$|f(x, Y) - f(x, y)| < M\,|Y - y|.$$

Il vient donc, en soustrayant membre à membre les équations (2),

$$(3) \qquad |Y' - y'| < M\,|Y - y| + \varepsilon.$$

Supposons d'abord que $Y - y$ ne change pas de signe on n'en change qu'un nombre limité de fois entre x_0 et x. Posons

$$u = |Y - y|,$$

de sorte que l'on a, le signe ambigu ne changeant qu'un nombre limité de fois,

$$u = \pm (Y - y), \qquad u' = \pm (Y' - y');$$

il vient *a fortiori*, par (3), $u' < Mu + \varepsilon$, d'où

$$D.\, e^{-Mx}\, u = e^{-Mx}\, (u' - Mu) < \varepsilon e^{-Mx}.$$

Les deux membres sont bornés et intégrables, car cette dérivée n'est discontinue (avec u') qu'en un nombre limité de points où $Y - y$ change de signe. Intégrons de x_0 à x (supposé $> x_0$) et observons que $u_0 = 0$; il vient

$$e^{-Mx}\, u < \frac{\varepsilon}{M}\, (e^{-Mx_0} - e^{-Mx}),$$

d'où, l'inégalité à démontrer

$$u < \frac{\varepsilon}{M}\, (e^{Mx - Mx_0} - 1).$$

Si x était $< x_0$, on intégrerait de x à x_0, ce qui permuterait x et x_0, et le théorème serait encore établi.

Si les deux courbes sont des lignes polygonales, comme on le supposera dans le théorème suivant, elles ne peuvent se couper qu'en un nombre limité de points, et $Y - y$ peut changer de signe qu'un nombre limité de fois. Le cas général (dans lequel $Y - y$ peut changer de signe et u' être discontinu une infinité de fois) se ramène à celui-là. Si l'on remplace les deux courbes par des polygones inscrits dont les côtés tendent vers 0, on commet une erreur infiniment petite sur chacun des deux membres des équations (2); le théorème s'applique aux deux polygones sauf une variation infiniment petite de ε; il s'applique donc, à la limite, aux deux courbes.

115. **Théorème II**. — *Quelque petit que soit ε positif, on peut tracer dans le domaine* D *une ligne continue $y = \varphi(x)$, passant par le point (x_0, y_0), telle que $\varphi(x)$ ait une dérivée intégrable et vérifie l'équation différentielle sauf une erreur ω de module $< \varepsilon$. Si ε tend vers* 0, *$\varphi(x)$ tend uniformément vers une intégrale* $F(x)$ *de l'équation* (1) *ayant la valeur initiale y_0.*

En effet, partageons le domaine D en éléments rectangulaires α suffisamment petits pour que l'oscillation de $f(x, y)$ soit $< \varepsilon$ dans chacun d'eux. Partant alors du point (x_0, y_0) avec le coefficient angulaire $f(x_0, y_0)$, décrivons une ligne polygonale dont la direction ne change qu'à la rencontre des frontières des éléments α, la nouvelle direction étant fixée à chaque rencontre d'une nouvelle frontière par la valeur de $f(x, y)$ au point de rencontre. Le polygone ainsi tracé, qui a ses sommets sur les frontières des rectangles α, a une ordonnée $y = \varphi(x)$ satisfaisant aux conditions proposées.

Donnons maintenant à ε une suite de valeurs tendant vers 0; les fonctions φ correspondantes se rapprochent indéfiniment les unes des autres, en vertu de la proposition I, et tendent, par conséquent, uniformément vers une limite $F(x)$. Or on a, par hypothèse, pour chaque fonction φ,

$$\varphi' = f(x, \varphi) + \omega, \qquad |\omega| < \varepsilon;$$

d'où, en intégrant de x_0 à x,

$$\varphi - y_0 = \int_{x_0}^{x} \Big[f(x, \varphi) + \omega \Big] \, dx;$$

et, à la limite, ε tendant vers zéro,

$$F(x) = y_0 + \int_{x_0}^{x} f(x, F) \, dx.$$

Cette formule montre que $F(x)$ est une fonction continue de valeur initiale y_0 et, en la dérivant, que $F(x)$ est une intégrale.

116. Théorème III. — *L'intégrale* $F(x)$ *de valeur initiale* y_0 *est unique dans le domaine* D. *Toute fonction* y, *de même valeur initiale, qui vérifie l'équation* (1) *avec une erreur de module* $< \varepsilon$, *diffère aussi peu que l'on veut de* $F(x)$ *sous la condition de supposer* ε *assez petit; d'une manière plus précise, on a, dans le domaine* D,

$$\Big| y - F(x) \Big| < \frac{\varepsilon}{M} \left(e^{M|x - x_0|} - 1 \right).$$

Cette formule s'obtient comme cas particulier de la proposition I, car l'intégrale $F(x)$ vérifie l'équation (1) avec une erreur nulle. Il résulte évidemment de là que l'intégrale de valeur initiale y_0 est unique.

117. **Calcul approché de l'intégrale.** — Les théorèmes II et III qui précèdent fournissent un procédé pour le calcul approché de l'intégrale ayant la valeur initiale y_0.

Le théorème III permet d'assigner une valeur de ε qui assure le degré d'approximation désiré. Après cela, le théorème II donne le moyen de construire un polygone pour lequel ce degré d'approximation est obtenu.

Il y a lieu d'observer que l'on applique ici le théorème III sans connaître $F(x)$. Pour pouvoir utiliser l'inégalité du théorème III, il faudra s'assurer que l'intégrale inconnue $y = F(x)$ ne sorte pas du domaine D. On devra donc restreindre en conséquence l'intervalle dans lequel on fera varier x. Il est facile d'assigner *a priori* des bornes à la variation de la courbe intégrale, puisque l'on sait que son coefficient angulaire est compris entre $\pm$ M.

§ 3. Propriétés diverses de l'intégrale d'une équation du premier ordre

118. **L'intégrale considérée comme fonction de sa valeur initiale.** — Considérons encore l'équation différentielle

$$(1) \qquad y' = f(x, y),$$

où $f(x, y)$ est une fonction continue dans le domaine D.

Nous savons que, si cette fonction est *lipschitzienne* dans le domaine D, l'équation (1) admet une intégrale unique de valeur initiale y_0 pour $x = x_0$. Si on fait varier y_0 alors que x_0 reste fixe, cette intégrale est fonction de y_0; écrivons-la sous la forme

$$(2) \qquad y = F(x, y_0).$$

Les théorèmes suivants vont faire connaître sous quelles conditions cette intégrale $F(x, y_0)$ sera une fonction continue ou dérivable de y_0.

119. Théorème I. — *Si $f(x, y)$ est continue dans le domaine* D *et lipschitzienne en y avec la constante de Lipschitz* M, *l'intégrale y est fonction continue de y_0 et les accroissements correspondants Δy et Δy_0 satisfont à la relation*

$$|\Delta y| < |\Delta y_0| e^{M|x - x_0|}.$$

Remarquons que $y + \Delta y - \Delta y_0$ est une fonction de même valeur initiale y_0 que l'intégrale y, qu'elle vérifie l'équation

$$(y + \Delta y - \Delta y_0)' = (y + \Delta y)' = f(x, y + \Delta y)$$

et satisfait, par conséquent à l'équation (1) sauf l'erreur

$$|f(x, y + \Delta y) - f(x, y + \Delta y - \Delta y_0)| < M |\Delta y_0|.$$

La différence des deux fonctions, à savoir

$$(y + \Delta y - \Delta y_0) - y = \Delta y - \Delta y_0,$$

doit donc satisfaire, en vertu du théorème III du n° 116, à l'inégalité

$$|\Delta y - \Delta y_0| < |\Delta y_0| (e^{M|x - x_0|} - 1).$$

Si $|\Delta y|$ est $\leqslant |\Delta y_0|$, le théorème est vérifié. Supposons donc $|\Delta y| \geqslant |\Delta y_0|$, auquel cas

$$|\Delta y - \Delta y_0| \geqslant |\Delta y| - |\Delta y_0|,$$

il vient *a fortiori*

$$|\Delta y| - |\Delta y_0| < |\Delta y_0| (e^{M|x - x_0|} - 1)$$

ce qui se réduit à la formule de l'énoncé.

120. Théorème II. — *Si la fonction continue $f(x, y)$ admet, en outre, une dérivée partielle f'_y continue dans le domaine* D, *l'intégrale $y = F(x, y_0)$ admet, dans le même domaine, une dérivée partielle par rapport à y_0 ; celle-ci est fonction continue des deux variables x, y_0 et elle ne peut pas s'annuler dans le domaine* D.

Considérons les deux intégrales $y = F(x)$ et $y + \Delta y$, ayant respectivement les valeurs initiales infiniment voisines y_0 et $y_0 + \Delta y_0$. Elles vérifient toutes deux l'équation (1). Soustrayons ces deux résultats membre à membre et divisons encore par Δy_0 ; il vient

$$\left(\frac{\Delta y}{\Delta y_0}\right)' = \frac{f(x, y + \Delta y) - f(x, y)}{\Delta y_0}.$$

Mais $\Delta y : \Delta y_0$ étant borné, en vertu de la proposition précédente, le second membre est infiniment voisin de

$$f'_y(x, F) \frac{\Delta y}{\Delta y_0}.$$

Par conséquent $\Delta y : \Delta y_0$, qui a pour valeur initiale 1, est infiniment voisin de l'intégrale de l'équation

$$u' = u f'_y(x, F)$$

qui a la même valeur initiale, car cette équation entre x et u satisfait à toutes les conditions admises pour l'équation (1). Il est facile d'intégrer cette équation ; divisant par u, on en tire, puisque $u_0 = 1$,

$$D \log u = f'_y(x, F), \qquad \log u = \int_{x_0}^{x} f'_y(x, F)\, dx.$$

Il vient ainsi

$$u = F'_{y_0}(x, y) = e^{\int_{x_0}^{x} f'y(x, F)\, dx}$$

ce qui met en évidence que cette dérivée est, en même temps que F et $f'_y(x, F)$, une fonction continue de x, y_0 et que cette fonction ne peut jamais s'annuler.

121. Théorème III. — *Sous les conditions du théorème précédent, c'est-à-dire si $f(x, y)$ et $f'_y(x, y)$ sont des fonctions continues dans le domaine D, l'intégrale*

$$y = F(x, y_0)$$

peut être résolue par rapport à y_0 et la fonction

$$y_0 = \Phi(x, y)$$

sera une fonction différentiable des deux variables x, y dans le domaine D.

En effet, en vertu du théorème précédent, $F(x, y_0)$ et une fonction différentiable dont la dérivée F'_{y_0} ne s'annule pas. Cela suffit pour entraîner l'existence et la différentiabilité de la fonction implicite y_0 (t. I, n° 121, remarque finale).

§ 4. Existence des intégrales d'un système d'équations différentielles

Les résultats obtenus pour une seule équation dans les deux paragraphes précédents peuvent être étendus à un système d'équations différentielles simultanées. A cet effet, il faut tout d'abord généraliser la condition de Lipschitz.

122. Condition de Lipschitz. — Soit $f(t, x_1, x_2, \ldots x_n)$ ou, en abrégé, $f(t, x)$ une fonction continue de $n + 1$ variables t, x dans un domaine D. Nous supposerons ce domaine convexe, c'est-à-dire qu'une droite de l'hyperespace ne pourra couper sa frontière qu'en deux points. Nous dirons que la fonction $f(t, x)$ vérifie la *condition de Lipschitz relativement aux variables x* dans le domaine D, si l'on peut assigner une constante positive M (constante de Lipschitz) tel que l'on ait, quels que soient les deux points $(t, x_1, \ldots x_n)$, $(t, X_1, \ldots X_n)$, de même t, dans le domaine D, la somme Σ s'étendant aux indices $i = 1, 2, \ldots n$,

$$|f(t, X_1, \ldots X_n) - f(t, x_1, \ldots x_n)| \leqslant M\Sigma\, |X_i - x_i| \,.$$

Cette condition sera réalisée, en particulier, si les dérivées partielles de f par rapport aux x sont bornées dans le domaine D, auquel cas leurs modules admettront une borne supérieure commune M, qui sera la constante de Lipschitz correspondante.

123. Théorème d'existence et d'unicité. — Considérons maintenant un système de n équations différentielles simultanées entre n fonctions inconnues $x_1, x_2, \ldots x_n$ de la variable indépendante t. Ce système est de la *forme normale* s'il est résolu par rapport aux n dérivées inconnues, c'est-à-dire s'il est de la forme

$$(1) \qquad x'_i = f_i(t, x) \qquad (i = 1, 2, \ldots n).$$

Voici quel est, dans ce cas, le théorème d'existence et d'unicité :

THÉORÈME. — *Si les fonctions f_i sont continues dans le domaine convexe* D, *si elles satisfont à la condition de Lipschitz relativement aux* *variables x et que l'on désigne par* $(t_0, x_{10}, \ldots x_{n0})$ *au point intérieur au domaine, le système* (2) *admet, dans ce domaine* D, *un système d'intégrales*

$$x_1 = F_1(t), \ldots \qquad x_n = F_n(t),$$

se réduisant respectivement à $x_{10}, \ldots x_{n0}$ *pour* $t = t_0$ *et ce système est unique.*

La démonstration se fait en généralisant, sous ces conditions, les trois théorèmes du paragraphe 2.

124. **Théorème I.** — *Considérons, dans le domaine* D, *deux courbes passant par le point initial* (t_0, x_0). *Soient respectivement :* $x_1, x_2, \ldots x_n$ *et* $X_1, X_2, \ldots X_n$ *les valeurs (fonctions de t) des n variables x sur ces deux courbes. Si chacune des fonctions* x_i *et* X_i $(i = 1, 2, \ldots n)$ *admet une dérivée bornée et intégrable et satisfait à l'équation* (2), *sauf les erreurs respectives* ω_i *et* Ω_i, *la somme des modules de toutes les erreurs* ω_i *et* Ω_i *ne dépassant pas* ε, *on aura, dans le domaine* D,

$$\sum_{i=1}^{n} | X_i - x_i | < \frac{\varepsilon}{M} (e^{M|t - t_0|} - 1),$$

où M *est la somme des constantes de Lipschitz,* M_i, *relatives à toutes les fonctions* f_i.

On a, par hypothèse,

$$x'_i = f_i(t, x) + \omega_i, \qquad X'_i = f_i(t, X) + \Omega_i$$

d'où, par soustraction membre à membre,

$$\begin{aligned} | X'_i - x'_i | &\leqslant | f_i(t, X) - f_i(t, x) | + | \Omega_i - \omega_i | \\ &\leqslant M_i \Sigma | X_i - x_i | + | \Omega_i - \omega_i | \end{aligned}$$

et, en additionnant pour tous les indices,

$$\Sigma | X'_i - x'_i | \leqslant M\Sigma | X_i - x_i | + \varepsilon.$$

Posons $\qquad u = \Sigma | X_i - x_i |,$

d'où $\qquad u' = \Sigma \pm (X'_i - x'_i) \leqslant \Sigma | X'_i - x'_i |$

il vient *a fortiori* $\qquad u' \leqslant Mu + \varepsilon.$

Cette inégalité est semblable à celle qui a été obtenue au § 2 et la démonstration s'achève de la même manière, en substituant, au besoin, des polygones inscrits aux courbes.

125. Théorème II. — *Quelque petit que soit* ε *positif, on peut tracer dans le domaine* D *une ligne continue,* $x_i = \varphi_i(t)$ $(i = 1, 2, \ldots n)$ *passant par le point* (t_0, x_0), *telle que les* φ_i *aient leur dérivée intégrable et vérifient le système* (1) *avec des erreurs absolues dont la somme est* $< \varepsilon$. *Si* ε *tend vers* 0, *les* φ_i *tendent vers des intégrales* $F_i(x)$ *de valeur initiale* x_{i0}.

La démonstration faite au § 2 se généralise d'elle-même. On peut construire dans l'hyperespace une ligne polygonale qui répond à la question. On partage le domaine D en domaines élémentaires α assez petits pour que la somme des oscillations des fonctions $f_i(t, x)$ soit $< \varepsilon$ dans chacun d'eux. Cela fait, on trace, en partant du point initial avec la direction imposée en ce point, une ligne polygonale dont la direction change au passage d'un élément α dans un autre, chaque côté ayant la direction imposée au passage de la frontière. Cette ligne vérifie le système différentiel au degré d'approximation ε. Si l'on fait tendre ε vers 0, cette ligne tend vers une courbe intégrale, comme dans le cas de deux dimensions. Comme dans ce cas encore, on obtient la proposition suivante :

126. Théorème III. — *Le système des intégrales* F(*t*) *de valeurs initiales* x_{i0} *est unique dans le domaine* D. *Tout système de fonctions* x_i *ayant les mêmes valeurs initiales qui satisfait approximativement aux équations, diffère aussi peu qu'on veut du système intégral, pourvu que les erreurs soient assez petites. D'une manière plus précise, si la somme des erreurs absolues commises sur chaque équation est* $< \varepsilon$, *on a, dans le domaine* D,

$$\Sigma \mid x_i - F_i(t) \mid < \frac{\varepsilon}{M} \left(e^{M \mid t - t_0 \mid} - 1\right).$$

Ces propositions fournissent une méthode pour le calcul approché des intégrales dont on donne les valeurs initiales x_{i0} pour $t = t_0$.

§ 5. Propriétés des intégrales d'un système d'équations différentielles

127. Le système intégral considéré comme dépendant des valeurs initiales. — Le système intégral des équations (1) du paragraphe précédent dépend des valeurs initiales $x_{10}, \dots x_{n0}$ pour $t = t_0$. Ecrivons-le sous la forme

$$x_i = F_i(t, x_{10}, \dots x_{n0}) \qquad (i = 1, 2, \dots n).$$

Nous pouvons énoncer les théorèmes suivants :

128. Théorème I. — *Si les fonctions $f(t, x)$ du système différentiel sont continues et, en outre, lipschitziennes par rapport aux x, les intégrales x_i sont des fonctions continues des valeurs initiales x_0. Si l'on donne, à l'une en particulier x_{i0} des valeurs initiales, un accroissement Δx_{i0}, les accroissements Δx_k qui en résultent pour les fonctions x_k $(k = 1, 2 \dots n)$ satisfont à la condition*

$$\sum_k | \Delta x_k | < | \Delta x_{i0} | \, e^{M | t - t_0 |},$$

où M *désigne, comme précédemment, la somme des constantes de Lipschitz relatives aux fonctions $f(t, x)$.*

Donnons aux valeurs initiales x_{i0} un système d'accroissement Δx_{i0} et soit Δx_i le système correspondant d'accroissement des fonctions x_i. Le système de fonctions $(x_i + \Delta x_i - \Delta x_{i0})$ (de valeurs initiales x_{i0}) vérifie le système différentiel; sauf des erreurs de la forme

$$| f(t, x + \Delta x - \Delta x_0) - f(t, x + \Delta x) |$$

dont la somme est inférieure à $M \sum_i | \Delta x_{i0} |$. Or la différence de ces deux intégrales de même valeur initiale est

$$(x_i + \Delta x_i - \Delta x_{i0}) - x_i = \Delta x_i - \Delta x_{i0};$$

il vient donc, par la proposition III du n° 126,

$$\sum_i | \Delta x_i - \Delta x_{i0} | < \sum_i | \Delta x_{i0} | \, (e^{M | t - t_0 |} - 1).$$

Annulons les accroissements des valeurs initiales sauf un seul, Δx_{i0}, dans cette relation; puis ajoutons le même terme $|\Delta x_{i0}|$ aux deux membres. La relation peut alors s'écrire comme il suit :

$$\sum_k |\Delta x_k| - |\Delta x_i| + |\Delta x_i - \Delta x_{i0}| + |\Delta x_{i0}| < |\Delta x_{i0}| e^{M|t-t_0|}.$$

Mais la somme

$$|\Delta x_i - \Delta x_{i0}| - |\Delta x_i| + |\Delta x_{i0}|$$

est nulle si $|\Delta x_i|$ est $> |\Delta x_{i0}|$, et positive si $|\Delta x_i| < |\Delta x_{i0}|$. On peut donc supprimer cette somme de la relation précédente, qui subsiste alors *a fortiori*, ce qui prouve le théorème.

129. **Théorème II.** — *Si les fonctions continues $f(t, x)$ admettent, en outre, par rapport aux x, des dérivées partielles continues dans le domaine* D, *les intégrales* $F(t, x_0)$ *admettent des dérivées partielles par rapport aux x_0, et celles-ci sont fonctions continues des variables t, x_0.*

Considérons les deux systèmes d'intégrales x et $x + \Delta x$, le premier de valeurs initiales x_0, le second ayant les mêmes valeurs initiales sauf une seule x_{i0} qui est remplacée par $x_{i0} + \Delta x_{i0}$. Ces deux systèmes vérifient les équations différentielles et, en soustrayant membre à membre les équations correspondantes, il vient

$$(\Delta x_k)' = f_k(t, x + \Delta x) - f_k(t, x) \qquad (k = 1, 2, \ldots n).$$

Divisons par Δx_{i0} et faisons tendre cet accroissement vers 0; les quotients $\Delta x : \Delta x_{i0}$ sont bornés, en vertu du théorème précédent, et les fonctions f_k sont différentiables en x; on a donc, sauf une erreur infiniment petite sur les seconds membres,

$$\left(\frac{\Delta x_k}{\Delta x_{i0}}\right)' = \sum_l \frac{\partial f_k}{\partial x_l} \frac{\Delta x_l}{\Delta x_{i0}} \quad (k = 1, 2, \ldots n).$$

Donc, par la proposition III du n° 126, les quotients $\Delta x_k : \Delta x_{i0}$ ont pour limites les dérivées, bien déterminées,

$$\frac{\partial x_k}{\partial x_{i0}} = u_{ki}$$

qui sont les intégrales de mêmes valeurs initiales du système d'équations linéaires

$$u'_{ki} = \sum_l \frac{\partial f_k}{\partial x_l} u_{li} \qquad (l = 1, 2, \ldots n);$$

et ces valeurs initiales sont toutes nulles, sauf celle de u_{ii} qui est égale à 1.

Ces dérivées u_{ki} existent donc, mais elles sont, de plus, fonctions continues des x_{i0}. En effet, si l'on altère infiniment peu ces valeurs initiales, on altère infiniment peu les x_i et, par conséquent, aussi les coefficients $\frac{\partial f_k}{\partial x_l}$ des équations linéaires qui précèdent. Les anciennes valeurs des u_{ki} satisfont donc aux nouvelles équations linéaires sauf une erreur infiniment petite, donc elles sont infiniment voisines des nouvelles intégrales u_{ki}, les valeurs initiales, 0 ou 1, étant les mêmes.

130. Théorème III. — *Sous les mêmes conditions, le jacobien*

$$J = \frac{d(x_1, x_2, \ldots x_n)}{d(x_{10}, x_{20}, \ldots x_{n0})}$$

ne s'annulera pas dans le domaine D.

En représentant, comme ci-dessus, par u_{ki} les éléments de ce déterminant, on a

$$J = \begin{vmatrix} u_{11} & u_{12} & \ldots \\ u_{21} & u_{22} & \ldots \\ \ldots & \ldots & \ldots \\ u_{k1} & u_{k2} & \ldots \\ \ldots & \ldots & \ldots \end{vmatrix} \qquad J' = \sum_k \begin{vmatrix} u_{11} & u_{12} & \ldots \\ u_{11} & u_{22} & \ldots \\ \ldots & \ldots & \ldots \\ u'_{k1} & u'_{k2} & \ldots \\ \ldots & \ldots & \ldots \end{vmatrix}$$

Si l'on remplace $u'_{k1}, u'_{k2}, \ldots$ par leurs valeurs données par le système linéaire ci-dessus (n° 129), ce dernier déterminant se réduit à $J \frac{\partial f_k}{\partial x_k}$, car les coefficients des autres dérivées $\frac{\partial f_k}{\partial x_i}$ sont nuls comme déterminants à deux lignes égales. Il vient donc

$$J' = J \sum_k \frac{\partial f_k}{\partial x_k}.$$

La valeur initiale de J est 1; il vient enfin, en intégrant cette équation,

$$J = e^{\int_{t_0}^{t} dt \sum_k \frac{\partial f_k}{\partial x_k}}$$

on voit donc que J ne peut pas s'annuler.

131. Théorème IV. — *Sous les mêmes conditions, le système intégral,*

$$x_i = F_i(t, x_{k0}), \qquad (i = 1, 2, \ldots n),$$

peut être résolu par rapport aux valeurs initiales x_{k0} *et mis sous la forme*

$$x_{k0} = \Phi_k(t, x_i) \qquad (k = 1, 2, \ldots n).$$

De plus, les fonctions $\Phi_k(t, x_i)$ *sont différentiables relativement aux variables* t, x_i.

En effet, les F_i sont différentiables et leur jacobien J ne s'annule pas. Cela suffit pour entraîner l'existence et la différentiabilité des fonctions implicites x_{k0} (t. I, n° 122).

132. Théorème V. — *Si, en plus des conditions antérieures, les fonctions* $f(t, x)$ *ont leurs dérivées partielles par rapport aux* **x** *continues jusqu'à l'ordre n, les intégrales* $F(t, x_0)$ *admettront, par rapport aux valeurs initiales* x_0, *des dérivées partielles continues jusqu'au même ordre n.*

Ce théorème se réduit au théorème II pour $n = 1$. Pour l'établir en général, supposons le démontré pour $n - 1$ et montrons qu'il subsiste pour n. A cet effet, considérons le système

$$u'_{ki} = \sum_l \frac{\partial f_k}{\partial x_l} u_{li} \qquad (l = 1, 2, \ldots n),$$

qui a pour solutions les dérivées premières des x_k par rapport à x_{i0}; il satisfait aux conditions du théorème V à démontrer jusqu'à l'ordre $n - 1$. Mais le théorème est admis pour cet ordre, donc les dérivées des dérivées premières des x_k sont continues jusqu'à l'ordre $n - 1$. Donc le théorème V subsiste pour n.

133. Cas où les équations différentielles dépendent de divers paramètres. — Plus généralement, supposons que les équations différentielles dépendent d'un certain nombre de paramètres α, β,... Les équations (1) sont alors de la forme

$$(1) \qquad x'_k = f_k(t, x, \alpha, \beta, \ldots) \qquad (k = 1, 2, \ldots n).$$

Le système intégral dépendra des mêmes paramètres et des valeurs initiales, et sera de la forme

$$(2) \qquad x_k = F_k(t, x_0, \alpha, \beta, \ldots) \qquad (k = 1, 2, \ldots n).$$

L'analyse précédente s'étend au cas où l'on fait varier simultanément les valeurs initiales et les paramètres.

1° *Les solutions* x_k *seront des fonctions continues des valeurs initiales et des paramètres dans tout domaine où les fonctions* $f(t, x, \alpha, \ldots)$ *sont continues par rapport aux variables et aux paramètres et, de plus, lipschitziennes par rapport aux* x_k.

En effet, une variation infiniment petite des valeurs initiales et des paramètres entraîne une variation infiniment petite des seconds membres des équations (1); donc les anciennes intégrales sont infiniment voisines des nouvelles.

2° *Si les dérivées premières des fonctions* $f(t, x, \alpha, \ldots)$ *par rapport à l'un des paramètres sont, en outre, continues, les solutions* x_k *auront, par rapport à* α, *des dérivées premières continues* $u_k = \dfrac{\partial x_k}{\partial \alpha}$. *Celles-ci seront les solutions* u *du système*

$$(3) \qquad u'_k = \sum_l \frac{\partial f_k}{\partial x_l} u_l + \frac{\partial f_k}{\partial \alpha} \qquad (l = 1, 2, \ldots n),$$

dont les valeurs initiales sont nulles.

Ceci suppose toutefois que les valeurs initiales des x_k *ne dépendent pas de* α. *Le théorème subsiste si ces valeurs sont des fonctions de* α *dont la dérivée est continue. Mais alors la valeur initiale de* u_k *est* $\dfrac{\partial x_{k0}}{\partial \alpha}$.

Ces conclusions s'obtiennent par les mêmes raisonnements que le théorème II du n° 129. Il y a ici un terme en plus dans l'équation (3), parce que α entre explicitement dans f_k, tandis que les valeurs initiales n'y entrent qu'implicitement par les x_k.

3° *Si les dérivées des fonctions* $f(t, x, \alpha, \ldots)$ *par rapport aux variables* x *et aux paramètres, existent et sont continues jusqu'à l'ordre* n, *les solutions* x_k *admettront, par rapport aux valeurs initiales* x_0 *et aux paramètres, des dérivées partielles continues jusqu'à l'ordre* n.

Ce théorème se réduit au précédent pour $n = 1$. On l'étend de l'ordre $n - 1$ à n, en observant, comme dans la démonstration du théorème V qui précède, que ce théorème s'applique au système (1) pour l'ordre n s'il s'applique au système (3) pour l'ordre $n - 1$, ce qui est effectivement le cas.

§ 6. Classification des intégrales Intégrales générale, particulières, singulières

134. **Une seule équation du premier ordre.** — Considérons d'abord l'équation différentielle unique, du premier ordre,

$$y' = f(x, y).$$

Nous avons vu, moyennant certaines conditions, que cette équation admet une solution y dont la valeur initiale y_0 pour $x = x_0$ est arbitraire. La solution doit donc dépendre d'une constante arbitraire C (qui peut être, en particulier, y_0). On appelle *intégrale générale* de l'équation, une solution y qui dépend d'une constante arbitraire C, ou une équation définissant y et contenant C. Mais il faut que la constante C permette d'attribuer à y une valeur arbitraire y_0 pour $x = x_0$. Toute intégrale qu'on déduit de l'intégrale générale par une détermination spéciale de la constante, est une *intégrale particulière.*

Dans tout domaine où se vérifient les conditions de continuité du théorème d'existence (n° 113), en particulier si f et f'_y sont continues, *l'intégrale générale donne la solution complète du problème de l'intégration,* car il ne passe qu'une seule intégrale par chaque point (x_0, y_0), c'est donc l'intégrale particulière passant par ce point.

Mais, dans un domaine où les conditions de continuité n'ont plus lieu et à supposer que l'intégrale générale définie plus haut subsiste, l'équation peut admettre exceptionnellement des intégrales ne rentrant pas dans l'intégrale générale. On donne à celles-là le nom d'*intégrales singulières.*

135. **Système d'équations.** — Soit un système de n *équations différentielles simultanées* entre une variable indépendante t et n fonctions $x_1, x_2, \dots x_n$ de t,

$$x'_i = f_i(t, x_1, x_2, \dots x_n) \qquad (i = 1, 2, \dots n).$$

Comme on peut se donner arbitrairement les valeurs initiales des fonctions x pour $t = t_0$, la solution doit dépendre de n constantes arbitraires. On donne le nom d'*intégrale générale* à une solution, c'est-à-dire un système de n fonctions x (ou de relations servant à les définir), qui dépend de n constantes arbitraires *distinctes*, et l'on entend par ce mot que les constantes arbitraires permettent d'attribuer aux x des valeurs arbitraires pour $t = t_0$.

Les intégrales qui sont comprises dans l'intégrale générale par une détermination spéciale des constantes sont des *intégrales particulières.*

L'intégrale générale fournit la solution complète du problème de l'intégration dans tout domaine où les conditions du théorème fondamental d'unicité sont vérifiées. Mais, dans un domaine où ces conditions viennent à manquer, des *intégrales singulières* non comprises dans l'intégrale générale deviennent possibles.

136. Équation d'ordre n. — Soit enfin *une équation unique de l'ordre n*,

$$y^{(n)} = f(x, y, y', \dots y^{(n-1)}),$$

résolue par rapport à la plus haute dérivée. Elle se ramène à un système du premier ordre en désignant par $p_1, p_2, \dots p_{n-1}$ les $(n - 1)$ premières dérivées de y, considérées comme autant d'inconnues.

Ce système sera

$$\begin{aligned} y' &= p_1 \\ p'_i &= p_{i+1} \,(i = 1, 2, \dots n - 2) \\ p'_{n-1} &= f(x, y, p_1, p_2, \dots p_{n-1}). \end{aligned}$$

On peut donc se donner arbitrairement y et ses $n - 1$ premières dérivées pour $x = x_0$. L'*intégrale générale* est une solution qui dépend de n constantes arbitraires *distinctes*, c'est-à-dire permettant de donner à y et à ses $n - 1$ premières dérivées des valeurs initiales arbitraires pour $x = x_0$. Le nombre des constantes arbitraires est donc égal à l'ordre de l'équation. En fixant leurs valeurs, on obtient des *intégrales particulières.*

L'intégrale générale fournit la solution complète du problème de l'intégration dans tout domaine où les conditions du théorème fondamental d'unicité ont lieu (en particulier, dans tout domaine où f et ses dérivées par rapport à $y, y', \dots y^{n-1}$ sont continues). Si ces conditions viennent à manquer, des *intégrales singulières* non comprises dans la générale deviennent possibles.

L'étude des intégrales singulières ne peut se faire d'une manière satisfaisante qu'en se plaçant au point de vue des fonctions analytiques. Nous ne nous en occuperons pas ici.

CHAPITRE VI

Intégration des équations du premier ordre

§ 1. Équations résolues par rapport à y'

137. Intégrabilité. — On dit communément qu'*on sait intégrer* une équation quand son intégration se ramène à des quadratures. En ce sens, il n'y a qu'un petit nombre d'équations que l'on sache intégrer. Nous allons examiner les principales. Nous commencerons par celles qui sont du premier degré par rapport à la dérivée de la fonction inconnue. Nous supposerons que cette fonction soit y; mais il est clair qu'on pourrait aussi bien considérer x comme fonction inconnue de y et c'est ce que l'on doit souvent faire, en pratique, pour être ramené à l'un des types que nous allons examiner. Il doit être entendu, une fois pour toutes, que les équations satisfont aux conditions de continuité et de dérivabilité qui assurent l'existence de l'intégrale générale et la légitimité des calculs auxquels nous les soumettons.

138. Équations différentielles exactes (ou immédiatement intégrables). — Si l'équation est du premier degré en $dy : dx$, on peut la mettre sous la forme

$$P\,dx + Q\,dy = 0. \tag{1}$$

où P et Q sont des fonctions données de x, y. On dit que l'équation est *immédiatement intégrable* si son premier membre est une différentielle totale exacte. La condition nécessaire et suffisante pour cela est que l'on ait $P'_y = Q'_x$, ces dérivées étant supposées continues (n° 29). Si elle a lieu, le premier membre est la différentielle totale d'une fonction $F(x, y)$; l'équation revient à $dF = 0$; son intégrale sera donc $F = \text{const.}$, ou, en développant (n° 29),

$$\int_a^x P(x, y)\,dx + \int Q(a, y)\,dy = C.$$

C'est l'intégrale générale et il n'y a pas de solution singulière.

Exemples. — Les intégrales sont en regard des équations.

$(3x^2 + 6xy^2)\,dx + (6x^2y + 4y^3)\,dy = 0$	$x^3 + 3x^2y^2 + y^4 = C$
$\dfrac{x\,dx + y\,dy}{\sqrt{1 + x^2 + y^2}} + \dfrac{y\,dx - x\,dy}{x^2 + y^2} = 0$	$\dfrac{y}{x} = \cot(C - \sqrt{1 + x^2 + y^2})$
$\dfrac{dx}{\sqrt{y^2 + x^2}} + \left(1 - \dfrac{x}{\sqrt{x^2 + y^2}}\right)\dfrac{dy}{y} = 0$	$y^2 = C^2 - 2Cx$

139. Séparation des variables. — L'équation (1) est immédiatement intégrable si les *variables sont séparées*, c'est-à-dire si P est une fonction X de x seul et Q est une fonction Y de y seul, car on a, dans ce cas, $X'_y = Y'_x = 0$. L'équation prend alors la forme

$$X dx + Y dy = 0,$$

et elle a pour intégrale générale

$$\int X\,dx + \int Y\,dy = C.$$

Considérons maintenant les équations du type

$$XY dx + X_1 Y_1 dy = 0 \tag{2}$$

où X, X_1 sont fonctions de x, Y et Y_1 fonctions de y seuls.

On dit qu'elles s'intègrent par *séparation des variables*. Il suffit, en effet, de les multiplier par le facteur $1 : X_1 Y$ pour les ramener à la forme

$$\frac{X}{X_1}\,dx + \frac{Y_1}{Y}\,dy = 0,$$

et les variables sont séparées.

En intégrant cette équation, on obtiendra l'intégrale générale de (2). Toutefois il restera à vérifier si l'on n'a pas supprimé de solution annulant le facteur X_1 ou le facteur Y.

Les solutions des équations $X_1 = 0$ et $Y = 0$ sont des valeurs constantes $x = \alpha$ ou $y = \beta$. Ce sont aussi des solutions de l'équation (2) dont elles annulent les deux termes ; et elles peuvent être acceptables, car, au point de vue géométrique, elles correspondent à des droites parallèles aux axes.

Exemples. — Les intégrales sont en regard des équations.

$(1+x^2)y^3dx+(1-y^2)x^3dy=0$	$x^{-2}+y^{-2}=2\,\mathrm{Log}\,(Cx:y)$
$(a^2+y^2)dx=2x\sqrt{ax-a^2}\,dy$	$y-\sqrt{ax-a^2}=C(a^2+y\sqrt{ax-a^2})$
$\sec^2 x\,\mathrm{tg}\,y\,dx+\sec^2 y\,\mathrm{tg}\,x\,dy=0$	$\mathrm{tg}\,x\;\mathrm{tg}\,y=C.$

140. Équations homogènes. — Si les fonctions P et Q de x, y sont homogènes et du même degré, l'équation

$$P\,dx+Q\,dy=0$$

est une *équation homogène*. Dans ce cas, le quotient P : Q ne dépend que du rapport $y:x$. L'équation, résolue par rapport à y', se ramène donc au type

$$(3)\qquad y'=\varphi\left(\frac{y}{x}\right).$$

Les variables deviennent séparables en changeant d'inconnue par la substitution

$$y=ux,\qquad \text{d'où}\qquad y'=u+xu'.$$

L'équation entre u et x sera, en effet,

$$(4)\qquad xu'=\varphi(u)-u;$$

d'où, en divisant par $x[\varphi(u)-u]$ et en multipliant par dx,

$$\frac{dx}{x}=\frac{du}{\varphi(u)-u};\qquad \mathrm{Log}\,x=\int\frac{du}{\varphi(u)-u}+C.$$

On obtiendra l'*intégrale générale* de (3) en remplaçant u par $y:x$ dans l'équation précédente.

On trouve aussi des solutions en annulant le facteur supprimé $\varphi(u)-u$, ce qui donne généralement pour u un certain nombre de valeurs constantes $u=u_1$, $u=u_2$... Ces relations satisfont à l'équation (4) dont elles annulent les deux membres; donc les relations

$$y=u_1\,x,\qquad y=u_2\,x,\ldots$$

sont des solutions de l'équation (3).

On peut aussi intégrer les équations homogènes en les ramenant à des différentielles exactes. Nous le ferons dans le numéro suivant.

Exemples. — Équations homogènes avec leurs intégrales en regard :

$x\,dy - y\,dx = \sqrt{x^2+y^2}\,dx$	$x^2 = C^2 + 2Cy$
$(x+y)\,dx + (y-x)\,dy = 0$	$\operatorname{arc\,tg}\frac{y}{x} = \operatorname{Log} C\sqrt{x^2+y^2}$
$xy\,dy - y^2\,dx = (x+y)^2\,e^{-\frac{y}{x}}$	$(x+y)\operatorname{Log} Cx = x\,e^{\frac{y}{x}}$

141. **Remarques sur les équations à la fois homogènes et différentielles exactes.** — 1° Quand l'équation $P\,dx + Q\,dy = 0$ réunit ces deux caractères, elle s'intègre immédiatement *sans aucune quadrature*, pourvu que son degré d'homogénéité n ne soit pas -1. Posons, en effet,

$$F(x, y) = Px + Qy.$$

On aura, eu égard à l'identité $P'_y = Q'_x$ et au théorème d'Euler sur les fonctions homogènes (t. I, n° 115),

$$\frac{\partial F}{\partial x} = P + x\frac{\partial P}{\partial x} + y\frac{\partial Q}{\partial x} = P + \left(x\frac{\partial P}{\partial x} + y\frac{\partial P}{\partial y}\right) = (n+1)\,P,$$

$$\frac{\partial F}{\partial y} = Q + x\frac{\partial P}{\partial y} + y\frac{\partial Q}{\partial y} = Q + \left(x\frac{\partial Q}{\partial x} + y\frac{\partial Q}{\partial y}\right) = (n+1)\,Q.$$

De là, l'identité

$$(5) \qquad d(Px + Qy) = (n+1)\,(P\,dx + Q\,dy).$$

Donc, $n+1$ n'étant pas nul, l'intégrale générale de l'équation $P\,dx + Q\,dy = 0$ sera

$$Px + Qy = C.$$

Exemples. — Équations avec leurs intégrales en regard :

$(x^2-4xy-2y^2)dx+(y^2-4xy-2x^2)\,dy=0$	$x^3-6x^2y-6y^2x+y^3+C$
$(x^3+3xy^2)\,dx + (y^3+3x^2y)\,dy = 0$	$x^4 + 6x^2y^2 + y^4 = C$
$\left(1+e^{\frac{x}{y}}\right)dx + e^{\frac{x}{y}}\left(1-\frac{x}{y}\right)dy = 0$	$x + y\,e^{\frac{x}{y}} = C$

2° Supposons encore que $P\,dx + Q\,dy$ soit une différentielle exacte. Si P et Q sont homogènes de degrés -1, on a $n+1=0$.

Donc, $Px + Qy$ ayant une différentielle totale nulle en vertu de l'équation (5), on a *identiquement* (k étant une constante déterminée)

$$Px + Qy = k,$$

on ne connaît donc plus d'intégrale *a priori* et il faut recourir à la méthode générale d'intégration.

3° Réciproquement, si P et Q étant homogènes et de degré — 1, $Px + Qy$ se réduit identiquement à une constante k, $Pdx + Qdy$ sera une différentielle exacte. En effet, cette identité permet d'exprimer P au moyen de Q, et il vient

$$Pdx + Qdy = \frac{k - Qy}{x} dx + Qdy = k \frac{dx}{x} + (Qx) d \frac{y}{x}.$$

Or Qx étant de degré 0, est une fonction $\varphi(u)$ du rapport $u = y : x$; par conséquent, on a

$$Pdx + Qdy = k \frac{dx}{x} + \varphi(u)\, du,$$

ce qui est une différentielle exacte.

Si, en particulier, $k = 0$, l'équation se réduit à $\varphi(u)\, du = 0$; elle n'a donc d'autre intégrale que $u =$ const. ou $y = Cx$.

4° Toute équation homogène $Pdx + Qdy = 0$ peut être rendue différentielle exacte. Il suffit, pour cela, de la diviser par $Px + Qy$. En effet, l'équation homogène de degré — 1

$$\frac{Pdx + Qdy}{Px + Qy} = 0,$$

est immédiatement intégrable, en vertu de la remarque 3° (le nombre k étant égal à 1). Mais le degré d'homogénéité de cette équation est — 1, ce qui est le cas d'exception de la remarque 1°. N'était donc ce cas, toutes les équations homogènes s'intégreraient sans quadrature.

Le facteur, inverse de $Px + Qy$, par lequel il faut multiplier l'équation pour la rendre immédiatement intégrable, s'appelle le *facteur intégrant* de l'équation. Nous y reviendrons dans un numéro suivant.

Toutefois, si $Px + Qy$ se réduit à 0, il y a une exception, cette expression ne peut plus être l'inverse d'un facteur intégrant. On rendra l'équation différentielle exacte en la divisant par Px ou par Qy, ce qui ramène son degré à -1, et l'on retrouve le cas 3° avec $k = 0$. L'intégrale générale sera $y = Cx$.

142. Équations réductibles aux équations homogènes. — Ce sont celles du type (A,... a,... constants)

$$(6) \qquad y' = \varphi\left(\frac{Ax + By + C}{ax + by + c}\right).$$

1° Si $Ab - aB$ est différent de zéro, on change les deux variables en posant

$$\begin{aligned} \eta &= Ax + By + C, \\ \xi &= ax + by + c, \end{aligned} \quad \text{d'où} \quad \frac{d\eta}{d\xi} = \frac{A\,dx + B\,dy}{a\,dx + b\,dy} = \frac{A + By'}{a + by'}.$$

Dans notre hypothèse, le dernier rapport n'est pas indépendant de y' (ce qui arrive si $Ab - aB = 0$), de sorte que l'équation (**8**) revient à l'équation *homogène* entre η et ξ

$$\frac{d\eta}{d\xi} = \frac{A + B\varphi\left(\frac{\eta}{\xi}\right)}{a + b\varphi\left(\frac{\eta}{\xi}\right)}.$$

2° Si $Ab - aB = 0$, on change d'inconnue seulement par la relation

$$\eta = \frac{Ax + By}{A} = \frac{ax + by}{a}, \qquad \text{d'où} \qquad \eta' = 1 + \frac{b}{a}\,y'.$$

L'équation (**6**) se ramène à l'équation (non homogène)

$$\eta' = 1 + \frac{b}{a}\,\varphi\left(\frac{A\eta + C}{a\eta + c}\right)$$

et les variables η et x se séparent.

On aura donc à intégrer l'une de ces deux équations. On remplacera η et ξ, ou η seulement, par leurs valeurs et l'on obtiendra l'intégrale générale de l'équation (**6**).

143. Équations linéaires. — Ce sont celles qui sont linéaires en y et y', donc du type

$$(7) \qquad y' + Xy = X_1,$$

X et X_1 désignant des fonctions de x seul. Le terme X_1 s'appelle le second membre; s'il est nul, l'équation est *sans second membre*.

1° *L'équation linéaire sans second membre s'intègre par une seule quadrature*. En effet, elle réduit à

$$y' + Xy = 0, \qquad \text{d'où} \qquad \frac{y'}{y} = -X.$$

Les variables sont séparées, l'intégrale sera

$$\operatorname{Log} y = -\int X dx + \operatorname{Log} C, \qquad \text{d'où} \qquad y = Ce^{-\int X dx}.$$

2° Pour intégrer l'*équation linéaire sans second membre*, désignons par u une intégrale particulière de l'équation sans second membre. Soit par exemple,

$$u = e^{-\int X dx}$$

et changeons de fonction inconnue par la relation

$$y = uz, \qquad \text{d'où} \qquad y' = uz' + u'z.$$

Comme $u' + Xu$ est nul par hypothèse, l'équation (7) se réduit à

$$uz' = X_1, \qquad \text{d'où} \qquad z' = \frac{X_1}{u}, \qquad z = C + \int \frac{X_1}{u} dx.$$

Remplaçons maintenant, dans $y = uz$, les deux facteurs u et z par les valeurs trouvées. L'intégrale générale de (7) sera donnée par la formule (comportant deux quadratures)

$$(8) \qquad y = e^{-\int X dx}\left[C + \int X_1 \, dx \, e^{+\int X dx}\right]$$

et il n'y a pas d'intégrale singulière.

Remarques. — 1° Si l'on connaît une intégrale particulière y_1 de l'équation linéaire, son intégrale générale s'obtient par *une seule quadrature*. En effet, si l'on soustrait de l'équation (7) celle qu'on en déduit en remplaçant y par y_1, l'équation devient

$$(y - y_1)' = -X(y - y_1).$$

C'est donc une équation linéaire sans second membre par rapport à $y - y_1$ et elle a pour intégrale

$$y - y_1 = Ce^{-\int X dx}.$$

2° Si l'on connaît deux intégrales particulières y_1 et y_2 de l'équation linéaire, l'intégrale générale s'obtient sans aucune quadrature. En effet, y_2 vérifie l'équation précédente pour une valeur particulière de C; et, en divisant membre à membre, il vient

$$\frac{y - y_1}{y_2 - y_1} = C.$$

Exemples. — Les intégrales sont en regard des équations.

$y' + ay = e^{mx}$	$y = Ce^{-ax} + \frac{e^{mx}}{m+a}$
$y' - \frac{ny}{x+1} = e^{x}(x+1)^n$	$y = (x+1)^n(e^x + C)$
$y' + y\cos x = \sin x \cos x$	$y = Ce^{-\sin x} + \sin x - 1$
$y' + y\frac{\partial\varphi}{\partial x} = \varphi(x)\frac{\partial\varphi}{\partial x}$	$y = Ce^{-\varphi} + \varphi - 1$

144. Équation de Bernoulli. — En multipliant par y^n le second membre d'une équation linéaire, on obtient l'équation de Bernoulli

$$(9) \qquad y' + Xy = X_1 y^n.$$

Cette équation, divisée par y^n, se met sous la forme

$$\frac{y'}{y^n} + X\frac{1}{y^{n-1}} = X_1.$$

Prenons z pour inconnue en posant

$$z = \frac{1}{y^{n-1}}, \qquad \text{d'où} \qquad z' = -(n-1)\frac{y'}{y^n};$$

l'équation se ramène à l'*équation linéaire*

$$z' - (n-1)Xz = -(n-1)X_1.$$

La valeur de z ou de $1 : y^{n-1}$ sera donc

$$\frac{1}{y^{n-1}} = e^{(n-1)\int X dx}\left[C - (n-1)\int X_1 dx\, e^{-(n-1)\int X dx}\right]$$

Cette formule devient illusoire si $n = 1$, mais, dans ce cas, l'équation de Bernoulli se réduit à l'équation linéaire sans second membre $y' + (X - X_1)y = 0$.

Exemples. — Les intégrales sont en regard des équations.

$(1 - x^2)y' - xy = axy^2$	$y^{-1} = C\sqrt{1 - x^2} - a$
$y' + 2xy = 2ax^3y^3$	$2y^{-2} = a(1 + 2x^2) - Ce^{2x^2}$
$y^{n-1}(ay' + y) = x$	$ny^n = Ce^{\frac{nx}{a}} + nx - a$
$y' + \dfrac{xy}{1 - y^2} = x\sqrt{y}$	$3\sqrt{y} = C(1 - x^2)^{\frac{1}{4}} - (1 - x^2)$
$xy^2(xy' + y) = a^2$	$2(xy)^3 - 3a^2x^2 + C.$

145. Équation de Riccati. — C'est l'équation

$$y' + Xy^2 + X_1y + X_2 = 0,$$

où les lettres X désignent des fonctions de x seul. *Cette équation peut s'intégrer quand on en connaît une solution particulière y_1.*

Posons, en effet,

$$y = y_1 + z;$$

l'équation devient

$$z' + (y'_1 + Xy_1^2 + X_1y_1 + X_2) + Xz^2 + 2Xy_1z + X_1z = 0$$

et, y_1 étant une intégrale particulière, elle se réduit à

$$z' + z(2Xy_1 + X_1) = -Xz^2.$$

C'est une *équation de Bernoulli*, qu'on ramène à une équation linéaire en posant $z = 1 : u$. On serait donc ramené directement à une *équation linéaire* en posant tout de suite

$$y = y_1 + \frac{1}{u}.$$

Si l'on connaît trois intégrales particulières y_1, y_2, y_3 de l'équation de Riccati, l'intégrale générale s'obtient sans aucune quadrature.

En effet, on connaît alors deux intégrales particulières :

$$u_1 = \frac{1}{y_2 - y_1}, \qquad u_2 = \frac{1}{y_3 - y_1},$$

de l'équation en u. Donc l'intégrale de l'équation en u est (nº 143)

$$\frac{u - u_1}{u_1 - u_2} = \text{Const.}$$

Celle de l'équation de Riccati s'obtient par l'élimination des lettres u, ce sera

$$\frac{y - y_2}{y - y_1} : \frac{y_3 - y_2}{y_3 - y_1} = \text{Const.}$$

Cette formule exprime que *le rapport anharmonique de quatre intégrales de l'équation de Riccati est constant.*

Remarque. — On peut supposer X différent de 0 dans l'équation précédente, sinon elle serait linéaire. Alors, par la substitution $y = z : X$, elle se ramène à la forme

$$z' + z^2 + \left(X_1 - \frac{X'}{X}\right) z + XX_2 = 0,$$

ou, plus simplement, P et Q étant fonctions de x seul,

$$z' + z^2 + Pz + Q = 0.$$

Par la substitution $z = u' : u$, celle-ci revient à l'équation du second ordre

$$u'' + Pu' + Qu = 0.$$

Cette nouvelle équation, que nous étudierons en détail dans le chapitre suivant, est une *équation linéaire sans second membre.*

Cas d'intégrabilité de l'équation de Riccati. — L'équation

$$y' + ay^2 = bx^m$$

est un cas particulier de celle de Riccati, *elle s'intègre sous forme finie, chaque fois que* $2 : (m + 2)$ *est un nombre impair (positif ou négatif), — ou, ce qui revient au même, chaque fois que* $m : (m + 2)$ *est un nombre pair (positif ou négatif).*

En effet, par la substitution $y = \dfrac{u'}{au}$ elle devient

$$u'' - ab\,u\,x^m = 0.$$

C'est la transformée obtenue par *Euler*. Nous prouverons, dans le chapitre suivant, qu'elle s'intègre sous forme finie pour les valeurs de m indiquées ci-dessus.

146. Théorie du facteur intégrant ou multiplicateur. Soit l'équation

$$(10) \qquad P\,dx + Q\,dy = 0.$$

On appelle *multiplicateur* ou *facteur intégrant* un facteur μ, généralement fonction de x et de y, tel que l'expression

$$\mu(P\,dx + Q\,dy)$$

soit une différentielle totale exacte.

I. *Il existe un facteur intégrant sous les conditions d'existence et d'unicité de l'intégrale générale.*

En effet, l'intégrale générale renferme une constante arbitraire et, résolue par rapport à cette dernière, elle prend la forme

$$F(x, y) = C.$$

Connaissant cette intégrale, on peut en déduire un facteur intégrant μ. En effet, différentions-la totalement, puis éliminons dx et dy entre l'équation obtenue et l'équation (10) ; il vient successivement

$$F'_x dx + F'_y dy = 0, \qquad \frac{F'_x}{P} = \frac{F'_y}{Q}.$$

Cette dernière équation ne renferme plus C et doit être vérifiée en tout point x, y de l'intégrale générale, donc en un point quelconque, car on peut faire passer une intégrale particulière par ce point. C'est donc une *identité* : ses deux membres ne sont que deux expressions différentes d'une même fonction de x, y que nous désignerons maintenant par μ. Il vient donc *identiquement*

$$F'_x = \mu P, \qquad F'_y = \mu Q, \qquad \text{d'où} \qquad \mu(P\,dx + Q\,dy) = dF(x, y).$$

Donc μ est un facteur intégrant. On voit, de plus, que si l'on connaît une forme $F = C$ de l'intégrale générale, on en déduit un facteur intégrant correspondant $\mu = F'_x : P$.

On a montré au paragraphe 3 du chapitre V que les conditions d'existence et de différentiabilité admises ici pour F seront réalisées, en particulier, si l'on prend la valeur initiale y_0 pour constante C.

II. *Si* $F(x, y) = C$ *et* $F_1(x, y) = C_1$ *sont deux formes différentes de l'intégrale générale de l'équation* (**10**), *on a*

$$F_1 = \varphi(F).$$

En effet, soient μ et μ_1 les deux facteurs intégrants correspondants à F et à F_1. On a

$$\mu(Pdx + Qdy) = dF \qquad \mu_1(Pdx + Qdy) = dF_1$$

d'où

$$dF_1 = \frac{\mu_1}{\mu} dF.$$

Cette relation a lieu x et y étant les variables indépendantes. Elle subsiste si l'on change ces variables. Comme F contient au moins une des deux lettres x ou y, supposons que F contienne y. Prenons alors x et F comme variables indépendantes ; cette rélation montre que l'on a

$$\frac{\partial F_1}{\partial x} = 0, \qquad \frac{\partial F_1}{\partial F} = \frac{\mu_1}{\mu}.$$

Donc F_1 ne dépend que de F et l'on a

$$F_1 = \varphi(F), \qquad \frac{\mu_1}{\mu} = \varphi'(F).$$

III. *Il existe une infinité de facteurs intégrants, et si* μ *est l'un d'eux, ils sont tous compris dans la formule générale* $\mu\psi(F)$, *la fonction* ψ *restant arbitraire.*

Tout facteur intégrant μ_1 est de cette forme, car, si $\mu_1(Pdx + Qdy) = dF_1$, μ_1 vérifie la dernière équation ci-dessus. Réciproquement, tout facteur de cette forme est intégrant, car on a

$$\mu\psi(F)(Pdx + Qdy) = \psi(F)dF = d.\int\psi(F)dF,$$

ce qui est une différentielle exacte.

IV. *La connaissance d'un facteur intégrant permet d'obtenir l'intégrale générale par des quadratures et de déterminer immédiatement la solution singulière s'il y en a une.*

En effet, l'équation différentielle peut s'écrire

$$Pdx + Qdy = \frac{1}{\mu} dF = 0.$$

Elle se décompose en deux autres : $dF = 0$, ce qui fournit la solution générale, et $1 : \mu = 0$, ce qui fournira la solution singulière s'il y en a une. La solution singulière jouit donc de la propriété remarquable de rendre infini le facteur intégrant.

147. Recherche d'un facteur intégrant. Cas de l'équation linéaire. — Parmi les équations étudiées précédemment, il y en a que nous avons intégrées par le procédé du facteur intégrant. Ce sont d'abord celles qui s'intègrent par séparation de variables (n° 139), car cette séparation se fait en multipliant l'équation par un facteur intégrant facile à apercevoir. Ce sont encore les équations homogènes, que l'on rend immédiatement intégrables (n° 141) en les divisant par $Px + Qy$, ce qui est donc l'inverse d'un facteur intégrant.

En dehors de ces deux cas, la recherche d'un facteur intégrant est un procédé peu pratique d'intégration et c'est plutôt l'intégration de l'équation qui conduit à la connaissance d'un facteur intégrant par la méthode indiquée au n° précédent.

Cherchons les conditions analytiques auxquelles doit satisfaire un facteur intégrant. Pour simplifier, mettons l'équation sous la forme

$$dy + Pdx = 0. \tag{11}$$

La condition pour que $\mu(dy + Pdx)$ soit une différentielle exacte, est

$$\frac{\partial \mu}{\partial x} = \frac{\partial(\mu P)}{\partial y}.$$

C'est une équation aux dérivées partielles et l'intégration de cette équation doit être considérée comme un problème d'ordre plus élevé que celle de l'équation (11).

Comme application, cherchons à quelle condition le facteur μ sera fonction de x seul. L'équation précédente se réduit dans cette hypothèse à

$$\frac{\mu'}{\mu} = \frac{\partial P}{\partial y}. \tag{12}$$

Il faut donc que P'_y soit fonction de x seul, c'est-à-dire que P soit une fonction linéaire de y. Les seules équations de la forme $dy + Pdx = 0$ dont le facteur intégrant soit fonction de x seul, sont donc les équations linéaires. Pour celles-ci, P est de la forme $Xy - X_1$ et P'_y est égal à X.

Soit donc l'équation linéaire

$$dy + yX\,dx = X_1dx;$$

son facteur intégrant est donné par l'équation (**12**), qui devient

$$\frac{\mu'}{\mu} = X, \qquad \text{d'où} \qquad \mu = e^{\int X dx}.$$

Multiplions donc l'équation linéaire par le facteur intégrant μ et observons que $\mu X = \mu'$; il vient

$$d(\mu y) = \mu X_1 dx,$$

$$y = \frac{1}{\mu}\int \mu X_1 dx.$$

C'est la formule d'intégration de l'équation linéaire (n° 143). Le facteur μ est l'inverse d'une solution de l'équation sans second membre.

EXERCICES

1. En prenant $y - X_1 : X$ pour inconnue, montrer que l'intégrale de l'équation linéaire (n° 143) peut s'écrire

$$y = \frac{X_1}{X} - e^{-\int X dx}\left[C + \int e^{\int X dx} d\frac{X_1}{X}\right].$$

2. Montrer que l'on peut intégrer l'équation

$$P(xdy - ydx) = Qdy - Rdx.$$

où P, Q, R sont homogènes en x, y et Q, R du même degré.

R. On pose $y = ux$ et l'on obtient une équation de Bernoulli pour déterminer x en fonction de u.

3. Intégrer l'équation de l'exercice précédent, en supposant que P, Q, R soient linéaires en x, y, mais non plus nécessairement homogènes (Équation de *Jacobi*).

R. Si P, Q, R sont homogènes, c'est une application de l'exercice précédent. Si cette condition n'a pas lieu, on la réalise par le changement de variables

$$x = \xi + \alpha, \qquad y = \eta + \beta,$$

en déterminant les constantes α, β par les conditions

$$\frac{P(\alpha, \beta)}{1} = \frac{Q(\alpha, \beta)}{\alpha} = \frac{R(\alpha, \beta)}{\beta}.$$

En égalant chaque rapport à une même inconnue λ, on en tire trois équations linéaires entre α et β et l'élimination de α, β, fournit une équation du 3me degré pour déterminer λ.

4. La condition nécessaire et suffisante pour que $1 : (Px + Qy)$ soit facteur intégrant de $Pdx + Qdy = 0$ est que $P : Q$ soit homogène de degré 0.

5. La condition nécessaire et suffisante pour que $1 : (Px - Qy)$ soit facteur intégrant de $Pdx + Qdy = 0$ est que $Px^2 : Q$ soit fonction du produit xy.

6. La condition nécessaire et suffisante pour que $Pdx + Qdy$ admette un multiplicateur homogène de degré n est que la fonction

$$\frac{x^2(P'_y - Q'_x) - nQx}{Px + Qy}$$

soit homogène et de degré 0.

§ 2. Équations non résolues par rapport à y'

148. Définition de l'intégrale générale. — Soit une équation

$$(1) \qquad f(x, y, y') = 0.$$

On pourra généralement tirer de cette équation plusieurs valeurs pour y', peut-être même une infinité,

$$(2) \qquad y' = f_1(x, y), \qquad y' = f_2(x, y), \ldots$$

Ces équations, qui sont de la forme traitée dans le paragraphe précédent, auront chacune leur intégrale générale, soit respectivement

$$(3) \qquad F_1(x, y, C) = 0, \qquad F_2(x, y, C) = 0, \ldots$$

Ce sont autant de solutions de l'équation (1) et l'on appelle *intégrale générale* de cette équation une solution qui comprend toutes les précédentes.

Lorsqu'il n'y a qu'un nombre limité n d'équations (2) et, par suite, d'équations (3), on peut obtenir cette intégrale générale en multipliant entre elles toutes les relations (3), ce qui donne

$$(4) \qquad F_1(x, y, C)\, F_2(x, y, C) \ldots F_n(x, y, C) = 0.$$

Il arrive souvent que toutes les équations (3) peuvent être comprises en une seule renfermant des fonctions à déterminations multiples. Cette relation unique est alors l'intégrale générale. Si les fonctions à déterminations multiples sont des radicaux, on pourra généralement les faire disparaître par des élévations de puissance, mais il est clair que cela revient à former l'équation (4). Il est à remarquer que cette opération a déjà été faite pour plusieurs des équations proposées au paragraphe précédent. En voici un nouvel exemple : soit

$$y'^2 = 1 + y^2, \qquad \text{d'où} \qquad \frac{dy}{\pm\sqrt{1+y^2}} = dx.$$

On en tire l'intégrale générale sous les deux formes

$$\operatorname{Log}\left(\frac{y \pm \sqrt{1+y^2}}{C}\right) = \operatorname{Log} e^x, \qquad 1 + y^2 = (Ce^x - y)^2.$$

Exemples. — Les trois équations :

$$y'^3 - (x^2 + xy + y^2)y'^2 + (x^3y + x^2y^2 + xy^3)y' - x^3y^3 = 0$$

$$(a^2 - x^2)y'^3 + bx(a^2 - x^2)y'^2 - y' - bx = 0$$

$$\left[1 - \frac{y^2}{x^2}(x^2 + y^2)^2\right]y'^2 - \frac{2y}{x}y' - \frac{y}{x^2} = 0$$

reviennent aux suivantes, dont nous mettons l'intégrale en regard :

$$(y' - x^2)(y' - xy)(y' - y^2) = 0 \qquad \left(y - \frac{x^3}{3} - C\right)\left(y - Ce^{\frac{x^2}{2}}\right)\left(y - \frac{1}{C - x}\right) = 0$$

$$[(a^2 - x^2)y'^2 - 1](y' + bx) = 0 \qquad (y + C)^3 = \frac{bx^2}{2}\left(\arcsin\frac{x}{2}\right)^2$$

$$(xy' - y)^2 = [yy'(x^2 + y^2)]^2 \qquad y = x\operatorname{tg}\left(C \pm \frac{y^2}{2}\right).$$

149. Équations où manque une variable. — Elles sont de l'une des deux formes suivantes (la seconde se ramènerait d'ailleurs à la première en prenant x pour inconnue) :

$$f(x, y') = 0 \qquad \text{ou} \qquad f(y, y') = 0.$$

On ramène immédiatement l'intégration à une quadrature en résolvant l'équation par rapport à y'. Mais il arrive que l'équation soit plus facile à résoudre par rapport à x (ou à y) que par rapport à y'. Dans ce cas, en faisant la résolution et en remplaçant y' par p, on obtient (suivant l'hypothèse)

$$\begin{cases} x = \varphi(p) \\ y - C = \int p\,dx = \int p\varphi'(p)dp \end{cases} \quad \text{ou} \quad \begin{cases} y = \varphi(p) \\ x - C = \int \frac{dy}{p} = \int \frac{\varphi'(p)dp}{p} \end{cases}$$

C'est une *représentation paramétrique* de l'intégrale : x et y sont exprimés en fonction de p. En éliminant p entre les deux relations, on met l'intégrale sous la forme habituelle.

Exemples. — I. Soit l'équation $x = p^3 + 1$; il vient

$$y = \int p\,dx = 3\int p^3 dp = \frac{3}{4}p^4 + C.$$

En éliminant p, il vient $(x - 1)^4 = \left[\frac{4}{3}(y - C)\right]^3$.

II. Soit l'équation $x = \frac{ap}{\sqrt{1 + p^2}}$; il vient

$$y - C = \int p\,dx = px - \int x\,dp = px - a\int \frac{p\,dp}{\sqrt{1 + p^2}} = px - a\sqrt{1 + p^2}.$$

$$y - C = -\frac{a}{\sqrt{1 + p^2}}.$$

En éliminant p, il vient $x^2 + (y - C)^2 = a^2$.

150. Équations homogènes. — Désignons encore y' par p et soit $f(x, y, p) = 0$ une équation homogène par rapport aux deux variables x, y. En divisant par une puissance convenable de x et en posant $y = ux$, l'équation prend la forme $F(u, p) = 0$. Si on peut la résoudre par rapport à p, elle se ramène à la forme étudiée au n° 140. Laissons ce cas de côté. Si on peut la résoudre par rapport à u, on aura

$$u = \varphi(p).$$

Cherchons la relation entre x et p. En différentiant $y = ux$ on obtient

$$dy = p\,dx = u\,dx + x\,du,$$

d'où

$$\frac{dx}{x} = \frac{du}{p - u} = \frac{\varphi'(p)dp}{p - \varphi(p)}.$$

L'équation différentielle entre x et p est à variables séparées et donne x en fonction de p par une quadrature. On obtient ensuite y en fonction de p par la relation $y = ux = x\varphi(p)$. On a donc une représentation paramétrique de l'intégrale.

Exemples. — Voici trois équations avec, en regard, soit x exprimé en fonction de p, soit l'intégrale générale :

$y - px = nx\sqrt{1+p^2}$	$x = \dfrac{C}{\sqrt{1+p^2}}\left[\sqrt{1+p^2} - p\right]^{\frac{1}{n}}$
$y\sqrt{1+p^2} = n(x + py)$	$(x - C)^2 + y^2 = (nC)^2$
$y = yp^2 + 2px$	$y^2 = 2Cx + C^2$

151. Équations qui s'intègrent par dérivation. — Soit une équation résolue par rapport à y

$$y = f(x, y'). \tag{5}$$

En y remplaçant y' par p, elle devient

$$y = f(x, p). \tag{6}$$

Cette équation peut aussi être considérée comme celle de l'intégrale, à condition d'y remplacer p par une fonction de x telle que $y' = p$. Si l'on dérive cette équation, on voit que, pour cela, p doit vérifier la condition nécessaire et suffisante :

$$p = \frac{\partial f}{\partial x} + \frac{\partial f}{\partial p}\frac{dp}{dx}. \tag{7}$$

C'est une équation du premier ordre entre p et x. Si on sait l'intégrer, on en tirera

$$F(x, p, C) = 0, \qquad \text{d'où} \qquad p = \varphi(x, C). \tag{8}$$

Portons cette valeur de p dans l'équation (6), nous trouvons l'intégrale

$$y = f(x, \varphi).$$

L'intégrale générale de (5) s'obtient donc en éliminant p entre (6) et (8) et, si l'on a soin de tenir compte de toutes les solutions de l'équation (8), on ne laissera échapper par cette méthode aucune intégrale de l'équation (5). On pourrait aussi résoudre l'équation (8) par rapport à x, puis porter la valeur trouvée dans (6); on aurait exprimé ainsi x et y en fonction de p et obtenu, par conséquent, une représentation paramétrique de l'intégrale.

Les équations traitées dans les deux nos suivants fournissent des exemples de cette méthode.

152. Équation linéaire en x et y. — Elle est de la forme (p désignant y')

$$(9) \qquad y = x\varphi(p) + \psi(p).$$

En la dérivant, on en tire

$$(10) \qquad p = \varphi(p) + \left[x\varphi'(p) + \psi'(p)\right]\frac{dp}{dx}.$$

On peut vérifier cette équation en annulant $p - \varphi(p)$ et $\frac{dp}{dx}$; nous y reviendrons dans un instant. Supposons d'abord qu'aucune de ces quantités ne soit nulle; l'équation peut s'écrire

$$\frac{dx}{dp} - \frac{\varphi'(p)}{p - \varphi(p)}x = \frac{\psi'(p)}{p - \varphi(p)}.$$

Cette équation est linéaire en considérant x comme l'inconnue et p comme la variable indépendante. On sait l'intégrer et l'on trouve x en fonction de p et d'une constante arbitraire. En éliminant p entre cette relation et l'équation (9), on obtient l'intégrale générale. Si, au lieu de cela, on porte la valeur de x dans (9), x et y sont exprimés en fonction de p et l'on a une représentation paramétrique de l'intégrale.

Annulons maintenant $p - \varphi(p)$. On en tire généralement un certain nombre de valeurs constantes p_1, p_2,... qui satisfont à l'équation (10), car $\frac{dp}{dx}$ est alors nul aussi. En portant ces valeurs de p dans l'équation (9), on en tire un certain nombre de solutions singulières qui, géométriquement, représentent des droites.

Exemples. — Les équations homogènes traitées au n° 150 peuvent aussi se résoudre par cette méthode. Voici d'autres exemples où les équations ne sont pas homogènes. Nous mettons l'équation à intégrer dans la première colonne, la valeur de x en fonction de p en regard.

$y = x(1 + p) + p^2$	$x = Ce^{-p} - 2(p - 1)$
$y = 2px + \sqrt{1 + p^2}$	$p^2x = C - \int \frac{p^2 dp}{\sqrt{1 + p^2}}$
$y = 2px - p^2$	$3p^2x = C + 2p^3$

153. Équation de Clairaut. — La méthode du n° précédent échoue si $\varphi(p)$ se réduit à p. Dans ce cas, on obtient l'*équation de Clairaut*, qui a donc pour type

$$(11) \qquad y = px + \psi(p).$$

En la dérivant, il vient

$$y' = p + \left[x + \psi'(p)\right]\frac{dp}{dx} = 0,$$

et, pour qu'on ait $y' = p$, il faut et il suffit que $\left[x + \psi'(p)\right] = 0$.

Cette équation peut être satisfaite de deux manières :

1° En posant $\frac{dp}{dx} = 0$ d'où $p = C$.

Portant cette valeur dans (11), on obtient l'intégrale générale

$$y = Cx + \psi(C),$$

qui représente géométriquement un système de droites.

2° En posant $x + \psi'(p) = 0$.

Si on élimine p dans cette équation et (11), on obtient une solution sans constante arbitraire. C'est une intégrale singulière, car elle ne peut rentrer dans l'intégrale générale (p étant maintenant fonction de x). La solution singulière représente donc une courbe.

L'intégrale générale se compose de toutes les tangentes à la courbe représentée par la solution singulière.

En effet, toute solution particulière est donnée par l'équation $y = px + \psi(p)$ où p est constant. Cette droite passe par le point de la courbe qui a pour abscisse $x = -\psi'(p)$. Comme le coefficient angulaire y' de la courbe en ce point est égal à p par notre calcul lui-même, la droite touche donc la courbe en ce point.

Réciproquement, l'équation différentielle des tangentes à une courbe revient à une équation de Clairaut.

En effet, l'équation d'une droite étant $y = px + q$, pour exprimer qu'elle touche la courbe $\beta = f(\alpha)$, on écrira

$$f(\alpha) = p\alpha + q, \qquad p = f'(\alpha).$$

En éliminant α entre ces deux relations, on obtient une relation de la forme $q = \psi(p)$. L'équation générale des tangentes est donc

$$y = px + \psi(p)$$

et elle dépend d'une constante arbitraire p. Pour former l'équation différentielle des tangentes, il faut éliminer p entre cette équation et sa dérivée $y' = p$; on forme donc une équation de Clairaut.

Exemples. — Voici quelques équations de Clairaut avec leurs intégrales singulières en regard :

$y = px + p - p^2$	$4y = (x + 1)^2$
$y = px + \sqrt{a^2 - b^2p^2}$	$by\sqrt{x^2 + b^2} = a(x^2 - b^2)$
$y = px + \sqrt{1 + p^2}$	$x^2 + y^2 = 1$

EXERCICES

1. Intégrer les équations

$$ayy'^2 + (2x - b)\,y' - y = 0$$
$$(4x^2 - a^2)\,y'^2 - 4xyy' + y^2 - a^2 = 0$$
$$(y - x)\sqrt{1 + x^2}\,dy = n(1 + y^2)^{\frac{3}{2}}\,dx.$$

R. La première se ramène à une équation de Clairaut par la substitution $y^2 = u$, et la seconde à une équation linéaire en x, y en la résolvant par rapport à y.

Pour intégrer la troisième, on pose $x = \operatorname{tg} u$, $y = \operatorname{tg} v$, ce qui ramène à l'équation $\sin(v - u)\,du = n\,dv$ et les variables se séparent en posant $v - u = z$.

2. L'équation de Clairaut est la seule qui s'intègre en remplaçant y' par C (Mansion).

3. *Transformation de Legendre.* Elle consiste à prendre comme nouvelles variables

$$X = y' \qquad Y = xy' - y.$$

En différentiant ces relations, on en tire, sans difficulté,

$$x = \frac{dY}{dX} \qquad y = X\frac{dY}{dX} - Y, \qquad y' = X.$$

Par cette substitution, on ramène l'une à l'autre les deux équations

$$f(x, y, y) = 0 \qquad f\left(\frac{dY}{dx}, X\frac{dY}{dx} - Y, X\right) = 0$$

et l'intégrale de l'une fait connaître celle de l'autre.

Par exemple, l'équation $\Phi(xy' - y) = x\varphi(y')$ devient $\Phi(Y) = \frac{dY}{dX}\varphi(X)$ et les variables se séparent.

Cette substitution suppose toutefois que y'' ne soit pas nul. Si on l'applique à une équation de Clairaut, on ne trouve que la solution singulière.

§ 3. Applications géométriques des équations du premier ordre

154. Problème des trajectoires. — *Soit* $F(x, y, \alpha) = 0$ *une équation renfermant un paramètre arbitraire* α, *et qui représente, en axes rectangulaires, une famille de courbes planes* (F); *on demande de trouver les courbes qui rencontrent, sous un même angle donné* ω, *toutes les courbes de cette famille.*

Soit (x, y) un point du plan. Considérons une courbe de la famille (F) et une trajectoire passant par ce point. Soient, en ce point, φ l'inclinaison sur l'axe des x de la tangente à la courbe et $\varphi' = \varphi + \omega$ l'inclinaison de la tangente à la trajectoire. On a

$$(1) \qquad \operatorname{tg}\varphi = \operatorname{tg}(\varphi' - \omega) = \frac{\operatorname{tg}\varphi' - \operatorname{tg}\omega}{1 + \operatorname{tg}\varphi' \operatorname{tg}\omega}.$$

Ceci posé, formons l'équation différentielle des courbes de la famille (F), ce qui se fait en éliminant α entre $F = 0$ et sa dérivée. Cette équation sera de la forme

$$(2) \qquad f(x, y, y') = 0.$$

Dans cette équation, y' représente $\operatorname{tg}\varphi$. Si nous voulons en déduire l'équation différentielle des trajectoires, il faut former une équation dans laquelle y' représente $\operatorname{tg}\varphi'$. En vertu de la relation (1) entre $\operatorname{tg}\varphi$ et $\operatorname{tg}\varphi'$, il faut, pour cela, remplacer, dans l'équation (2), y' par l'expression

$$(3) \qquad \frac{y' - \operatorname{tg}\omega}{1 + y'\operatorname{tg}\omega}.$$

D'où la règle : *L'équation différentielle des trajectoires s'obtient en formant l'équation différentielle des courbes* (F) *et en y remplaçant y' par* $(y' - \operatorname{tg}\omega) : (1 + y'\operatorname{tg}\omega)$.

Les trajectoires sont *orthogonales* ou *obliques* selon que l'angle ω est droit ou ne l'est pas. Dans le cas des trajectoires orthogonales, $\operatorname{tg}\omega$ est infini, l'expression (3) se réduit à $-1 : y'$. Donc *l'équation des trajectoires orthogonales s'obtient en remplaçant y' par $-1 : y'$ dans l'équation différentielle des courbes* (F).

Si l'angle ω est nul, la courbe cherchée touche toutes les courbes de la famille (F). On peut considérer le problème de trouver cette courbe comme un cas-limite de celui des trajectoires. L'expression (3) se réduit à y' et l'équation des trajectoires coïncide avec l'équation différentielle des courbes (F). La solution du problème ne peut donc être donnée que par une intégrale singulière de l'équation (2).

155. Exemples de trajectoires obliques. — Cherchons les trajectoires des droites

$$y = \alpha x.$$

L'équation différentielle de ces droites est $xy' = y$. Donc celle des trajectoires sera, d'après la règle,

$$x(y' - \operatorname{tg}\omega) = y(1 + y'\operatorname{tg}\omega),$$

d'où

$$x\,dy - y\,dx = \operatorname{tg}\omega\,(x\,dx + y\,dy).$$

Cette équation homogène s'intègre immédiatement en la divisant par $x^2 + y^2$; il vient

$$\operatorname{arc\,tg}\frac{y}{x} = \operatorname{tg}\omega\left[\frac{1}{2}\operatorname{Log}(x^2 + y^2) - \operatorname{Log} C\right]$$

ou, plus simplement, en coordonnées polaires r et θ,

$$r = Ce^{\theta \cot \omega}$$

Les trajectoires sont donc des *spirales logarithmiques.*

REMARQUE. — Si l'on considère un cône circulaire droit ayant le plan xy pour base, les trajectoires précédentes sont les projections sur ce plan d'une courbe du cône, qui coupe toutes les génératrices sous le même angle et qu'on appelle *hélice cylindroconique*. On voit donc que les projections d'une hélice cylindroconique sur le plan de base sont des spirales logarithmiques.

156. Exemples de trajectoires orthogonales. Systèmes orthogonaux. — Une famille de courbes et ses trajectoires orthogonales forment ce qu'on appelle un *système orthogonal*. Nous allons en faire connaître quelques exemples simples :

I. Considérons les courbes paraboliques

$$y = \alpha x^a.$$

Leur équation différentielle est $xy' = ay$. Donc celles des trajectoires orthogonales sera

$$ayy' + x = 0, \qquad \text{d'où} \qquad ay^2 + x^2 = C.$$

Les trajectoires sont des coniques ayant l'origine pour centre. En particulier, si $a = -1$, on a le *système orthogonal :*

$$xy = \alpha, \qquad x^2 - y^2 = C,$$

composé de deux familles d'hyperboles équilatères : les axes coordonnés sont les asymptotes des courbes de la première famille et les axes de symétrie des courbes de la seconde.

II. Considérons les *coniques homofocales*

$$\frac{x^2}{a + C} + \frac{y^2}{b + C} = 1.$$

Leur équation différentielle est (n° 109)

$$y'^2 + \frac{x^2 - y^2 + a - b}{xy} y' - 1 = 0.$$

Cette équation se reproduit par le changement de y' en $-1:y'$. Donc le système des coniques homofocales contient ses propres trajectoires et forme à lui seul un système orthogonal. Par chaque point du plan passent effectivement deux courbes de la famille, une ellipse et une hyperbole, qui se coupent à angle droit.

157. Lignes de niveau et de plus grande pente d'une surface. — Soit $F(x, y, z) = 0$ l'équation d'une surface rapportée à des axes rectangulaires. Nous supposerons l'axe des z vertical et, par conséquent, le plan xy horizontal.

Les *lignes de niveau* de la surface sont les intersections de la surface par des plans horizontaux.

Les *lignes de plus grande pente* sont celles dont la tangente fait, en chaque point, le plus grand angle possible avec le plan horizontal. Cette tangente est donc perpendiculaire à la tangente horizontale (qui est celle de la ligne de niveau). Les lignes de plus grande pente sont donc des trajectoires orthogonales des lignes de niveau sur la surface.

Nous allons former les équations différentielles des projections de ces deux sortes de lignes sur le plan xy.

On obtient une ligne de niveau en coupant la surface par le plan $z = \alpha$. La projection de cette ligne sur le plan xy a pour équation

$$F(x, y, \alpha) = 0.$$

Pour former l'équation différentielle de ces projections, il faut dériver cette équation et éliminer α.

Passons aux lignes de plus grande pente. Ce sont les trajectoires orthogonales des lignes de niveau sur la surface. Mais l'orthogonalité subsiste en projection sur le plan horizontal, parce que les lignes de niveau sont horizontales et, par conséquent, le plan projetant perpendiculaire à la ligne de niveau. Donc les projections des lignes de plus grande pente sur le plan xy sont les trajectoires orthogonales des projections des lignes de niveau ; leur équation différentielle s'obtient en remplaçant y' par $-1:y'$ dans l'équation différentielle des projections des lignes de niveau.

Appliquons cette théorie aux surfaces à centre du second degré

$$Ax^2 + By^2 + Cz^2 = H.$$

En remplaçant z par α et en dérivant, on forme l'équation différentielle des projections des lignes de niveau

$$Ax + Byy' = 0.$$

Celle des projections des lignes de plus grande pente sera

$$Axy' - By = 0.$$

C'est une équation à variables séparées, ayant pour intégrale

$$y^A = \alpha x^B.$$

Si l'on suppose $A = B$, la surface est de révolution, les projections des lignes de plus grande pente sont des droites et ces lignes elles-mêmes sont les méridiennes de la surface.

EXERCICES

1. Les distances de l'origine aux points où la tangente coupe l'axe des y et où la normale coupe l'axe des x, sont dans un rapport constant a. Trouver la courbe.

R. L'équation différentielle est $y\,dx - x\,dy = a(x\,dx + y\,dy)$. La courbe est une spirale logarithmique.

2. L'ordonnée à l'origine de la tangente est $kx^m y^n$. Trouver la courbe.

R. On obtient une équation différentielle de Bernoulli.

3. La projection sur le rayon vecteur de la normale terminée à l'axe des x, est une constante a. Trouver la courbe.

R. C'est une section conique $r = a : (1 - C \cos \theta)$.

4. Trajectoires orthogonales des paraboles $y^2 = 2p(x - \alpha)$.

R. Leur équation est $\text{Log}\, y = -\dfrac{x}{p} + C$.

5. Trajectoires orthogonales des cissoïdes $y^2(2\alpha - x) = x^3$.

R. En coordonnées polaires, $r^2 = C(1 + \cos^2\theta)$.

6. Trajectoires orthogonales des cercles $x^2 + y^2 = \alpha x$.

R. Leur équation est $x^2 + y^2 = Cy$.

7. Trajectoires orthogonales des courbes $r^2 = a^2 \text{Log}(\text{tg}\,\theta : \alpha)$.

R. On trouve $2r^3(\sin^2\theta + C) = a^2$.

8. Le produit des segments compris sur deux axes rectangulaires entre l'origine et la tangente, est une constante k^2. Trouver la courbe.

R. Equation différentielle de Clairaut $y = px + k\sqrt{-p}$. Solution singulière $4xy = k$. C'est la courbe cherchée.

9. Courbes dont la tangente est à une distance constante a de l'origine.

R. Equation différentielle de Clairaut $y = px + a\sqrt{1 + p^2}$. Solution singulière $x^2 + y^2 = a^2$.

10. La portion de tangente entre deux axes rectangulaires est une constante a. Trouver la courbe.

R. Equation de Clairaut $y = px + ap : \sqrt{1 + p^2}$. Solution singulière $x^{\frac{2}{3}} + y^{\frac{2}{3}} = a^{\frac{2}{3}}$.

11. Trouver une courbe telle que l'aire S comprise entre la courbe, l'axe des x et deux ordonnées quelconques, soit proportionnelle à l'arc s compris entre les mêmes ordonnées.

R. La courbe est une chaînette ayant pour base l'axe des x.

12. Trouver la développante (trajectoire orthogonale des tangentes) de la chaînette $y = (e^{mx} + e^{-mx}) : 2m$, en prenant comme origine de cette développante sur la courbe le point le plus bas. — Cette développante s'appelle *tractrice;* la tractrice est aussi : 1° la courbe dont la tangente est de longueur constante ; 2° la trajectoire orthogonale d'une famille de cercles de même rayon, dont les centres sont en ligne droite.

13. Trouver la route suivie par un rayon lumineux qui traverse un milieu dans lequel l'indice de réfraction varie proportionnellement à la profondeur.

CHAPITRE VII

Équations d'ordre supérieur au premier

§ 1. Équations linéaires sans second membre

158. Notations. Premières propriétés. — Une équation *linéaire et homogène* ou *linéaire sans second membre* est une équation linéaire et homogène par rapport à y et à ses dérivées successives. Celle d'ordre n est donc de la forme

$$X_0 y^n + X_1 y^{n-1} + \dots + X_{n-1} y' + X_n y = 0,$$

où les lettres X désignent des fonctions de x seul, et les exposants des indices de dérivation. On fait varier x dans un intervalle où les fonctions X sont continues et où X_0 ne s'annule pas. On peut alors diviser toute l'équation par X_0. Autant admettre *a priori* que $X_0 = 1$, auquel cas l'équation devient

$$(1) \quad y^n + X_1 y^{n-1} + \dots + X_{n-1} y' + X_n y = 0,$$

les fonctions X étant toujours supposées continues. Cette équation satisfait aux conditions de continuité qui assurent l'existence et l'unicité de son intégrale générale. De là, le théorème suivant :

Théorème I. — *Dans tout intervalle de continuité des fonctions* X, *l'intégrale de l'équation linéaire et homogène de la forme* (1) *est entièrement déterminée par sa valeur initiale et celles de ses $n - 1$ premières dérivées en un point donné x_0, et le choix de ces valeurs est arbitraire. Il n'y a point de solution singulière.*

Ce théorème contient, comme cas particulier, le suivant, qui est d'un usage fréquent :

Théorème II. — *Une intégrale qui s'annule ainsi que ses $n - 1$ premières dérivées en un point donné x_0, est identiquement nulle.*

En effet, $y = 0$ est une intégrale particulière qui satisfait à ces conditions et, par conséquent, c'est la seule.

Le premier membre de l'équation (1) est un *polynome symbolique* de degré n en y. Si l'on pose, en abrégé,

$$(2) \qquad f(y) = y^n + X_1 y^{n-1} + \ldots + X_n y,$$

l'équation (1) s'écrit plus simplement

$$f(y) = 0.$$

Soient $v_1, v_2, \ldots$ des fonctions de x; $C_1, C_2, \ldots$ des constantes quelconques; on vérifie de suite que le polynome symbolique $f(y)$ jouit de la propriété exprimée par la relation

$$f(C_1 v_1 + C_2 v_2 + \ldots) = C_1 f(v_1) + C_2 f(v_2) + \ldots$$

On en conclut le théorème suivant :

THÉORÈME III. — *Si $u_1, u_2, \ldots$ sont des solutions particulières de l'équation $f(y) = 0$, la fonction $y = C_1 u_1 + C_2 u_2 + \ldots$ en est une solution plus générale.*

159. Wronskien. — Soient $v_1, v_2, \ldots v_n$ des fonctions de x supposées dérivables jusqu'à l'ordre $n - 1$; nous désignerons par $W(v_1, v_2, \ldots v_n)$ ou simplement par W et nous appellerons *Wronskien* de $v_1, v_2, \ldots v_n$ le déterminant

$$W = \begin{vmatrix} v_1 & v_2 & \ldots & v_n \\ v_1' & v'_2 & \ldots & v'_n \\ \ldots & \ldots & \ldots & \ldots \\ v_1^{n-1} & v_2^{n-1} & \ldots & v_n^{n-1} \end{vmatrix}$$

formé avec les fonctions v et leurs dérivées jusqu'à l'ordre $n - 1$. Ces déterminants jouent un rôle fondamental dans la théorie de l'équation linéaire.

On remarque immédiatement qu'un wronskien est identiquement nul si deux des fonctions $v_1, v_2, \ldots$ sont égales entre elles.

160. Théorème. — *Considérons n solutions particulières $u_1, u_2, \ldots u_n$ de l'équation (1). Si leur wronskien W s'annule au point x_0, il est identiquement nul et les fonctions $u_1, u_2, \ldots$ sont liées par une relation linéaire à coefficients constants et non tous nuls*

$$\alpha_1 u_1 + \alpha_2 u_2 + \ldots + \alpha_n u_n = 0.$$

En effet, nous pouvons déterminer n constantes α, non toutes nulles, par la condition que les n équations, linéaires et homogènes en α,

$$(3)\quad \begin{aligned} &\alpha_1 u_1 + \alpha_2 u_2 + \ldots + \alpha_n u_n = 0, \\ &\alpha_1 u'_1 + \alpha_2 u'_2 + \ldots + \alpha_n u'_n = 0, \\ &\ldots \\ &\alpha_1 u_1^{n-1} + \alpha_2 u_2^{n-1} + \ldots + \alpha_n u_n^{n-1} = 0, \end{aligned}$$

soient vérifiées pour $x = x_0$, car le déterminant du système est le wronskien W nul au point x_0. Ceci fait, $y = \Sigma\, \alpha u$ est une intégrale de (1) qui s'annule ainsi que ses $n - 1$ premières dérivées pour $x = x_0$. Donc on a $y = 0$ (par le théorème II du n° 58) et la première relation du système (3) est identique : les u sont reliés par une relation linéaire à coefficients constants non tous nuls. Dérivons $n - 1$ fois cette identité, il s'ensuit que les relations suivantes du système (3) sont aussi des identités. Alors l'élimination des α (non tous nuls) entre ces n identités, donne, quel que soit x, $W = 0$.

Il résulte de ce théorème que *le wronskien de n solutions de l'équation* (1) *ne peut s'annuler qu'à la condition d'être identiquement nul.* Il ne faut pas perdre de vue que cette conclusion repose, comme le théorème II invoqué, sur l'hypothèse que les coefficients X de l'équation (1) sont des fonctions continues de x.

Lorsque n solutions $u_1, u_2, \ldots u_n$ sont liées par une relation linéaire et à coefficients non tous nuls, de la forme $\Sigma\, \alpha u = 0$, on dit qu'elles sont *linéairement dépendantes.* Dans le cas contraire, elles sont *linéairement indépendantes.* Du théorème qui précède, on déduit le corollaire suivant :

COROLLAIRE. — *La condition nécessaire et suffisante pour que n solutions de l'équation* (1) *soient linéairement dépendantes est que leur wronskien* W *soit identiquement nul.*

En effet, si W s'annule en un point, il s'annule identiquement et l'on a, en vertu du théorème précédent, $\Sigma\, \alpha u = 0$. Réciproquement, si l'on a cette identité, et qu'on la dérive $n - 1$ fois, l'élimination des α donne identiquement $W = 0$.

Réciproquement, la condition pour que n solutions de l'équation (1) *soient linéairement indépendantes est que leur wronskien ne soit pas identiquement nul.*

Un système de n solutions linéairement indépendantes de l'équation (1) (ou dont le wronskien n'est pas identiquement nul) s'appelle un *système fondamental* de solutions.

161. Intégration de l'équation linéaire sans second membre. — *L'équation linéaire et homogène d'ordre n admet toujours n solutions particulières* $u_1, u_2, \ldots u_n$ *formant un système fondamental, auquel cas son intégrale générale est donnée par la formule*

$$y = C_1 u_1 + C_2 u_2 + \ldots + C_n u_n, \tag{4}$$

où les C désignent n constantes arbitraires.

On peut trouver n intégrales particulières formant un système fondamental. Pour cela, on détermine ces n intégrales par la condition (n° 158, Théor. I) que tous les éléments de leur wronskien aient des valeurs assignées au point donné $x = \xi_0$, valeurs choisies de manière qu'elles n'annulent pas W. Alors, W ne s'annulant pas identiquement, le système est fondamental.

Ceci fait, y est l'intégrale générale. En effet, on peut choisir les constantes C de manière que y et ses $n - 1$ premières dérivées prennent des valeurs assignées au point x_0 (différent ou non de ξ_0). Pour cela, on fait $x = x_0$ et l'on substitue ces valeurs de $y, y', \ldots$ dans le système

$$y = \Sigma Cu, \qquad y' = \Sigma Cu', \ldots \qquad y^{n-1} = \Sigma Cu^{n-1};$$

on en déduit les C, car le déterminant du système est le wronskien W qui ne peut s'annuler.

§ 2. Équation linéaire avec second membre Abaissement des équations

162. Équation linéaire avec second membre. Forme de l'intégrale générale. — *L'équation linéaire non homogène,* ou *avec* *second membre*, ou encore *complète*, contient un terme X indépendant de y et de ses dérivées successives. Celle d'ordre n sera donc de la forme

$$(5) \qquad f(y) = X,$$

où $f(y)$ désigne, comme précédemment, le polynome symbolique

$$f(y) = y^n + X_1 y^{n-1} + \dots + X_n y.$$

On a le théorème suivant :

L'intégrale générale de l'équation complète est la somme d'une intégrale particulière de cette équation et de l'intégrale générale de l'équation sans second membre. Il n'y a pas de solution singulière.

En effet, soit y_1 une intégrale particulière de l'équation (5) ; on a $f(y_1) = X$. Substituons à y une nouvelle fonction inconnue z par la relation $y = y_1 + z$; l'équation (5) devient

$$f(y_1 + z) = f(y_1) + f(z) = X.$$

Elle se réduit à $f(z) = 0$. Donc z est l'intégrale générale de l'équation sans second membre. Celle-ci n'ayant pas de solution singulière, l'équation (5) n'en a pas non plus.

Le théorème précédent fait connaître la forme de l'intégrale générale de l'équation complète. Il ramène l'intégration de cette équation à la recherche d'une intégrale particulière et à l'intégration de l'équation sans second membre. C'est une méthode d'intégration qui peut être utilisée dans des cas particuliers et dont nous rencontrerons des exemples plus loin. Mais le théorème général pour l'intégration de l'équation sans second membre est le suivant :

163. Intégration de l'équation sans second membre. Méthode de Lagrange (ou de la variation des constantes arbitraires). — *L'intégration de l'équation linéaire complète d'ordre n se ramène à celle de l'équation sans second membre et à n quadratures.*

Nous allons établir ce théorème par la méthode de Lagrange ou de la *variation des constantes arbitraires*.

Soit $u_1, u_2, \ldots u_n$ un système fondamental de solutions de l'équation linéaire sans second membre $f(y) = 0$, de sorte que celle-ci a pour intégrale générale

$$y = C_1 u_1 + C_2 u_2 + \ldots + C_n u_n,$$

où les C sont des constantes arbitraires.

Nous pouvons faire en sorte que cette même expression devienne l'intégrale générale de l'équation avec second membre, à condition d'y remplacer les C par des fonctions de x convenablement choisies. D'ailleurs, comme nous disposons de n fonctions C, nous pouvons encore les assujettir à $n - 1$ conditions supplémentaires. Nous poserons les $n - 1$ conditions suivantes :

$$(6)\quad \begin{cases} u_1 \dfrac{dC_1}{dx} + u_2 \dfrac{dC_2}{dx} + \ldots + u_n \dfrac{dC_n}{dx} = 0, \\ u'_1 \dfrac{dC_1}{dx} + u'_2 \dfrac{dC_2}{dx} + \ldots + u'_n \dfrac{dC_n}{dx} = 0, \\ \ldots\ldots\ldots\ldots\ldots\ldots \\ u_1^{n-2} \dfrac{dC_1}{dx} + u_2^{n-2} \dfrac{dC_2}{dx} + \ldots + u_n^{n-2} \dfrac{dC_n}{dx} = 0, \end{cases}$$

en vertu desquelles les $n - 1$ premières dérivées de y conservent la même forme que si les C étaient constants, à savoir

$$\begin{aligned} y' &= C_1 u'_1 + C_2 u'_2 + \ldots + C_n u'_n, \\ y'' &= C_1 u''_1 + C_2 u''_2 + \ldots + C_n u''_n, \\ &\ldots\ldots\ldots\ldots\ldots\ldots \\ y^{n-1} &= C_1 u_1^{n-1} + C_2 u_2^{n-1} + \ldots + C_n u_n^{n-1}. \end{aligned}$$

Il vient alors, en dérivant une fois de plus,

$$y^n = C_1 u^n_1 + C_2 u^n_2 + \ldots + u_1^{n-1} \frac{dC_1}{dx} + u_2^{n-1} \frac{dC_2}{dx} + \ldots$$

Substituons ces valeurs de $y, y', \ldots y^n$ dans l'équation (5) de manière à exprimer que y est une intégrale. Les coefficients de $C_1, C_2, \ldots$ sont $f(u_1) = 0$, $f(u_2) = 0, \ldots$ de sorte que l'équation se réduit à

$$(7)\quad u_1^{n-1} \frac{dC_1}{dx} + u_2^{n-1} \frac{dC_2}{dx} + \ldots + u_n^{n-1} \frac{dC_n}{dx} = X.$$

Les équations (6) et (7) forment un système de n équations, résoluble par rapport aux n dérivées inconnues $\frac{dC}{dx}$, car le déterminant du système est le wronskien W qui est différent de zéro. On tire donc de ce système

$$\frac{dC_1}{dx} = \varphi_1(x), \quad \frac{dC_2}{dx} = \varphi_2(x), \ldots \quad \frac{dC_n}{dx} = \varphi_n(x),$$

et les valeurs des fonctions C_1, C_2,... C_n s'en déduisent par n quadratures. L'intégrale générale de l'équation (5) sera

$$y = u_1 \int \varphi_1(x)dx + u_2 \int \varphi_2(x)dx + \ldots + u_n \int \varphi_n(x)dx.$$

Si l'on réunit tous les termes contenant les constantes d'intégration introduites par ces quadratures, on forme l'intégrale générale de l'équation sans second membre, conformément au principe établi dans le numéro précédent.

164. **Méthode de Cauchy.** — On doit à Cauchy une méthode intéressante, qui permet de représenter par une intégrale définie une solution particulière de l'équation $f(y) = X$. Soit $y = \Sigma Cu$ l'intégrale générale de l'équation $f(y) = 0$. Remplaçons x par α dans le système d'équations

$$\Sigma Cu = 0, \qquad \Sigma Cu' = 0, \ldots \qquad \Sigma Cu^{n-1} = X;$$

tirons-en les valeurs des C en fonction de α, puis portons ces valeurs dans l'intégrale générale $y = \Sigma Cu$ (où les u sont de nouveau fonctions de x); nous obtenons $y = \psi(x, \alpha)$. *Je dis que l'intégrale définie*

$$y_1 = \int_{x_0}^{x} \psi(x, \alpha)\, d\alpha$$

est une solution particulière de $f(y) = X$.

En effet, on a, par hypothèse, car c'est le système d'où l'on tire les C,

$$(8) \quad \psi(\alpha, \alpha) = 0, \qquad \psi'_x(\alpha, \alpha) = 0, \ldots \qquad \psi_x^{n-1}(\alpha, \alpha) = X(\alpha).$$

Or, α, étant quelconque, peut être remplacé par toute autre lettre. On a donc aussi

$$\psi(x, x) = 0, \qquad \psi'_x(x, x) = 0, \ldots \qquad \psi_x^{n-1}(x, x) = X.$$

Différentions $n - 1$ fois y_1, en tenant compte de ces relations; il vient

$$y'_1 = \int_{x_0}^{x} \psi'_x d\alpha, \ldots \qquad y_1^{n-1} = \int_{x_0}^{x} \psi_x^{n-1} d\alpha, \qquad y^n_1 = \int_{x_0}^{x} \psi^n_x d\alpha + X.$$

Substituons ces valeurs dans $f(y_1)$ et observons que, ψ étant une intégrale de $f(y) = 0$, on a $f(\psi) = 0$; il vient (C. Q. F. D.)

$$f(y_1) = \int_{x_0}^{x} f(\psi) dx + X = X.$$

Cas particulier. — Appliquons, en particulier, la méthode de Cauchy à l'équation

$$y^n = X.$$

L'intégrale de l'équation sans second membre est un polynome arbitraire de degré $n - 1$. Donc $\psi(x, \alpha)$ est un polynome en x de degré $n - 1$. Ce polynome est déterminé par les conditions (**8**). Les $n - 1$ premières montrent que α en est une racine d'ordre $n - 1$, donc que le polynome est de la forme $(x - \alpha)^{n-1} F(\alpha)$. Alors $F(\alpha)$ est immédiatement déterminé par la dernière équation (**8**); on a

$$\psi(x, \alpha) = \frac{(x - \alpha)^{n-1}}{(n - 1)!} X(\alpha),$$

d'où

$$y_1 = \int_{x_0}^{x} \frac{(x - \alpha)^{n-1}}{(n - 1)!} X(\alpha) d\alpha.$$

165. Méthode d'abaissement de d'Alembert. — *Si l'on connaît une solution particulière, autre que* 0, *de l'équation linéaire sans second membre, on peut, moyennant une quadrature, abaisser l'ordre de l'équation d'une unité sans altérer ces deux caractères.*

En effet, soit u_1 cette solution particulière. Changeons d'inconnue par la relation

$$y = u_1 z.$$

Les dérivées y', y'',... se calculent par la formule

$$y^{(p)} = u_1 z^{p} + p u_1^{p-1} z^{p-1} + \dots + u^{p}{}_1 z \qquad (p = 1, 2, \dots).$$

Portons ces valeurs dans l'équation $f(y) = 0$ d'ordre n; le coefficient de z^n sera u_1, celui de z sera $f(u_1) = 0$. Donc, si l'on désigne par les lettres ξ des fonctions connues de x, l'équation en z sera

$$u_1 z^{n} + \xi_1 z^{n-1} + \dots + \xi_{n-1} z' = 0.$$

Cette équation linéaire et homogène se réduit à l'ordre $n - 1$ en prenant z' pour inconnue. Connaissant z', on en déduit z par une quadrature. Il y a toutefois lieu d'observer que la dernière équation ne satisfait aux conditions de continuité qui ont été admises précédemment que dans un intervalle où u_1 ne s'annule pas.

Plus généralement, si l'on connaît $p < n$ solutions indépendantes de l'équation linéaire et homogène d'ordre n, on peut abaisser son ordre de p unités.

Montrons d'abord que, si $u_1, u_2, \dots u_p$ sont ces p solutions indépendantes, les $p - 1$ solutions

$$\left(\frac{u_2}{u_1}\right)', \quad \left(\frac{u_3}{u_1}\right)', \dots \quad \left(\frac{u^p}{u_1}\right)'$$

qu'on en déduit pour l'équation en z' qui précède, sont aussi linéairement indépendantes. En effet, si ces solutions étaient liées par une relation linéaire à coefficients constants α, l'intégration de cette relation donnerait immédiatement

$$\alpha_2\left(\frac{u_2}{u_1}\right) + \alpha_3\left(\frac{u_3}{u_1}\right) + \dots + \alpha_p\left(\frac{u_p}{u_1}\right) = -\alpha_1,$$

d'où $\alpha_1 u_1 + \dots + \alpha_p u_p = 0$, et les solutions $u_1, \dots u_p$ ne seraient pas indépendantes.

Ce premier point établi, il s'ensuit que les $p - 1$ solutions de l'équation en z sont autres que 0. Par l'application du théorème précédent, on peut abaisser son ordre d'une unité et l'on connaîtra $p - 2$ solutions indépendantes de la nouvelle équation d'ordre $n - 2$. On continuera ainsi de suite jusqu'à ce que l'on arrive à une équation d'ordre $n - p$.

Si l'on connaît $n - 1$ solutions indépendantes d'une équation linéaire d'ordre n avec ou sans second membre, l'intégration se ramène à des quadratures.

En effet, l'intégration de l'équation sans second membre revient à celle d'une équation du premier ordre, donc à des quadratures. Ceci fait, l'intégration de l'équation complète revient à n nouvelles quadratures.

Ainsi, par exemple, *l'équation du second ordre,*

$$y'' + X_1 y' + X_2 y = 0,$$

s'intègre par quadrature dès qu'on en connaît une intégrale particulière u_1. Faisons les substitutions

$$y = u_1 z, \qquad y' = u_1 z' + u'_1 z, \qquad y'' = u_1 z'' + 2u'_1 z' + u''_1 z;$$

il vient

$$u_1 z'' + (2u'_1 + X u_1) z' = 0, \qquad \text{d'où} \qquad \frac{z''}{z'} = -\frac{2u'_1}{u_1} + X_1,$$

$$z' = \frac{1}{u^2_1} e^{-\int X_1 dx} \qquad z = \int \frac{dx}{u^2_1} e^{-\int X_1 dx}.$$

L'intégrale générale, $y = u_1 z$ sera

$$y = u_1 \int \frac{dx}{u^2_1} e^{-\int X_1 dx}.$$

En particulier, X_1 étant nul, l'intégrale générale de l'équation $y'' + X_2 y = 0$ sera

$$y = C u_1 \int \frac{dx}{u^2_1}.$$

§ 3. Solutions communes à deux équations linéaires et homogènes Méthode générale d'abaissement

166. Division symbolique. — *Étant donnés deux polynomes symboliques d'ordres m et n $(m \geqq n)$*

$$A(y) = A_0 y^m + A_1 y^{m-1} + \ldots, \quad B(y) = B_0 y^n + B_1 y^{n-1} + \ldots,$$

les lettres $A_0, A_1, \ldots B_0, B_1, \ldots$ désignant des fonctions connues de x, il est toujours possible de déterminer deux nouveaux polynomes symboliques Q et R tels qu'on ait, quel que soit y,

$$A(y) = Q[B(y)] + R(y),$$

Q étant d'ordre $m - n$ et R d'ordre $< n$. De plus, cette détermination n'est possible que d'une seule manière.

Cette opération peut s'appeler la *division* de A par B ; Q est le *quotient,* R le *reste*. Si R est identiquement nul, on dira que A est *divisible* par B.

Pour établir ce théorème, mettons la seconde équation de l'énoncé sous la forme

$$y^n = \frac{1}{B_0}(B - B_1 y^{n-1} - B_2 y^{n-2} - \ldots).$$

Dérivons-la $m - n$ fois de suite et remplaçons chaque fois dans le second membre $y^n, y^{n+1}, \ldots y^{m-1}$ par leurs valeurs déjà trouvées ; nous obtiendrons $y^n, y^{n+1}, \ldots y^m$ en fonction linéaire de B, B', ... B^{m-n} et de $y, y', \ldots y^{n-1}$. Portons ces valeurs dans le premier polynome $A(y)$; il viendra

$$A(y) = Q(B) + R(y),$$

Q(B) désignant un polynome symbolique en B, B', ... B^{m-n} et R un polynome symbolique en $y, y, \ldots y^{n-1}$. C'est la relation qu'il fallait établir.

Sous les conditions énoncées, les polynomes Q et R ne peuvent être déterminés que d'une seule manière. En effet, soient Q_1 et R_1 deux autres polynomes satisfaisant aux mêmes conditions. On aura, quel que soit y,

$$Q[B(y)] - Q_1[B(y)] = R_1(y) - R(y).$$

Il résulte de là que l'expression linéaire (d'ordre $n - 1$) $R_1(y) - R(y)$ est annulée par l'intégrale générale de l'équation (d'ordre n) $B(y) = 0$, donc par des valeurs arbitraires de $y, y', \ldots y^{n-1}$. Donc tous les coefficients de cette expression sont nuls et l'on a identiquement $R_1 = R$.

La relation se réduit alors à $Q[B(y)] = Q_1[B(y)]$. Celle-ci ayant lieu $B(y)$ restant arbitraire, on a identiquement $Q = Q_1$.

167. Solutions communes à deux équations. — *Les solutions communes aux deux équations* $A(y) = 0$ *et* $B(y) = 0$ *d'ordres* m *et* n *respectivement* ($m \geqslant n$), *sont celles d'une équation linéaire et sans second membre d'ordre* $\leqslant n$, *que l'on peut former par un calcul analogue à celui du plus grand commun diviseur de deux polynomes algébriques.*

En effet, divisons A par B et considérons l'identité

$$A(y) = Q[B(y)] + R(y).$$

On en conclut que les équations $A = 0$ et $B = 0$ d'une part, les équations $B = 0$ et $R = 0$ d'autre part, ont les mêmes intégrales communes.

Si $A = 0$ admet toutes les intégrales de $B = 0$, il faut donc que R soit identiquement nul (ou A divisible par B), sinon R, qui est d'ordre $< n$, ne pourrait être annulé par l'intégrale générale de l'équation $B = 0$, qui est d'ordre n. Réciproquement, si R est identiquement nul, les solutions communes seront données par l'intégrale générale de $B = 0$.

Si R n'est pas identiquement nul, nous sommes ramenés à chercher les intégrales communes à B et à R. Nous divisons B par R, ce qui fournit un nouveau reste R_1 et ainsi de suite. Comme les ordres des restes vont en décroissant, l'opération ne peut se poursuivre indéfiniment; on arrivera donc à un premier reste R_n divisant exactement le précédent et, par suite, tous les autres. Ce reste R_n est le polynome symbolique de l'ordre le plus élevé qui divise à la fois A et B, il peut s'appeler *le plus grand commun diviseur* de A et de B. Les solutions communes aux deux équations $A = 0$ et $B = 0$ sont fournies par l'intégrale de $R_n = 0$.

Les deux équations $A = 0$ et $B = 0$ ont toujours $y = 0$ comme intégrale commune, en d'autres termes, les deux polynomes A et B sont toujours divisibles par y. S'ils n'ont pas d'autre diviseur commun, on peut dire qu'ils sont *premiers entre eux*. Dans ce cas, les deux équations $A = 0$ et $B = 0$ n'ont pas d'autre solution commune que $y = 0$.

168. Théorème général sur l'abaissement de l'ordre des équations linéaires. — *Si l'on connaît $p(p < n)$ solutions indépendantes de l'équation d'ordre n, linéaire sans second membre, l'intégration se ramène à celle d'une équation linéaire sans second membre d'ordre $n - p$ et à $p(n - p)$ quadratures distinctes.*

Soit $f(y) = 0$ cette équation d'ordre n; désignons par u_1, $u_2, \ldots u_p$ les p intégrales connues et formons l'équation différentielle d'ordre p

$$\varphi(y) = W(u_1, u_2, \ldots u_p, y) = 0$$

qui admet ce système fondamental d'intégrales et qui a pour intégrale générale $C_1 u_1 + C_2 u_2 + \ldots + C_p u_p$.

Puisque $f(y) = 0$ admet les intégrales de $\varphi(y) = 0$, le polynome f est divisible par φ (n° 167) et si l'on désigne par $Q(\varphi)$ un polynome de degré $n - p$, qui s'obtient par la division, on a l'identité

$$f(y) = Q[\varphi(y)].$$

L'équation $f(y) = 0$ se décompose donc en deux autres :

$$\varphi(y) = z, \qquad Q(z) = 0.$$

La seconde est une équation linéaire sans second membre d'ordre $n - p$, qui détermine z avec $n - p$ constantes arbitraires. La première est une équation linéaire d'ordre p, avec second membre, mais on connaît l'intégrale générale de l'équation sans second membre, cette équation détermine donc y par p quadratures, quand z est connu. Toutefois, comme z entre en facteur dans chacune des p fonctions à intégrer et que z est linéaire par rapport $n - p$ constantes arbitraires, chaque intégrale se décompose en $n - p$ autres multipliées par ces constantes et qui doivent, par conséquent, se déterminer séparément. Il y aura donc en tout $p(n - p)$ quadratures distinctes à effectuer.

Remarques. — I. Si l'on connaît $n - 1$ solutions indépendantes de l'équation sans second membre d'ordre n, l'ordre $n - p$ se réduit à 1 et l'intégration se fait par des quadratures, résultat connu (n° 165).

II. Si l'on connaît $p(p < n)$ solutions *indépendantes* de l'équation sans second membre d'ordre n, l'intégration de l'équation complète se ramène à celle d'une équation sans second membre d'ordre $n-p$ et à $p(n-p)+n$ quadratures. En effet, il reste n quadratures à faire quand on a intégré l'équation sans second membre.

III. Les nombres de quadratures dont il s'agit dans ces théorèmes sont relatifs aux équations de la forme la plus générale. Si l'on considère des équations de forme spéciale, par exemple des équations où X_1 est nul, certaines de ces quadratures sont immédiates et leur nombre peut se réduire. Nous l'avons déjà observé pour l'équation du second ordre (n° 165).

§ 4. Propriétés des wronskiens Leur rôle dans l'intégration de l'équation linéaire

Les propriétés des équations linéaires sont intimement liées à celles des wronskiens dont la définition a été donnée au n° 159. Nous allons reprendre l'étude de ces déterminants. Cela nous permettra de préciser la plupart des propriétés rencontrées dans les paragraphes précédents et d'en découvrir de nouvelles.

169. Dérivation d'un wronskien. — *Pour dériver un wronskien*

$$W(u_1, u_2, \dots u_n) = \begin{vmatrix} u_1 & u_2 & \dots & u_n \\ u'_1 & u'_2 & \dots & u'_n \\ \dots & \dots & \dots & \dots \\ u_1^{n-1} & u_2^{n-1} & \dots & u_n^{n-1} \end{vmatrix}$$

il suffit de remplacer les éléments de la dernière ligne par leurs dérivées.

C'est un cas particulier de la règle pour dériver un déterminant. Voici cette règle : Si les éléments ne sont variables que dans une seule ligne et qu'on développe le déterminant suivant les éléments de cette ligne, on voit de suite que la dérivée du déterminant s'obtient en remplaçant les éléments de cette ligne par leurs dérivées. Si tous les éléments varient, on applique la règle de dérivation des fonctions composées : la dérivée du déterminant est la somme des déterminants obtenus en remplaçant les éléments d'une seule ligne à la fois, la première, puis la seconde, etc. par leurs dérivées.

Dans le cas du wronskien, tous ces déterminants sont nuls comme ayant deux lignes égales, sauf le dernier.

170. Théorème. — *Si le wronskien $W(u_1, u_2, \ldots u_n)$ est identiquement nul dans un intervalle, et que les wronskiens d'ordre $n-1$ obtenus en supprimant l'une quelconque des fonctions u ne s'annulent pas simultanément en un même point, les fonctions u sont liées, dans cet intervalle, par une relation linéaire à coefficients constants (non tous nuls).*

Considérons d'abord un intervalle dans lequel l'un des déterminants d'ordre $n-1$, par exemple $W(u_1, u_2, \ldots u_{n-1})$ ne s'annule pas. Dans ce cas u_n est une solution de l'équation

$$W(u_1, u_2, \ldots u_{n-1}\, y) = 0,$$

qui est linéaire et homogène, d'ordre $n-1$, et dans laquelle le coefficient de y^{n-1} est le wronskien supposé différent de 0. Cette équation satisfait aux conditions de continuité admises au paragraphe précédent, elle admet le système fondamental de solutions $u_1, u_2, \ldots u_{n-1}$, elle a donc pour intégrale générale $y = C_1 u_1 + \ldots + C_{n-1} u_{n-1}$. Mais u_n en est une solution particulière, donc

$$(1) \qquad u_n = \alpha_1 u_1 + \alpha_2 u_2 + \ldots + \alpha_{n-1} u_{n-1}.$$

Supposons que $W(u_1, u_2, \ldots u_{n-1})$ s'annule en un point x_0 bornant l'intervalle précédent, mais qu'un autre wronskien $W(u_2, u_3, \ldots u_n)$ ne s'annule pas en ce point. Je dis que la relation précédente subsiste de part et d'autre du point x_0. En effet, dans l'intervalle où $W(u_2, u_3, \ldots u_n)$ ne s'annule pas, on a, par le raisonnement qui précède,

$$(2) \qquad u_1 = \beta_2 u_2 + \beta_3 u_3 + \ldots + \beta_n u_n.$$

Les deux relations (1) et (2) subsistent donc dans un certain intervalle commun. Ceci exige qu'elles se confondent, sinon, en remplaçant dans (1) u_1 par sa valeur (2), on obtiendrait une relation entre $u_2, u_3, \ldots u_n$ et le wronskien correspondant d'ordre $n-1$ serait identiquement nul, contrairement à l'hypothèse que nous venons de faire.

On voit ainsi que la relation (1) subsiste tant que l'on ne passe pas par une valeur de x qui annule à la fois tous les wronskiens d'ordre $n-1$.

Remarque. — Si tous les wronskiens d'ordre $n - 1$ s'annulaient simultanément en un point x_0, la relation linéaire qui lie les fonctions u pourrait changer de forme de part et d'autre de ce point. Soit, par exemple,

$$u_1 = x^3, \qquad u_2 = | x^3 | .$$

On a identiquement $W(u_1, u_2) = 0$, mais u_1 et u_2 s'annulent tous deux pour $x = 0$. On a $u_1 + u_2 = 0$ à gauche, mais $u_1 - u_2 = 0$ à droite du point $x = 0$.

Toutefois cette anomalie ne peut se présenter si les fonctions u sont *régulières* (ou *analytiques*), c'est-à-dire développables par la formule illimitée de Taylor aux environs de chaque point.

En effet, si une relation de la forme (1) a lieu dans un intervalle, elle subsiste certainement dans tout intervalle contenant le précédent et dans lequel les fonctions u sont régulières. Pour nous en assurer, observons que, dans le cas contraire, on pourrait assigner un point *régulier* x_0 tel que la relation (1) ait lieu d'un côté et pas de l'autre de ce point. Substituons aux fonctions u leurs développements convergents suivant les puissances de $x - x_0$, les deux membres de la relation (1) seront identiques d'un côté de x_0, donc composés des mêmes termes, et, par conséquent, l'identité subsiste de part et d'autre de ce point.

171. Lemme. — *Si les deux équations linéaires sans second membre :*

$$y^n + X_1 y^{n-1} + \dots + X_n y = 0, \quad y^n + \xi_1 y^{n-1} + \dots + \xi_n y + 0,$$

ont la même intégrale générale, elles sont identiques terme pour terme.

En effet, leur différence

$$(X_1 - \xi_1) y^{n-1} + (X_2 - \xi_2) y^{n-2} + \dots + (X_n - \xi_n) y = 0$$

est aussi vérifiée par cette intégrale générale, donc par des valeurs arbitraires de $y, y', \dots y^{n-1}$, ce qui exige qu'on ait $X_1 = \xi_1$ $X_2 = \xi_2, \dots$

Le théorème précédent permet de montrer facilement que le premier membre de l'équation linéaire, ramené à la forme

$$f(y) = y^n + X_1 y^{n-1} + \dots + X_n y,$$

s'exprime de différentes manières par des wronskiens, quand on connaît n intégrales, linéairement indépendantes, $u_1, u_2, \dots u_n$, ou l'intégrale générale de l'équation $f(y) = 0$. C'est ce que nous allons faire.

172. Première expression de $f(y)$ par des wronskiens. — Formons l'équation linéaire d'ordre n

$$W(u_1, u_2, \dots u_n, y) = 0;$$

elle revient à $f(y) = 0$, car, $u_1, u_2, \dots u_n$ en étant n intégrales particulières, elle a la même intégrale générale. Pour réduire son premier membre à $f(y)$, il suffit donc de le diviser par le coefficient de y^n, d'où l'identité

$$(3) \qquad f(y) = \frac{W(u_1, u_2, \dots u_n, y)}{W(u_1\, u_2, \dots u_n)}.$$

173. Formule de Liouville. Intégrale première de l'équation sans second membre. — Si l'on écrit $W(u_1, u_2, \dots u_n, y)$ sous forme de déterminant, on remarque que, d'après la règle pour former la dérivée d'un wronskien (n° 169), le mineur relatif à y^{n-1} est

$$-W'(u_1, u_2, \dots u_n).$$

Identifions donc les coefficients de y^{n-1} dans les deux membres de la relation (3); il vient, W étant le wronskien de $u_1, u_2, \dots u_n$,

$$(4) \qquad \frac{W'}{W} = -X_1, \qquad \text{d'où} \qquad W = Ce^{-\int X_1 dx}.$$

Cette formule est due à *Liouville*. On en déduit une conséquence importante :

On obtient immédiatement une intégrale première de l'équation $f(y) = 0$ d'ordre n, si l'on en connaît $(n-1)$ solutions indépendantes $u_1, u_2, \dots u_{n-1}$.

Remplaçons, en effet, y par l'intégrale générale $C_1u_1 + C_2u_2 + \dots + C_nu_n$ dans le wronskien

$$W(u_1, u_2, \dots u_{n-1}, y);$$

il vient, par la formule de Liouville,

$$W(u_1, u_2, \dots u_{n-1}, y) = C_nW = Ce^{-\int X_1 dx}.$$

Donc l'équation différentielle d'ordre $n - 1$ avec second membre

$$(5) \qquad W(u_1, u_2, \dots u_{n-1}, y) = Ce^{-\int X_1 dx}$$

est vérifiée par l'intégrale générale de $f(y) = 0$. *C'est donc une intégrale première de* $f(y) = 0$ et l'intégration s'achève par des quadratures, car on connaît l'intégrale de l'équation sans second membre $W(u_1, \dots u_{n-1}, y) = 0$.

174. Seconde expression de $f(y)$ par des wronskiens. — Multiplicateurs. — Désignons, comme au n° précédent, par W le wronskien $W(u_1, u_2, \dots u_n)$; par $W_i(y)$ le même wronskien dans lequel une des fonctions u seulement, la fonction u_i, a été remplacée par y. Formons l'équation linéaire d'ordre n (D désignant une dérivée)

$$(6) \qquad D.\frac{W_i(y)}{W} = 0,$$

cette équation admet les n intégrales particulières $u_1, u_2, \dots u_n$, car le rapport à dériver est égal à 1 si $y = u_i$, et à 0 si y est égal à une autre fonction u. Donc, pour réduire le premier membre de cette équation à $f(y)$, il suffit de le diviser par le coefficient de y^n.

Soient, en général, $w^k{}_i$ le mineur de W relatif à l'élément $u^k{}_i$, w_i le mineur relatif à u_i; on aura

$$W_i(y) = w_i^{n-1} y^{n-1} + w_i^{n-2} y^{n-2} + \dots + w_i y.$$

Donc le coefficient de y^n dans l'équation (6) est $w_i^{n-1} : W$. On en conclut que l'on a, pour $i = 1, 2, \dots n$, l'identité

$$(7) \quad D.\frac{W_i(y)}{W} = D.\frac{w_i^{n-1} y^{n-1} + w_i^{n-2} y^{n-2} + \dots + w_i y}{W} = \frac{w_i^{n-1}}{W} f(y).$$

Il résulte de là que si l'on multiplie l'équation $f(y) = 0$ par l'une des n quantités $w_i^{n-1} : W (i = 1, 2, \dots n)$, on transforme son premier membre dans une dérivée exacte. Ces facteurs sont des *multiplicateurs* de l'équation et nous ferons la théorie de ces multiplicateurs au paragraphe suivant.

175. Intégration de l'équation linéaire avec second membre. — *L'intégration de l'équation linéaire complète d'ordre n se ramène à celle de l'équation sans second membre et à n quadratures.*

Nous avons obtenu ce résultat précédemment par la méthode de Lagrange. Il s'obtient immédiatement en se reportant aux formules du numéro précédent. Soit l'équation $f(y) = \mathrm{X}$. Multiplions-la par le multiplicateur $w_i^{n-1} : \mathrm{W}$. Il vient, par identité (7) de ce numéro,

$$\mathrm{D}\,\frac{w_i^{n-1}\,y^{n-1} + w_i^{n-1}\,y^{n-1} + \ldots + w_i y}{\mathrm{W}} = \frac{w_i^{n-1}}{\mathrm{W}}\,\mathrm{X},$$

et, en intégrant,

$$w_i^{n-1}\,y^{n-1} + w_i^{n-2}\,y^{n-2} + \ldots + w_i y = \mathrm{W}\int \frac{w_i^{n-1}}{\mathrm{W}}\,\mathrm{X}\,dx.$$

Multiplions cette relation par u_i et sommons pour $i = 1, 2, \ldots n$. Comme les mineurs $w^k{}_i$ $(i = 1, 2, \ldots n)$ sont ceux de la $(k + 1)^{\text{me}}$ ligne du déterminant W, le coefficient de y sera W, ceux de y' y''... seront nuls. Il viendra donc, en supprimant le facteur commun W qui n'est pas nul,

$$(8) \qquad y = \sum_{i=1}^{n} u_i \int \frac{w_i^{n-1}}{\mathrm{W}}\,\mathrm{X}\,dx.$$

C'est, sous forme explicite, la formule générale d'intégration de l'équation avec second membre.

Si, au lieu de multiplier les équations par $u_1, u_2, \ldots u_n$ avant de les ajouter, on les avait multipliées par $u^k{}_1, u^k{}_2, \ldots u^k{}_n$, on aurait obtenu, pour $k = 1, 2, \ldots n - 1$,

$$y^k = \sum_{i=1}^{n} u^k{}_i \int \frac{w_i^{n-1}}{\mathrm{W}}\,\mathrm{X}\,dx.$$

§ 5. Multiplicateurs des équations linéaires

176. Multiplicateur. — Considérons l'expression symbolique

(1) $$f(y) = y^n + X_1 y^{n-1} + \dots + X_n y.$$

Un *multiplicateur de* $f(y)$ ou un *multiplicateur de l'équation* $f(y) = X$, est un facteur μ, fonction de x seul, tel que le produit $\mu f(y)$ soit la dérivée d'une fonction de x, y, y',... y^{n-1} et cela quel que soit y.

Il existe toujours des multiplicateurs et ce sont les intégrales d'une équation linéaire sans second membre d'ordre n.

En effet, considérons l'intégrale indéfinie

$$\int \mu f(y)\, dx = \int \mu (y^n + X_1 y^{n-1} + \dots + X_n y)\, dx.$$

Transformons-la par intégration par parties de manière à ne plus avoir de dérivée de y sous le signe $\int$. On a

$$\int \mu X_{n-1} y'\, dx = \mu X_{n-1} y - \int (\mu X_{n-1})'\, dx.$$

$$\int \mu X_{n-2} y''\, dx = \mu X_{n-2} y' - (\mu X_{n-2})' y + \int (\mu X_{n-2})'' y\, dx.$$

. . . .

Par la substitution de ces valeurs, il vient, Ω désignant la somme des termes intégrés,

(2) $$\begin{cases} \int \mu f(y)\, dx = \Omega + \int y\, [\mu X_n - (\mu X_{n-1})' + \dots + (-1)^n \mu^n]\, dx. \\ \Omega = \mu y^{n-1} + [\mu X_1 - \mu']\, y^{n-2} + \dots \end{cases}$$

Donc, pour que μ soit un multiplicateur, il suffit que μ vérifie l'équation linéaire d'ordre n

(3) $$\mu^n - (\mu X_1)^{n-1} + \dots + (-1)^n \mu X_n = 0.$$

Réciproquement, tout multiplicateur doit vérifier cette équation, sinon, comme on le voit en dérivant l'équation (2), l'expression $y[\mu X_n - (\mu X_{n-1})' + \dots]$, qui est encore sous le signe $\int$ au second membre, serait la dérivée d'une fonction de x, y, y',... ce qui est impossible, car elle ne contient pas de dérivée de y.

177. **Equation adjointe.** — L'équation des multiplicateurs ou l'équation (3) s'appelle l'*équation adjointe* de $f(y) = 0$. Il existe une complète réciprocité entre ces deux équations. *L'équation* $f(y) = 0$ *est réciproquement l'adjointe de l'équation* (3), *c'est-à-dire l'équation de ses multiplicateurs.*

En effet, si y est une intégrale de $f(y) = 0$, la relation (2) devient

$$\int y[\mu X_n - (\mu X_{n-1})' + \ldots]\, dx = -\Omega,$$

où Ω est une fonction explicite de μ, μ',... Donc y est un multiplicateur de $\mu X_n - (\mu X_{n-1})' + \ldots$, ce qui prouve la proposition.

178. **Théorème.** — *Les intégrations complètes de deux équations adjointes sont deux problèmes complètement équivalents.*

En effet, supposons qu'on connaisse n solutions indépendantes u_1, u_2,... u_n de l'équation $f(y) = 0$; on obtient n multiplicateurs, donc n solutions de l'équation adjointe, par les formules (n° 174)

$$\mu_1 = \frac{w_1^{n-1}}{W}, \qquad \mu_2 = \frac{w_2^{n-1}}{W}, \ldots \qquad \mu_n = \frac{w_n^{n-1}}{W}.$$

Il reste maintenant à montrer que ces multiplicateurs sont *linéairement indépendants*. Supposons, par impossible, que ces multiplicateurs ne soient pas indépendants; on aura une identité de la forme $\Sigma\, \alpha_i w_i^{n-1} = 0$ où les α sont des constantes non toutes nulles. Ajoutons alors toutes les identités (7) du n° 174 respectivement multipliées par α_i; il vient, quel que soit y,

$$D\, \frac{y^{n-2}\, \Sigma\, \alpha_i w_i^{n-1} + \ldots + y\, \Sigma\, \alpha_i w_i}{W} = 0,$$

ce qui ne peut subsister que si toutes les sommes Σ sont nulles. On aurait donc, pour des valeurs non toutes nulles des α, le système d'équations

$$\Sigma\, \alpha_i w_i = 0, \qquad \Sigma\, \alpha_i w'_i = 0, \ldots \qquad \Sigma\, \alpha_i w_i^{n-1} = 0,$$

ce qui est impossible, car le déterminant des quantités w, qui est l'adjoint de W et est égal à W^{n-1}, n'est pas nul (W ne l'étant pas).

179. **Théorème.** — *Si l'on connaît p $(p < n)$ multiplicateurs linéairement indépendants d'une équation linéaire d'ordre n, avec ou sans second membre, on peut abaisser l'ordre de l'équation de p unités sans que l'équation cesse d'être linéaire.*

Considérons une équation d'ordre n

$$(4) \qquad y^n + X_1 y^{n-1} + \dots + X_n y = X.$$

Multiplions-la par un multiplicateur μ_i et intégrons. Le premier membre s'intègre exactement et l'on obtient une intégrale première de cette équation, qui sera de la forme

$$(5) \quad a_i y^{n-1} + b_i y^{n-2} + c_i y^{n-3} + \dots = \int \mu_i X \, dx.$$

Le premier membre de (5) n'est autre chose que l'expression Ω du n° 175. Les lettres a_i, b_i, c_i,... sont des fonctions connues de x, ayant pour valeurs, d'après la formule (2) de ce numéro,

$$a_i = \mu_i, \qquad b_i = \mu_i X_1 - \mu'_i, \qquad c_i = \mu_i X_2 - (\mu_i X_2)' + \mu''_i, \dots$$

Si l'on connaît p multiplicateurs μ_1, μ_2,... μ_p, on obtient ainsi p intégrales premières, comprises dans l'équation (5) pour $i = 1$, 2,... p. Ces intégrales premières sont distinctes, c'est-à-dire qu'elles forment un système d'équations résoluble par rapport à y^{n-1}, y^{n-2},... y^{n-p}. En effet, le déterminants des coefficients de ces inconnues dans ce système d'équations est

$$\begin{vmatrix} \mu_1 & \mu_1 X_1 - \mu'_2 & \dots \\ \mu_2 & \mu_2 X_1 - \mu'_2 & \dots \\ \dots & \dots & \dots \end{vmatrix} = \pm \begin{vmatrix} \mu_1 & \mu'_1 & \mu''_1 & \dots \\ \mu_2 & \mu'_2 & \mu''_2 & \dots \\ \dots & \dots & \dots & \dots \end{vmatrix}$$

C'est un wronskien qui ne s'annule pas, puisque μ_1, μ_2,... μ_p sont, par hypothèse, linéairement indépendants.

En résolvant ce système par rapport à y^{n-p}, on obtient une équation linéaire d'ordre $n - p$ pour déterminer y. Le théorème est ainsi établi.

Remarque. — Le théorème précédent fournit une nouvelle démonstration de celui du n° 168 relativement à l'abaissement de l'ordre d'une équation linéaire sans second membre d'ordre n, dont on connaît p intégrales linéairement indépendantes. Ces p intégrales sont des multiplicateurs de l'équation adjointe ; l'ordre de celle-ci peut donc s'abaisser de p unités. Ceci fait, l'intégration de l'adjointe et, par conséquent, l'intégration de l'équation proposée (n° 178) ne dépendent plus que de l'intégration d'une équation d'ordre $n - p$.

§ 6. Intégration des équations linéaires à coefficients constants et sans second membre

180. Caractère algébrique du problème. — L'intégration des équations à coefficients constants avec ou sans second membre dépend étroitement de deux problèmes d'algèbre : 1° La détermination des racines d'un polynome ; 2° la décomposition d'une fraction rationnelle en fractions simples. Pour mettre cette dépendance en pleine lumière, il importe de définir et d'étudier les symboles d'opération avec le signe de dérivation D.

181. Opérations définies par des polynomes en D. Sommes et produits d'opérations. — Soient a_1, a_2,... des coefficients constants, D le signe de dérivation par rapport à x. Posons

$$(1) \quad f(D) = D^n + a_1 D^{n-1} + \ldots + a_{n-1} D + a_n.$$

L'expression $f(D)$ est un symbole d'opération, dont le sens s'interprète immédiatement en convenant que si y désigne une fonction de x, on a

$$f(D)\, y = D^n y + a_1 D^{n-1} y + \ldots + a_n y.$$

On remarquera que, dans le cas particulier où $f(D) = 1$, on a $f(D) y = y$. Donc, dans ce cas, $f(D)$ désigne une *opération d'effet nul.*

Les symboles opératoires à coefficients constants tels que (1), jouissent de propriétés qui les rapprochent des polynomes algébriques.

1° Sommes d'opérations. — En premier lieu, si $f(D)$ et $f_1(D)$ sont deux polynomes symboliques et qu'on représente par

$f(\mathrm{D}) + f_1(\mathrm{D})$ leur somme effectuée, on a, par les propriétés des dérivées,

$$f(\mathrm{D})y + f_1(\mathrm{D})y = [f(\mathrm{D}) + f_1(\mathrm{D})]y.$$

Donc l'opération $f(\mathrm{D}) + f_1(\mathrm{D})$ peut s'appeler la *somme des opérations* $f(\mathrm{D})$ et $f_1(\mathrm{D})$ et les sommes ainsi définies jouissent des propriétés des sommes algébriques. En particulier, l'opération $f(\mathrm{D})$ est la somme des opérations définies par chacun de ses termes.

2° Produits d'opérations. — Considérons d'abord un certain nombre de symboles linéaires $\mathrm{D} + a$, $\mathrm{D} + b$,... $\mathrm{D} + l$. Nous pouvons définir l'opération

$$(\mathrm{D} + l) \ldots (\mathrm{D} + b)(\mathrm{D} + a) \tag{2}$$

en convenant qu'on opère d'abord avec le facteur $(\mathrm{D} + a)$, puis sur le résultat avec $(\mathrm{D} + b)$ et ainsi de suite. Or, en effectuant ces opérations, on constate immédiatement qu'on obtient le même résultat que si l'on avait exécuté l'opération unique, définie par le produit algébrique $(\mathrm{D} + l) \ldots (\mathrm{D} + a)$ préalablement effectué.

L'opération (2) peut donc s'appeler le *produit* des opérations définies par chaque facteur et ce produit est indépendant de l'ordre des facteurs. Si le produit se compose de m facteurs égaux $\mathrm{D} + a$, on le représentera donc par $(\mathrm{D} + a)^m$ comme en algèbre.

On définirait d'une manière analogue l'opération

$$f(\mathrm{D})\, f_1(\mathrm{D})\, f_2(\mathrm{D}) \ldots$$

composée de facteurs de degrés quelconques. On verrait que celle-ci aussi est indépendante de l'ordre des facteurs. Cette propriété résulte d'ailleurs de ce que chaque polynome $f(\mathrm{D})$ peut, par les règles de l'algèbre, se décomposer en facteurs linéaires, ce qui ramène au cas précédent. Nous reviendrons sur cette décomposition dans le n° suivant.

182. Décomposition des polynomes en facteurs et des fractions rationnelles en fractions simples. Formules symboliques qui s'en déduisent. — 1° Décomposition en

FACTEURS. — Considérons l'équation algébrique de degré n (D étant considéré comme une quantité)

$$f(D) = D^n + a_1 D^{n-1} + \ldots + a_n = 0.$$

Cette équation admet toujours n racines qui peuvent être égales ou distinctes, réelles ou imaginaires. Nous représenterons les racines différentes par r, s, t,... leurs ordres de multiplicité respectifs par λ, μ, ν,... Connaissant ces racines, on connaît aussi la décomposition de $f(D)$ en facteurs linéaires. On a

$$(3) \qquad f(D) = (D - r)^\lambda (D - s)^\mu (D - f)^\nu \ldots$$

Considérons maintenant $f(D)$ comme un symbole d'opération et rappelons-nous les résultats du n° précédent. Nous voyons que l'opération $f(D)$ peut se décomposer en une suite d'opérations consécutives, définies par un seul des symboles $D - r$, $D - s$,... et effectuées dans un ordre arbitraire.

2° DÉCOMPOSITION EN FRACTIONS SIMPLES. — La décomposition de $f(D)$ en facteurs se faisant par la formule (3), celle de $1 : f(D)$ en fractions simples se fera par la formule

$$(4) \quad \frac{1}{f(D)} = \frac{A_1}{D - r} + \frac{A_2}{(D - r)^2} + \ldots + \frac{A_\lambda}{(D - r)^\lambda} + \frac{B}{D - s} + \ldots$$

où A_1, A_2,... B_1,... sont des constantes réelles ou imaginaires, que nous avons appris à calculer (Tome I, n°s 95 et 96).

Représentons par

$$\frac{f(D)}{(D - r)}, \quad \frac{f(D)}{(D - r)^2}, \ldots \quad \frac{f(D)}{D - s}, \ldots$$

les *polynomes* respectivement obtenus en supprimant dans $f(D)$ un facteur $(D - r)$, deux facteurs $(D - r)$,... un facteur $(D - s)$, etc., et mettons l'identité (4) sous la forme

$$(5) \quad 1 = A_1 \frac{f(D)}{D - r} + A_2 \frac{f(D)}{(D - r)^2} + \ldots + A_\lambda \frac{f(D)}{(D - r)^\lambda} + B_1 \frac{D - s}{f(D)} + \ldots$$

Dans cette nouvelle relation, chaque terme du second membre est un polynome et peut être considéré comme le symbole d'une opération à effectuer. La formule (5) montre que la *somme* des opérations définies respectivement par chaque terme du second membre, est une opération d'effet nul. Cette formule nous sera très utile.

183. Relation entre les symboles D **et** (D — r). — Soit r une constante et y une fonction de x ; on a

$$D \cdot e^{-rx} y = e^{-rx} Dy - e^{-rx} ry = e^{-rx} (D - r) y.$$

Remplaçons, dans cette relation, y par $(D - r) y$; il vient

$$D \cdot e^{-rx} (D - r) y = e^{-rx} (D - r)^2 y$$

et, en vertu de la relation précédente,

$$D^2 \cdot e^{-rx} y = e^{-rx} (D - r)^2 y.$$

Remplaçons de nouveau y par $(D - r) y$ et continuons ainsi de suite. Après λ opérations, nous obtiendrons

$$D^\lambda \cdot e^{-rx} y = e^{-rx} (D - r)^\lambda y. \tag{6}$$

184. Equation linéaire à coefficients constants. Equation caractéristique. Equation simple. — Une équation linéaire à coefficients constants est de la forme

$$f(D) y = \varphi(x)$$

où l'on a posé, comme ci-dessus (n° 181), les coefficients a étant des constantes,

$$f(D) = D^n + a_1 D^{n-1} + \dots + a_n.$$

Si $\varphi(x)$ n'est pas nul, l'équation est *complète* ou *avec second membre;* si $\varphi(x)$ est nul, l'équation est *sans second membre.* On donne le nom d'*équation caractéristique* à l'équation algébrique

$$f(D) = 0.$$

Quand l'équation caractéristique n'a qu'une seule racine distincte, simple ou multiple, l'équation différentielle devient

$$(D - r)^\lambda y = \varphi(x)$$

et nous donnerons le nom d'*équation simple* à une équation de cette forme.

185. Intégration des équations simples sans second membre. — Soit l'équation d'ordre λ

$$(7) \qquad (\mathrm{D} - r)^{\lambda} y = 0.$$

Multiplions-la par e^{-rx}, qui n'est ni nul ni infini, puis transformons-la par la formule (6); elle devient

$$\mathrm{D}^{\lambda} \,.\, e^{-rx} y = 0.$$

Donc l'intégration est immédiate, $e^{-rx} y$ est un polynome arbitraire de degré $\lambda - 1$. Soit $\mathrm{P}_{\lambda-1}$ ce polynome; il contient λ constantes arbitraires, qui sont ses coefficients :

$$\mathrm{P}_{\lambda-1} = \mathrm{C}_0 + \mathrm{C}_1 x + \mathrm{C}_2 x^2 + \ldots + \mathrm{C}_{\lambda-1} x^{\lambda-1}.$$

L'intégrale générale de l'équation (7) sera

$$y = \mathrm{P}_{\lambda-1} e^{-rx}.$$

C'est bien la somme de λ intégrales particulières multipliées respectivement par des constantes C.

186. Intégration de l'équation linéaire à coefficients constants et sans second membre dans le cas général. — Cette équation est de la forme

$$(8) \qquad f(\mathrm{D})\, y = 0.$$

Son intégration revient à la résolution algébrique de l'équation caractéristique

$$f(\mathrm{D}) = \mathrm{D}^n + a_1 \mathrm{D}^{n-1} + \ldots + a_n = 0,$$

ou, ce qui revient au même, à la décomposition de $f(\mathrm{D})$ en ses facteurs linéaires :

$$f(\mathrm{D}) = (\mathrm{D} - r)^{\lambda} (\mathrm{D} - s)^{\mu} \ldots (\mathrm{D} - t)^{\nu} \cdot$$

L'intégrale générale est égale à la somme des intégrales générales de chacune des équations simples :

$$(9) \quad (\mathrm{D} - r)^{\lambda} y = 0, \qquad (\mathrm{D} - s)^{\mu} y = 0, \ldots \qquad (\mathrm{D} - t)^{\nu} y = 0,$$

et on peut l'écrire immédiatement. Ce sera, sauf une transformation indiquée dans le n° suivant s'il y a des racines imaginaires,

$$(10)\quad y = P_{\lambda-1}\, e^{rx} + Q_{\mu-1}\, e^{sx} + \ldots + R_{\nu-1}\, e^{tx},$$

P, Q,... R désignant des polynomes en x de degrés marqués par l'indice et dont les coefficients sont les constantes arbitraires de l'intégrale.

Démonstration. — L'ordre des facteurs $(D-r)^{\lambda}$, $(D-s)^{\mu}$,... qui entrent dans $f(D)$ étant indifférent, l'équation $f(D)y = 0$ peut s'écrire en faisant figurer à volonté l'un quelconque de ces facteurs immédiatement devant y. Donc les intégrales des équations (9) sont des solutions particulières de l'équation (8) et l'expression (10), qui est leur somme, est une intégrale plus générale de cette équation, mais, de plus, ce sera l'intégrale générale, car nous allons montrer que, réciproquement, toute intégrale de l'équation (8) est de la forme (10).

A cet effet, isolons successivement, dans $f(D)$, les divers facteurs $(D-r)$, $(D-r)^2$,... $(D-s)$,... L'équation $f(D)y = 0$ s'écrira sous les formes

$$(D-r)\left[\frac{f(D)}{(D-r)}y\right]=0,\quad (D-r)^2\left[\frac{f(D)}{(D-r)^2}y\right]=0,\ldots\quad (D-s)\left[\frac{f(D)}{D-s}y\right]=0,\ldots$$

Chacune de ces équations devient une équation simple sans second membre en prenant la quantité encore crochets comme inconnue; il vient, en les intégrant,

$$\frac{f(D)}{(D-r)}y = P_0 e^{rx},\qquad \frac{f(D)}{(D-r)^2}y = P_1 e^{rx},\ldots\qquad \frac{f(D)}{D-s}y = Q_0 e^{sx},\ldots$$

les polynomes P étant de degrés $< \lambda$, les polynomes Q de degrés $< \mu$,... Multiplions respectivement ces équations par les constantes A_1, A_2,... B_1... de la décomposition de $1 : f(D)$ en fractions simples et ajoutons-les. Il vient, par l'identité (5) établie au n° 182,

$$y = e^{rx}\Sigma AP + e^{sx}\Sigma BQ + \ldots$$

Comme ΣAQ, ΣBQ,... sont respectivement des polynomes de degré moindre que λ, moindre que μ,... cette expression est de la forme (10).

REMARQUE. — L'expression (10) renferme $\lambda + \mu + \ldots = n$ constantes arbitraires, qui sont les coefficients des polynomes P, Q,... On reconnaît ainsi, conformément aux théorèmes généraux, que l'intégrale générale de l'équation sans second membre est la somme de n intégrales particulières multipliées par des constantes arbitraires. Ces intégrales particulières sont donc linéairement indépendantes, sinon elles ne fourniraient pas l'intégrale générale. On en conclut que *si r, s,... sont des constantes différentes (réelles ou non), l'identité*

$$P_{\lambda-1} e^{rx} + Q_{\mu-1} e^{sx} + \ldots = 0$$

ne peut avoir lieu que si les polynomes P, Q,... *sont identiquement nuls* (*).

187. Cas des racines imaginaires. — Quand les racines $r, s, \ldots$ ne sont pas toutes réelles, l'intégrale trouvée contient des imaginaires, mais elle subsiste, car les règles de dérivation des exponentielles ne sont pas changées. On peut, par une transformation, lui restituer la forme réelle.

Nous supposons ici que $f(D)$ est un polynome à coefficients réels, de sorte que ses racines imaginaires sont conjuguées deux à deux. Soit $r = \alpha + \beta i$ et $s = \alpha - \beta i$ un couple de racines conjuguées de l'ordre λ de multiplicité. Les termes correspondants de

(*) Il est facile de prouver directement ce théorème. Admettons, par impossible, que cette identité ait lieu pour les valeurs réelles de x, un coefficient au moins de chaque polynome n'étant pas nul. D'abord l'identité subsiste pour les valeurs imaginaires (car son premier membre est alors une somme de séries potentielles qui se détruisent). Soit r celle des quantités $r, s, \ldots$ qui a le plus grand module, ou l'une d'elles s'il y a plusieurs modules égaux. Remplaçons x par $x : r$ et faisons tendre x vers l'infini positif. Après cette substitution (qui n'altère pas nos hypothèses sur les polynomes P, Q,...), l'identité prend la forme

$$Pe^{x} + e^{\frac{s}{r}x} + \ldots = 0.$$

Mais les coefficients $\frac{s}{r}, \ldots$ diffèrent tous de 1 et ont tous des modules $\leqslant 1$ par hypothèse, ce qui exige que *leurs parties réelles soient toutes* < 1. Donc, pour x infini positif, le premier terme Pe^{x} est d'ordre supérieur à tous les autres et l'identité est impossible.

la formule (**10**) peuvent s'écrire, en désignant par P et Q deux polynomes arbitraires de degré ($\lambda - 1$),

$$\mathrm{P}e^{rx} + \mathrm{Q}e^{sx} = e^{\alpha x}(\mathrm{P}e^{\beta ix} + \mathrm{Q}e^{-\beta ix}).$$

Remplaçons $e^{\beta ix}$ par $\cos\beta x + i\sin\beta x$, $e^{-\beta ix}$ par $\cos\beta x - i\sin\beta x$; l'ensemble des termes considérés se met sous la forme

$$e^{\alpha x}[(\mathrm{P}+\mathrm{Q})\cos\beta x + i(\mathrm{P}-\mathrm{Q})\sin\beta x]$$

ou plus simplement,

$$(\mathbf{11}) \qquad e^{\alpha x}[\mathrm{P}_{\lambda-1}\cos\beta x + \mathrm{Q}_{\lambda-1}\sin\beta x],$$

car on peut considérer $\mathrm{P}+\mathrm{Q}$ et $i(\mathrm{P}-\mathrm{Q})$ comme deux polynomes réels arbitraires $\mathrm{P}_{\lambda-1}$ et $\mathrm{Q}_{\lambda-1}$ de degré $\lambda - 1$. Il suffit, en effet, pour cela, que les deux polynomes P et Q soient conjugués.

Les termes de l'intégrale qui correspondent aux racines conjuguées r et s s'écriront donc sous la forme (**11**) et l'on opérera de même pour les autres couples de racines conjuguées s'il y en a.

En particulier, si les racines conjuguées r et s sont simples, les termes correspondants de l'intégrale générale seront

$$(\mathbf{12}) \qquad e^{\alpha x}[\mathrm{C}_1\cos\beta x + \mathrm{C}_2\sin\beta x]$$

ou, ce qui revient au même,

$$\mathrm{C}e^{\alpha x}\cos(\beta x + \mathrm{C}'),$$

C et C′ désignant deux nouvelles constantes, liées aux premières par les relations $\mathrm{C}_1 = \mathrm{C}\cos\mathrm{C}'$ et $\mathrm{C}_2 = -\mathrm{C}\sin\mathrm{C}'$.

188. Exemples. — I. Les deux équations

$$(\mathrm{D}^2 + 5\mathrm{D} + 6)y = 0, \qquad (\mathrm{D}^2 - 2\mathrm{D} + 1)y = 0,$$

ont pour caractéristiques

$$(\mathrm{D}+2)(\mathrm{D}+3) = 0, \qquad (\mathrm{D}-1)^2 = 0,$$

et pour intégrales

$$y = \mathrm{C}e^{-2x} + \mathrm{C}_1e^{-3x}, \qquad y = (\mathrm{C} + \mathrm{C}_1x)e^{x}.$$

II. Soit l'équation

$$(\mathrm{D}^4 + 8\mathrm{D}^2 + 16)y = 0.$$

L'équation caractéristique $(D^2 + 4)^2 = 0$ a les racines doubles imaginaires $\pm 2i$; l'intégrale générale sera

$$y = (C + C_1 x) \cos 2x + (C_2 + C_3 x) \sin 2x.$$

III. Soit l'équation

$$(D^4 + 4a^4) y = 0.$$

L'équation caractéristique

$$D^4 + 4a^4 = (D^2 + 2a^2)^2 - (2aD)^2 = 0$$

a les racines $\pm a (1 \pm i)$; l'intégrale générale sera

$$y = Ce^{ax} \cos (ax + C') + C_1 e^{-ax} \cos (ax + C'_1).$$

§ 7. Intégration des équations linéaires à coefficients constants avec second membre

189. Intégration des équations simples. — Soit l'équation simple

$$(1) \qquad (D - r)^\lambda y = \varphi(x).$$

Multiplions-la par e^{-rx} et transformons-la par la formule (**6**) du n° 183; elle devient

$$D^\lambda . e^{-rx} y = e^{-rx} \varphi(x).$$

On en tire d'abord $e^{-rx} y$ par λ quadratures consécutives, et ensuite y par la formule

$$(2) \qquad y = e^{rx} \int\int \ldots \int e^{-rx} \varphi(x) \, dx^\lambda .$$

Cette expression est la somme d'une intégrale particulière de l'équation complète et de l'intégrale générale $P_{\lambda-1} e^{rx}$ de l'équation sans second membre. Pratiquement, pour calculer y, on peut effectuer les quadratures sans introduire de constante, ce qui fournit l'intégrale particulière, et ajouter ensuite l'intégrale de l'équation sans second membre.

Réduction de plusieurs quadratures successives a une seule intégrale définie. — Considérons l'équation différentielle

$$(3) \qquad D^\lambda u = \psi(x),$$

d'où

$$(4) \qquad u = \int\int \ldots \int \psi(x)\, dx^\lambda .$$

On vérifie directement qu'*on obtient une intégrale particulière par la formule*, déjà signalée (n° 164),

$$(5) \qquad u = \int_{x_0}^{x} \frac{(x-t)^{\lambda-1}}{(\lambda-1)!}\, \psi(t)\, dt,$$

où x_0 est une constante arbitraire.

En effet, si l'on dérive d'abord $(\lambda - 1)$ fois de suite par la règle de Leibniz complétée (n° 20), le terme provenant de la variation de la limite supérieure est nul chaque fois (la fonction sous le signe $\int$ s'annulant à cette limite), et il suffit de dériver sous le signe, ce qui donne

$$D^{\lambda-1}u = \int_{x_0}^{x} \psi(t)\, dt.$$

Enfin, en dérivant une fois de plus, il vient $D^\lambda u = \psi(x)$.

Si l'on fait maintenant $\psi(x) = e^{-rx}\varphi(x)$, on trouve la solution particulière

$$\int\int \ldots \int e^{-rx}\varphi(x)\, dx^\lambda = \int_{x_0}^{x} \frac{(x-t)^{\lambda-1}}{(\lambda-1)!}\, e^{-rt}\varphi(t)\, dt.$$

On obtient donc une intégrale particulière de l'équation complète (1) par la formule pratique :

$$(6) \qquad y = \int_{x_0}^{x} \frac{(x-t)^{\lambda-1}}{(\lambda-1)!}\, e^{r(x-t)}\varphi(t)\, dt.$$

Représentation symbolique de l'intégrale. — Il sera commode de représenter l'intégrale générale de l'équation

$$(D - r)^\lambda y = \varphi(x)$$

par le symbole

$$y = \frac{\varphi(x)}{(D-r)^\lambda}$$

qu'on obtient en résolvant l'équation par rapport à y comme si $(D - r)$ était une quantité. Nous allons voir l'utilité de cette convention dans le n° suivant.

190. **Intégration des équations linéaires complètes à coefficients constants dans le cas général.** — Comme l'intégrale de l'équation sans second membre est connue, cette intégration se ramène à des quadratures d'après un théorème général (n° 163).

Soit donc à intégrer l'équation

$$(7)\qquad f(D)\,y = \varphi(x).$$

Nous allons montrer que *le problème de réduire cette intégration à des quadratures revient à décomposer* 1 : $f(D)$ *en une somme de fractions simples.*

Supposons, en effet, que l'on connaisse la décomposition de $f(D)$ en facteurs :

$$f(D) = (D - r)^\lambda (D - s)^\mu \dots$$

et celle de 1 : $f(D)$ en fractions simples :

$$\frac{1}{f(D)} = \frac{A_1}{D - r} + \frac{A_2}{(D - r)^2} + \dots + \frac{A_\lambda}{(D - r)^\lambda} + \frac{B_1}{D - s} + \dots$$

Isolons successivement dans $f(D)$ les divers facteurs $(D - r)$, $(D - r)^2, \dots$ $(D - s)\dots$ L'équation à intégrer s'écrira sous les diverses formes

$$(D - r)\left[\frac{f(D)}{(D - r)}y\right] = \varphi, \qquad (D - r)^2\left[\frac{f(D)}{(D - r)^2}y\right] = \varphi, \dots$$

$$(D - s)\left[\frac{f(D)}{(D - s)}y\right] = \varphi, \dots$$

Chacune de ces équations est une équation simple avec second membre quand on prend la quantité entre crochets comme inconnue. Il vient, en les intégrant et en utilisant la représentation symbolique indiquée à la fin du n° précédent,

$$\frac{f(D)}{D - r}y = \frac{\varphi}{D - r}, \quad \frac{f(D)}{(D - r)^2}y = \frac{\varphi}{(D - r)^2}, \dots \quad \frac{f(D)}{D - s}y = \frac{\varphi}{D - s}, \dots$$

Multiplions respectivement ces équations par les constantes A_1, $A_2, \dots$ $B_1, \dots$ de la décomposition de 1 : $f(D)$ en fractions simples et ajoutons, il vient, par l'identité (5) du n° 182,

$$(8)\qquad y = \frac{A_1\varphi}{D - r} + \frac{A_2\varphi}{(D - r)^2} + \dots + \frac{A_\lambda\varphi}{(D - r)^\lambda} + \frac{B_1\varphi}{D - s} + \dots$$

Cette formule s'obtient, tout simplement, en remplaçant dans la relation

$$y = \frac{1}{f(D)}\,\varphi(x)$$

$1 : f(D)$ par son développement en une somme de fractions simples et c'est la formule de réduction de l'intégrale cherchée à des intégrales d'équations simples, donc à des quadratures.

D'après notre raisonnement, toute intégrale y rentre dans la formule précédente. Mais les constantes d'intégration restent arbitraires, car, en réunissant les termes qui renferment ces constantes, on forme l'intégrale générale de l'équation sans second membre.

Pratiquement, pour obtenir l'intégrale générale y, on remplacera chaque terme de la formule (**8**) par l'intégrale particulière correspondante fournie par la formule (**6**), puis on ajoutera l'intégrale de l'équation sans second membre.

Si les racines r, s,... ne sont pas toutes réelles, la solution sera, en apparence, compliquée de coefficients et d'exponentielles imaginaires, mais ces imaginaires disparaîtront d'elles-mêmes par l'addition des termes conjugués, ainsi que nous l'avons vérifié pour l'équation sans second membre.

Cas particulier. — *Si toutes les racines $f(D)$ sont simples*, la décomposition en fractions se fait par la formule connue (t. 1er, n° 97) et la formule d'intégration devient

$$y = \frac{\varphi(x)}{f(D)} = \frac{1}{f'(r)}\,\frac{\varphi}{D-r} + \frac{1}{f'(s)}\,\frac{\varphi}{D-s} + \dots$$

Remplaçons chaque terme de cette formule par l'intégrale particulière (**6**) du n° 189 et ajoutons l'intégrale générale Y de l'équation sans second membre, nous obtenons l'intégrale

$$(9)\qquad y = Y + \int_{x_0}^{x}\left[\frac{e^{r(x-t)}}{f'(r)} + \frac{e^{s(x-t)}}{f'(s)} + \dots\right]\varphi(t)\,dt.$$

Exemple. — Soit à intégrer l'équation

$$(D^2 + a^2)y = (D + ai)(D - ai)y = \varphi(x).$$

Les racines sont $r = ai$, $s = -ai$ et l'on a $f'(D) = 2D$; faisons $x_0 = 0$ dans la formule (9), elle nous donne

$$y = Y + \int_0^x \frac{e^{ai(x-t)} - e^{-ai(x-t)}}{2ai} \varphi(t)\, dt.$$

Remplaçons encore Y par sa valeur, nous obtenons l'intégrale

$$y = A \cos ax + B \sin ax + \frac{1}{a}\int_0^x \varphi(t) \sin a(x-t)\, dt.$$

191. Intégration de l'équation complète par la détermination directe d'une intégrale particulière. — Quand on trouve facilement une intégrale particulière de l'équation complète

$$f(D) y = \varphi(x),$$

l'intégrale générale s'obtient le plus facilement en ajoutant à celle-là l'intégrale générale de l'équation sans second membre. Nous allons examiner les principales formes de $\varphi(x)$ pour lesquelles on trouve directement une intégrale particulière.

PREMIER CAS. — *$\varphi(x)$ est un polynome P_k de degré k.* L'équation est donc de la forme

$$f(D) y = P_k.$$

Si $f(D)$ n'a pas de racine nulle, l'équation admet comme solution particulière un polynome déterminé de degré k; si $f(D)$ a λ racines nulles, l'équation admet une solution particulière de la forme $x^\lambda Q_k$ où Q_k est encore un polynome déterminé de degré k.

Ces polynomes peuvent s'obtenir par la méthode des coefficients indéterminés, ou par le procédé suivant, qui nous servira de démonstration.

En premier lieu, si $f(D)$ n'a pas de racine nulle, on peut développer $1 : f(D)$ suivant les puissances de D par la formule de Maclaurin. Arrêtons-nous après le terme d'ordre k; nous aurons, M désignant un polynome en D (t. Ier, n° 79),

$$\frac{1}{f(D)} = b_0 + b_1 D + \ldots + b_k D^k + D^{k+1} \frac{M}{f(D)},$$

d'où

$$1 = f(D)\,(b_0 + b_1 D + \ldots + b_k D^k) + M D^{k+1}.$$

Le second membre définit donc une opération d'effet nul ; effectuons-la sur P_k, en observant que $D^{k+1}P_k = 0$; il vient

$$f(D)\,[(b_0 + b_1 D + \ldots + b^k)P_k] = P_k.$$

Donc, *si* $f(D)$ *n'a pas de racine nulle, on obtient une solution particulière en faisant la somme des termes de degrés* $\leqslant k$ *dans le développement de* $1 : f(D)$ *suivant les puissances de* D, *et en effectuant sur* P_k *l'opération représentée par cette somme. Le résultat sera un polynome de degré* k.

En second lieu, si $f(D)$ a λ racines nulles, observons que l'on a $f(D) = D^\lambda f_1(D)$, mettons l'équation sous la forme

$$f_1(D)[D^\lambda y] = P_k$$

et prenons $D^\lambda y$ pour inconnue : nous sommes ramenés au cas précédent. Donc $D^\lambda y$ est un polynome de degré k, qui peut se calculer à l'aide du développement de $1 : f_1(D)$ par la formule de Maclaurin. Connaissant $D^\lambda y$, tirons-en une solution y par λ quadratures sans introduire de constante : cette solution sera de la forme $x^\lambda Q_k$.

Chaque fois que l'on connaît ou que l'on obtient facilement le développement de Maclaurin sur lequel repose le calcul précédent, cette méthode est la plus commode en pratique et, dans les cas simples, elle permet même d'écrire à première vue une solution de l'équation. Mais, si le développement en question ne s'obtient que par des calculs minutieux, il sera généralement plus expéditif d'employer la méthode des coefficients indéterminés. On substituera dans l'équation une expression de la forme indiquée en laissant indéterminés les coefficients du polynome Q_k. En identifiant les deux membres, on obtiendra un système d'équations linéaires déterminant tous les coefficients inconnus, car, comme aucun terme de la solution particulière cherchée n'entre dans l'intégrale de l'équation sans second membre, aucun des coefficients ne peut rester arbitraire.

Deuxième cas. — *Si* $\varphi(x)$ *est le produit d'un polynome par une exponentielle*, l'équation est de la forme

$$f(D)y = P_k e^{ax},$$

Ce cas se ramène au précédent par la substitution

$$y = e^{ax} z.$$

En effet, si l'on remplace r par $-a$ dans la formule (6) du n° 183, on en tire

$$D^\lambda e^{ax} z = e^{ax} (D + a)^\lambda z.$$

Si l'on applique cette formule pour chaque terme de $f(D)$, on en déduit la formule générale

$$(10) \qquad f(D)\, e^{ax} z = e^{ax} f(D + a) z.$$

Donc, après suppression du facteur commun e^{ax}, l'équation transformée sera

$$f(D + a) z = P_k.$$

Connaissant une solution particulière z, on en déduit une solution particulière y.

Troisième cas. — *Si $\varphi(x)$ est une somme de termes des types précédents*, donc si l'équation est de la forme

$$f(D) y = P_k + Q_1 e^{ax} + \ldots,$$

on cherchera séparément des intégrales $u, v, \ldots$ des diverses équations

$$f(D) u = P_k, \qquad f(D) v = Q_1 e^{ax}, \ldots$$

et, en faisant leur somme $u + v + \ldots$, on aura une intégrale particulière de la proposée. On le constate par l'addition des équations précédentes.

Quatrième cas. — *Si l'équation est de l'une des formes suivantes* :

$$f(D) y = P_k e^{ax} \cos bx, \qquad f(D) z = P_k e^{ax} \sin bx,$$

on peut la ramener aux types précédents en remplaçant les lignes trigonométriques par des exponentielles imaginaires; mais, si les données sont réelles, on obtiendra plus facilement une intégrale en prenant respectivement pour y et pour z la partie réelle et le coefficient de i dans une solution u de l'équation

$$f(D) u = P_k e^{(a+bi)x}$$

car cette équation se décompose dans les deux précédentes en posant $u = y + zi$.

192. Exemples. — Soient à intégrer les deux équations

$$(D^2 + 1)y = \cos x, \qquad (D^2 + 1)z = \sin x.$$

Nous intégrons donc $(D^2 + 1)u = e^{ix}$. Substituant $u = te^{ix}$, il vient

$$[(D + i)^2 + 1]t = 1, \qquad \text{d'où} \qquad (D + 2i)Dt = 1.$$

Le terme de degré 0 dans $1 : (D + 2i)$ est $1 : 2i$; on a donc

$$Dt = \frac{1}{2i}, \qquad \text{d'où} \qquad t = \frac{x}{2i}, \qquad u = \frac{xe^{ix}}{2i}.$$

Les intégrales particulières cherchées y et z seront

$$y = \frac{x \sin x}{2}, \qquad z = -\frac{x \cos x}{2}.$$

193. Equations d'Euler réductibles à celles à coefficients constants. — Elles sont de la forme

$$(11) \quad x^n \frac{d^n y}{dx^n} + a_1 x^{n-1} \frac{d^{n-1}y}{dx^{n-1}} + \ldots + a_{n-1} \frac{dy}{dx} + a_n y = \varphi(x),$$

et elles se ramènent aux coefficients constants en changeant de variable indépendante par la substitution

$$x = e^t, \qquad dx = e^t dt.$$

En effet, soit D le signe de dérivation par rapport à t ; ayons égard à la formule $D.e^{at}u = e^{at}(D + a)u$; il vient, de proche en proche,

$$\frac{dy}{dx} = e^{-t}Dy, \qquad \frac{d^2y}{dx^2} = e^{-t}D(e^{-t}Dy) = e^{-2t}D(D - 1)\,y, \ldots$$

c'est-à-dire

$$x\frac{dy}{dx} = Dy, \qquad x^2 \frac{d^2y}{d^2x} = D(D - 1)y, \ldots$$

et, en général,

$$x^p \frac{d^p y}{dx^p} = D(D - 1)(D - 2) \ldots (D - p + 1)y.$$

Substituant ces valeurs dans l'équation (11), elle se transforme en une autre à coefficients constants, que l'on peut écrire immédiatement.

REMARQUE. — Si l'on considérait l'équation plus générale

$$(px+q)^n \frac{d^n y}{dx^n} + a_1(px+q)^{n-1} \frac{d^{n-1}y}{d^{n-1}x} + \ldots + a_n y = \varphi(x),$$

on la ramènerait à la précédente en prenant $px + q$ comme variable indépendante.

EXERCICES

1. Intégrer les équations suivantes (méthode du n° 190) :

$$(D^2 + D + 1)y = \sin 2x$$
$$(D^4 + 2D^2 + 1)y = x^2 \cos ax$$
$$(D^2 + 4)y = x \sin^2 x$$
$$(D + 1)^3 y = e^{-x} + x^2$$
$$(D + c)^n y = \cos ax.$$

2. Réduire à des quadratures les intégrations des équations précédentes, après y avoir remplacé le second membre par une fonction quelconque $\varphi(x)$. Etudier, en particulier, les cas où $\varphi(x) = x^{-1}$, $\operatorname{tg} x$, etc.

3. Intégrer les équations linéaires

$$x(1-x)y'' + \left(\frac{3}{2} - 2x\right)y' - \frac{y}{4} = 0,$$
$$(x^2 - 1)y'' + 2(x-1)y' - 2y = \frac{2}{x-1},$$

sachant que la première admet une solution particulière $y = x^n$ (n à déterminer) et que l'équation sans second membre correspondant à la seconde admet comme solution un polynome du premier degré à déterminer.

R. $n = -\frac{1}{2}$; le polynome est $x - 1$. Ces solutions connues, les équations s'abaissent au premier ordre.

4. Intégrer l'équation linéaire

$$y''' + 3\frac{1+x}{x}y'' + \frac{6}{x}y' - 4y = 0,$$

sachant qu'elle se ramène à une équation à coefficients constants par une substitution $y = z : u$ où u est un polynome en x à déterminer.

R. $u = x$.

§ 8. Intégration par les séries Equations de Bessel et de Riccati

194. Fonction et équation de Bessel. — Soit n un nombre quelconque (non entier, s'il est négatif). Nous définirons la *fonction* I_n *de Bessel* par la série potentielle, convergente pour toutes les valeurs de x,

$$(1) \quad I_n = \sum_0^\infty a_p x^p \quad \text{où} \quad a_p = \frac{1}{p!\,(n+1)(n+2)\dots(n+p)}$$

et nous conviendrons que, si $p = 0$, on a $0! = 1$, $a_0 = 1$.

Cette fonction vérifie une équation différentielle que nous allons former. On a

$$\frac{d}{dx} \cdot x^n I_n = \Sigma (n+p) a_p x^{n+p-1}$$

$$\frac{d}{dx} \cdot \frac{1}{x^{n-1}} \frac{d}{dx} x^n I_n = \Sigma p(n+p)\, a_p x^{p-1} = \Sigma a_{p-1} x^{p-1} = I_n.$$

C'est l'équation cherchée, qui peut s'écrire, tous calculs faits,

$$x \frac{d^2 I_n}{dx^2} + (1+n) \frac{dI_n}{dx} - I_n = 0.$$

Donc I_n est une intégrale particulière de l'équation

$$(2) \qquad x \frac{d^2 y}{dx^2} + (1+n) \frac{dy}{dx} - y = 0,$$

que nous appellerons *équation de Bessel* (*).

195. Théorème. — *L'équation de Bessel ne change pas de forme par la substitution*

$$y = \frac{z}{x^n},$$

seulement n change de signe dans l'équation.

En dérivant cette formule, il vient

$$\frac{dy}{dx} = \frac{1}{x^n} \frac{dz}{dx} - \frac{nz}{x^{n+1}} \qquad \frac{d^2 y}{dx^2} = \frac{1}{x^n} \frac{d^2 z}{dx^2} - \frac{2n}{x^{n+1}} \frac{dz}{dx} + \frac{n(n+1)z}{x^{n+2}}$$

et, par la substitution de ces valeurs, l'équation de Bessel devient

$$(3) \qquad x \frac{d^2 z}{dx^2} + (1-n) \frac{dz}{dx} - z = 0.$$

(*) On prend souvent aussi comme forme canonique de l'équation de Bessel les équations (11) du n° 200 ou encore d'autres transformées que nous ne rencontrerons pas ici.

Remarques. — I. Si x est négatif, la substitution précédente peut être imaginaire, mais la substitution

$$y = \frac{z}{(-x)^n}$$

sera réelle et conduira à la même équation (3), car la nouvelle valeur de z ne diffère de la précédente que par un facteur constant. On peut donc toujours éviter l'introduction des imaginaires.

II. Il résulte du théorème précédent que, dans l'étude de l'équatiion de Bessel, il sera toujours permis de supposer n nul ou positif, car, si n était négatif, on le rendrait positif par la substitution précédente.

196. Intégration de l'équation de Bessel quand n n'est pas un nombre entier. — Dans ce cas, *l'intégrale générale s'exprime par les fonctions de Bessel.*

En effet, I_n est une première intégrale particulière de l'équation (2); I_{-n} est une intégrale particulière de l'équation (3), donc $I_{-n} : x^n$ est une seconde intégrale particulière de l'équation (2) et elle est évidemment indépendante de la première, parce qu'elle renferme des puissances fractionnaires. L'intégrale générale de l'équation (2) sera donc

$$(4) \qquad y = CI_n + C_1 \frac{I_{-n}}{x^n}.$$

Si x était négatif et qu'on voulût éviter l'introduction des imaginaires, on remplacerait au besoin le dénominateur x^n par $(-x)^n$.

Remarque. — Si n est entier, une des deux séries I_n ou I_{-n} cesse d'exister, car tous ses coefficients deviennent infinis à partir d'un certain rang. Mais il y a toujours une des deux séries et, par conséquent, une des deux intégrales particulières qui subsiste. Dans ce cas, l'intégration se ramène aux quadratures par les théorèmes généraux (n° 165).

Supposons que n soit positif; c'est alors l'intégrale particulière I_n qui subsiste, et la formule d'intégration sera (n° 165)

$$y = CI_n + C_1 I_n \int \frac{dx}{x^{n+1} I_n^2}.$$

Mais cette intégrale peut encore s'exprimer par des séries potentielles, moins simples toutefois que celles de Bessel. Nous allons les faire connaître.

197. Nouvelles séries liées à celle de Bessel. — En dérivant I_n par rapport à n, on forme une nouvelle série potentielle, convergente pour toutes les valeurs de x et à coefficients rationnels. Nous la désignerons par I'_n et l'on aura, a_p étant défini par la formule (1),

$$(5) \qquad I'_n = \sum_1^\infty a'_p x^p, \qquad a'_p = -a_p \sum_{n+1}^{n+p} \frac{1}{\lambda}.$$

Considérons, d'autre part, la série potentielle, dépendant de deux paramètres ε et n,

$$\varphi(x, n, \varepsilon) = 1 + \frac{x}{(n+1)(\varepsilon+1)} + \frac{x^2}{(n+1)(n+2)(\varepsilon+1)(\varepsilon+2)} + \ldots$$

laquelle se réduit à I_n pour $\varepsilon = 0$.

Celle-ci peut être dérivée par rapport à ε et l'on trouve, pour $\varepsilon = 0$, la série potentielle à coefficients rationnels

$$(6) \qquad \varphi'_\varepsilon(x, n, 0) = \sum_1^\infty b_p x^p, \qquad b_p = -a_p \sum_1^p \frac{1}{\lambda}.$$

Nous allons montrer que, quand n est entier, l'intégration de l'équation de Bessel se fait au moyen des séries (1), (5) et (6).

198. Intégration de l'équation de Bessel quand n est nul. — Dans ce cas, les deux séries I_n et I_{-n} se confondent. Nous avons toujours une intégrale particulière I_0. Il s'agit d'en obtenir une seconde.

A cet effet, considérons d'abord l'équation dans laquelle n est une quantité positive infiniment petite ε. Nous avons les deux intégrales distinctes I_ε et $I_{-\varepsilon} : x^\varepsilon$. Mais nous pouvons remplacer la seconde par la combinaison linéaire

$$\frac{1}{\varepsilon}\left[I_\varepsilon - \frac{I_{-\varepsilon}}{x^\varepsilon}\right] = \frac{x_\varepsilon I_\varepsilon - I_{-\varepsilon}}{x^\varepsilon \cdot \varepsilon}.$$

Quand ε tend vers 0, celle-ci a une limite finie Y_0, qui s'obtient par la règle de l'Hospital :

$$(7) \qquad Y_0 = \lim_{\varepsilon=0} D_\varepsilon \left[x^\varepsilon I_\varepsilon - I_{-\varepsilon} \right] = I_0 \operatorname{Log} x + 2 I'_0.$$

Cette nouvelle intégrale Y_0 s'exprime donc au moyen de la fonction de Bessel I_0 et de la série (5) I'_0. Elle est évidemment distincte de I_0 puisqu'elle renferme un logarithme. L'intégrale générale sera

$$y = CI_0 + C_1 Y_0.$$

Remarque. — On a admis, dans cette démonstration, que la limite d'une intégrale de l'équation de Bessel où n tend vers 0, est une intégrale de cette équation pour $n = 0$. Ce postulat est une conséquence des propositions énoncées au n° 133. Nous ferons usage, dans le n° suivant, d'un postulat analogue, fondé sur les mêmes propositions.

199. Intégration de l'équation de Bessel quand n est entier et > 0. — Si n est un entier différent de 0, on peut le supposer positif (n° 195). Dans ce cas, la série I_{-n} cesse d'exister, mais l'intégrale particulière I_n subsiste toujours. Il s'agit d'en obtenir une seconde.

Remplaçons d'abord n par $n - \varepsilon$ (ε étant infiniment petit). Les n premiers termes de $I_{-n+\varepsilon}$ ne renferment pas le facteur ε au dénominateur et sont, par conséquent, finis : nous désignerons leur somme par N_ε. Tous les termes suivants, au contraire, sont infinis et ils renferment un facteur commun indépendant de x, que nous désignerons par $A_\varepsilon : \varepsilon$, en posant

$$A_\varepsilon = \frac{(-1)^{n-1}}{n!\,(1-\varepsilon)(2-\varepsilon)\ldots(n-1-\varepsilon)}.$$

Considérons donc le produit $\varepsilon I_{\varepsilon-n}$; il peut, eu égard à la définition (n° 197) de $\varphi(x, n, \varepsilon)$, se mettre sous la forme suivante

$$(8) \qquad \varepsilon I_{\varepsilon-n} = \varepsilon N_\varepsilon + x^n A_\varepsilon\, \varphi(x, n, \varepsilon).$$

Donc, ε tendant vers 0, on a, à la limite, φ tendant alors vers I_n,

$$(9)\qquad [\varepsilon I_{\varepsilon-n}]_0 = x^n A_0 I_n, \qquad A_0 = \frac{(-1)^{n-1}}{n!\,(n-1)!}.$$

Tant que ε n'est pas nul, $I_{n-\varepsilon}$ et $\varepsilon I_{\varepsilon-n} : x^{n-\varepsilon}$ sont deux intégrales indépendantes de l'équation de Bessel, mais elles cessent d'être distinctes pour $\varepsilon = 0$, en vertu de l'équation (9). Pour en obtenir une nouvelle, considérons la combinaison linéaire (qui est aussi une intégrale)

$$\frac{\varepsilon I_{\varepsilon-n} - A_0 x^{n-\varepsilon} I_{n-\varepsilon}}{\varepsilon x^{n-\varepsilon}}$$

et cherchons-en la limite pour $\varepsilon = 0$. C'est une expression de la forme $0 : 0$; en vertu de la règle de l'Hospital, sa valeur pour $\varepsilon = 0$ sera

$$\frac{1}{x^n} D_\varepsilon \left[\varepsilon I_{\varepsilon-n} - A_0 x^{n-\varepsilon} I_{n-\varepsilon}\right]$$

Mais, pour $\varepsilon = 0$, il vient, par la formule (8),

$$D_\varepsilon (\varepsilon I_{\varepsilon-n}) = N_0 + x^n A_0 \varphi'_\varepsilon(x, n, 0) + x^n A'_0 I_n,$$

de sorte que la limite cherchée a pour expression

$$\frac{N_0}{x^n} + A_0[\varphi'_\varepsilon(x, n, 0) + I'_n + I_n \operatorname{Log} x] + A'_0 I_n.$$

Supprimant le dernier terme qui n'est pas distinct de I_n, nous formons notre seconde intégrale particulière Y_n, à savoir

$$(10)\qquad Y_n = \frac{N_0}{x^n} + A_0[\varphi'_\varepsilon(x, n, 0) + I'_n + I_n \operatorname{Log} x].$$

Celle-ci s'exprime donc au moyen des trois séries potentielles I_n, I'_n et $\varphi'_\varepsilon(x, n, 0)$; la première est la fonction de Bessel, et les deux autres sont définies par les formules (5) et (6). Le coefficient A_0 est une constante (9) et enfin, par définition de N_ε, N_0 comprend les n premiers termes de I_{-n}, de sorte que

$$\frac{N_0}{x^n} = \frac{1}{x^n} + \frac{c_1}{x^{n-1}} + \ldots + \frac{c_{n-1}}{x}, \quad c_p = \frac{(-1)^p}{p!(n-1)(n-2)\ldots(n-p)}.$$

L'intégrale générale de l'équation de Bessel sera donc, dans ce cas-ci,

$$y = CI_n + C_1Y_n.$$

200. Transformées de l'équation de Bessel. Equation de Riccati. — Changeons de variable indépendante par la relation $x = \varphi(t)$. En accentuant les dérivées par rapport à t, on a

$$\frac{dy}{dx} = \frac{y'}{x'}, \qquad \frac{d^2y}{dx^2} = \frac{x'y'' - x''y'}{x'^3};$$

l'équation de Bessel

$$x\frac{d^2y}{dx^2} + (1+n)\frac{dy}{dx} - y = 0$$

devient ainsi, après multiplication par x',

$$\frac{x}{x'}y'' + \left(1 + n - \frac{x}{x'}\frac{x''}{x'}\right)y' - x'y = 0.$$

Voici quelques cas particuliers de cette transformation générale :

1° Quel que soit le signe de x, on peut toujours faire, sans introduire d'imaginaires, une des deux substitutions

$$x = \pm\frac{t^2}{4}, \quad \text{d'où} \quad x' = \pm\frac{t}{2}. \quad \frac{x}{x'} = \frac{t}{2}, \quad \frac{x''}{x'} = \frac{1}{t}.$$

L'équation transformée sera

$$\text{(II)} \qquad y'' + \frac{2n+1}{t}y' \mp y = 0.$$

2° Plus généralement, faisons la substitution

$$x = \alpha t^\beta \quad \text{d'où} \quad x' = \alpha\beta t^{\beta-1}, \quad \frac{x''}{x'} = \frac{\beta-1}{t}.$$

L'équation transformée sera

$$t^2y'' + (\beta n - 1)ty' - \alpha\beta^2 t^\beta y = 0.$$

On peut disposer des trois constantes α, β et n de manière à identifier cette équation avec toute équation de la forme

$$t^2y'' + aty' + bt^m y = 0,$$

pourvu toutefois que b et m soient différents de 0, car la substitution suppose α et β différents de 0. Mais, si $m = 0$ ou si $b = 0$, cette dernière équation est une équation d'Euler (n° 193).

Les équations de cette dernière forme sont fréquentes dans les applications. Elles s'intégreront donc par les formules des nos précédents, en remplaçant x par une expression convenable de la forme αt^β.

3° *La transformée d'Euler de l'équation* (particulière) *de Riccati* (n° 145) s'obtient comme cas particulier de la transformation précédente.

Si l'on fait $n = 1 : \beta$ et qu'on change α en $\alpha : \beta^2$, on voit que l'équation de Bessel se ramène à

$$t^2 y'' - \alpha t^\beta y = 0, \qquad \text{par la substitution} \qquad x = \frac{\alpha t^\beta}{\beta^2}.$$

Faisons $\beta = m + 2$. On voit que l'*équation de Bessel* où $n = \dfrac{1}{m+2}$ se ramène à l'*équation transformée de Riccati* (n° 145) :

$$\textbf{(12)} \quad y'' - \alpha t^m y = 0, \qquad \text{par la substitution} \qquad x = \frac{\alpha t^{m+2}}{(m+2)^2}.$$

D'où, les conclusions suivantes :

Si $m + 2$ n'est pas l'inverse d'un entier, l'équation (**12**) s'intègre par les transcendantes I_n et I_{-n} en faisant $n = 1 : (m + 2)$ et en remplaçant x par la fonction de t qui précède.

Si $m + 2$ est l'inverse d'un nombre entier, l'intégration exigera l'intervention des séries plus compliquées du n° 197.

Si $m + 2 = 0$, l'équation (**12**) se réduit à une équation d'Euler (n° 193) et s'intègre sans difficulté.

On verra, au n° suivant, que, quand $m : (m + 2)$ est un nombre pair, l'équation (**12**) s'intègre sous forme finie.

201. Intégration de l'équation de Bessel sous forme finie. — *L'équation de Bessel s'intègre sous forme finie si* $n + \frac{1}{2}$ *est un nombre entier (positif, nul ou négatif).*

Supposons, ce qui est permis, *n positif* (n° 195). Si $n + \frac{1}{2}$ est entier, c'est un entier positif p. Alors, par l'une des substitutions $x = \pm \dfrac{t^2}{4}$, l'équation de Bessel se ramène à l'une des deux équations (**11**)

$$\textbf{(13)} \qquad y'' + \frac{2p}{t} y' \pm y = 0.$$

Il faut donc montrer que *cette équation s'intègre sous forme finie quand p est un entier positif.*

A cet effet, observons que, t étant traité comme un paramètre, on a, par une intégration par parties,

$$\int e^{tu}(u^2 \pm 1)^{p-1} u du = \frac{e^{tu}}{2p}(u^2 \pm 1)^p - \frac{t}{2p}\int e^{tu}(u^2 \pm 1)^p du.$$

Nous allons tirer de cette relation la solution de l'équation de Bessel, en transformant les deux intégrales indéfinies qui y figurent par la formule symbolique du premier volume (n° 163), que voici

$$\int e^{tu} E(u) du = E(D_t)\frac{e^{tu}}{t} + C,$$

et dans laquelle $E(u)$ est un polynome (*). Cette formule s'applique aux deux intégrales susdites si p est entier positif, car $u(u^2 \pm 1)^{p-1}$ et $(u^2 \pm 1)^p$ sont des polynomes. Désignant par D les dérivées par rapport à t, il vient ainsi, à une constante près par rapport à u,

$$D(D^2 \pm 1)^{p-1}\frac{e^{tu}}{t} = \frac{e^{tu}}{2p}(u^2 \pm 1)^p - \frac{t}{2p}(D^2 \pm 1)^p \frac{e^{tu}}{t}.$$

Mais cette constante est nulle, car, si l'on suppose t positif, les deux membres de cette relation s'annulent pour $u = -\infty$. Donc cette relation est une identité. Elle subsiste pour toutes les valeurs réelles ou imaginaires de t et de u, car les dérivées des exponentielles se calculent toujours par les mêmes règles.

Multiplions l'identité précédente par $2p : t$ et posons, dans les deux membres,

$$(14) \qquad y = (D^2 \pm 1)^{p-1}\frac{e^{tu}}{t};$$

elle prend la forme

$$(D^2 \pm 1)y + \frac{2p}{t}Dy = \frac{e^{tu}}{t}(u^2 \pm 1)^p.$$

Le premier membre est précisément celui de l'équation (13). Donc, comme p est > 0, il suffit de choisir u de manière à annuler

(*) J'ai exposé cette méthode de calcul dans les *Annales de la Société Scientifique de Bruxelles*, 1905.

$u^2 \pm 1$ pour obtenir par la formule (14) une solution de l'équation (13). Examinons ces solutions pour chacune des déterminations du signe ambigu.

Premier cas : L'équation est de la forme

$$\frac{d^2y}{dt^2} + \frac{2p}{t}\frac{dy}{dt} - y = 0.$$

Il faut alors annuler $u^2 - 1$, ce qui donne pour u deux valeurs $+1$ et -1, auxquelles correspondent deux solutions indépendantes :

$$(D^2 - 1)^{p-1}\frac{e^t}{t}, \qquad (D^2 - 1)^{p-1}\frac{e^{-t}}{t}$$

ou, en faisant usage de la formule (10) du n° 191

$$e^t(D + 2)^{p-1} D^{p-1}\frac{1}{t}, \qquad e^{-t}(D - 2)^{p-1} D^{p-1}\frac{1}{t}.$$

Supprimant un facteur constant dans chacune de ces expressions, on obtient les deux intégrales particulières pratiques :

$$y_1 = e^t\left(1 + \frac{D}{2}\right)^{p-1}\frac{1}{t^p}, \qquad y_2 = e^{-t}\left(1 - \frac{D}{2}\right)^{p-1}\frac{1}{t^p}$$

qui s'explicitent entièrement avec la plus grande facilité. L'intégrale générale sera $y = Cy_1 + C_1y_2$

Deuxième cas : L'équation est de la forme

$$\frac{d^2y}{dt^2} + \frac{2p}{t}\frac{dy}{dt} + y = 0.$$

Il faut alors annuler $u^2 + 1$. Faisant $u = i$, on obtient la solution complexe

$$y = (D^2 + 1)^{p-1}\frac{e^{it}}{t},$$

qui se décompose elle-même en deux solutions réelles distinctes :

$$y_1 = (D^2 + 1)^{p-1}\frac{\cos t}{t}, \qquad y_2 = (D^2 + 1)^{p-1}\frac{\sin t}{t},$$

pouvant servir à former l'intégrale générale.

Mais, si l'on veut effectuer tous les calculs, il sera plus simple de procéder comme dans le premier cas. Mettant l'intégrale complexe sous la forme

$$y = e^{it}(D + 2i)^{p-1} D^{p-1}\frac{1}{t}$$

et supprimant un facteur constant, on a une nouvelle intégrale complexe

$$y = e^{it}\left(1 + \frac{D}{2i}\right)^{p-1}\frac{1}{t^p}.$$

Celle-ci s'exprime immédiatement sous forme explicite et l'on obtient deux intégrales réelles indépendantes en séparant le réel et l'imaginaire. Nous ne les écrirons pas. Si l'on ne se préoccupait pas d'obtenir une intégrale de forme réelle, on obtiendrait immédiatement une seconde intégrale complexe, indépendante de la précédente, en remplaçant dans celle-ci i par $-i$.

Cas d'intégrabilité de l'équation de Riccati. — L'équation $y'' - \alpha t^m y = 0$ se ramène (n° 200) à celle de Bessel où l'on fait $n = 1 : (m + 2)$. Pour que $n + \frac{1}{2}$ soit entier, il faut ainsi que

$$\frac{1}{m+2} + \frac{1}{2} \text{ soit entier } \left(\text{ou } \frac{m}{m+2} \text{ pair}\right).$$

Donc, pour que cette équation, qui est la transformée d'Euler de l'équation de Riccati, puisse se ramener aux équations que nous venons d'intégrer, il faut que $m : (m + 2)$ soit un nombre pair. Telle est aussi la condition d'intégrabilité sous forme finie de l'équation particulière de Riccati non transformée (n° 145),

$$y' + ay^2 = bx^m.$$

§ 9. Intégration ou réduction d'équations différentielles par des procédés particuliers

202. Equations où manque y. — Quand la fonction inconnue y manque dans une équation, *on abaisse d'une unité l'ordre de cette équation* en posant $p = \frac{dy}{dx}$ et en prenant p comme nouvelle inconnue.

En effet, l'équation proposée

$$(1) \qquad f\left(x, \frac{dy}{dx}, \frac{d^2y}{dx^2}, \dots \frac{d^ny}{dx^n}\right) = 0$$

se ramène ainsi à la suivante

$$(2) \qquad f\left(x, p, \frac{dp}{dx}, \dots \frac{d^{n-1}p}{dx^{n-1}}\right) = 0.$$

On intègre l'équation (2), ce qui conduit à une relation

$$(3) \qquad F(p, x) = 0.$$

Le calcul peut alors s'achever de diverses manières :

1° On résout l'équation (3) par rapport à p, ce qui donne $p = \varphi(x)$ et l'intégrale générale y de l'équation (1) s'en déduit par une quadrature :

$$y = \int p\,dx = \int \varphi(x)\,dx.$$

2° S'il est plus facile de résoudre l'équation (3) par rapport à x, on en tire $x = \psi(p)$. Alors on cherche aussi la valeur de y en fonction de p et il vient, par une quadrature,

$$y = \int p\,dx = \int p\psi'(p)\,dp = p\psi(p) - \int \psi(p)\,dp.$$

3° On exprime p et x en fonctions : $p = \varphi(t)$ et $x = \psi(t)$ d'un paramètre t. On obtient aussi y en fonction de t par une quadrature

$$y = \int p\,dx = \int \varphi(t)\,\psi'(t)\,dt.$$

Dans ces deux derniers cas, on connaît x et y en fonction d'un paramètre p ou t : c'est une *représentation paramétrique* de l'intégrale. Il suffirait d'éliminer p ou t pour revenir au mode de représentation habituel.

Exemple. — L'équation (où X et X_1 dépendent de x seul)

$$\frac{d^2y}{dx^2} + X\frac{dy}{dx} = X_1\left(\frac{dy}{dx}\right)^2$$

se ramène à une équation de Bernoulli (n° 144)

$$\frac{dp}{dx} + Xp = X_1 p^2.$$

Donc p, puis y s'obtiennent par des quadratures en fonction de x.

Plus généralement, *si y et ses k — 1 premières dérivées manquent dans l'équation, l'ordre s'abaissera de k unités* en posant $\frac{d^k y}{dx^k} = u$ et en prenant u comme nouvelle inconnue.

En effet, l'équation d'ordre n sera ramenée à celle d'ordre $n - k$

$$f\left(x, u, \frac{du}{dx}, \dots \frac{d^{n-k}u}{dx^{n-k}}\right) = 0.$$

L'intégrale de celle-ci sera de la forme

$$F(u, x) = 0. \tag{4}$$

Comme ci-dessus, le calcul peut s'achever de plusieurs manières :

1° On résout l'équation (4) par rapport à u, ce qui donne $u = \varphi(x)$ et l'intégrale générale y s'en déduit par k quadratures :

$$y = \iint \dots \int \varphi(x)\, dx^k. \tag{5}$$

2° On résout l'équation (4) par rapport à x, d'où $x = \psi(u)$ et l'on obtient y en fonction de u par k quadratures :

$$y = \iint \dots \int u\, dx^k = \iint \dots \int u \left[\psi'(u)\, du\right]^k, \tag{6}$$

le facteur $\psi'(u)\, du$ s'introduisant *une fois* à chaque intégration.

On a ainsi une *représentation paramétrique* de l'intégrale.

3° On exprime u et x en fonction d'un paramètre t, en sorte que $u = \varphi(t)$, $x = \psi(t)$. On obtient y en fonction de t par k quadratures :

$$y = \iint \dots \int \varphi(t) \left[\psi'(t)\, dt\right]^k.$$

Les quadratures consécutives de la formule (5) peuvent se ramener à une seule intégration par la formule (5) du n° 189. La formule (5) ci-dessus sera remplacée par

$$y = P_{k-1} + \int_{x_0}^{x} \frac{(x-t)^{k-1}}{(k-1)!} \varphi(t)\, dt,$$

où P_{k-1} est un polynome en x arbitraire de degré $< k$.

Exemples. — Les équations suivantes s'intègrent sous forme finie :

$$(1 - x^2)y'' - xy' = 2, \qquad 1 + y'^2 + xy'y'' = ay''\sqrt{1 + y'^2}.$$

On pose $y' = p$. La première équation est linéaire en p; la seconde devient différentielle exacte (n° 146) en la divisant par $\sqrt{1 + p^2}$.

203. Cas particulier. Equations qui ne contiennent que deux dérivées consécutives. — *Elles s'intègrent par des quadratures.*

En effet, elles sont de la forme

$$\frac{d^n y}{dx^n} = f\left(\frac{d^{n-1}y}{dx^{n-1}}\right);$$

donc, par la substitution $\dfrac{d^{n-1}y}{dx^{n-1}} = u$, elles se ramènent à une équation du premier ordre et à variables séparées

$$\frac{du}{dx} = f(u), \qquad \text{d'où} \qquad x = \int \frac{du}{f(u)} = \psi(u).$$

La valeur de y s'en déduit par $n - 1$ quadratures par l'une des deux méthodes 1° ou 2° du n° précédent. La méthode 2° se présente la première, puisque l'on connaît déjà la relation $x = \psi(u)$, et la valeur de y en fonction de u est immédiatement donnée par la formule (6). Pour employer la méthode 1°, il faut commencer par tirer $u = \varphi(x)$ de la relation $x = \psi(u)$ et alors y est donné en fonction de x par la formule (5).

Exemples. — Voici quelques équations pour lesquelles les quadratures se font aisément sous forme finie :

$$ay'' = (1 + y'^2)^{\frac{3}{2}}, \quad ay'' = \sqrt{1 + y'^2}, \quad y^{\text{IV}} = \sqrt{y'''}, \quad ay'' = y'(1 + y'^2).$$

Les deux équations de gauche sont celles d'un cercle et d'une chaînette.

204. Equations où manque x. — Quand la variable indépendante x manque, l'équation est de la forme

$$f\left(y, \frac{dy}{dx}, \frac{d^2y}{dx^2}, \ldots \frac{d^ny}{dx^n}\right) = 0. \tag{7}$$

Son ordre peut être abaissé d'une unité.

En effet, ce cas se ramène à celui où c'est la fonction qui manque (n° 202) en considérant x comme fonction de y. Mais il faut, pour cela, remplacer les dérivées de y par rapport à x par leurs expressions au moyen des dérivées de x par rapport à y. Celles-ci étant désignées par des accents, les formules (2) du n° 129 du 1er volume donnent, comme cas particulier, en y faisant $y' = 1$, $y'' = y''' = 0$,

$$\frac{dy}{dx} = \frac{1}{x'}, \qquad \frac{d^2y}{dx^2} = -\frac{x''}{x'^3}, \qquad \frac{d^3y}{dx^3} = \frac{3x''^2 - x'x'''}{x'^5}, \ldots$$

On substituera ces valeurs dans l'équation proposée et l'ordre s'abaissera d'une unité en prenant x' pour inconnue.

Mais, en pratique, on ne fait guère cette transformation. On prend plutôt $p = \frac{dy}{dx}$ comme nouvelle inconnue et on la considère comme fonction de y. On obtient une équation d'ordre moins élevé d'une unité entre y et p, car les dérivées de y par rapport à x s'expriment au moyen des dérivées, d'ordre moindre d'une unité, de p par rapport à y. Les formules de transformation sont

$$\frac{dy}{dx} = p, \qquad \frac{d^2y}{dx^2} = p\frac{dp}{dy}, \qquad \frac{d^3y}{dx^3} = p\frac{d}{dy}\left(p\frac{dp}{dy}\right), \ldots$$

Donc l'équation proposée, qui est d'ordre n, se ramènera à une équation d'ordre $n - 1$ entre y et p. Soit

$$(8) \qquad f\left(y, p, \frac{dp}{dy}, \ldots \frac{d^{n-1}p}{dy^{n-1}}\right) = 0$$

cette équation. Supposons qu'on sache l'intégrer, son intégrale sera

$$(9) \qquad F(y, p) = 0.$$

Le calcul peut alors s'achever de diverses manières :

1° On résout l'équation (9) par rapport à p, d'où $p = \varphi(y)$ et la valeur de x s'obtient par une quadrature :

$$x = \int \frac{dy}{p} = \int \frac{dy}{\varphi(y)}.$$

C'est l'intégrale générale de l'équation proposée.

2° S'il est plus facile de résoudre l'équation (9) par rapport à y, on en tire $y = \psi(p)$, ensuite x s'obtient aussi en fonction de p par une quadrature :

$$x = \int \frac{dy}{p} = \int \frac{\psi'(p)\, dp}{p} = \frac{\psi(p)}{p} + \int \frac{\psi(p)\, dp}{p^2}.$$

Donc x et y sont exprimés en fonction de p : c'est une *représentation paramétrique* de l'intégrale.

3° On exprime p et y en fonction d'un paramètre t par les formules $p = \varphi(t)$, $y = \psi(t)$. On en tire

$$x = \int \frac{dy}{p} = \int \frac{\psi'(t)\, dt}{\varphi(t)},$$

ce qui fournit une représentation paramétrique de l'intégrale.

Soit, par exemple, l'équation importante

$$\text{(10)} \qquad \frac{d^2y}{dx^2} = f(y).$$

Il vient, par la transformation précédente,

$$p\frac{dp}{dy} = f(y) \quad \text{d'où} \quad p^2 = 2\int f(y)\, dy, \qquad x = \int \left[2\int f(y)\, dy\right]^{-\frac{1}{2}} dy.$$

C'est l'intégrale générale de l'équation (10), qui dépend, comme on le voit, de deux quadratures.

Exemples. — Les deux équations :

$$y'' + Yy'^2 = Yy', \qquad y'' + Yy'^2 = Y_1,$$

dans lesquelles Y et Y_1 dépendent de y seul, se ramènent respectivement à une équation linéaire en p, ou linéaire en p^2 :

$$\frac{dp}{dy} + Yp = Y_1, \qquad \frac{d.p^2}{dy} + 2Yp^2 = 2Y_1.$$

Donc p, puis x s'obtiennent par des quadratures en fonction de y.

Pour les deux équations suivantes du dernier type, ces quadratures se font sous forme finie :

$$2(2a - y)\,y'' = 1 + y'^2,$$
$$yy'' - y'^2 = y^2 \operatorname{Log} y.$$

La première se ramène à une équation à variables séparées

$$\frac{2\,p\,dp}{1+p^2}=\frac{dy}{2a-y}.$$

Mais il est plus simple d'intégrer la seconde en la mettant sous la forme $(D^2-1)\operatorname{Log} y=0$, d'où $\operatorname{Log} y = Ce^{x}+C_1e^{-x}$.

24. Equations qui ne contiennent que deux dérivées dont les ordres diffèrent de deux unités. — *Elles s'intègrent par des quadratures.* C'est un nouveau cas particulier de la méthode du n° 202. L'équation

$$\frac{d^ny}{dx^n}=f\left(\frac{d^{n-2}y}{dx^{n-2}}\right)$$

se ramène, en posant $\frac{d^{n-2}y}{dx^{n-2}}=u$, à celle

$$\frac{d^2u}{dx^2}=f(u),$$

intégrée au n° précédent, et qui a pour intégrale

$$x=\int\left[2\int f(u)\,du\right]^{-\frac{1}{2}}du=\psi(u).$$

On en déduit la valeur de y par $n-2$ nouvelles quadratures en employant l'une des deux méthodes 1° ou 2° du n° 202. On a immédiatement y en fonction de u par la formule (6) (méthode 2°). pour obtenir y en fonction de x par la formule (5) (méthode 1°), il faudra préalablement tirer $u=\varphi(x)$ de l'équation $x=\psi(u)$ ci-dessus.

206. Equations différentielles exactes. — Considérons l'équation

$$f(x, y, y', \dots y^n)=0.$$

Si l'on reconnaît dans son premier membre la dérivée exacte d'une fonction $F(x, y, y', \dots y^{n-1})$ quel que soit y, on dit que l'équation est *différentielle exacte* et on peut en écrire immédiatement une intégrale première

$$F(x, y, y', \dots y^{n-1})=C.$$

On trouvera ci-dessous la règle à suivre pour reconnaître si l'équation est différentielle exacte et pour obtenir la fonction F quand elle existe, mais cette règle est d'une application assez limitée en pratique.

Dans certains cas simples, on peut rendre l'équation différentielle exacte en la multipliant par un facteur facile à apercevoir et l'on peut abaisser l'ordre de l'équation d'une unité. Il n'y a pas de règle générale à donner, car cette méthode dépend de la perspicacité de l'opérateur, mais en voici un exemple :

Considérons l'équation, résolue (autrement) par Liouville,

$$y'' + Xy' = Yy'^2,$$

dans laquelle X dépend de x seul et Y de y seul. En la divisant par y', tous ses termes deviennent des dérivées exactes ; on a

$$\frac{y''}{y'} = Yy' - X.$$

On en tire, par une intégration,

$$\text{Log}\, y' = \int Y dy - \int X dx, \qquad \text{d'où} \qquad y' = e^{\int Y dy - \int X dx}$$

Les variables se séparent et l'on trouve l'intégrale générale

$$\int e^{-\int Y dy}\, dy = \int e^{-\int X dx}\, dx.$$

Il est à observer que l'équation

$$y'' + Py' = Qy'^2$$

s'intègre par quadratures dans les trois cas suivants : 1° si P et Q dépendent de x seul (n° 202); 2° si P et Q dépendent de y seul (n° 204) ; 3° si P dépend de x seul et Q de y seul (on vient de le montrer).

Règle générale pour l'intégration des dérivées exactes. — Soit $f(x, y, y', \dots y^n)$ une fonction donnée. Pour qu'elle soit la dérivée exacte d'une fonction $F(x, y, y', \dots y^{n-1})$, il faut qu'on ait l'identité

$$f(x, y, y', \dots y^n) = \frac{\partial F}{\partial x} + \frac{\partial F}{\partial y} y' + \dots + \frac{\partial F}{\partial y^{n-1}} . y^n.$$

On en conclut la règle suivante pour reconnaître si F existe et déterminer en même temps cette fonction :

Il faut d'abord que la plus haute dérivée y^n n'entre dans f qu'au premier degré. On intègre alors le coefficient de y^n *partiellement* par rapport à y^{n-1}, c'est à dire comme si y^{n-1} était seule variable. Soit u_1 l'intégrale obtenue ; $f - \frac{du_1}{dx}$ ne contiendra plus de terme en y^n, de sorte que la plus haute dérivée sera y^{n-p} ($p \geqslant 1$). Cette différence devant être une dérivée exacte en même temps que f, il faut que y^{n-p} n'y entre qu'au premier degré. On intégrera alors le coefficient de y^{n-p} partiellement par rapport à y^{n-p-1}, ce qui donnera une intégrale u_2. Alors $f - \frac{du_1}{dx} - \frac{du_2}{dx}$ ne contiendra plus que des termes d'ordre $< n - p$ et devra être une différentielle exacte si f en est une. En continuant ainsi et si la fonction donnée f est une dérivée exacte, on parviendra, en dernier lieu, à un reste

$$f - \frac{du_1}{dx} - \frac{du_2}{dx} - \dots - \frac{du_k}{dx} = X,$$

ne contenant plus de dérivée de y. Pour que celui-ci soit une dérivée exacte, il faut qu'il ne contienne plus que x. Si cette condition a lieu, on aura

$$F = u_1 + u_2 + \dots + u_k + \int X dx.$$

Si cette condition n'avait pas lieu, ou si, dans le cours de calcul, on rencontrerait un reste dans lequel la plus haute dérivée entrât à un degré supérieur au premier, la méthode cesserait d'être applicable et la fonction proposée ne serait pas une dérivée exacte.

Soit, par exemple, la fonction donnée

$$f = y + 3xy' + 2yy'^3 + (x^2 + 2y^2y')\, y''.$$

On aura successivement

$$u_1 = x^2y' + y^2y'^2, \qquad f - \frac{du_1}{dx} = y + xy',$$

$$u_2 = xy, \qquad f - \frac{du_1}{dx} - \frac{du_2}{dx} = X = 0.$$

Par conséquent, $F = x^2y' + y^2y'^2 + xy + C.$

207. Equations homogènes. — Il y en a de diverses espèces. Mais les divers cas que nous allons étudier ne s'excluent pas nécessairement l'un l'autre.

PREMIER CAS : *L'équation est homogène par rapport à y et à ses dérivées successives (ou par rapport à y, dy, d^2y,...)*, c'est-à-dire que l'équation se reproduit multipliée par une puissance de λ quand on y remplace y par λy sans toucher à x, λ désignant une constante. *L'ordre de ces équations peut être abaissé d'une unité.*

En effet, faisons la substitution

$$y = e^z, \quad \text{d'où} \quad y' = e^z z', \qquad y'' = e^z (z'' + z'^2), \ldots$$

Si nous portons ces valeurs dans l'équation, e^z vient en facteur commun à une certaine puissance par suite de l'homogénéité. Après la suppression de ce facteur commun, la fonction inconnue z aura disparu de l'équation, donc l'ordre de l'équation s'abaissera d'une unité en prenant z' comme inconnue (n° 202).

REMARQUE. — Ce procédé s'applique à l'équation linéaire sans second membre, mais généralement sans avantage, parce qu'il enlève le caractère linéaire. Ainsi, par cette substitution, l'équation du deuxième ordre

$$y'' + Py' + Qy = 0$$

se ramène à l'équation de Riccati, du premier ordre en z',

$$\frac{dz'}{dx} + (z'^2 + Pz' + Q) = 0,$$

ce que nous avons déjà remarqué (n° 145).

Exemples. — On peut appliquer cette méthode aux équations

$$ayy'' + by'^2 = yy' (c^2 + x^2)^{-\frac{1}{2}}$$
$$xyy'' - xy'^2 = yy' + bxy'^2 (a^2 - x^2)^{-\frac{1}{2}}.$$

Les équations en z' sont des équations de Bernoulli et les intégrales s'obtiennent sous forme finie. Toutefois on intègre plus facilement la première équation en remarquant que tous ses termes deviennent des dérivées exactes quand on la divise par yy' (n° 206).

DEUXIÈME CAS : *L'équation est homogène par rapport à x et dx*, c'est-à-dire se reproduit multipliée par une puissance de λ quand on remplace x par λx sans toucher à y. *L'ordre peut être abaissé d'une unité.*

Ce cas se ramène au précédent en considérant y comme la variable indépendante, et x comme la fonction inconnue. Il faudra donc remplacer les dérivées de y par rapport à x par leurs expressions au moyen des dérivées de x par rapport à y (n° 204). Portant ces valeurs dans l'équation, on sera ramené au cas précédent.

En pratique, il est souvent préférable d'opérer autrement. On change de variable indépendante par la substitution $x = e^t$. Si l'on désigne par D les dérivées relatives à t, on a, de proche en proche, par la formule $De^{-ax}z = e^{-ax}(D - a)z$,

$$\frac{dy}{dx} = e^{-t}Dy, \quad \frac{d^2y}{dx^2} = e^{-t}D(e^{-t}Dy) = e^{-2t}D(D-1)y, \ldots$$

et, en général,

$$\frac{d^ny}{dx^n} = e^{-nt}D(D-1)\ldots(D-n+1)y.$$

Ainsi l'exposant de e^t dans l'expression de $\frac{d^ny}{dx^n}$ est précisément égal au degré d'homogénéité $-n$ de cette dérivée. Donc, si l'on porte ces valeurs de x, $\frac{dy}{dx}, \ldots$ dans l'équation, e^t vient en facteur commun à une puissance marquée par le degré d'homogénéité. Après la suppression de ce facteur commun, la variable indépendante t aura disparu. Donc l'ordre de l'équation peut être abaissé d'une unité (n° 204).

Il est à remarquer que, *pratiquement*, quand on substitue dans l'équation proposée les valeurs de $\frac{dy}{dx}, \frac{d^2y}{dx^2}, \ldots$ indiquées ci-dessus, on néglige tout de suite les exponentielles $e^{-t}, e^{-2t}, \ldots$ qui disparaissent du résultat et l'on remplace simplement x par 1.

Exemple. — Soit l'équation (homogène de degré 0)

$$x^2\frac{d^2y}{dx^2} = \left[mx^2\left(\frac{dy}{dx}\right)^2 + ny^2\right]^{\frac{1}{2}}.$$

Par la substitution $x = e^t$, on a

$$D(D-1)y = (mDy^2 + ny^2)^{\frac{1}{2}}.$$

Prenons $Dy = p$ pour inconnue; nous avons $D^2y = p\dfrac{dp}{dy}$,

d'où
$$p\frac{dp}{dy} - p = (mp^2 + ny^2)^{\frac{1}{2}}.$$

C'est une équation homogène du 1er ordre. L'intégration s'achève par des quadratures.

TROISIÈME CAS : *L'équation est homogène par rapport à x, y et leurs différentielles dx, dy, d^2y,...,* c'est-à-dire qu'elle se reproduit multipliée par une puissance de λ quand on remplace à la fois x par λx et y par λy, λ désignant une constante. *L'ordre peut être abaissé d'une unité.*

Ce cas se ramène au précédent par la substitution $y = ux$ en considérant u comme nouvelle inconnue. En effet, si l'on change x en λx sans toucher à u, cela revient à changer x en λx et y en λy et l'équation entre u et x se reproduira multipliée par une puissance de λ; donc elle sera homogène par rapport à x et à dx.

Pratiquement, on opère directement comme il suit : on change tout de suite de fonction et de variable par les formules

$$x = e^t, \qquad y = e^t u,$$

t désignant la nouvelle variable indépendante. On a alors, eu égard à la formule du n° précédent, puis par la formule (**10**) du n° 191,

$$\frac{d^n y}{dx^n} = e^{-nt} D(D-1)\dots(D-n+1)\,.\,e^t u$$
$$= e^{-(n-1)t}(D+1)D\dots(D-n+2)\,u.$$

Portant ces valeurs de x, y, $\dfrac{dy}{dx}$,... dans l'équation proposée, on obtient une équation entre u et t où manque la variable indépendante t. Donc l'ordre de cette équation peut s'abaisser d'une unité.

Les équations d'Euler (n° 193) sont des équations homogènes de cette espèce et de degré 0. On leur applique précisément la substitution indiquée ici.

Exemples. — Les deux équations suivantes :

$$mx^3 \frac{d^2y}{dx^2} = \left(y - x\frac{dy}{dx}\right)^2, \qquad 2x^4 \frac{d^2y}{dx^2} = \left(x\frac{dy}{dx} - y\right)^3,$$

conduisent à des équations de Bernoulli en $\mathrm{D}u$ et ont respectivement pour intégrales :

$$C_1 + C_2 x = xe^{-\frac{y}{mx}}, \qquad y = x\left(C - \arcsin\frac{C_1}{x}\right).$$

QUATRIÈME CAS : *L'équation est homogène par rapport aux quantités x, dx (considérées comme de degré* 1*) et y, dy, d^2y,... (considérées comme de degré n)*, c'est-à-dire que l'équation se reproduit multipliée par une puissance de λ quand on remplace x par λx et y par $\lambda^n y$. Ce cas se ramène au précédent en posant $y = z^n$. Mais il est inutile de passer par cette transformation. Il vaut mieux changer tout de suite de fonction et de variable par les formules

$$x = e^t, \qquad y = ue^{nt}.$$

Soit D l'indice de dérivation par rapport à t ; on aura, en général, en appliquant encore la formule (**10**) du n° 191,

$$\begin{aligned}\frac{d^py}{dx^p} &= e^{-pt}\mathrm{D}(\mathrm{D}-1)\ldots(\mathrm{D}-p+1)\,ue^{nt}\\ &= e^{(n-p)t}(\mathrm{D}+n)(\mathrm{D}+n-1)\ldots(\mathrm{D}+n-p+1)\,u.\end{aligned}$$

L'exposant de e^t est égal au degré d'homogénéité de $\frac{d^py}{dx^p}$. Donc, si l'on substitue ces valeurs de x, y, $\frac{dy}{dx}$,... dans l'équation, la même exponentielle viendra en facteur commun et la variable t disparaîtra par la suppression de ce facteur.

Exemple. — Soit l'équation (homogène de degré 4, en considérant y comme un carré)

$$x^4 \frac{d^2y}{dx^2} = (x^3 + 2xy)\frac{dy}{dx} - y^2.$$

Par les substitutions $x = e^t$ et $y = ue^{2t}$, on trouve l'équation en u

$$\mathrm{D}^2u + 2(1 - u)\,\mathrm{D}u = 0.$$

Le premier membre est une dérivée exacte, d'où l'intégrale première

$$Du - (1 - u)^2 = C.$$

Les variables se séparent et l'intégration s'achève sans difficulté.

208. Equation du second ordre où manque $\frac{dy}{dx}$ (Equation de Jacobi). — Jacobi a montré que si l'on connaît une intégrale première de l'équation

$$(11) \qquad \frac{d^2y}{dx^2} = f(x, y),$$

l'intégration s'achève par des quadratures. Soit, en effet, connue l'intégrale première (contenant une constante C)

$$(12) \qquad \frac{dy}{dx} = \varphi(x, y, C);$$

je dis que $\frac{\partial \varphi}{\partial C}$ *sera le facteur intégrant* (n° 146) *de l'équation*

$$dy - \varphi\, dx = 0,$$

de sorte que l'intégrale générale sera

$$\int \frac{\partial \varphi}{\partial C}(dy - \varphi\, dx) = C_1.$$

Pour établir cette proposition, nous remarquons que toute intégrale de l'équation (11), vérifiant (12), satisfait aussi aux deux équations suivantes :

$$\frac{d^2y}{dx^2} = \frac{\partial \varphi}{\partial x} + \frac{\partial \varphi}{\partial y}\frac{dy}{dx}, \qquad f(x, y) = \frac{\partial \varphi}{\partial x} + \frac{\partial \varphi}{\partial y}\varphi(x, y, C),$$

obtenues en dérivant (12) puis en éliminant les dérivées de y. Mais la dernière équation, qui a eu lieu entre x, y et C seulement, est une *identité*, car elle est satisfaite par des valeurs arbitraires de x, y et y' (donc de C qui est arbitraire avec y'). On peut donc la dériver partiellement par rapport à C; on en déduit une nouvelle identité

$$\frac{d^2\varphi}{\partial x\, \partial C} + \frac{\partial^2 \varphi}{\partial y\, \partial C}\varphi + \frac{\partial \varphi}{\partial y}\frac{\partial \varphi}{\partial C} = 0, \text{ c.-à-d. } \frac{\partial}{\partial x}\left(\frac{\partial \varphi}{\partial C}\right) = \frac{\partial}{\partial y}\left(-\varphi\frac{\partial \varphi}{\partial C}\right).$$

C'est précisément la condition qui exprime que $\frac{\partial\varphi}{\partial C}(dy - \varphi\, dx)$ est une différentielle exacte.

Exemple. — Soit à intégrer l'équation

$$\frac{d^2y}{dx^2} = y(1 + 2\,\mathrm{tg}^2\, x),$$

connaissant l'intégrale première

$$\frac{dy}{dx} = y\,\mathrm{tg}\, x + C\cos x.$$

On aura $\frac{\partial\varphi}{\partial C} = \cos x$; l'intégrale générale sera donc

$$\int \cos x[dy - (y\,\mathrm{tg}\, x + C\cos x)\,dx] = y\cos x - \frac{C}{2}(x + \sin x\cos x) = C_1.$$

Remarque. — L'équation plus générale

$$\frac{d^2y}{dx^2} + f(x)\frac{dy}{dx} + \varphi(x, y) = 0$$

s'intègre aussi par des quadratures quand on en connaît une intégrale première. En effet, on peut, par une quadrature, faire disparaître le terme du premier ordre; il faut faire le changement d'inconnue

$$y = z e^{-\frac{1}{2}\int f(x)\,dx}.$$

L'équation entre z et x sera une équation de Jacobi et l'on en connaîtra une intégrale première.

§ 10. Applications géométriques

209. Problème. — *Trouver une courbe plane dont le rayon de courbure* R *soit une fonction donnée de l'abscisse.*

Soit X l'inverse de cette fonction, l'équation de la courbe sera

$$(1) \qquad \frac{1}{R} = X.$$

Mais $1 : R$ est une dérivée exacte par rapport à x, car on a

$$(2) \qquad \frac{1}{R} = \frac{y''}{(1 + y'^2)^{\frac{3}{2}}} = \frac{\frac{y''}{y'^2}}{\left(1 + \frac{1}{y'^2}\right)^{\frac{3}{2}}} = \frac{d}{dx}\left(1 + \frac{1}{y'^2}\right)^{-\frac{1}{2}}.$$

Il vient donc, en intégrant les deux membres de (1),

$$\left(1 + \frac{1}{y'^2}\right)^{-\frac{1}{2}} = \int X\,dx, \qquad \text{d'où} \qquad y' = \frac{\int X\,dx}{\sqrt{1 - (\int X\,dx)^2}}.$$

L'équation de la courbe cherchée sera donc

$$(3) \qquad y = \int dx \frac{\int X\,dx}{\sqrt{1 - (\int X\,dx)^2}}.$$

Le radical comporte un double signe qui correspond aux deux sens dans lesquels la courbe peut tourner sa concavité.

210. Cas particulier (Courbe élastique). — *Trouver la courbe dont le rayon de courbure est en raison inverse de l'abscisse.*

Soit $\frac{a^2}{2}$ la raison constante, en sorte que

$$(4) \qquad R = \frac{a^2}{2x}, \qquad \frac{1}{R} = \frac{2x}{a^2}.$$

Il faut faire $X = 2x : a^2$ dans l'équation (3). Il viendra, en faisant apparaître les constantes d'intégration C et C_1,

$$\int X\,dx = \frac{x^2 + C}{a^2}$$

$$(5) \qquad y - C_1 = \int \frac{(x^2 + C)\,dx}{\sqrt{a^4 - (x^2 + C)^2}}$$

C'est l'équation de la courbe cherchée. Cette intégrale, qui ne peut s'exprimer sous forme finie, dépend des fonctions elliptiques. La courbe porte le nom de *courbe élastique*, parce que c'est la figure d'équilibre d'une lame élastique, quand, une des extrémités étant fixée, l'autre supporte un poids.

211. Problème. — *Trouver les courbes dans lesquelles le rayon de courbure est proportionnel à la normale.*

Soit a le rapport de proportionnalité ($a > 0$). On aura (t. I, n° 210)

$$\frac{N}{R} = -\frac{yy''}{1 + y'^2} = \pm a.$$

On prend le signe supérieur si R et N sont du même côté de la courbe, le signe inférieur dans le cas contraire.

C'est une équation où manque x. Posons $y' = p$, elle devient

$$yp\frac{dp}{dy} = \mp a(1 + p^2), \qquad \text{d'où} \qquad \frac{2p\,dp}{1 + p^2} = \mp\frac{2a\,dy}{y}$$

et, en intégrant,

$$1 + p^2 = Cy^{\mp 2a} \qquad\qquad p = \sqrt{Cy^{\mp 2a} - 1}$$

La valeur de x s'obtient alors par une quadrature

$$x - C_1 = \int\frac{dy}{p} = \int\frac{dy}{\sqrt{Cy^{\mp 2a} - 1}}.$$

Mais cette quadrature ne s'effectue sous forme finie que dans des cas particuliers, par exemple si $a = 1$. Examinons ce cas.

1° Si R et N sont du même côté de la courbe, on prend le signe supérieur : la courbe cherchée est un cercle

$$x - C_1 = \int\frac{y\,dy}{\sqrt{C - y^2}} = -\sqrt{C - y^2},$$

d'où $(x - C_1)^2 + y^2 = C$.

2° Si R et N sont de part et d'autre de la courbe, celle-ci est une *chaînette*. En effet, prenant le signe inférieur et remplaçant C par $1 : \alpha^2$, il vient

$$x - C_1 = \int\frac{\alpha\,dy}{\sqrt{y^2 - \alpha^2}} = \alpha \operatorname{Log}\frac{y + \sqrt{y^2 - \alpha^2}}{\alpha}$$

$$y = \frac{\alpha}{2}\left(e^{\frac{x - C_1}{\alpha}} + e^{-\frac{x - C_1}{\alpha}}\right).$$

212. Equation intrinsèque d'une courbe plane. — On appelle *équation intrinsèque* d'une courbe plane, la relation qui lie son rayon de courbure à son arc. Nous allons voir bientôt la raison de cette dénomination.

Supposons les coordonnées rectangulaires et soit

$$(6) \qquad\qquad \frac{1}{R} = f(s)$$

la relation donnée. C'est une équation différentielle du second ordre.

Soit φ l'inclinaison de la tangente sur l'axe des x; on a les formules connues

$$(7) \qquad \frac{dx}{ds} = \cos\varphi, \qquad \frac{dy}{ds} = \sin\varphi, \qquad \frac{d\varphi}{ds} = \frac{1}{R}.$$

Pour la généralité de ces formules, on doit considérer R comme susceptible des deux signes. En effet, ds étant supposé positif, $d\varphi$ est positif ou négatif suivant que la tangente tourne dans un sens ou dans l'autre. Donc, si l'on passe par un point d'inflexion, R change de signe.

On tire de la dernière équation (7)

$$\varphi = \varphi_0 + \int_0^s \frac{ds}{R} = \varphi_0 + \int_0^s f(s)\,ds = \varphi_0 + F(s),$$

en désignant par φ_0 la valeur de φ au point pris comme origine des arcs. La fonction F ne contient rien d'arbitraire.

Il vient ensuite, en intégrant les équations précédentes,

$$x = x_0 + \int_0^s \cos(\varphi_0 + F)\,ds, \qquad y = y_0 + \int_0^s \sin(\varphi_0 + F)\,ds.$$

C'est une représentation paramétrique de la courbe cherchée.

Si l'on transporte l'origine des coordonnées à l'origine des arcs, x_0 et y_0 seront nuls; si ensuite on prend la tangente à l'origine pour axe des x, φ_0 sera nul; les équations précédentes se réduisent alors à

$$(8) \qquad x = \int_0^s \cos(F)\,ds, \qquad y = \int_0^s \sin(F)\,ds$$

et, comme elles ne contiennent plus de constantes arbitraires, elles représentent une courbe complètement déterminée. Donc l'équation (6) ne représente que les courbes *complètement déterminées de forme* qu'on obtient en déplaçant celle-ci d'une manière arbitraire dans son plan. C'est pour cela que l'équation (9) porte le nom d'*équation intrinsèque*. On peut en déduire toutes les propriétés de la courbe considérée en elle-même, abstraction faite de sa position par rapport à toute autre ligne.

Remarquons encore que, dans l'intégration d'une équation intrinsèque, il est inutile d'introduire des constantes arbitraires. On peut toujours les introduire après coup par un déplacement arbitraire des axes coordonnés.

Voici quelques exemples :

1° Soit à intégrer l'équation $R = a$. On a, sans introduire de constantes,

$$\varphi = \int \frac{ds}{R} = \frac{s}{a}, \quad x = \int \cos \frac{s}{a}\, ds = a \sin \frac{s}{a}, \quad y = \int \sin \frac{s}{a}\, ds = -a \cos \frac{s}{a}.$$

Eliminant s, on voit que la courbe est un *cercle* : $x^2 + y^2 = a^2$.

2° Soit à intégrer $R = \dfrac{s^2 + a^2}{a}$. On a

$$\varphi = \int \frac{a\,ds}{s^2 + a^2} = \text{arc tg}\, \frac{s}{a}$$

$$x = \int \cos\left(\text{arc tg}\, \frac{s}{a}\right) ds = \int \frac{ds}{\sqrt{1 + \frac{s^2}{a^2}}} = a \operatorname{Log} \frac{s + \sqrt{s^2 + a^2}}{a}$$

$$y = \int \sin\left(\text{arc tg}\, \frac{s}{a}\right) ds = \int \frac{s\,ds}{\sqrt{s^2 + a^2}} = \sqrt{s^2 + a^2}$$

La courbe est une *chaînette* $y = \dfrac{a}{2}\left(e^{\frac{x}{a}} + e^{-\frac{x}{a}}\right)$.

3° Soit encore à intégrer $R^2 + s^2 = 16a^2$. On a, en prenant φ comme variable indépendante,

$$\varphi = \int \frac{ds}{\sqrt{16a^2 - s^2}} = \text{arc sin}\, \frac{s}{4a}, \qquad s = 4a \sin \varphi.$$

$$x = \int \cos \varphi\, ds = 4a \int \cos^2 \varphi\, d\varphi = a(2\varphi + \sin 2\varphi)$$

$$y = \int \sin \varphi\, ds = 2a \int \sin 2\varphi\, d\varphi = -a \cos 2\varphi.$$

Si l'on change 2φ en $\pi + u$, ces deux dernières équations deviennent

$$x - a\pi = a(u - \sin u), \qquad y - a = -a(1 - \cos u);$$

et, par le changement d'axes $x - a\pi = \xi$, $y - a = -\eta$,

$$\xi = a(u - \sin u), \qquad \eta = a(1 - \cos u),$$

elles représentent donc une *cycloïde*.

REMARQUE. — Le problème de trouver une courbe définie par la relation $R = F(\varphi)$ entre le rayon de courbure et l'inclinaison de la tangente, se ramène au précédent par la relation $ds = R\,d\varphi$. On a

$$x = \int F(\varphi) \cos \varphi \, d\varphi \qquad y = \int F(\varphi) \sin \varphi \, d\varphi.$$

CHAPITRE VIII

Équations différentielles simultanées

§ I. Systèmes d'équations différentielles Systèmes linéaires

213. Systèmes canoniques. — Nous disons qu'un système d'équations différentielles entre plusieurs fonctions inconnues x, y,... de t est *canonique*, si le nombre des équations est égal à celui des fonctions inconnues et si le système est résolu par rapport aux plus hautes dérivées de chaque inconnue. En pratique, on ne rencontre guère que des systèmes canoniques ou facilement réductibles à cette forme.

Un système canonique d'équations du premier ordre, résolu, par conséquent, par rapport aux dérivées premières des fonctions inconnues, est un *système normal*. Nous avons démontré précédemment, moyennant certaines conditions, l'existence et l'unicité des intégrales d'un système normal; et nous avons montré que le nombre des constantes arbitraires comprises dans son intégrale générale est égal au nombre des fonctions inconnues ou des équations du système.

214. Théorème I. — *Tout système canonique d'équations d'ordre supérieur se ramène à un système normal, ne contenant que des dérivées premières, en considérant comme des inconnues auxiliaires toutes les dérivées, sauf celles de l'ordre le plus élevé pour chaque inconnue, et en ajoutant au système les équations qui définissent ces inconnues auxiliaires.*

Ainsi, par exemple, le système canonique

$$x'' = f_1(t, x, x', y, y' y''), \qquad y''' = f_2(t, x, x' y, y' y'')$$

revient au système normal de cinq équations du premier ordre

$$\frac{dx}{dt} = x', \quad \frac{dx'}{dt} = f_1(t, x, x', y, y', y''),$$

$$\frac{dy}{dt} = y', \quad \frac{dy'}{dt} = y'', \quad \frac{dy''}{dt} = f_2(t, x, x', y, y', y'')$$

entre t et les fonctions inconnues x, x', y, y', y''.

Il en résulte que, pour obtenir le nombre d'inconnues (ou d'équations) du système normal auquel se ramène un système canonique, il faut ajouter les ordres des plus hautes dérivées de chaque inconnue.

Ce nombre sera aussi celui des constantes arbitraires des intégrales générales ; on peut donc le considérer comme caractérisant l'*ordre* du système canonique.

215. Théorème II. — *L'intégration d'un système normal de n équations à n inconnues se ramène à l'intégration d'une seule équation d'ordre n entre deux variables, ou bien à l'intégration successive de plusieurs équations entre deux variables, la somme des ordres de ces équations étant n.*

Le théorème est vrai pour une seule équation, il suffit donc de montrer qu'il est vrai pour un système normal de n équations, s'il est vrai pour un système normal d'ordre moins élevé.

Pour fixer les idées, considérons seulement le système suivant de trois équations à trois fonctions inconnues x, y, z, le raisonnement étant général :

$$(1) \quad x' = f_1(t, x, y, z), \quad y' = f_2(t, x, y, z), \quad z' = f_3(t, x, y, z).$$

Si f_1 ne contient qu'une seule fonction inconnue x, la première équation est du *premier ordre* à deux variables et détermine x. Portant la valeur de x dans les deux équations suivantes, on est ramené à intégrer un système normal de deux équations seulement. Dans ce premier cas, la proposition est établie.

Supposons donc que f_1 contienne une autre inconnue que x, par exemple y. Résolvons $f_1 = x'$ par rapport à y ; il vient

$$(\alpha) \qquad y = \varphi(t, x, x', z).$$

Portons cette valeur dans les autres équations du système (1). En la substituant dans $y' = f_2$, la dérivée x'' s'introduit ainsi que z', mais nous résolvons le système par rapport à x'' et z'. Nous formons ainsi le système à deux inconnues x et z

$$(2) \quad x'' = \varphi_2(t, x, x', z), \qquad z' = \varphi_3(t, x, x', z).$$

Si z disparaît de φ_2, l'équation $x'' = \varphi_2$ est du *deuxième ordre* à deux variables et détermine x. Portant la valeur de x dans la dernière équation, on est ramené à intégrer celle-ci, qui est du *premier ordre*. Ensuite y est donné sans intégration par l'équation (α). Dans ce deuxième cas, la proposition est encore établie.

Supposons enfin, ce qui est la règle générale, que φ_2 contienne z. Tirons z de $x'' = \varphi_2$; il vient

$$(\beta) \qquad z = \psi(t, x, x', x'').$$

Portons cette valeur dans la dernière équation du système (2); nous introduisons x''' et en résolvant par rapport à x''', nous trouvons

$$(3) \qquad x''' = \psi_3(t, x, x', x'').$$

L'équation (3) est du 3e ordre à deux variables. L'intégration du système (1) revient à celle de cette unique équation (3), car, x étant connu, on obtient sans intégration z puis y par les relations (β) et (α).

Dans ce troisième et dernier cas, le théorème est encore établi.

216. Remarque. — Tout système canonique d'équations d'ordre quelconque se ramenant à un système normal par l'adjonction d'inconnues auxiliaires, son intégration se ramène aussi à celle d'une ou de plusieurs équations à deux variables.

Quand la réduction à une seule équation est possible, celle-ci peut généralement s'obtenir sans passer par l'intermédiaire du système normal. Il suffit de dériver les équations du système un certain nombre de fois, de manière à former le nombre d'équations nécessaire pour pouvoir éliminer toutes les fonctions inconnues sauf une.

Soit, par exemple, le système canonique entre x, y et t

$$x''' = y + y', \qquad y'' = x' + x''.$$

On forme l'équation à laquelle satisfait x, en dérivant deux fois la première équation et en remplaçant deux fois y'' par sa valeur $x' + x''$. Il vient successivement

$$x^{\text{IV}} = y' + x' + x'', \qquad x^{\text{V}} = x' + 2x'' + x'''.$$

L'intégration du système proposé dépend de celle de cette dernière équation qui est linéaire et du 5ᵉ ordre. On détermine x par l'intégration de celle-ci; après quoi, y, y' et y'' se tirent sans intégration des équations précédentes.

217. Systèmes linéaires. Leur réduction à des équations à deux variables. — On appelle *systèmes linéaires* ceux qui sont linéaires par rapport aux fonctions inconnues et à leurs dérivées; systèmes *linéaires* et *homogènes* (ou *sans seconds membres*) ceux qui sont linéaires et homogènes par rapport à ces mêmes quantités; systèmes *à coefficients constants*, ceux où les coefficients des inconnues et de leurs dérivées sont des constantes.

Tout système canonique d'équations différentielles simultanées se ramène à un système normal par l'adjonction d'inconnues auxiliaires. On constate immédiatement que cette réduction laisse subsister : 1° le caractère linéaire, 2° le caractère homogène, 3° celui de constance de coefficients, quand ces caractères existent dans le système proposé.

D'autre part, l'intégration d'un système normal se ramène à l'intégration d'une ou de plusieurs équations à deux variables. Cette réduction laisse aussi subsister le caractère linéaire, le caractère homogène et celui de constance des coefficients quand ces caractères existent.

Donc l'intégration des systèmes linéaires se ramène, par les principes généraux, à l'intégration d'une seule équation linéaire.

De même, l'intégration des systèmes à coefficients constants se ramène à l'intégration d'une seule équation linéaire à coefficients constants.

Toutefois, pour les systèmes à coefficients constants et sans seconds membres, cette méthode ne sera généralement pas la plus expéditive en pratique. La méthode directe indiquée au n° suivant sera préférable. Elle a d'ailleurs l'avantage de s'appliquer aussi facilement aux systèmes de forme quelconque qu'aux systèmes canoniques. Ensuite, pour les systèmes avec seconds membres, il y a lieu d'étudier le procédé de réduction de plus près.

§ 2. Systèmes linéaires à coefficients constants

218. Systèmes linéaires à coefficients constants et sans seconds membres. Déterminant caractéristique. — Considérons, pour fixer les idées, un système (canonique ou non) de trois équations entre trois fonctions inconnues x, y, z de t, de la forme

$$(1) \qquad \left\{ \begin{array}{l} Lx + My + Nz = 0, \\ L_1x + M_1y + N_1z = 0, \\ L_2x + M_2y + N_2z = 0, \end{array} \right.$$

L, M, N désignant des polynomes symboliques en D à coefficients constants tels que

$$a_0 D^m + a_1 D^{m-1} + \dots + a_m.$$

Nous appellerons *déterminant du système* le déterminant

$$\Delta = \begin{vmatrix} L & M & N \\ L_1 & M_1 & N_1 \\ L_2 & M_2 & N_2 \end{vmatrix}$$

et nous désignerons ses mineurs par

$$\begin{array}{ccc} l & m & n \\ l_1 & m_1 & n_1 \\ l_2 & m_2 & n_2 \end{array}$$

Ce déterminant Δ joue un rôle essentiel dans l'intégration du système (1). Nous supposerons, dans le cas actuel, qu'il n'est pas identiquement nul.

219. Théorème. — *Les trois inconnues x, y, z vérifient la même équation linéaire à coefficients constants et sans second membre* $\Delta u = 0$.

En effet, multiplions respectivement les équations (1) par l, l_1, l_2 et ajoutons ; il vient, par les propriétés des mineurs d'un déterminant, $\Delta x = 0$. De même, $\Delta y = \Delta z = 0$.

220. Intégration du système (1). — Le théorème précédent conduit à la méthode la plus commode pour intégrer le système. C'est la *méthode des coefficients indéterminés.*

Résolvons l'*équation caractéristique* $\Delta = 0$; soient $r, s, \ldots$ ses racines, $\lambda, \mu, \ldots$ leurs ordres de multiplicité. On a nécessairement

$$\begin{cases} x = Pe^{rt} + Qe^{st} + \ldots, \\ y = P_1e^{rt} + Q_1e^{st} + \ldots, \\ z = P_2e^{rt} + Q_2e^{st} + \ldots, \end{cases}$$

les polynomes P étant de degré $\lambda - 1$, Q de degré $\mu - 1, \ldots$

Substituons donc ces valeurs dans les équations (1) et identifions les résultats à zéro. Il en résultera un certain nombre de relations linéaires entre les coefficients des polynomes P, entre ceux des polynomes Q,... séparément, car il ne se fait pas de réductions entre les termes contenant des exponentielles différentes. La solution contiendra autant de constantes arbitraires qu'il restera de coefficients indéterminés. Nous démontrerons, dans le n° suivant, que ce nombre est égal au degré de Δ que l'on appelle l'*ordre du système*.

Cette analyse tombe en défaut si Δ se réduit à une constante. Si cette constante est autre que 0, le système se résout sans intégration : les équations $\Delta x = \Delta y = \Delta z = 0$, se réduisent simplement à $x = y = z = 0$. Ces valeurs satisfont au système (1) et il n'y a pas d'autre solution.

Si $\Delta = 0$, la méthode ne s'applique plus ; il faut recourir au procédé général développé dans le n° suivant. On constatera que le système est indéterminé.

Système normal. — C'est cette méthode que l'on applique, en pratique, pour l'intégration d'un *système normal*, linéaire, à coefficients constants et sans seconds membres. Considérons, par exemple, le système suivant :

$$\begin{aligned}(D + a)x + by + cz &= 0,\\ a_1x + (D + b_1)y + c_1z &= 0,\\ a_2x + b_2y + (D + c_2)z &= 0.\end{aligned}$$

Son intégration dépend donc de la résolution de l'*équation caractéristique,* qui est ici du 3e degré :

$$\begin{vmatrix} D + a & b & c \\ a_1 & D + b_1 & c_1 \\ a_2 & b_2 & D + c_2 \end{vmatrix} = 0;$$

et l'intégrale générale renfermera trois constantes, conformément aux théorèmes généraux.

Exemple. — Soit à intégrer le système normal

$$(D + 1)x - y = 0, \qquad x + (D - 1)y = 0.$$

On a ici $\Delta u = D^2 u = 0$. On doit donc substituer les valeurs,

$$x = C + C't, \qquad y = C_1 + C'_1 t,$$

ce qui conduit aux relations $C' = C + C'$ et $C'_1 = C'$. Les intégrales sont, avec deux constantes C et C′,

$$x = C + C't, \qquad y = C + C'(1 + t).$$

221. Systèmes avec seconds membres. — Reprenons le système (1) précédent, mais en mettant trois fonctions T, T_1 et T_2 de t dans les seconds membres. Nous obtenons le système complet

$$(2) \qquad \left\{\begin{aligned} Lx + My + Nz &= T,\\ L_1x + M_1y + N_1z &= T_1,\\ L_2x + M_2y + N_2z &= T_2.\end{aligned}\right.$$

La méthode générale d'intégration du système (2), applicable d'ailleurs au système (1), est la méthode de réduction à l'intégration d'une ou de plusieurs équations successives à deux variables (n° 215). Mais cette méthode présente, dans le cas qui nous occupe, des caractères particuliers qui méritent de fixer l'attention.

Elle consiste à appliquer le théorème suivant :

Théorème. — *On peut ramener le système* (2) *à un autre équivalent et de même déterminant* Δ, *mais dans lequel deux des coefficients de* x *sont nuls.*

En effet, supposons que L et L_1 diffèrent de 0 et que L soit de degré au moins égal à celui de L_1. En divisant L par L_1, on a

$$L = \lambda L_1 + R$$

et, si $R = L - \lambda L_1$ n'est pas nul, il sera de degré moindre que L et L_1.

Ceci posé, multiplions la deuxième équation (2) par λ et soustrayons-la de la première. Nous formons un système équivalent à (2) et de même déterminant Δ :

$$(3)\quad \left\{ \begin{array}{l} (L - \lambda L_1)x + (M - \lambda M_1)y + (N - \lambda N_1)z = T - \lambda T_1, \\ L_1 x + M_1 y + N_1 z = T_1, \\ L_2 x + M_2 y + N_2 z = T_2, \end{array} \right.$$

dans lequel la somme des degrés des coefficients de x est abaissée. Si deux des coefficients de x ne sont pas nuls dans le système (3), on abaissera de nouveau la somme des degrés des coefficients de x par une transformation analogue. Cet abaissement ne pouvant se répéter indéfiniment, on ramènera finalement le système (2) à un autre équivalent, de même déterminant Δ, et dans lequel deux des coefficients de x seront nuls. Désignons ce système par

$$\left\{ \begin{array}{r} \delta x + By + Cz = \tau, \\ B_1 y + C_1 z = T_3, \\ B_2 y + C_2 z = T_4, \end{array} \right.$$

les lettres δ, B, C représentant des polynomes symboliques en D, et les seconds membres des fonctions connues de t.

L'intégration de ce nouveau système dépend de celle du système à deux inconnues y et z formé par les deux dernières équations. Mais il existe évidemment, pour ce système de deux équations, un théorème analogue à celui que nous venons de démontrer pour le système (2). On peut donc le ramener à un système équivalent où l'un des deux coefficients de y sera nul.

En définitive, après un nombre limité d'opérations (correspondant chacune à une division algébrique), le système (2) sera ramené à un autre équivalent, de même déterminant Δ, mais de la forme

$$(4) \quad \left\{ \begin{aligned} \delta x + By + Cz &= \tau, \\ \delta_1 y + C_1 z &= \tau_1, \\ \delta_2 z &= \tau_2. \end{aligned} \right. \qquad (\Delta = \delta\delta_1\delta_2).$$

Celui-ci est préparé pour l'intégration.

222. Intégration du système (2). — 1° CAS OU Δ N'EST PAS NUL. — Aucun des facteurs symboliques δ, δ_1, δ_2 n'étant nul, l'intégration du système (4) ne dépend plus que de l'intégration d'équations à deux variables : la troisième donne z, ensuite la deuxième donne y et enfin la première donne x. Le nombre des constantes d'intégration est égal à la somme des ordres des équations intégrées, donc à la somme des degrés de δ_2, δ_1 et δ, c'est-à-dire au degré de Δ. C'est la conclusion fondamentale déjà énoncée au n° précédent.

En pratique, il arrive le plus souvent que δ et δ_1 se réduisent à de simples constantes. L'intégration du système (4) revient alors à l'intégration de la dernière équation seule

$$\delta_2 z = \tau_2, \qquad \text{ou} \qquad \Delta z = \delta\delta_1\tau_2.$$

Ensuite x et y sont donnés, sans intégration, par les deux équations précédentes.

Dans l'intégration du système (2) ou du système (4), on utilise souvent avec avantage le théorème suivant, qui se démontre comme dans le cas d'une seule équation (n° 162) :

Les intégrales générales du système complet s'obtiennent en ajoutant respectivement aux intégrales générales X, Y, Z *du système sans seconds membres des solutions particulières* ξ, η, ζ *du système complet.*

On en conclut, en particulier, ce second théorème :

L'intégration d'un système avec seconds membres dont le déterminant Δ *est de degré* n, *se ramène à* n *quadratures.*

En effet, les solutions générales du système sans seconds membres s'obtiennent sans intégration par la méthode du n° précédent. Il faut y ajouter un système d'intégrales particulières du système complet, lequel s'obtiendra comme il suit :

Considérons le système (4). Soient p, q, r les degrés de δ, δ_1 et δ_2. On obtient une intégrale particulière z (3e équation) par r quadratures faites sans introduire de constante arbitraire (n° 163); on obtient une valeur correspondante de y (2e équation) par q quadratures sans introduire de constante; enfin on obtient une valeur correspondante de x par p quadratures. Cela fait en tout $p + q + r = n$ quadratures.

Si l'on connaît d'avance ou si l'on trouve facilement une solution particulière du système complet, on sera dispensé de faire les quadratures exigées par le théorème précédent.

2° CAS OU Δ EST NUL. — *Le système est indéterminé ou incompatible.* Ce cas a peu d'importance pratique. Contentons-nous d'un exemple. Pour que Δ soit nul, il faut qu'un au moins des facteurs δ, δ_1 ou δ_2 soit nul : 1° Si δ_2 est nul, sans que τ_2 le soit, le système (4) est impossible. 2° Si δ_2 et τ_2 sont nuls tous deux (δ et δ_1 ne l'étant pas), la valeur de z reste arbitraire et le système (4) est indéterminé.

§ 3. Théorèmes généraux sur les systèmes linéaires normaux

223. Systèmes linéaires normaux sans seconds membres. — Nous considérons d'abord un système de n équations sans seconds membres entre n fonctions inconnues x, y,... v de la variable t, de la forme

$$(1) \qquad \left\{ \begin{array}{l} x' + ax + by + \dots = 0, \\ y' + a_1 x + b_1 y + \dots = 0, \\ \dots\dots\dots\dots\dots \end{array} \right.$$

les lettres a, b,... a_1,... désignant des fonctions continues données de t.

Les conditions d'existence et d'unicité du système intégral (n° 123) sont alors vérifiées.

Théorème I. — *Si* $(x_1, y_1, \ldots)$, $(x_2, y_2, \ldots)$, ... *sont des systèmes de solutions particulières du système, les expressions*

$$(2) \quad x = C_1x_1 + C_2x_2 + \ldots, \qquad y = C_1y_1 + C_2y_2 + \ldots, \quad \ldots$$

où C_1, C_2, ... *sont des constantes arbitraires, seront de nouvelles intégrales du système.*

Substituons ces valeurs, dans la première équation par exemple, il vient effectivement

$$C_1(x'_1 + ax_1 + b_1y + \ldots) + C_2(x'_2 + ax_2 + by_2, \ldots) + \ldots = 0.$$

Définition. — On dit que $p (p \leqslant n)$ solutions $(x_1, y_1, \ldots v_1)$, ... $(x_p, y_p, \ldots v_p)$ du système (1) sont *indépendantes*, si l'un au moins des déterminants d'ordre p formés avec p lignes du tableau

$$\begin{matrix} x_1 & x_2 & \ldots & x_p \\ y_1 & y_2 & \ldots & y_p \\ . & . & . & . \\ v_1 & v_2 & \ldots & v_p \end{matrix}$$

est différent de 0.

Comme cas limite, une seule solution $(x_1, y_1, \ldots)$ est dite *indépendante* si l'une au moins des fonctions x_1, y_1, ... n'est pas nulle.

Théorème II. — *Si le déterminant de n solutions* $(x_1, y_1, \ldots)$, $(x_2, y_2, \ldots)$, ... *du système* (1) *s'annule pour une valeur* t_0 *de* t, *il est identiquement nul.*

En effet, on peut alors choisir les C (non tous nuls) de manière que les fonctions x, y, ... définies par les formules (2) s'annulent pour $t = t_0$. Mais alors la solution $(x, y, \ldots)$ se confond avec la solution de même valeur initiale $x = 0$, $y = 0$, ... Eliminant les C entre les expressions (2) qui sont identiquement nulles, on voit que le déterminant des n solutions est identiquement nul aussi.

Un système de n solutions des équations (1) dont le déterminant n'est pas identiquement nul et, par conséquent, ne peut pas s'annuler, est un *système fondamental* de solutions.

Théorème III. — *Le système* (1) *admet toujours un système fondamental de solutions, et si* $(x_1, y_1, \ldots)$, $(x_2, y_2, \ldots)$, ... *forment un tel système, l'intégrale générale est donnée par les formules* (2) *qui contiennent n constantes arbitraires.*

Pour former un système fondamental, il suffit de choisir des solutions dont les valeurs initiales (qui sont arbitraires) n'annulent pas le déterminant du système.

Alors les expressions (2) sont les intégrales générales, car les équations (2) forment un système résoluble par rapport aux lettres C (le déterminant du système n'étant pas nul). On peut donc disposer des constantes de manière à attribuer à x, y,... des valeurs arbitraires pour une valeur donnée de t.

224. Systèmes avec seconds membres. — Théorème I. — *Les intégrales générales d'un système avec seconds membres s'obtiennent en ajoutant respectivement aux intégrales générales* X, Y,... *du système sans seconds membres des intégrales particulières* ξ, η,... *du système complet.*

Même démonstration que pour une équation (n° 162).

Théorème II. — *L'intégration d'un système normal de n équations avec seconds membres se ramène à celle du système sans seconds membres et à n quadratures.*

Considérons le système complet

$$(3)\qquad \left\{\begin{array}{l} x' + ax + by + \ldots = \mathrm{T}, \\ y' + a_1x + b_1y + \ldots = \mathrm{T}_1, \\ \ldots\ldots\ldots\ldots \end{array}\right.$$

et supposons connues les intégrales générales du système (1) :

$$(4)\qquad \left\{\begin{array}{l} x = \mathrm{C}_1x_1 + \mathrm{C}_2x_2 + \ldots \\ y = \mathrm{C}_1y_1 + \mathrm{C}_2y_2 + \ldots \\ \ldots\ldots\ldots\ldots \end{array}\right.$$

On peut aussi considérer, dans ces équations (4), x, y,... comme les intégrales du système (3), à condition de regarder C_1, C_2,... comme des fonctions de t définies par ces équations. Mais alors C_1, C_2,... doivent vérifier un autre système d'équations qu'on obtient en portant les valeurs (4) dans (3). Substituons ces valeurs. en observant : 1° que les C ont maintenant, par rapport à t, des dérivées (que nous désignerons avec des accents) et 2° que x_1,

$y_1, \ldots$ sont des solutions des équations sans seconds membres. Il vient

$$\left\{\begin{array}{l} x_1 C'_1 + x_2 C'_2 + \ldots = T, \\ y_1 C'_1 + y_2 C'_2 + \ldots = T_1, \\ \ldots\ldots\ldots\ldots\ldots \end{array}\right.$$

C'est un système de n équations, résoluble par rapport aux n dérivées C'. On en tire donc les n inconnues C par n quadratures.

225. Réduction des systèmes linéaires. — Théorème. — *Si l'on connaît p solutions particulières d'un système linéaire normal sans seconds membres à n inconnues ($n > p$), l'intégration du système avec ou sans seconds membres se ramène à celle d'un système linéaire normal à $n - p$ inconnues et à des quadratures.*

Pour fixer les idées, considérons un système de quatre équations

$$(5) \qquad \left\{\begin{array}{l} x' + ax + by + cz + du = T, \\ y' + a_1 x + b_1 y + c_1 z + d_1 u = T_1, \\ z' + a_2 x + b_2 y + c_2 z + d_2 u + T_2, \\ u' + a_3 x + b_3 y + c_3 z + d_3 u = T_3, \end{array}\right.$$

et supposons qu'on connaisse deux solutions indépendantes $(x_1, \ldots u_1)$ et $(x_2, \ldots u_2)$ du système sans seconds membres.

Pour intégrer le système (5), désignons par C_1, C_2, ζ, υ de nouvelles inconnues et faisons la substitution

$$\left\{\begin{array}{l} x = C_1 x_1 + C_2 x_2, \\ y = C_1 y_1 + C_2 y_2, \\ z + C_1 z_1 + C_2 z_2 + \zeta, \\ u = C_1 u_1 + C_2 u_2 + \upsilon. \end{array}\right.$$

Le système (5) se transformera dans le suivant, où les accents désignent toujours des dérivées par rapport à t :

$$\left\{\begin{array}{l} x_1 C'_1 + x_2 C'_2 + c\zeta + d\upsilon = T, \\ y_1 C'_1 + y_2 C'_2 + c_1\zeta + d_1\upsilon = T_1, \\ z_1 C'_1 + z_2 C'_2 + \zeta' + c_2\zeta + d_2\upsilon = T_2, \\ u_1 C'_1 + u_2 C'_2 + \upsilon' + c_3\zeta + d_3\upsilon = T_3. \end{array}\right.$$

Comme le déterminant $x_1 y_2 - x_2 y_1$ diffère de 0 par hypothèse, on peut résoudre les deux premières équations par rapport à C'_1 et à C'_2 et porter les valeurs trouvées dans les deux équations suivantes. Le système est ramené à la forme normale

$$\begin{aligned} C'_1 &= A\zeta + B\upsilon + \tau, & \zeta' &= A_2\zeta + B_2\upsilon + \tau_2, \\ C'_2 &= A_1\zeta + B_1\upsilon + \tau_1, & \upsilon' &= A_3\zeta + B_3\upsilon + \tau_3. \end{aligned}$$

Donc ζ et υ se déterminent par l'intégration d'un système normal à deux variables ; après quoi, C_1 et C_2 se tirent des deux premières équations par quadratures.

226. Systèmes adjoints. — Considérons les deux systèmes normaux à n inconnues :

$$(6)\left\{\begin{array}{l} x' + ax + by + \ldots = 0 \\ y' + a_1x + b_1y + \ldots = 0 \\ \ldots\ldots\ldots \end{array}\right. \qquad (7)\left\{\begin{array}{l} -X' + aX + a_1Y + \ldots = 0 \\ -Y' + bX + b_1Y + \ldots = 0 \\ \ldots\ldots\ldots \end{array}\right.$$

Ces deux systèmes sont dans une relation réciproque et chacun d'eux s'appelle l'*adjoint* de l'autre.

Pour mettre la liaison des deux systèmes en évidence, ajoutons les équations (6) et (7) respectivement multipliées par X, Y,..., $-x$, $-y$,... Il vient, en supprimant les termes qui se détruisent,

$$Xx' + Yy' + \ldots + xX' + yY' + \ldots = \frac{d}{dt}(Xx + Yy + \ldots) = 0$$

d'où

$$xX + yY + \ldots = \text{const.}$$

THÉORÈME. — *L'intégration complète d'un des systèmes entraîne celle de l'autre.*

En effet, si l'on connaît n solutions indépendantes du système (6), à savoir $(x_1, y_1,\ldots)$ ... $(x_n, y_n,\ldots)$. On a n équations :

$$(8) \qquad x_iX + y_iY + \ldots = C_i \qquad (i = 1, 2\ldots n)$$

et on en tire X, Y,... avec n constantes distinctes.

Si l'on connaissait seulement p solutions indépendantes du premier système, on aurait p relations de la forme (8) ; elles permettraient d'éliminer p des inconnues du système adjoint et de ramener, par conséquent, l'intégration de celui-ci, donc aussi l'intégration du premier système, à celle d'un système d'ordre $n - p$, mais avec seconds membres.

C'est une nouvelle démonstration du théorème du n° précédent.

227. Remarque. — La plupart des théorèmes énoncés dans le chapitre précédent et relatifs à une seule équation linéaire d'ordre n, peuvent se déduire de ceux que nous venons d'établir, en ramenant l'équation d'ordre n à un système d'équations du premier ordre. Il en résulte aisément de nouvelles démonstrations de ces théorèmes.

CHAPITRE IX

Équations linéaires aux dérivées partielles et aux différentielles totales

---

§ 1. Formation d'équations aux dérivées partielles

228. Définition. — Une équation aux dérivées partielles est une relation entre une ou plusieurs fonctions de plusieurs variables indépendantes, leurs dérivées partielles du premier ordre ou d'un ordre plus élevé et enfin les variables elles-mêmes. Lorsque les dérivées qui figurent dans l'équation sont toutes du premier ordre, l'équation est du premier ordre. Pour nous faire une idée de l'origine de ces équations et, par suite, de la nature des fonctions qu'elles peuvent définir, nous allons d'abord rechercher les équations aux dérivées partielles de certaines surfaces.

229. Équation des surfaces cylindriques. — Une surface cylindrique est engendrée par une droite indéfinie MN, appelée génératrice, qui se meut parallèlement à une droite donnée, en s'appuyant constamment sur une ligne donnée AB, appelée directrice.

Soient, en axes rectangulaires ou obliques,

$$(1) \qquad x = az + \alpha, \qquad y = bz + \beta$$

les équations de la génératrice MN; a et b sont des coefficients constants qui expriment que MN est parallèle à la direction donnée; α et β, des paramètres variables avec la position de la génératrice, mais liés par une relation qui exprime que MN rencontre AB.

En effet, soient

$$(2) \qquad F(x, y, z) = 0, \qquad F_1(x, y, z) = 0,$$

les équations de la directrice AB; on exprime que AB et MN se rencontrent en éliminant x, y, z entre (1) et (2), ce qui donne une relation

$$(3) \qquad \varphi(\alpha, \beta) = 0, \qquad \text{d'où} \qquad \beta = \Phi(\alpha).$$

Pour obtenir l'équation du lieu de MN, il faut éliminer les paramètres α et β entre (1) et (3), ce qui donne

$$(4) \qquad y - bz = \Phi(x - az).$$

Cette équation, dans laquelle Φ désigne une fonction arbitraire, convient donc à toutes les surfaces cylindriques dont les génératrices sont parallèles à une même droite donnée, quelle que soit la directrice. C'est l'équation en quantités finies des surfaces cylindriques.

Nous allons montrer que l'équation (4) est équivalente à une équation aux dérivées partielles qui ne renferme plus rien d'arbitraire. Pour cela, dérivons (4) par rapport à x, puis par rapport à y, en considérant z comme une fonction des deux variables indépendantes x et y, ayant pour dérivées partielles $\frac{dz}{dx} = p$ et $\frac{dz}{dy} = q$; nous aurons

$$-bp = \Phi'(x - az)(1 - ap), \qquad 1 - bq = \Phi'(x - az)(-aq),$$

et, en éliminant Φ',

$$(5) \qquad ap + bq = 1.$$

Cette équation, qui ne dépend plus de la fonction arbitraire Φ et qui a au moins la même généralité que l'équation (4), est l'équation aux dérivées partielles des surfaces cylindriques dont les génératrices ont une direction donnée. Elle exprime une propriété géométrique de ces surfaces, à savoir que le plan tangent au point (x, y, z) contient la génératrice qui passe par ce point.

L'équation (5) est une équation aux dérivées partielles linéaire du premier ordre. Nous exposerons dans un prochain paragraphe la méthode d'intégration de ces équations et nous prouverons alors que, réciproquement, toute surface dont l'ordonnée vérifie l'équation (5) est une surface cylindrique.

230. Equations des surfaces coniques. — Une surface conique est engendrée par une droite indéfinie MN, appelée génératrice, qui passe par un point fixe (a, b, c) appelé sommet, et qui s'appuie constamment sur une courbe donnée AB, appelée directrice.

Soient, en axes quelconques,

$$(1) \qquad x - a = \alpha(z - c), \qquad y - b = \beta(z - c)$$

les équations d'une génératrice, α et β étant deux paramètres variables avec la position de cette droite. On exprime que la génératrice rencontre la directrice en éliminant x, y, z entre les équations de la génératrice et celles de la directrice, ce qui donne une relation

$$(2) \qquad \varphi(\alpha, \beta) = 0, \qquad \text{d'où} \qquad \beta = \Phi(\alpha).$$

On trouve l'équation du lieu en éliminant α, β entre (1) et (2), ce qui donne

$$(3) \qquad \frac{y - b}{z - c} = \Phi\left(\frac{x - a}{z - c}\right).$$

Cette équation, dans laquelle Φ reste arbitraire, convient à toutes les surfaces coniques ayant pour sommet le point (a, b, c). Pour trouver l'équation aux dérivées partielles de ces surfaces, dérivons successivement (3) par rapport à x et à y, en regardant z comme une fonction de ces deux variables; il viendra

$$\frac{-(y - b)p}{(z - c)^2} = \Phi'\left(\frac{x - a}{z - c}\right)\frac{z - c - p\,(x - a)}{(z - c)^2},$$

$$\frac{z - c - q\,(y - b)}{(z - c)^2} = \Phi'\left(\frac{x - a}{z - c}\right)\frac{-(x - a)\,q}{(z - c)^2},$$

et, en éliminant Φ',

$$(4) \qquad (x - a)\,p + (y - b)\,q = (z - c).$$

Cette équation, qui ne renferme plus rien d'arbitraire, a la même généralité au moins que l'équation (3). C'est l'équation aux dérivées partielles des surfaces coniques. Elle exprime que le plan tangent contient la génératrice passant par le point de contact. Nous prouverons plus loin que, réciproquement, toute surface dont l'ordonnée vérifie l'équation (4) est une surface conique.

231. Equations des surfaces conoïdes. — Une surface conoïde est engendrée par une génératrice rectiligne qui se meut parallèlement à un plan directeur donné, en rencontrant constamment une droite fixe et une courbe fixe, appelées *directrices* de la surface.

Prenons un plan parallèle au plan directeur pour plan des xy et la directrice rectiligne pour axe des z. Dans ce cas, les équations d'une génératrice sont de la forme

$$(1) \qquad z = \alpha, \qquad y = \beta x,$$

où α et β sont des paramètres variables avec la génératrice. Les équations (1) sont celles d'une droite rencontrant l'axe des z, mais il reste à exprimer qu'elle rencontre aussi la directrice curviligne. Pour cela, on élimine x, y, z entre les équations (1) et celles de la directrice curviligne, ce qui donne une relation

$$(2) \qquad \varphi(\alpha, \beta) = 0, \qquad \text{d'où} \qquad \alpha = \Phi(\beta).$$

L'équation du lieu s'obtient en éliminant α et β entre (1) et (2), ce qui donne

$$(3) \qquad z = \Phi\left(\frac{y}{x}\right).$$

Cette équation, où Φ est arbitraire, est celle de toutes les surfaces conoïdes ayant même plan directeur et même directrice rectiligne. Pour trouver l'équation aux dérivées partielles correspondante, on différentie successivement (3) par rapport à x et à y, ce qui donne

$$p = \Phi'\left(\frac{y}{x}\right)\left(-\frac{y}{x^2}\right), \qquad q = \Phi'\left(\frac{y}{x}\right)\frac{1}{x},$$

d'où

$$(4) \qquad px + qy = 0.$$

Cette équation aux dérivées partielles du premier ordre a donc la même généralité au moins que l'équation (3). Nous démontrerons plus loin qu'elle lui est équivalente. C'est l'équation aux dérivées partielles des surfaces conoïdes. Cette équation (4) exprime que le plan tangent contient la génératrice passant par le point de contact.

232. Equation des surfaces de révolution. — Celles-ci sont engendrées en faisant tourner une courbe AB, appelée génératrice, autour d'une droite fixe OR.

Prenons l'origine O sur l'*axe de révolution* OR. Chaque point M de la génératrice AB décrit une circonférence dont le centre est sur OR et dont le plan est normal à cet axe : on peut considérer la surface comme le lieu de ces circonférences.

Soient, en axes rectangulaires,

$$(1) \qquad \frac{x}{a} = \frac{y}{b} = \frac{z}{c}$$

les équations de l'axe OR; un plan normal à cet axe aura pour équation

$$ax + by + cz = \alpha.$$

Les équations du cercle variable seront donc

$$(2) \qquad ax + by + cz = \alpha, \qquad x^2 + y^2 + z^2 = \beta,$$

car on peut le considérer comme l'intersection du plan normal à OR avec une sphère de centre O. Pour exprimer que ce cercle rencontre AB, il faut éliminer x, y, z entre les équations (2) et celles de AB, ce qui conduit à une relation

$$(3) \qquad \varphi(\alpha, \beta) = 0, \qquad \text{d'où} \qquad \alpha = \Phi(\beta).$$

On obtient l'équation de la surface de révolution en éliminant α et β entre (2) et (3), ce qui donne

$$(4) \qquad ax + by + cz = \Phi(x^2 + y^2 + z^2).$$

C'est l'équation générale, en quantités finies, des surfaces de révolution autour de la droite (1), les axes étant rectangulaires; la fonction Φ reste arbitraire avec le choix de la directrice.

Pour obtenir l'équation aux dérivées partielles de ces surfaces, on dérive successivement par rapport à x et à y, en considérant z comme une fonction. On trouve

$$a + cp = \Phi'(x^2 + y^2 + z^2)(2x + 2zp),$$
$$b + cq = \Phi'(x^2 + y^2 + z^2)(2y + 2zq),$$

et, en éliminant Φ',

$$(5) \qquad (cy - bz)p + (az - cx)q = bx - ay.$$

C'est l'équation aux dérivées partielles cherchée, et la fonction arbitraire a disparu.

Si l'on intègre les équations aux dérivées partielles des surfaces précédentes, cette intégration devra donc réintroduire la fonction arbitraire que nous avons éliminée. On peut prévoir, d'après cela, que l'intégration des équations aux dérivées partielles aura généralement pour effet d'introduire des fonctions arbitraires.

§ 2. Équations à trois variables. Caractéristiques

233. Équations différentielles des caractéristiques. — Soit z une fonction inconnue de deux variables indépendantes x et y. Désignons par p et q les dérivées partielles de z par rapport à x et à y respectivement, par P, Q et R des fonctions données de x, y, z. L'équation

$$(1) \qquad Pp + Qq = R$$

est une *équation linéaire aux dérivées partielles.*

Nous supposerons que les fonctions P, Q, R sont continues ainsi que leurs dérivées partielles du premier ordre et que l'une au moins des deux fonctions P, Q ne s'annule pas : nous admettrons que c'est P. Dans ces conditions, nous allons démontrer que l'intégration de l'équation (1) revient à celle du système d'équations différentielles simultanées ordinaires

$$(2) \qquad \frac{dx}{P} = \frac{dy}{Q} = \frac{dz}{R}.$$

Les intégrales des équations (2) sont des courbes de l'espace, qui dépendent de deux paramètres arbitraires permettant de faire passer l'une d'elles par un point choisi à volonté. Les courbes ainsi définies portent le nom de *caractéristiques* et il y en a donc une double infinité. Les équations (2) sont les équations différentielles des caractéristiques de l'équation (1).

Une intégrale de l'équation (1) est, par définition, une fonction

$$z = f(x, y) \tag{3}$$

qui satisfait *identiquement* à cette équation, c'est-à-dire telle que, si l'on substitue dans l'équation cette valeur de z et celles de p et q qui s'en déduisent, l'équation (1) soit vérifiée pour toutes les valeurs des variables x, y. Au point de vue géométrique, l'équation (3) est celle d'une surface, laquelle est dite une *surface intégrale* de l'équation (1).

234. Théorème I. — *Si une surface intégrale* (3) *passe par un point* (x_0, y_0, z_0), *elle contient la caractéristique issue de ce point.*

En effet, z étant la fonction de x, y définie par la formule (3), posons, entre x et y, l'équation différentielle du premier ordre

$$\frac{dx}{P} = \frac{dy}{Q} \quad \text{ou} \quad \frac{dy}{dx} = \frac{Q}{P}. \tag{4}$$

Cette équation satisfait (P ne s'annulant pas) aux conditions d'existence et d'unicité de l'intégrale. Elle détermine y en fonction de x et, par suite, z en tenant compte de l'équation (3); elle définit donc une courbe tracée sur la surface et qui est complètement déterminée par la condition de passer par le point initial (x_0, y_0, z_0). Je dis que cette courbe n'est autre que la caractéristique issue du même point. En effet, le long de cette courbe, chacun des rapports (4) est encore égal à

$$\frac{p\,dx + q\,dy}{pP + qQ} = \frac{dz}{R},$$

car la fonction z définie par (3) satisfait à l'équation (1). Donc la courbe considérée vérifie les équations (2), c'est-à-dire celles des caractéristiques; elle se confond donc avec la caractéristique qui a le même point initial (x_0, y_0, z_0).

Il résulte du théorème précédent que *toute surface intégrale est un lieu de caractéristiques*. En particulier, si l'on trace sur la surface une ligne différente d'une caractéristique, la surface intégrale sera le lieu géométrique des caractéristiques passant par cette ligne.

235. Théorème II. — *Réciproquement, toute surface qui est un lieu de caractéristiques, et qui est douée d'un plan tangent non parallèle à l'axe des* z, *est une intégrale de l'équation* (1).

On peut mettre cette propriété en évidence par une interprétation géométrique. L'équation (1) exprime que le plan tangent à la surface intégrale (3), lequel a pour équation

$$\zeta - z = p(\xi - x) + q(\eta - y),$$

contient la droite (D) qui passe par le point de contact (x, y, z) et qui a pour équations

$$\text{(D)} \qquad \frac{\xi - x}{P} = \frac{\eta - y}{Q} = \frac{\zeta - z}{R}.$$

A chaque point M de l'espace correspond une droite (D) passant par ce point et que nous appellerons la *droite du point* (M). Intégrer l'équation (1), c'est *déterminer une surface* S *telle que le plan tangent en chaque point de* S *contienne la droite* D *du même point.*

Les caractéristiques sont définies par les équations (2), c'est-à-dire que ce sont des courbes qui touchent en chacun de leurs points la droite (D) du même point. Il en résulte immédiatement que toute surface lieu de caractéristiques est une surface intégrale, car le plan tangent contient la *tangente à la caractéristique, qui est une courbe de la surface,* c'est-à-dire la droite (D).

Le raisonnement tomberait en défaut si le plan tangent devenait parallèle à l'axe des z, car, dans ce cas, p et q devenant infinis, l'équation du plan tangent ne pourrait plus être mise sous la forme que nous lui avons donnée plus haut.

Il résulte des théorèmes I et II que l'on obtient toutes les intégrales de l'équation (1) en cherchant toutes les surfaces qui sont des lieux de caractéristiques. Pour pouvoir former ces surfaces, il faut connaître les équations finies des caractéristiques, c'est-à-dire intégrer les équations (2).

236. Intégration des équations des caractéristiques. — Considérons x comme la variable indépendante, y et z comme les fonctions inconnues. Comme, par hypothèse, P ne s'annule pas, les conditions d'existence et d'unicité des intégrales ont lieu pour le système (2). Celui-ci détermine donc y et z en fonction de x et de deux constantes d'intégration α et β, permettant de faire passer la courbe intégrale par un point initial arbitraire. *Les équations finies des caractéristiques* sont ainsi de la forme

$$y = \varphi(x, \alpha, \beta), \qquad z = \psi(x, \alpha, \beta).$$

Mais, si on les résout par rapport aux constantes α et β, les équations des caractéristiques ou les intégrales du système (2) prennent la forme

$$(5) \qquad u(x, y, z) = \alpha, \qquad v(x, y, z) = \beta,$$

237. Intégration de l'équation aux dérivées partielles. — Pour intégrer l'équation (1), il faut former une surface lieu de carctéristiques. Les caractéristiques dépendent de deux paramètres α, β et il y en a une double infinité. Pour former un *lieu géométrique de caractéristiques*, il faut extraire de cette double infinité une famille à un seul paramètre, c'est-à-dire poser une relation entre les deux paramètres α, β, par exemple

$$(6) \qquad F(\alpha, \beta) = 0.$$

L'équation du lieu résulte de l'élimination de α, β entre les trois équations (5) et (6). On voit donc qu'une surface quelconque lieu de caractéristiques est représentée par l'équation

$$(7) \qquad F(u, v) = 0,$$

où la fonction F peut être choisie arbitrairement. L'équation (7) est donc l'intégrale générale de l'équation (1).

Règle d'intégration. — En résumé, pour intégrer l'équation aux dérivées partielles (1), on pose le système (2) et on l'intègre complètement. On obtient ainsi deux relations entre x, y, z et deux constantes arbitraires α et β. On en déduit l'intégrale générale de (1) en éliminant α, β entre ces deux relations et une nouvelle relation $F(\alpha, \beta) = 0$ qui reste arbitraire. Si les intégrales du système (2) sont mises sous la forme $u = \alpha$, $v = \beta$, l'intégrale générale de (1) est $F(u, v) = 0$.

238. Equation sans second membre. — Si $R = 0$, l'équation (1) se réduit à

$$\text{(A)} \qquad Pp + Qq = 0.$$

Les équations des caractéristiques deviennent

$$\frac{dx}{P} = \frac{dy}{Q} = \frac{dz}{0}, \qquad \text{d'où} \qquad z = \alpha.$$

Les caractéristiques sont des courbes planes parallèles au plan xy. Faisant $z = \alpha$ dans P et Q, on est ramené à intégrer une équation à deux variables x et y

$$\text{(B)} \qquad \frac{dx}{P} = \frac{dy}{Q}.$$

Le cas le plus simple est celui où P et Q ne contiennent pas z. Dans ce cas, l'équation (B) ne contient pas α et son intégrale, résolue par rapport à la constante d'intégration β, est de la forme

$$u = \beta$$

où u ne dépend que de x et y.

L'intégrale générale de l'équation (A) sera, dans ce cas,

$$z = F(u).$$

239. Intégrale singulière. — Les intégrales que nous avons obtenues jusqu'ici et qui sont formées de caractéristiques, sont les seules possibles tant que l'une au moins des deux quantités P, Q ne s'annule pas. Une autre intégrale devrait donc annuler identiquement P, Q et, par suite, aussi R. S'il existe une intégrale semblable, on lui donne le nom d'*intégrale singulière*. Par exemple, si P, Q et R admettent le facteur commun z, l'équation (1) admet $z = 0$ comme solution singulière.

240. Problème de Cauchy. — Le problème de Cauchy consiste à déterminer la surface intégrale qui passe par une courbe donnée (C). Le problème est déterminé pourvu que la courbe (C) ne soit pas une caractéristique. La surface cherchée est le lieu des caractéristiques qui passent par la courbe (C).

Soient x_0, y_0, z_0 les coordonnées d'un point variable de la courbe (C) définie par les équations

$$F(x_0, y_0, z_0) = 0, \qquad F_1(x_0, y_0, z_0).$$

Les caractéristiques qui s'appuient sur cette courbe ont pour équations

$$u(x, y, z) = u(x_0, y_0, z_0), \qquad v(x, y, z) = v(x_0, y_0, z_0).$$

L'équation de la surface intégrale résulte de l'élimination de x_0, y_0, z_0 entre les quatre équations précédentes.

241. Applications diverses. — Nous allons appliquer les considérations qui précèdent à l'intégration des équations des diverses surfaces que nous avons formées au paragraphe précédent. On verra que les caractéristiques sont les génératrices de ces surfaces est que la directrice est la courbe (C) par laquelle il faut faire passer ces génératrices pour résoudre le problème de Cauchy.

1° L'équation aux dérivées partielles des *surfaces cylindriques* est (n° 229)

$$ap + bq = 1.$$

Celles des caractéristiques sont

$$\frac{dx}{a} = \frac{dy}{b} = \frac{dz}{1}, \qquad \text{d'où} \qquad \begin{cases} x - az = \alpha, \\ y - bz = \beta. \end{cases}$$

L'intégrale générale est $y - bz = F(x - az)$.

Le plan $ay - bx = C$ est compris dans l'équation précédente, mais n'est pas une intégrale de l'équation, parce qu'il est parallèle à l'axe des z et que z a disparu de l'équation.

2° L'équation aux dérivées partielles des *surfaces coniques* est (n° 230)

$$(x - a)p + (y - b)q = z - c.$$

Celles des caractéristiques sont

$$\frac{dx}{x-a} = \frac{dy}{y-b} = \frac{dz}{z-c}, \quad \text{d'où} \quad \left\{ \begin{array}{l} x - a = \alpha (z - c); \\ y - b = \beta (z - c). \end{array} \right.$$

L'intégrale générale est

$$\frac{y-b}{z-c} = \mathrm{F}\left(\frac{x-a}{z-c}\right).$$

Tout plan mené par le point (a, b, c) parallèlement à l'axe des z,

$$y - b = \lambda(x - a),$$

rentre dans l'équation précédente, mais n'est pas une intégrale, parce que z a disparu de l'équation.

3° L'équation aux dérivées partielles des *surfaces de révolution* est (n° 232)

$$(cy - bx)\, p + (az - cy)\, q = bx - ay.$$

Celles des caractéristiques sont

$$\frac{dx}{cy - bx} = \frac{dy}{az - cy} = \frac{dz}{bx - ay}.$$

On en tire les deux combinaisons immédiatement intégrables

$$\left\{ \begin{array}{l} x dx + y dy + z dz = 0, \\ a dx + b dy + c dz = 0, \end{array} \right. \quad \text{d'où} \quad \left\{ \begin{array}{l} x^2 + y^2 + z^2 = \alpha. \\ ax + by + cz = \beta. \end{array} \right.$$

Les caractéristiques sont des cercles. L'intégrale générale sera

$$ax + by + cz = \mathrm{F}(x^2 + y^2 + z^2).$$

4° L'équation aux dérivées partielles des *surfaces conoïdes* est

$$px + qy = 0.$$

Celles des caractéristiques sont (n° 238)

$$\frac{dx}{x} = \frac{dy}{y} = \frac{dz}{0} \quad \text{d'où} \quad \left\{ \begin{array}{l} z = \alpha, \\ \dfrac{y}{x} = \beta. \end{array} \right.$$

L'intégrale générale sera $z = \mathrm{F}\left(\frac{y}{x}\right)$.

On retrouve donc les équations finies de ces diverses surfaces telles que nous les avons formées au paragraphe précédent.

242. Remarque. — Nous allons étendre les théories qui précèdent au cas d'un nombre quelconque de variables indépendantes. Mais nous allons modifier la forme de l'exposition pour mettre en évidence l'importance des *déterminants fonctionnels* dans cette question.

§ 3. Propriétés des déterminants fonctionnels

243. Définition. — Soient $u_1, u_2, \dots u_n$ des fonctions du même nombre n de variables indépendantes $x_1, x_2, \dots x_n$, admettant des dérivées partielles premières continues. On donne, comme on le sait, le nom de *déterminant fonctionnel* ou de *jacobien* au déterminant suivant :

$$J = \frac{d(u_1, u_2, \dots u_n)}{d(x_1, x_2, \dots x_n)} = \begin{vmatrix} \frac{\partial u_1}{\partial x_1} & \frac{\partial u_1}{\partial x_2} & \dots & \frac{\partial u_1}{\partial x_n} \\ \dots & \dots & \dots & \dots \\ \frac{\partial u_n}{\partial x_1} & \frac{\partial u_n}{\partial x_2} & \dots & \frac{\partial u_n}{\partial x_n} \end{vmatrix}$$

244. Théorème I. — *Si l'une des fonctions u ci-dessus est constante, ou s'il existe une relation identique, ne contenant pas les variables x, entre deux ou plusieurs de ces fonctions, le déterminant fonctionnel* J *est identiquement nul.*

1° Si l'une des fonctions u est constante, tous les éléments de la ligne correspondante dans J seront nuls, donc $J = 0$.

2° S'il existe une relation entre plusieurs fonctions u, par exemple si u_1 est fonction de $u_2, u_3, \dots$, on a

$$\frac{\partial u_1}{\partial x_1} = \frac{\partial u_1}{\partial u_2}\frac{\partial u_2}{\partial x_1} + \frac{\partial u_1}{\partial u_3}\frac{\partial u_3}{\partial x_1} + \dots$$
$$\frac{\partial u_1}{\partial x_2} = \frac{\partial u_1}{\partial u_2}\frac{\partial u_2}{\partial x_2} + \frac{\partial u_1}{\partial u_3}\frac{\partial u_3}{\partial x_2} + \dots$$
$$\dots\dots\dots\dots\dots\dots$$

Donc les éléments de la première ligne de J s'obtiennent en faisant la somme des éléments correspondants de la seconde ligne multipliés par $\frac{\partial u_1}{\partial u_2}$, de la troisième multipliés par $\frac{\partial u_1}{\partial u_3}, \ldots$ et le déterminant est identiquement nul.

245. Théorème II. — *Considérons m fonctions* $u_1, u_2, \ldots u_m$ *de* $n (n \geqq m)$ *variables indépendantes* $x_1, x_2, \ldots x_n$ *qui varient dans un domaine* D *et supposons qu'elles admettent, dans ce domaine, des dérivées partielles continues du premier ordre. Si le déterminant (d'ordre* $p < m$*)*

$$J_1 = \frac{d(u_1, u_2, \ldots u_p)}{d(x_1, x_2, \ldots x_p)}$$

ne s'annule pas dans le domaine D, *tandis que tous les déterminants d'ordre* $p + 1$ *formés avec une fonction* u_{p+k} *et une variable* x_{p+1} *de plus sont identiquement nuls, alors les p fonctions* $u_1, u_2, \ldots u_p$ *sont indépendantes et les* $n - p$ *fonctions restantes* $u_{p+1}, u_{p+2}, \ldots$ *s'expriment en fonctions différentiables des p premières* $u_1, u_2, \ldots u_p$.

Les fonctions $u_1, u_2, \ldots u_p$ sont indépendantes, car, s'il existait une relation entre elles, cette relation subsisterait quand on ne fait varier que $x_1, x_2, \ldots x_p$, et J_1 serait nul en vertu du théorème précédent.

Considérons maintenant le système des n équations

$$(1) \quad \begin{cases} u_k = \varphi_k(x_1, x_2, \ldots x_n) & (k = 1, 2, \ldots p) \\ \xi_l = x_l & (l = p + 1, p + 2, \ldots n). \end{cases}$$

D'après le théorème d'existence des fonctions implicites, ce système peut être résolu par rapport à $x_1, x_2, \ldots x_n$, car son jacobien est le déterminant, non nul,

$$\frac{d(u_1, u_2, \ldots u_p, \xi_{p+1}, \ldots \xi_n)}{d(x_1, x_2, \ldots x_p, x_{p+1}, \ldots x_n)} = \frac{d(u_1, u_2, \ldots u_p)}{d(x_1, x_2, \ldots x_p)} = J_1.$$

On en tire donc les valeurs de $x_1, x_2, \ldots x_p$ en fonctions différentiables de $u_1, u_2, \ldots u_p$ et de $x_{p+1}, \ldots x_n$ (ou $\xi_{p+1}, \ldots \xi_n$).

Portant ces valeurs dans les fonctions u suivantes :

$$u_{p+k} = \varphi_{p+k}(x_1, x_2, \ldots x_n) \qquad (k = 1, 2, \ldots n - p),$$

on obtient celles-ci en fonctions différentiables de $u_1, u_2, \ldots u_p$ et $x_{p+1}, \ldots x_n$. Mais je dis que les variables x doivent disparaître.

Montrons-le, par exemple, pour x_{p+1}. On a, par les propriétés des déterminants fonctionnels et par hypothèse,

$$\frac{\partial u_{p+k}}{\partial x_{p+1}} = \frac{\partial(u_1, u_2, \ldots u_p, u_{p+k})}{\partial(u_1, u_2, \ldots u_p, x_{p+1})} = \frac{\dfrac{\partial(u_1, \ldots u_p, u_{p+k})}{\partial(x_1, \ldots x_p, x_{p+1})}}{\dfrac{\partial(u_1, \ldots u_p, x_{p+1})}{\partial(x_1, \ldots x_p, x_{p+1})}} = \frac{0}{J_1}.$$

Donc, cette dérivée étant nulle, u_{p+k} ne dépend pas de x_{p+1}.

246. Théorème III. — *Soient m fonctions $u_1, u_2, \ldots u_m$ d'un nombre égal ou supérieur n de variables indépendantes $x_1, x_2, \ldots x_n$. La condition nécessaire et suffisante pour que ces fonctions soient indépendantes entre elles, c'est-à-dire pour qu'aucune ne soit constante et qu'elles ne satisfassent pas à une relation indépendante des variables x, est que l'un au moins des déterminants fonctionnels qu'on peut former avec m colonnes du tableau :*

$$\begin{matrix} \dfrac{\partial u_1}{\partial x_1} & \dfrac{\partial u_1}{\partial x_2} & \cdots & \dfrac{\partial u_1}{\partial x_n} \\ \cdots & \cdots & \cdots & \cdots \\ \dfrac{\partial u_m}{\partial x_1} & \dfrac{\partial u_m}{\partial x_2} & \cdots & \dfrac{\partial u_m}{\partial x_n} \end{matrix}$$

ne soit pas identiquement nul. En particulier, si les u et les x sont en même nombre n, cette condition sera que le déterminant fonctionnel J des n fonctions u par rapport aux n variables x, ne soit pas identiquement nul.

La condition est suffisante, c'est-à-dire que, si l'un de ces déterminants, par exemple

$$\frac{d(u_1, u_2, \ldots u_m)}{d(x_1, x_2, \ldots x_m)}$$

n'est pas identiquement nul, il n'existe aucune relation entre les *u*. En effet, s'il existait une relation entre les *u*, ce déterminant serait identiquement nul (n° 244).

La condition est nécessaire, c'est-à-dire que, si ces déterminants sont identiquement nuls, il existe une relation entre les *u*.

En effet, 1° si toutes les dérivées partielles des *u* sont identiquement nulles, les *u* sont constants. 2° Dans le cas contraire, soit

p $(1 \leqslant p < m)$ l'ordre maximum des déterminants différents de 0 qu'on peut former par la combinaison de lignes et de colonnes du tableau ; soit, par exemple,

$$\frac{d(u_1, u_2, \dots u_p)}{d(x_1, x_2, \dots x_p)}$$

un déterminant non identiquement nul d'ordre maximé, alors $u_{p+1}, \dots u_n$ sont fonctions de $u_1, u_2, \dots u_p$, par le théorème II (nº 245), dans chaque domaine où le déterminant précédent ne s'annule pas.

§ 4. Équations linéaires et homogènes aux dérivées partielles

247. Remarque préliminaire. — Dans l'étude des équations aux dérivées partielles, on a surtout en vue de ramener leur intégration à celle d'un système d'équations différentielles ordinaires. Le problème ainsi posé est complètement résolu pour les équations du 1er ordre, mais nous nous occuperons seulement ici des équations linéaires.

248. Intégration des équations linéaires et homogènes. — Soient $X_1, X_2, \dots X_n$ des fonctions données de n variables indépendantes $x_1, x_2, \dots x_n$, ensuite z une fonction inconnue de ces mêmes variables. Une équation aux dérivées partielles linéaire et homogène est de la forme

$$(1) \qquad X_1 \frac{\partial z}{\partial x_1} + X_2 \frac{\partial z}{\partial x_2} + \dots + X_n \frac{\partial z}{\partial x_n} = 0$$

ou, en abrégé,

$$X(z) = 0,$$

si l'on définit le symbole d'opération X par la formule

$$X = X_1 \frac{\partial}{\partial x_1} + X_2 \frac{\partial}{\partial x_2} + \dots + X_n \frac{\partial}{\partial x_n}.$$

A l'équation (1) qui est une équation aux dérivées partielles, nous faisons correspondre le système de $n-1$ équations différentielles simultanées ordinaires

$$\frac{dx_1}{X_1}=\frac{dx_2}{X_2}=\dots=\frac{dx_n}{X_n}; \tag{2}$$

et nous allons montrer que l'intégration de l'équation (1) ou l'intégration complète du système (2) sont deux problèmes complètement équivalents, donc que l'intégration de (1) revient à celle de (2).

Nous considérons un domaine dans lequel les fonctions X et leurs dérivées premières sont continues et où l'une au moins des fonctions X ne s'annule pas : nous supposerons que c'est X_1.

Dans ce domaine, le système (2) peut se mettre sous la forme

$$\frac{dx_2}{dx_1}=\frac{X_2}{X_1}, \quad \frac{dx_3}{dx_1}=\frac{X_3}{X_1}, \dots \quad \frac{dx_n}{dx_1}=\frac{X_n}{X_1}.$$

Considérant $x_2, x_3, \dots x_n$ comme $n-1$ fonctions inconnues de x_1, ce système satisfait aux conditions d'existence et d'unicité des intégrales. En l'intégrant, on obtient les valeurs de $x_2, \dots x_n$ en fonctions de x_1 et de $n-1$ constantes d'intégration $\alpha_1, \alpha_2, \dots \alpha_{n-1}$, à savoir

$$x_k=\varphi_k(x_1, \alpha_1, \alpha_2, \dots \alpha_{n-1}) \quad (k=2, 3, \dots n) \tag{3}$$

Ces constantes doivent être choisies de telle sorte que le déterminant

$$\frac{d(x_2, x_3, \dots x_n)}{d(\alpha_1, \alpha_2, \dots \alpha_{n-1})} \tag{4}$$

ne s'annule pas et que l'on puisse tirer du système (3) les valeurs des constantes α en fonctions des x. Ces valeurs sont alors de la forme

$$\alpha_i=u_i(x_1, x_2, \dots x_n) \quad (i=1, 2, \dots n-1). \tag{5}$$

Ces conditions seront réalisées, en particulier, si l'on prend comme constantes d'intégration les valeurs initiales des inconnues (n° 130).

Une intégrale de l'équation (1) est une fonction z de $x_1, x_2, \dots x_n$ qui vérifie identiquement cette équation.

D'autre part, on appelle *intégrale* ou *invariant* des équations (2), une fonction qui demeure constante en vertu des équations (2).

Les équations (5) obtenues par l'intégration du système (2) nous font déjà connaître $n - 1$ intégrales $u_1, u_2, \ldots u_{n-1}$ de ces équations et ces intégrales sont *distinctes*, car on peut les égaler à autant de constantes arbitraires ; d'ailleurs le déterminant

$$(6) \qquad \frac{d(u_1, u_2, \ldots u_{n-1})}{d(x_2, x_3, \ldots x_n)}$$

ne peut s'annuler, puisque son inverse, le déterminant (4), conserve toujours une valeur finie.

Avec ces définitions, on a le théorème suivant :

THÉORÈME I. — *L'équation* (1) *et le système* (2) *admettent les mêmes intégrales.*

En effet, si z est une intégrale de (1), z vérifie l'équation (1) et alors on a, en vertu des équations (2),

$$\frac{\partial z}{\partial x_1} dx_1 + \frac{\partial z}{\partial x_2} dx_2 + \ldots = dz = 0, \qquad \text{d'où} \qquad z = \text{const.}$$

Donc z est une intégrale de (2).

Réciproquement, si u est une intégrale du système (2), on a, en vertu de (2), par hypothèse,

$$du = \frac{\partial u}{\partial x_1} dx_1 + \frac{\partial u}{\partial x_2} dx_2 + \ldots = 0;$$

donc, en éliminant les dx par (2),

$$X_1 \frac{\partial u}{\partial x_1} + X_2 \frac{\partial u}{\partial x_2} + \ldots = 0.$$

Ceci est une relation entre $x_1, x_2, \ldots x_n$, et elle est identique, car on peut fixer la valeur constante de u en attribuant aux x un système de valeurs initiales arbitraires et il ne peut y avoir, par conséquent, aucune relation entre les x. Donc u est une intégrale de (1).

THÉORÈME II. — *L'équation* (1) *ou le système* (2) *admettent les* $n - 1$ *intégrales distinctes* $u_1, u_2, \ldots u_{n-1}$ *et tout autre intégrale* u_n *est une fonction des précédentes.*

En effet, $u_1, u_2, \ldots u_n$ étant des intégrales de l'équation (1), on a les n identités

$$X_1 \frac{\partial u_k}{\partial x_1} + X_2 \frac{\partial u_k}{\partial x_2} + \ldots + X_n \frac{\partial u_k}{\partial x_n} = 0 \qquad (k = 1, 2, \ldots n).$$

On en tire, par l'élimination des coefficients X (non tous nuls), l'identité

$$\frac{d(u_1, u_2, \ldots u_n)}{d(x_1, x_2, \ldots x_n)} = 0.$$

Mais le déterminant (6) d'ordre $n - 1$ ne s'annule pas; donc (n° 245), on a

$$u_n = \varphi(u_1, u_2, \ldots u_{n-1}).$$

Réciproquement, toute fonction dérivable de $u_1, u_2, \ldots u_{n-1}$, demeurant constante avec ces $n - 1$ fonctions, est une intégrale de (1) ou de (2).

On voit donc que l'intégration de l'équation (1) revient bien à celle du système (2). L'intégration complète du système (2) fait connaître les $n - 1$ intégrales distinctes; et l'intégrale générale z de l'équation (1) est une fonction (dérivable) arbitraire des précédentes : $z = \varphi(u_1, u_2, \ldots u_{n-1})$.

Quand il n'y a que deux variables indépendantes x_1 et x_2, on retrouve la méthode d'intégration exposée plus haut. Les équations (2) se réduisent à une seule, qui est l'équation différentielle des projections des caractéristiques sur le plan $x_1\, x_2$.

249. Changement des variables indépendantes. — Prenons n nouvelles variables indépendantes $y_1, y_2, \ldots y_n$ à la place de $x_1, x_2, \ldots x_n$. Ces nouvelles variables seront des fonctions données de $x_1, x_2, \ldots x_n$ telles que le déterminant fonctionnel

$$\frac{d(y_1, y_2, \ldots y_n)}{d(x_1, x_2, \ldots x_n)}$$

ne s'annule pas. On a, par la règle de dérivation des fonctions composées

$$\frac{\partial}{\partial x} = \frac{\partial y_1}{\partial x}\frac{\partial}{\partial y_1} + \frac{\partial y_2}{\partial x}\frac{\partial}{\partial y_2} + \ldots + \frac{\partial y_n}{\partial x}\frac{\partial}{\partial y_n}.$$

Par conséquent, l'équation (1) transformée sera

$$X(z) = X(y'_1)\frac{\partial z}{\partial y'_1} + X(y'_1)\frac{\partial z}{\partial y'_2} + \dots + X(y'_n)\frac{\partial z}{\partial y'_n} = 0.$$

Pour calculer $X(y)$, on effectue l'opération X sur y exprimée au moyen des x et, ce calcul fait, on remplace les variables x par leurs expressions en y'.

250. Réduction de l'équation linéaire. — *Si l'on connaît $k < n$ intégrales distinctes de l'équation linéaire et homogène à n variables indépendantes, l'intégration se ramène à celle d'une équation de même nature à $n - k$ variables seulement.*

Soient $y'_1, y'_2, \dots y'_k$ les intégrales connues. Ajoutons à ces fonctions $n - k$ nouvelles variables $y'_{k+1}, \dots y'_n$ formant avec les précédentes un système indépendant. L'équation transformée se réduit à

$$X(y'_{k+1})\frac{\partial z}{\partial y'_{k+1}} + \dots + X(y'_n)\frac{\partial z}{\partial y'_n} = 0.$$

Cette équation ne contient plus de dérivées de $y'_1, y'_2, \dots y'_k$. On peut, par conséquent, y considérer ces variables comme des paramètres arbitraires et l'équation elle-même comme une équation à $n - k$ variables indépendantes.

Mais il est utile de préciser un choix des variables complémentaires. Le déterminant fonctionnel de $y'_1, y'_2, \dots y'_k$ par rapport à k variables x ne s'annule pas pour un choix convenable de ces variables. Supposons qu'il ne s'annule pas par rapport à $x_1, x_2, \dots x_k$. Alors on peut prendre $x_{k+1}, \dots x_n$ pour variables complémentaires, car le déterminant

$$\frac{d(y'_1, \dots y'_k, x_{k+1}, \dots x_n)}{d(x_1, \dots x_k, x_{k+1}, \dots x_n)} = \frac{d(y'_1, \dots y'_k)}{d(x_1, \dots x_k)}$$

ne s'annule pas. L'équation transformée est alors

$$X(x_{k+1})\frac{\partial z}{\partial x_{k+1}} + \dots + X(x_n)\frac{\partial z}{\partial x_n} = 0$$

et elle se réduit à

$$X_{k+1}\frac{\partial z}{\partial x_{k+1}} + \dots + X_n\frac{\partial z}{\partial x_n} = 0.$$

Dans les coefficients $X_{k+1}, \dots$ les variables $x_1, \dots x_k$ sont seulement remplacées par leurs expressions en fonction des nouvelles variables $y_1, \dots y_k, x_{k+1}, \dots x_n$. On est ainsi ramené à intégrer le système

$$\frac{dx_{k+1}}{X_{k+1}} = \frac{dx_{k+2}}{X_{k+2}} = \dots = \frac{dx_n}{X_n}.$$

§ 5. Théorie du multiplicateur de Jacobi

251. Définition. — Représentons encore par $X(z)$ le premier membre de l'équation (1) du paragraphe précédent. Jacobi appelle *multiplicateur* de l'équation $X(z) = 0$, ou multiplicateur de $X(z)$, un facteur M, fonction de $x_1, x_2, \dots x_n$, tel que le produit $MX(z)$ puisse se mettre sous la forme d'un déterminant fonctionnel, c'est-à-dire tel que l'on ait identiquement, quels que soient les x,

$$MX(z) = \frac{d(z, u_1, \dots u_{n-1})}{d(x_1, x_2, \dots x_n)},$$

les $n - 1$ fonctions u des variables x étant connues.

252. Théorème I. — *Toute équation linéaire et homogène* $X(z) = 0$ *admet un multiplicateur* M.

En effet, supposons X_1 différent de 0 et soient $u_1, u_2, \dots u_{n-1}$ un système de $n - 1$ intégrales distinctes de l'équation $X(z) = 0$. Considérons le système de n identités, linéaires en $X_1, X_2, \dots X_n$,

$$X_1 \frac{\partial z}{\partial x_1} + X_2 \frac{\partial z}{\partial x_2} + \dots + X_n \frac{\partial z}{\partial x_n} = X(z).$$

$$X_1 \frac{\partial u_i}{\partial x_1} + X_2 \frac{\partial u_i}{\partial x_2} + \dots + X_n \frac{\partial u_i}{\partial x_n} = 0,$$

$$(i = 1, 2, \dots n - 1)$$

dont la première sert de définition à $X(z)$ et les autres expriment que les u sont des intégrales de l'équation (1). Multiplions-les respectivement par les mineurs $\delta_1, \delta_2, \dots$ relatifs aux éléments de la première colonne du déterminant du système, qui n'est autre que le déterminant fonctionnel

$$\frac{d(z, u_1, \dots u_{n-1})}{d(x_1, x_2, \dots x_n)},$$

et ajoutons. Il vient identiquement

$$X_1 \frac{d(z, u_1, \ldots u_{n-1})}{d(x_1, x_2, \ldots x_n)} = \delta_1 X(z).$$

D'ailleurs X_1 n'est pas nul par hypothèse; le déterminant fonctionnel ne peut être identiquement nul non plus, car les u sont indépendants. On voit donc que δ_1 n'est pas nul et que $\delta_1 : X_1$, qui ne contient pas z, est un multiplicateur M de $X(z)$.

253. Théorème II. — *Si l'expression*

$$X(z) = X_1 \frac{\partial z}{\partial x_1} + X_2 \frac{\partial z}{\partial x_2} + \ldots + X_n \frac{\partial z}{\partial x_n}$$

est elle-même un déterminant fonctionnel, à savoir

$$\frac{d(z, u_1, u_2, \ldots u_{n-1})}{d(x_1, x_2, x_3, \ldots x_n)},$$

on aura identiquement

$$(1) \qquad \frac{\partial X_1}{\partial x_1} + \frac{\partial X_2}{\partial x_2} + \ldots + \frac{\partial X_n}{\partial x_n} = 0.$$

On a, en effet,

$$X_1 = \frac{d(u_1, u_2, \ldots u_{n-1})}{d(x_2, x_3, \ldots x_n)}, \qquad X_2 = -\frac{d(u_1, u_2, \ldots u_{n-1})}{d(x_1, x_3, \ldots x_n)}, \ldots$$

Donc l'expression (1) est linéaire par rapport aux dérivées secondes de la forme $\frac{\partial^2 u}{\partial x_i \partial x_k}$ des fonctions u. Je dis que chacune de ces dérivées a pour coefficient zéro : il suffit de l'établir pour l'une d'elles, $\frac{\partial^2 u_1}{\partial x_1 \partial x_2}$ par exemple. Celle-ci ne se trouvera que dans les deux premiers termes de (1), à savoir

$$\frac{\partial X_1}{\partial x_1} = \frac{\partial}{\partial x_1}\left[\frac{\partial u_1}{\partial x_2} \frac{d(u_2, \ldots u_{n-1})}{d(x_3, \ldots x_n)} + \ldots\right]$$

$$\frac{\partial X_2}{\partial x_2} = -\frac{\partial}{\partial x_2}\left[\frac{\partial u_1}{\partial x_1} \frac{d(u_2, \ldots u_{n-1})}{d(x_3, \ldots x_n)} + \ldots\right]$$

Donc les deux coefficients de $\frac{\partial^2 u_1}{\partial x_1 \partial x_2}$ se détruisent.

254. Théorème III. — *Réciproquement, si l'on a identiquement*

$$\frac{\partial X_1}{\partial x_1} + \frac{\partial X_2}{\partial x_2} + \dots + \frac{\partial X_n}{\partial x_n} = 0,$$

$X(z)$ *est un déterminant fonctionnel.*

En effet, soit M le multiplicateur $\delta_1 : X_1$ de $X(z)$ obtenu par la démonstration du théorème I; $MX(z)$ sera le déterminant fonctionnel :

$$(2) \qquad MX(z) = \frac{d(z, u_1, u_2, \dots u_{n-1})}{\partial(x_1, x_2, x_3, \dots x_n)}$$

considéré dans cette même démonstration; et l'on aura, en vertu du théorème II,

$$\frac{\partial(MX_1)}{\partial x_1} + \frac{\partial(MX_2)}{\partial x_2} + \dots + \frac{\partial(MX_n)}{\partial x_n} = 0.$$

Mais cette identité se réduit, en vertu de (1), à la relation

$$X_1 \frac{\partial M}{\partial x_1} + X_2 \frac{\partial M}{\partial x_2} + \dots + X_n \frac{\partial M}{\partial x_n} = X(M) = 0.$$

Donc, M étant une intégrale de $X(z) = 0$, on peut poser

$$M = \varphi(u_1, u_2, \dots u_{n-1}).$$

Déterminons, par une quadrature, une fonction U_{n-1}, de $u_1, u_2, \dots u_{n-1}$ qui soit une intégrale de l'équation

$$\frac{\partial U_{n-1}}{\partial u_{n-1}} = \frac{1}{M} = \frac{1}{\varphi(u_1, u_2, \dots u_{n-1})};$$

cette équation peut encore s'écrire, en considérant z comme une variable indépendante des u,

$$\frac{1}{M} = \frac{d(z, u_1, u_2, \dots u_{n-2}\, U_{n-1})}{d(z, u_1, u_2, \dots u_{n-2}\, u_{n-1})};$$

et la relation (2) devient ainsi, par les propriétés des jacobiens,

$$X(z) = \frac{d(z, u_1, \dots u_{n-2}, U_{n-1})}{d(z, u_1, \dots u_{n-2}, u_{n-1})} \frac{d(z, u_1, u_2, \dots u_{n-1})}{d(x_1, x_2, x_3, \dots x_n)}$$

$$X(z) = \frac{d(z, u_1, u_2, \dots u_{n-2}, u_{n-1})}{d(x_1, x_2, \dots x_{n-1}, x_n)}.$$

Donc $X(z)$ est un déterminant fonctionnel.

Les théorèmes II et III conduisent à la conclusion suivante : *Les multiplicateurs de* $X(z) = 0$ *sont les intégrales de l'équation*

$$\frac{\partial(MX_1)}{\partial x_1} + \frac{\partial(MX_2)}{\partial x_2} + \dots + \frac{\partial(MX_n)}{\partial x_n} = 0.$$

255. Théorème V. — *Si l'on connaît un multiplicateur* M *de* $X(z) = 0$, *on obtient tous les autres en multipliant* M *par l'intégrale générale* z *de* $X(z) = 0$.

En effet, si l'on substitue Mz à M dans l'équation précédente, qui est celle des multiplicateurs, il vient, pour déterminer z,

$$z\left[\frac{\partial MX_1}{\partial x_1} + \frac{\partial MX_2}{\partial x_2} + \dots\right] + M\left[X_1\frac{\partial z}{\partial x} + X_2\frac{\partial z}{\partial x_2} + \dots\right] = 0$$

et, le premier crochet étant nul, cette équation se réduit à $X(z) = 0$.

256. Addition d'une nouvelle variable indépendante. — Souvent, pour plus de symétrie, on remplace le système des équations (1) et (2) par le système correspondant, contenant une variable t en plus, que voici :

$$\text{(I)} \qquad \frac{\partial z}{\partial t} + X(z) = 0,$$

$$\text{(II)} \qquad dt = \frac{dx_1}{X_1} = \frac{dx_2}{X_2} = \dots = \frac{dx_n}{X_n}.$$

L'équation (I) se réduit à (1) pour z indépendant de t ; les intégrales $u_1, u_2, \dots u_{n-1}$ de (1) sont donc les $n - 1$ intégrales distinctes du nouveau système qui sont indépendantes de t et il n'y en a pas davantage. Pour achever l'intégration, il faut donc trouver une dernière intégrale contenant t. *Cette détermination n'exige qu'une quadrature.*

En effet, considérons le système (II) ; on en tire

$$t - t_0 = \int_{x_0}^{x} \frac{dx_1}{X_1}.$$

L'intégration se fait en remplaçant dans X_1 les variables x_2, $x_3, \dots x_n$ par leurs valeurs en fonction de x_1 fournies par l'intégration du système (2), c'est-à-dire tirées du système intégral $u_i = \alpha_i$ ($i = 1, 2 \ldots n - 1$). Puis, l'intégration faite, on remplace les constantes α_i par leurs valeurs en $x_1, \ldots x_n$, ce qui donne

$$t - t_0 = u_n(x_1, x_2, \ldots x_n).$$

On obtient ainsi la dernière intégrale cherchée $u_n - t$. La détermination de u_n n'exige, comme on le voit, qu'une quadrature quand $u_1, u_2, \ldots u_{n-1}$ sont connus.

Théorème. — *Quand on a calculé u_n, on connaît un multiplicateur de* $X(z)$ *qui a la forme d'un déterminant fonctionnel, à savoir*

$$M = \frac{d(u_1, u_2, \ldots u_n)}{d(x_1, x_2, \ldots x_n)}.$$

En effet, formons le multiplicateur M de l'équation (I) par la méthode indiquée dans la démonstration du théorème I (n° 252), mais en faisant jouer maintenant à t le rôle de x_1. Ainsi nous devons remplacer X_1 par l'unité, ensuite δ_1 par le déterminant

$$\frac{d(u_1, u_2, \ldots u_n - t)}{d(x_1, x_2, \ldots x_n)} = \frac{d(u_1, u_2, \ldots u_n)}{d(x_1, x_2, \ldots x_n)},$$

et nous trouvons le multiplicateur M, indépendant de t,

$$M = \frac{d(u_1, u_2, \ldots u_n)}{d(x_1, x_2, \ldots x_n)},$$

lequel vérifie l'identité

$$M\left(\frac{\partial z}{\partial t} + Xz\right) = \frac{d(z, u_1, u_2, \ldots u_{n-1}, u_n - t)}{d(t, x_1, x_2, \ldots x_{n-1}, x_n)}.$$

Pour revenir à l'équation (1), supposons z indépendant de t. Alors, t n'entrant ni dans z ni dans u, tous les éléments de la première colonne de ce dernier déterminant sont nuls, sauf le dernier qui est -1. La relation se réduit à

$$MX(z) = \pm \frac{d(z, u_1, u_2, \ldots u_{n-1})}{d(x_1, x_2, x_3, \ldots x_n)} = \frac{d(z, \pm u_1, \ldots u_{n-1})}{d(x_1, x_2, x_3, \ldots x_n)}.$$

Donc M est un multiplicateur de $X(z)$. On remarquera que c'est, au signe près, le même que celui que nous avons déterminé pour établir le théorème I (n° 252).

257. Changement de variables. — *Si l'on fait un changement de variables remplaçant* $x_1, x_2, \ldots x_n$ *par* $y_1, y_2, \ldots y_n$ *et qu'on connaisse un multiplicateur* M *de* $X(z) = 0$, *on peut en déduire un multiplicateur* M′ *de l'équation transformée en* y, *transformée que nous représentons par* $Y(z) = 0$.

En effet, $u_1, u_2, \ldots u_{n-1}$ et $u_n - t$, exprimés à l'aide des x ou des y, sont respectivement les intégrales des équations :

$$\frac{\partial z}{\partial t} + X(z) = 0, \qquad \text{ou} \qquad \frac{\partial z}{\partial t} + Y(z) = 0.$$

Les multiplicateurs indépendants de t des deux équations ont respectivement pour expressions générales (n°s 256 et 255) :

$$M = \frac{d(u_1, \ldots u_n)}{d(x_1, \ldots x_n)} \varphi(u_1, \ldots u_{n-1}), \quad M' = \frac{d(u_1, \ldots u_n)}{d(y_1, \ldots y_n)} \varphi(u_1, \ldots u_{n-1}).$$

Ce sont aussi les expressions générales des multiplicateurs de $X(z)$ et $Y(z)$. Considérons ceux qui correspondent à la même fonction φ ; on aura, en divisant membre à membre, et par les propriétés des déterminants fonctionnels,

$$M' = M \frac{d(x_1, x_2, \ldots x_n)}{d(y_1, y_2, \ldots y_n)}.$$

Donc on peut calculer M′ quand on connaît M.

258. Principe du dernier multiplicateur de Jacobi. — *Si l'on connaît* $n - 2$ *intégrales distinctes de* $X(z) = 0$ *et un multiplicateur, l'intégration de cette équation se ramène à des quadratures.*

En effet, si l'on prend comme nouvelles variables les $n - 2$ intégrales connues $u_1, u_2, \ldots u_{n-2}$ et deux variables indépendantes de plus y_1 et y_2, l'équation aux dérivées partielles se réduit à

$$Y(z) = Y_1 \frac{\partial z}{\partial y_1} + Y_2 \frac{\partial z}{\partial y_2} = 0.$$

Par hypothèse, eu égard au théorème précédent, on en connaît un multiplicateur M, et l'on a

$$\frac{\partial}{\partial y_1}(MY_1) + \frac{\partial}{\partial y_2}(MY_2) = 0.$$

Or, ceci exprime que M est un facteur intégrant de la dernière équation différentielle ordinaire à intégrer :

$$Y_2 dy_1 - Y_1 dy_2 = 0;$$

l'intégration s'achèvera donc par des quadratures.

Remarque. — Il arrive souvent dans les applications que l'on ait $\Sigma \frac{\partial X_i}{\partial x_i} = 0$, alors $M = 1$ est un multiplicateur, et on peut appliquer le théorème précédent.

L'équation de Jacobi, $y'' = f(x, y)$, en est un exemple. Elle revient au système

$$\frac{dx}{1} = \frac{dy}{y'} = \frac{dy'}{f}$$

et l'on a, chaque terme étant lui-même nul,

$$\frac{\partial f}{\partial y_1} + \frac{\partial y'}{\partial y} + \frac{\partial 1}{\partial x} = 0.$$

Donc le système s'intègre par des quadratures quand on en connaît une intégrale première, comme nous l'avons déjà vu (n° 208).

§ 6. Équations linéaires complètes

259. Équation aux dérivées partielles linéaire de la forme générale. — Soit z une fonction inconnue de $x_1, x_2, \dots x_n$. Désignons par $p_1, p_2, \dots p_n$ les dérivées de z par rapport à chacune de ces variables. Soient enfin $X_1, X_2, \dots X_n$ et Z des fonctions données de $x_1, \dots x_n$ et z, continues ainsi que leurs dérivées premières, l'une au moins X_1 des fonctions X n'étant pas identiquement nulle.

L'équation linéaire complète ou avec second membre est de la forme

$$X_1 p_1 + X_2 p_2 + \dots + X_n p_n = Z$$

ou, ce qui revient au même,

$$(1) \qquad Z - X_1 p_1 - X_2 p_2 - \dots X_n p_n = 0.$$

Règle d'intégration. — *Pour intégrer cette équation, on pose le système auxiliaire d'équations différentielles ordinaires*

$$(2) \qquad \frac{dx_1}{X_1} = \frac{dx_2}{X_2} = \dots = \frac{dx_n}{X_n} = \frac{dz}{Z}.$$

On intègre ce système, et en le résolvant par rapport aux constantes arbitraires, on obtient le système de ses n intégrales distinctes :

$$u_i(x_1, x_2, \dots x_n, z) = \alpha_i \qquad (i = 1, 2, \dots n).$$

L'intégrale générale de l'équation (1) *est la fonction implicite z définie par la relation*

$$F(u_1, u_2, \dots u_n) = 0,$$

F *désignant une fonction (dérivable) arbitraire. Exceptionnellement, il peut y avoir une solution singulière ne rentrant pas dans la précédente, mais ne contenant rien d'arbitraire.*

Démonstration. — Nous allons établir ce théorème en suivant, sauf quelques modifications, la méthode de Gilbert, qui ne laisse échapper aucune solution. Elle consiste à mettre le premier membre de l'équation (1) sous forme de déterminant fonctionnel.

Désignons, en abrégé, par R le premier membre de l'équation (1) et considérons le système de relations identiques, linéaires en $X_1, X_2, \dots X_n$, Z :

$$(3) \quad \left\{ \begin{array}{l} R = Z \quad - X_1 p_1 \quad - X_2 p_2 \quad - \dots - X_n p_n \\ 0 = Z \dfrac{\partial u_i}{\partial z} + X_1 \dfrac{\partial u_i}{\partial x_1} + X_2 \dfrac{\partial u_i}{\partial x_2} + \dots + X_n \dfrac{\partial u_i}{\partial x_n} \\ \qquad\qquad (i = 1, 2, \dots n) \end{array} \right.$$

Ce sont des *identités* par rapport aux variables z, x, p, dont la première sert de définition à R et les suivantes expriment que les u sont des intégrales de (2). Le déterminant Δ du système (3) n'est pas identiquement nul, car, si on le développe par rapport aux éléments de la première ligne, on a

$$\Delta = \begin{vmatrix} 1 & -p_1 & \dots & -p_n \\ \dfrac{\partial u_1}{\partial z} & \dfrac{\partial u_1}{\partial x_1} & \dots & \dfrac{\partial u_1}{\partial x_n} \\ \dots & \dots & \dots & \dots \\ \dfrac{\partial u_n}{\partial z} & \dfrac{\partial u_n}{\partial x_1} & \dots & \dfrac{\partial u_n}{\partial x_n} \end{vmatrix} = \delta - p_1\delta_1 - p_2\delta_2 - \dots - p_n\delta_n$$

et les mineurs δ, $\delta_1, \dots \delta_n$ sont des fonctions explicites de $x_1, \dots x_n$ et z seulement, dont l'une au moins n'est pas nulle, puisque les n fonctions φ sont indépendantes (n° 246, théorème III).

D'autre part, je dis que Δ peut se mettre sous forme de déterminant fonctionnel

$$\Delta = \frac{d(u_1, u_2, \dots u_n)}{d(x_1, x_2, \dots x_n)},$$

à condition de calculer les dérivées partielles des u en considérant z comme fonction de $x_1, x_2, \dots x_n$. En effet, on peut ajouter aux éléments de la deuxième colonne, puis à ceux de la troisième,... les éléments de la première multipliés par p_1, puis par $p_2, \dots$ Il vient ainsi

$$\Delta = \begin{vmatrix} 1 & 0 & \dots & 0 \\ \dfrac{\partial u_1}{\partial z} & \dfrac{\partial u_1}{\partial x_1} + p_1 \dfrac{\partial u_1}{\partial z} & \dots & \dfrac{\partial u_1}{\partial x_n} + u_n \dfrac{\partial u_1}{\partial z} \\ \dots & \dots\dots & \dots & \dots\dots \\ \dfrac{\partial u_n}{\partial z} & \dfrac{\partial u_n}{\partial x_1} + p_1 \dfrac{\partial u_n}{\partial z} & \dots & \dfrac{\partial u_n}{\partial x_n} + p_n \dfrac{\partial u_n}{\partial z} \end{vmatrix}$$

et, par conséquent,

$$\Delta = \begin{vmatrix} \dfrac{\partial u_1}{\partial x_1} + p_1 \dfrac{\partial u_1}{\partial z} & \dots & \dfrac{\partial u_1}{\partial x_n} + p_n \dfrac{\partial u_1}{\partial z} \\ \dots\dots & \dots & \dots\dots \\ \dfrac{\partial u_n}{\partial x_1} + p_1 \dfrac{\partial u_n}{\partial z} & \dots & \dfrac{\partial u_n}{\partial x_n} + p_n \dfrac{\partial u_n}{\partial z} \end{vmatrix}$$

ce qui est bien un déterminant fonctionnel calculé en considérant z comme fonction des x.

Si l'on veut tirer X_1 du système (3), il faut en multiplier respectivement les équations par les mineurs de Δ relatifs aux coefficients de X_1 et ajouter les équations. Le premier de ces mineurs étant δ_1, il vient ainsi $R\delta_1 = X_1 \Delta$. Donc δ_1 n'est pas identiquement nul, puisque X_1 et Δ ne le sont pas; et nous avons l'identité

$$R = \left(\frac{X_1}{\delta_1}\right) \Delta = \left(\frac{X_1}{\delta_1}\right) \frac{d(u_1, u_2, \dots u_n)}{d(x_1, x_2, \dots x_n)}.$$

L'équation proposée $R = 0$ est donc identique, à un facteur près, à

$$\frac{d(u_1, u_2, \dots u_n)}{d(x_1, x_2, \dots x_n)} = 0.$$

Sous cette forme, elle exprime que la fonction z de $x_1 \dots x_n$ doit être choisie de telle façon qu'il existe entre les fonctions u une relation indépendante des variables x. Par conséquent, pour qu'une fonction z vérifie l'équation (1), il faut et il suffit qu'elle soit comprise dans la relation $F(u_1, u_2, \dots u_n) = 0$.

Les seules solutions qui puissent échapper à cette relation doivent annuler le facteur négligé $X_1 : \delta_1$, lequel est une fonction explicite de $x_1, \dots x_n$ et z. Donc, si l'on peut tirer une valeur de z de la relation $X_1 : \delta_1 = 0$, ce sera une solution ne contenant rien d'arbitraire. Si elle ne rentre pas dans la solution générale, on lui donne le nom de *solution singulière*.

Quand elle existe, la solution singulière peut se trouver sans intégration. En effet, nous venons de montrer qu'elle doit annuler tout facteur X_1 qui n'est pas identiquement nul. Par conséquent, elle doit annuler tous les coefficients $X_1, X_2, \dots Z$ de l'équation (1) et, s'il existe une fonction z satisfaisant à cette condition, ce sera évidemment une intégrale et on la trouvera sans intégration.

260. Caractéristiques. — Dans le cas d'un nombre quelconque $n + 1$ de variables $z, x_1, \dots x_n$, la représentation géométrique fait défaut, mais on étend au cas général la terminologie introduite pour 3 variables.

Le système des intégrales générales des équations (2) est formé par une famille de *courbes intégrales* dépendant de n paramètres arbitraires. Ces courbes intégrales sont les *caractéristiques* de l'équation (1). Toute intégrale (non singulière) de (1) est un lieu de caractéristique et la détermination de ces intégrales revient ainsi à celle des caractéristiques.

Le *problème de Cauchy* consiste à trouver l'intégrale passant une *multiplicité* donnée à $n - 1$ dimensions, c'est-à-dire définie par deux relations entre les variables z et x. Ce problème admet une solution et une seule pourvu que cette multiplicité ne soit pas formée de caractéristiques.

§ 7. Équation aux différentielles totales à trois variables

261. Intégrabilité complète. — Considérons l'équation

$$(1) \qquad dz = X(x, y, z)\, dx + Y(x, y, z)\, dy,$$

dans laquelle x et y sont des variables indépendantes, z une fonction inconnue de ces deux variables, enfin X et Y des fonctions *continues* données de x, y et z.

C'est une *équation aux différentielles totales*. On dit qu'elle est *complètement intégrable*, si elle admet une intégrale renfermant une constante arbitraire, en d'autres termes, s'il existe une relation unique

$$(2) \qquad z = \varphi(x, y, \alpha),$$

renfermant une arbitraire α, dont l'équation (1) soit la conséquence.

262. Théorème I. — *La condition nécessaire et suffisante pour que l'équation* (1) *soit complètement intégrable est que l'on ait, identiquement* (x, y *et* z *restant donc arbitraires*),

$$(3) \qquad \frac{\partial X}{\partial y} + Y\frac{\partial X}{\partial z} = \frac{\partial Y}{\partial x} + X\frac{\partial Y}{\partial z}.$$

On suppose l'existence et la continuité des quatre dérivées partielles qui figurent dans cette formule et l'on ne s'occupe pas des autres.

Pour montrer que cette condition est nécessaire, substituons la valeur (2) de z dans l'équation (1); le second membre devient une différentielle totale exacte à deux variables x et y. Donc on a, pour tout système de valeurs x et y, l'identité

$$\frac{\partial X}{\partial y} + \frac{\partial X}{\partial z}\frac{\partial \varphi}{\partial y} = \frac{\partial Y}{\partial x} + \frac{\partial Y}{\partial z}\frac{\partial \varphi}{\partial x}.$$

Mais, $\varphi(x, y, \alpha)$ étant une intégrale de (1) par hypothèse, ses deux dérivées partielles sont $X(x, y, \varphi)$ et $Y(x, y, \varphi)$. Donc la relation (3) est identiquement satisfaite pour tout système x, y quand on y remplace z par $\varphi(x, y, \alpha)$. On en conclut qu'elle était déjà identique avec cette substitution, c'est-à-dire qu'elle a lieu pour tout système de valeurs de x, y, z, car, x et y étant donnés, on peut disposer de l'arbitraire α de manière à donner à φ (donc à z) une valeur arbitraire. Ainsi la condition est nécessaire.

Cette condition est aussi suffisante. En effet, le théorème II suivant prouve que, si elle a lieu, il existe une intégrale renfermant une constante arbitraire.

263. Théorème II. — *Soit x_0, y_0, z_0 un système de valeurs initiales arbitraires des variables, aux environs desquelles* X, Y *et les quatre dérivées partielles de la formule* (3) *sont continues; alors, si l'identité* (3) *a lieu, l'équation* (1) *admet, au voisinage du point initial, une intégrale $z = \varphi(x, y)$ et une seule se réduisant à z_0 au point (x_0, y_0). De plus, cette intégrale et sa dérivée partielle par rapport à z_0 sont des fonctions continues de x, y, z_0.*

Nous allons montrer, en effet, que cette intégrale peut s'obtenir par l'intégration consécutive des deux équations différentielles ordinaires

$$\frac{dz}{dx} = X, \qquad \frac{dz}{dy} = Y,$$

y dans la première, et x dans la seconde, étant considérés comme des paramètres.

Intégrons d'abord l'équation entre ζ et x

$$\frac{d\zeta}{dx} = X(x, y_0, \zeta), \tag{4}$$

et déterminons son intégrale ζ qui se réduit à z_0 pour $x = x_0$. Comme les fonctions X et $\frac{\partial X}{\partial z}$ sont continues, cette intégrale existe et est unique. De plus, elle est fonction continue de z_0 et x et admet, par rapport à z_0, une dérivée partielle fonction continue de z_0 et x (n° 133, 2°).

Intégrons ensuite l'équation entre z et y (x étant considéré comme un paramètre)

$$(5) \qquad \frac{dz}{dy} = Y(x, y, z)$$

et déterminons son intégrale $z = \varphi(x, y)$ qui se réduit à ζ pour $y = y_0$. Comme les fonctions Y, $\frac{\partial Y}{\partial x}$ et $\frac{\partial Y}{\partial z}$ sont continues, cette intégrale, existante et unique, est fonction continue x, y, ζ. Elle admet, par rapport à ζ, une dérivée partielle également continue (n°s 133, 2°). Elle est donc aussi fonction continue x, y, z_0 et admet, par rapport à z_0, une dérivée partielle fonction continue de x, y, z_0.

Je dis que $z = \varphi(x, y)$ est l'intégrale cherchée de l'équation (1).

En effet, $\varphi(x, y)$ se réduit à ζ pour $y = y_0$ et, par suite, à z_0 au point (x_0, y_0). D'autre part, puisque $\varphi(x, y)$ est une intégrale de (5), on a déjà

$$(6) \qquad \frac{\partial \varphi(x, y)}{\partial y} = Y(x, y, \varphi).$$

Il reste à montrer que l'on a aussi, quand x seul varie,

$$\frac{\partial \varphi(x, y)}{\partial x} = X(x, y, \varphi).$$

Cette relation a lieu pour $y = y_0$, car elle se réduit alors à l'équation (4), il faut établir qu'elle subsiste pour les autres valeurs de y.

J'observe d'abord que $\frac{\partial \varphi}{\partial x}$ existe et est continue, d'après les conditions de continuité imposées à l'équation (5) (n° 133, 2°). Il suffit donc de montrer que, si l'on pose

$$(7) \qquad \frac{\partial \varphi(x, y)}{\partial x} = X(x, y, \varphi) + u,$$

la fonction continue u, qui est nulle pour $y = y_0$, reste encore nulle quand y varie.

A cet effet, calculons sa dérivée par rapport à y; on a

$$\frac{\partial u}{\partial y} = \frac{\partial}{\partial y}\left(\frac{\partial \varphi}{\partial x}\right) - \frac{\partial X}{\partial y} - \frac{\partial X}{\partial z}\frac{\partial \varphi}{\partial y} = \frac{\partial}{\partial x}\left(\frac{\partial \varphi}{\partial y}\right) - \frac{\partial X}{\partial y} - \frac{\partial X}{\partial z} Y,$$

pourvu, d'après le théorème de Schwarz sur l'interversion des dérivées secondes (t. I, n° 105), que $\frac{\partial}{\partial x}\left(\frac{\partial \varphi}{\partial y}\right)$ soit continue. C'est ce qui a lieu, car on a par (6)

$$\frac{\partial}{\partial x}\left(\frac{\partial \varphi}{\partial y}\right) = \frac{\partial Y}{\partial x} + \frac{\partial Y}{\partial z}\frac{\partial \varphi}{\partial x} = \frac{\partial Y}{\partial x} + \frac{\partial Y}{\partial z}(X + u).$$

Portant cette valeur dans l'équation précédente, il vient par l'identité (3)

$$\frac{\partial u}{\partial y} = \frac{\partial Y}{\partial x}(X + u) - \frac{\partial X}{\partial y} - \frac{\partial X}{\partial z} Y = u\frac{\partial Y}{\partial z}.$$

Donc u, considérée comme fonction de y, vérifie l'équation linéaire $\frac{du}{dy} = u\frac{\partial Y}{\partial z}$ (où z est remplacé par φ) et s'annule pour $y = y'_0$. Mais $u = 0$ est une intégrale particulière satisfaisant à cette condition initiale et c'est la seule, puisque $\frac{\partial Y}{\partial z}$ est continue ; donc u est constamment nulle.

Réciproquement, toute intégrale de (1) ayant pour valeur initiale z_0 doit satisfaire aux équations (4) et (5) (conditions initiales comprises) et, par conséquent, cette intégrale est unique.

On conclut de là que l'intégrale générale de (1) doit dépendre d'une constante arbitraire permettant d'attribuer à z la valeur arbitraire z_0 au point x_0, y_0.

264. Théorème et méthode d'intégration de Mayer. — *Quand l'équation* (1) *est complètement intégrable, son intégration dépend de celle d'une seule équation différentielle ordinaire renfermant un paramètre arbitraire.*

Soit z_0 la valeur arbitraire de z au point x_0, y_0, les conditions de continuité étant supposées satisfaites dans le voisinage de ces valeurs initiales, l'intégrale sera complètement déterminée en un point quelconque x, y par sa valeur initiale z_0. Donc, pour en trouver la valeur, il suffit de faire varier x, y en ligne droite depuis l'origine jusqu'en ce point.

Pour simplifier l'écriture, nous supposerons que l'on choisisse l'origine comme point initial dans le plan x, y. Il suffit d'ailleurs, pour ramener le cas général au précédent, de changer x en $x_0 + x$ et y en $y_0 + y$ dans l'équation, ce qui revient à un déplacement d'axes dans le plan x, y.

Pour déterminer la valeur au point x, y de l'intégrale qui a pour valeur z_0 à l'origine, joignons donc l'origine à ce point par une droite. Le long de celle-ci, on aura, λ désignant un paramètre constant,

$$y = \lambda x, \qquad dy = \lambda dx,$$

et, en portant ces valeurs dans l'équation (1),

$$dz = (X + \lambda Y)\, dx. \tag{8}$$

Il suffit d'intégrer cette relation entre les deux variables z et x pour en déduire l'intégrale de (1). En effet, soit

$$F(x, z, \lambda) = \text{const.}$$

l'intégrale générale de (8) résolue par rapport à la constante d'intégration ; l'intégrale particulière z de valeur initiale z_0 est la fonction implicite définie par l'équation

$$F(x, z, \lambda) = F(0, z_0, \lambda).$$

En remplaçant λ par $y : x$, on obtient la relation qui a lieu entre x, y, z, c'est-à-dire l'intégrale de l'équation (1) : ce sera

$$F\left(x, z, \frac{y}{x}\right) = F\left(0, z_0, \frac{y}{x}\right) \tag{9}$$

et elle dépend d'une constante arbitraire z_0.

Remarque. — En principe, la méthode de Mayer ne fournit l'intégrale de valeur initiale z_0 que dans un domaine où les conditions de continuité supposées dans les théorèmes précédents se vérifient. Mais, dans la plupart des cas, les calculs conduisent à définir l'intégrale par une équation entre des expressions littérales qui se dérivent toujours par les mêmes règles, de sorte que la formule démontrée dans un domaine restreint subsiste d'elle-même dans un domaine quelconque. Toutefois cette remarque ne peut être présentée avec toute la précision qu'elle comporte qu'en s'appuyant sur les propriétés générales des fonctions analytiques, qui ne seront exposées que plus tard.

Dans les applications que l'on rencontre, le plus simple sera généralement de choisir l'origine $x_0 = y_0 = 0$ comme point initial dans le plan x, y. Mais on ne le peut pas toujours, parce que les conditions de continuité peuvent tomber en défaut en ce point. On fait alors le changement d'axes préalable indiqué dans la démonstration précédente.

265. Exemple. — L'équation complètement intégrable

$$dz = \frac{2xz\,dx + 2yz^2\,dy}{1 - x^2 - 2y^2 z}$$

satisfait aux conditions de continuité aux environs de $x = y = 0$. Cherchons l'intégrale z qui a pour valeur z_0 à l'origine.

Posons $y = \lambda x$, $dy = \lambda dx$ et chassons le dénominateur, il vient

$$dz\,(1 - x^2) - 2xz\,dx = 2\lambda^2\,(x^2 z\,dz + xz^2\,dx).$$

Les deux membres sont des différentielles exactes, l'intégrale de cette équation différentielle ordinaire sera

$$z(1 - x^2) - \lambda^2 x^2 z^2 = \text{const.} = z_0\,;$$

et celle de l'équation aux différentielles totales,

$$z(1 - x^2) - y^2 z^2 = z_0.$$

266. Forme symétrique de l'équation. — L'équation plus symétrique

$$A\,dx + B\,dy + C\,dz = 0, \tag{10}$$

où A, B, C sont des fonctions données de x, y, z et où C n'est pas nul, se ramène à la précédente en la résolvant par rapport à dz. La condition d'intégrabilité complète est donc

$$\frac{\partial}{\partial y}\left(\frac{A}{C}\right) - \frac{B}{C}\frac{\partial}{\partial z}\left(\frac{A}{C}\right) = \frac{\partial}{\partial x}\left(\frac{B}{C}\right) - \frac{A}{C}\frac{\partial}{\partial z}\left(\frac{B}{C}\right)$$

ou, tous calculs faits et sous forme symétrique,

$$A\left(\frac{\partial B}{\partial z} - \frac{\partial C}{\partial y}\right) + B\left(\frac{\partial C}{\partial x} - \frac{\partial A}{\partial z}\right) + C\left(\frac{\partial A}{\partial y} - \frac{\partial B}{\partial x}\right) = 0. \tag{11}$$

Quand cette identité a lieu, l'intégration de l'équation (10) peut se faire par la méthode de Mayer. On a d'ailleurs la liberté de résoudre à volonté par rapport à dx, dy ou dz et de considérer x, y ou z comme l'inconnue. On choisira comme inconnue celle des variables dont la détermination paraît la plus facile.

267. Multiplicateur ou facteur intégrant. — *Quand la condition d'intégrabilité complète* (11) *est vérifiée, il existe un facteur* μ *fonction de* x, y, z *tel que l'expression*

$$\mu(A dx + B dy + C dz)$$

soit une différentielle totale exacte.

En effet, l'équation (10) admet une intégrale renfermant une constante et qui, résolue par rapport à cette constante, prend la forme

$$F(x, y, z) = \alpha. \tag{12}$$

On en tire, en différentiant,

$$F'_x dx + F'_y dy + F'_z dz = 0$$

et, en identifiant la valeur de dz qui s'en déduit avec celle fournie par l'équation (10),

$$\frac{F'_x}{A} = \frac{F'_y}{B} = \frac{F'_z}{C}. \tag{13}$$

Ces relations ne contiennent plus α et elles ont lieu pour tout système de valeurs de x, y, z satisfaisant à (12), donc pour un système quelconque (x_0, y_0, z_0), car on peut faire $\alpha = F(x_0, y_0, z_0)$. Ce sont donc des identités. Appelons μ la fonction de x, y, z définie par l'un de ces rapports, on aura identiquement

$$\mu(A dx + B dy + C dz) = F'_x dx + F'_y dy + F'_z dz = dF(x, y, z),$$

ce qui prouve le théorème.

268. Solution singulière. — Quand l'équation (10) est complètement intégrable, elle peut admettre, en outre de l'intégrale qui renferme une constante arbitraire et qu'on appelle l'*intégrale générale*, une *solution singulière* ne renfermant rien d'arbitraire. On obtiendra d'ailleurs immédiatement cette nouvelle solution quand l'intégrale générale sera connue.

En effet, supposons connue l'intégrale (12); on en déduit immédiatement un multiplicateur μ en formant l'un des rapports (13); il vient alors

$$A\,dx + B\,dy + C\,dz = \frac{1}{\mu}\,dF(x, y, z).$$

L'équation ne peut donc être vérifiée que de deux manières :

1° En posant $F = \alpha$: c'est la solution générale;

2° En posant $1 : \mu = 0$. Si l'on peut tirer de là une valeur de z, ce sera la solution singulière.

269. Remarque. — La méthode de Mayer est la méthode d'intégration la plus simple *au point de vue théorique*. Mais, *en pratique*, on rencontre souvent des exemples très simples, pour lesquels on aperçoit facilement un multiplicateur. Soit, par exemple, l'équation complètement intégrable

$$2z(dx - dy) + (x - y)\,dz = 0.$$

On sépare la variable z de x et y en divisant par $z(x - y)$, ce qui est donc l'inverse d'un multiplicateur. Il vient

$$\frac{2(dx - dy)}{x - y} + \frac{dz}{z} = 0, \qquad \text{d'où} \qquad (x - y)^2 z = \alpha.$$

C'est l'intégrale générale. Il y a une solution particulière, $z = 0$, qui rend infini le multiplicateur $1 : z(x - y)$, mais elle rentre dans l'intégrale générale pour $\alpha = 0$.

270. Intégrabilité incomplète. — Si l'équation

$$dz = X\,dx + Y\,dy \tag{14}$$

ne satisfait pas à la condition d'intégrabilité complète, on ne peut pas la vérifier par une fonction z des deux variables x et y qui dépende d'une constante arbitraire. Mais on le pourra peut-être par une fonction $z = \varphi(x, y)$ sans constante arbitraire. En vertu de la démonstration du théorème I, celle-ci doit rendre identique la condition

$$\frac{\partial X}{\partial y} + \frac{\partial X}{\partial z}Y = \frac{\partial Y}{\partial x} + \frac{\partial Y}{\partial z}X. \tag{15}$$

Donc, quand elle existe, la fonction $z = \varphi(x, y)$ se tire nécessairement de cette relation.

Ainsi, pour reconnaître s'il existe une solution et pour le trouver, il suffit de résoudre la relation (15) par rapport à z et de substituer la valeur trouvée dans la relation (14). Si celle-ci est vérifiée, ce qui sera l'exception, la valeur trouvée est une intégrale, mais nous disons que l'intégrabilité de l'expression (14) est *incomplète*.

En voici un exemple : Soit l'équation différentielle

$$dz = z(dx + xdy).$$

La relation (15) est

$$xz = z + xz, \qquad \text{d'où} \qquad z = 0.$$

Or $z = 0$ satisfait à l'équation différentielle. C'est donc une intégrale et la seule.

CHAPITRE X

Notions sur le calcul des variations et le calcul des différences

§ 1. Calcul des variations

271. Variation d'une intégrale définie. — Soient y une fonction $f(x)$ et y' sa dérivée, $F(x, y, y')$ une fonction donnée, continue ainsi que ses dérivées partielles des divers ordres ; considérons l'intégrale

$$(1) \qquad I = \int_{x_0}^{x_1} F(x, y, y')\, dx.$$

Pour étudier les changements que subit cette intégrale quand on modifie la fonction y et les limites x_0 et x_1, on imagine que ces changements résultent de la variation d'un ou de plusieurs paramètres, que l'on introduit de la manière suivante :

L'équation $y = f(x)$ est, entre x_0 et x_1, celle d'un arc de courbe AB et l'intégrale (1) est prise le long de cet arc. Quand on altère y et les limites x_0, x_1, cela revient à remplacer l'arc AB par un autre A_1B_1. Pour étudier les changements éprouvés par l'intégrale quand on passe d'un arc à l'autre, on fait un changement de variables et l'on considère une représentation paramétrique de l'arc ; on pose, t désignant la nouvelle variable indépendante et α_1, $\alpha_2, \ldots$ des paramètres dont dépendent la forme et les extrémités de l'arc,

$$(2) \qquad x = \varphi(t, \alpha_1, \alpha_2, \ldots), \qquad y = \psi(t, \alpha_1, \alpha_2, \ldots).$$

On conçoit que ces valeurs de x, y se réduisent à x_0, y_0 et à x_1, y_1 respectivement pour $t = 0$ et pour $t = 1$; ensuite que, pour des valeurs particulières des paramètres (nulles par exemple), l'arc défini par les équations (2) se réduise à l'arc AB. Alors cet arc se déforme et se déplace quand les paramètres varient. On verra par la suite qu'il est généralement inutile de former explicitement les fonctions $\varphi(t, \alpha)$, $\psi(t, \alpha)$ et que le *point de vue* que nous venons de définir importe seul pour la conduite des calculs. Plaçons-nous donc à ce point de vue, les variations se ramènent à des différentielles par les définitions suivantes :

La variation de l'intégrale I *est sa différentielle totale par rapport aux paramètres* α.

La variation d'une fonction quelconque de x, y, y' y'',... *est sa différentielle totale par rapport aux* α.

Les *variations* se représentent avec la caractéristique δ pour les distinguer des différentielles par rapport à t, que l'on appelle simplement *différentielles* et que l'on continue de représenter avec la caractéristique d. D'où la règle suivante :

Les symboles d *et* δ, *désignant des différentielles relatives à des variables indépendantes, peuvent toujours être intervertis.*

Arrivons maintenant au calcul de la variation δI de l'intégrale. Ce calcul se fait par l'application des règles générales des différentiation. On prend t comme variable d'intégration ; il vient

$$\mathrm{I} = \int_0^1 \mathrm{F}(x, y, y') \frac{dx}{dt}\, dt$$

et, les limites étant constantes, δI se calcule par la règle de Leibniz

$$\delta \mathrm{I} = \int_0^1 \frac{\delta(\mathrm{F}\, dx)}{dt}\, dt = \int_0^1 \frac{\delta \mathrm{F}\, dx + \mathrm{F}\delta\, dx}{dt}\, dt.$$

Après la substitution $\delta dx = d\delta x$, on peut faire une intégration par parties sur le second terme de l'intégrale; et l'on trouve, en revenant à x comme variable d'intégration,

$$(3) \qquad \delta \mathrm{I} = [\mathrm{F}\delta x]_0^1 + \int_{x_0}^{x_1} \left(\delta \mathrm{F} - \frac{d\mathrm{F}}{dx}\delta x\right) dx.$$

Il y a lieu de transformer cette expression. Posons, en abrégé,

$$(4) \qquad \mathrm{X} = \frac{\partial \mathrm{F}}{\partial x}, \qquad \mathrm{Y} = \frac{\partial \mathrm{F}}{\partial y}, \qquad \mathrm{Y}' = \frac{\partial \mathrm{F}}{\partial y'};$$

nous aurons

$$\delta \mathrm{F} = \mathrm{X}\delta x + \mathrm{Y}\delta y + \mathrm{Y}'\delta y', \qquad \frac{d\mathrm{F}}{dx} = \mathrm{X} + \mathrm{Y}y' + \mathrm{Y}'y'';$$

et il viendra

$$\delta I = [F\delta x]_0^1 + \int_{x_0}^{x_1} dx\,[Y(\delta y - y'\delta x) + Y'(\delta y' - y''\delta x)].$$

Pour simplifier, définissons une quantité ω (appelée parfois *élément déformateur*) par la formule

$$(5) \qquad \omega = \delta y - y'\delta x;$$

il viendra, en différentiant par rapport à t,

$$d\omega = \delta dy - y'\delta dx - dy'\delta x$$

et, en remplaçant δdy par $\delta(y'dx) = \delta y' dx + y'\delta dx$,

$$(6) \qquad d\omega = \delta y' dx - dy'\delta x, \qquad \text{d'où} \qquad \omega' = \delta y' - y''\delta x,$$

où ω' est la dérivée de ω par rapport à x. On a donc

$$\delta I = [F\delta x]_0^1 + \int_{x_0}^{x_1} (Y\omega + Y'\omega')\,dx.$$

Cette intégrale se transforme enfin au moyen d'une intégration par parties sur le second terme, et il vient définitivement

$$(7) \qquad \delta I = [F\delta x + Y'\omega]_0^1 + \int_{x_0}^{x_1} \left(Y - \frac{dY'}{dx}\right)\omega\,dx.$$

272. Cas où F contient deux fonctions. — Soient z une seconde fonction de x et z' sa dérivée. La variation de l'intégrale

$$I = \int_{x_0}^{x_1} F(x, y, y', z, z')\,dx$$

se définit et se calcule en considérant z aussi comme fonction de t et x. On obtient donc δI en ajoutant aux expressions du n° précédent les termes analogues provenant de la variation de z. Soient $Z = \frac{\partial F}{\partial z}$, $Z' = \frac{\partial F}{\partial z'}$ les expressions analogues à Y et Y'; définissons une quantité auxiliaire η, analogue à ω :

$$\eta = \delta z - z'\delta x, \qquad \text{d'où} \qquad \eta' = \delta z' - z''\delta x;$$

il faut compléter l'expression (7) de δI comme ci-dessous :

$$(8)\quad \left\{\begin{aligned} \delta I &= [F\delta x + Y'\omega + Z'\eta]_0^1 \\ &+\int_{x_0}^{x_1}\left[\left(Y - \frac{dY'}{dx}\right)\omega + \left(Z - \frac{dZ'}{dx}\right)\eta\right]dx. \end{aligned}\right.$$

273. Cas où F contient des dérivées d'ordre supérieur. — Les calculs du n° 271 s'étendent facilement à l'intégrale

$$I = \int_{x_0}^{x_1} F(x, y, y', y'', \ldots)\, dx,$$

dans laquelle F renferme des dérivées de y d'ordre supérieur au premier. En effet, la formule (3) subsiste et l'on a

$$\delta I = \Big[F\delta x\Big]_0^1 + \int_{x_0}^{x_1}\left(\delta F - \frac{dF}{dx}\delta x\right) dx.$$

Si l'on pose, en abrégé,

$$X = \frac{\partial F}{\partial x}, \qquad Y = \frac{\partial F}{\partial y}, \qquad Y' = \frac{\partial F}{\partial y'}, \qquad Y'' = \frac{\partial F}{\partial y''}, \ldots$$

la quantité $\delta F - \frac{dF}{dx}\delta x$ à intégrer prend la forme

$$Y(\delta y - y'\delta x) + Y'(\delta y' - y''\delta x) + Y''(\delta y'' - y'''\delta x) + \ldots$$

Mais nous avons posé

$$\omega = \delta y - y' dx, \qquad \text{d'où} \qquad \omega' = \delta y' - y'' dx$$

et on en conclut, en remplaçant successivement y par y', y'',...

$$\omega'' = \delta y'' - y'''\delta x, \qquad \omega''' = \delta y''' - y^{\text{IV}}\delta x, \ldots$$

Il vient donc

$$\delta I = \Big[F\delta x\Big]_0^1 + \int_{x_0}^{x_1} dx\Big[Y\omega + Y'\omega' + Y''\omega'' + \ldots\Big].$$

On fait disparaître, par un nombre suffisant d'intégrations par parties, toutes les dérivées de ω par rapport à x qui figurent sous le signe $\int$ et l'on trouve ainsi l'expression définitive

$$\begin{aligned} \delta I &= \left[F\delta x + Y'\omega + Y'\omega'' - \frac{dY''}{dx}\omega + \ldots\right] \\ &+ \int_{x_0}^{x_1}\left(Y - \frac{dY'}{dx} + \frac{d^2Y''}{dx^2} - \ldots\right)\omega\, dx. \end{aligned}$$

Si F contenait une seconde fonction z de x, il faudrait compléter δI en ajoutant des termes relatifs à z comme au n° 272.

274. Cas où F dépend des valeurs de x, y, z aux limites. — Si F contient les quantités x_0, y_0, z_0, x_1, y_1, z_1, il faut encore ajouter aux expressions déjà obtenues de δI l'ensemble des termes qui proviennent des variations de ces quantités, à savoir

$$\int_{x_0}^{x_1} \left[\frac{\partial F}{\partial x_0} \delta x_0 + \frac{\partial F}{\partial x_1} \delta x_1 + \frac{\partial F}{\partial x_1} \delta y_0 + \cdots \right] dx.$$

Ces termes ne dépendent que des variations aux limites.

275. Condition nécessaire de maximé ou de minimé d'une intégrale définie. — L'objet principal du calcul des variations est de déterminer les maximés et les minimés d'intégrales définies dont les éléments dépendent d'une ou de plusieurs fonctions inconnues.

Dans le cas le plus général, on considère l'intégrale

$$I = \int_{x_0}^{x_1} F(x, y, y', y'', \dots z, z', \dots)\, dx.$$

La fonction F est donnée, mais les fonctions y et z de x sont inconnues. Quant aux limites x_0, x_1, et aux valeurs correspondantes de y, z, y',..., elles peuvent être soit données, soit complètement arbitraires, soit encore liées par une ou plusieurs équations. Mais on n'impose aucune relation de condition entre les variables elles-mêmes et leurs valeurs aux limites. On demande de déterminer les fonctions y et z et ce qui reste d'indéterminé dans les quantités aux limites de manière que l'intégrale I soit maximée ou minimée.

La recherche des conditions nécessaires et suffisantes à cet effet est un problème ardu, dans lequel nous ne voulons pas entrer. Mais le théorème suivant, qui ne donne qu'une condition nécessaire, suffit à la détermination pratique du maximé ou du minimé s'il existe :

Théorème. — *Le système des fonctions y, z,... et des valeurs aux limites qui extrême l'intégrale doit annuler sa variation δI pour tout* *système de variations de x, y, z,... et des quantités aux limites compatibles avec les conditions imposées.*

Soient, en effet, y, z,... x_0, x_1,... les fonctions et les valeurs aux limites qui fournissent le maximé ou le minimé cherché. Altérons infiniment peu ces fonctions et ces valeurs en respectant les conditions imposées, et cela au moyen de la variation d'un ou de plusieurs paramètres α_1, α_2,...; l'intégrale, considérée comme fonction de ces paramètres, doit être extrémée. Donc (abstraction faite des cas de discontinuité, que nous écartons) sa différentielle totale δ est nulle.

276. Décomposition de la condition $\delta I = 0$. — PREMIER CAS. — Considérons d'abord l'intégrale, qui ne dépend que d'une seule fonction inconnue y,

$$I = \int_{x_0}^{x_1} F(x, y, y')\, dx.$$

Sa variation, fournie par la formule (7), est de la forme

$$(9) \qquad \delta I = A + \int_{x_0}^{x_1} B\, \omega\, dx,$$

où A est une fonction linéaire et homogène des variations des quantités aux limites et où l'on a $B = Y - \dfrac{dY'}{dx}$.

Comme il n'y a pas de relation imposée entre les variables et leurs valeurs aux limites, l'équation $\delta I = 0$ se décompose en deux autres. En effet, on peut d'abord laisser fixes les quantités aux limites, alors A est nul et il vient

$$\delta I = \int_{x_0}^{x_1} B\, \omega\, dx = 0.$$

Mais $\omega = \delta y - y'\delta x$ est arbitraire avec δy et δx pour chacune des valeurs de x entre x_0 et x_1. La relation précédente ne peut donc subsister quel que soit ω que si l'on a, pour chaque valeur de x,

$$B = Y - \frac{dY'}{dx} = 0.$$

L'équation $B = 0$ est une équation différentielle, qui porte le nom d'*équation principale*. L'intégration de cette équation détermine la fonction inconnue y, mais en introduisant des constantes arbitraires. Les courbes ainsi définies portent le nom d'*extrémales*.

Maintenant, B étant nul, l'équation $\delta I = 0$ se réduit à

$$A = \Big[F\delta x + Y'\omega\Big]_0^1 = 0.$$

L'équation $A = 0$ est l'*équation aux limites*. Elle sert, comme nous le montrerons dans les exemples traités plus loin, à déterminer les constantes qui figurent dans l'équation des extrémales.

Deuxième cas. — Quand F renferme deux fonctions inconnues y, z et leurs dérivées premières, la variation de l'intégrale

$$I = \int_{x_0}^{x_1} F(x, y, y', z, z')\,dx$$

est donnée par la formule (**8**); δI est donc de la forme

$$\delta I = A + \int_{x_0}^{x_1} (B\omega + C\eta)\,dx, \tag{10}$$

en désignant par A l'ensemble des termes aux limites et en posant

$$B = Y - \frac{dY'}{dx}, \qquad C = Z - \frac{dZ'}{dx}.$$

Si on laisse d'abord fixes les quantités aux limites, on a

$$\int_{x_0}^{x_1} (B\omega + C\eta)\,dx = 0.$$

Or ceci exige que $B\omega + C\eta$ soit nul quel que soit x, car, dans le cas contraire, on pourrait, en changeant au besoin les signes de toutes les variations (ce qui est permis car elles ne sont liées que par des relations linéaires et homogènes) rendre $B\omega + C\eta$ partout positif, et l'intégrale ne serait pas nulle.

L'équation $\delta I = 0$ se décompose donc en deux autres, comme dans le premier cas : l'*équation principale*,

$$B\omega + C\eta = 0,$$

dont l'intégration donne les *extrémales;* et l'*équation aux limites* $A = 0$, qui sert encore à déterminer les constantes d'intégration. Mais, en ce qui concerne l'équation principale, il y a deux hypothèses à examiner :

1° Si l'on ne donne aucune relation entre x, y et z, les quantités $\omega = \delta y - y'\delta x$ et $\eta = \delta z - z'\delta x$ sont, avec δx, δy et δz, des indéterminées indépendantes et l'équation principale se décompose en deux autres : $B = 0$, $C = 0$. Ce sont deux équations différentielles simultanées dont l'intégration détermine la forme des fonctions inconnues y et z ou la famille des extrémales.

2° Si l'on donne une relation $\Phi(x, y, z) = 0$, les variations seront liées par la condition

$$\frac{\partial \Phi}{\partial x}\delta x + \frac{\partial \Phi}{\partial y}\delta y + \frac{\partial \Phi}{\partial z}\delta z = 0.$$

Mais en dérivant totalement $\Phi = 0$ par rapport à x, il vient

$$\frac{\partial \Phi}{\partial x} + \frac{\partial \Phi}{\partial y}y' + \frac{\partial \Phi}{\partial z}z' = 0;$$

et, en soustrayant de la précédente cette dernière relation multipliée par δx, on trouve

$$\frac{\partial \Phi}{\partial y}(\delta y - y'\delta x) + \frac{\partial \Phi}{\partial z}(\delta z - z'\delta x) = \frac{\partial \Phi}{\partial y}\omega + \frac{\partial \Phi}{\partial z}\eta = 0.$$

Donc il existe, dans ce cas, une relation entre ω et η et l'on ne peut plus annuler séparément les deux termes B et C de l'équation principale. Celle-ci donne, par l'élimination de ω et η, la relation

$$C\frac{\partial \Phi}{\partial y} - B\frac{\partial \Phi}{\partial z} = 0,$$

qui, jointe à $\Phi(x, y, z) = 0$, déterminera la forme des fonctions inconnues y et z, c'est-à-dire les extrémales.

Remarque. — Nous avons supposé que la fonction F sous le signe d'intrégation ne renfermait que des dérivées premières, ce qui simplifie les expressions de A, B et C, mais la discussion s'étend d'elle-même au cas où il y aurait des dérivées plus élevées.

D'ailleurs ce dernier cas ne se présentera pas dans la solution des problèmes que nous poserons tout à l'heure.

277. Méthode pratique de calcul. — En pratique, il est plus commode de conduire les calculs autrement et de s'écarter de la marche suivie dans l'analyse précédente. Reprenons les deux cas examinés ci-dessus.

PREMIER CAS : *une fonction inconnue*. — Considérons l'intégrale

$$I = \int_{x_0}^{x_1} F(x, y, y')\, dx.$$

Prenons encore t comme variable indépendante et remplaçons y' par $\frac{dy}{dx}$; l'intégrale se ramènera à la forme

$$I = \int_0^1 F_1(x, y, dx, dy),$$

où F_1 est homogène du premier degré en dx, dy.

Soient respectivement X, Y, X′, Y′ les dérivées partielles de F_1 par rapport à x, y, dx, dy ; il viendra

$$\delta I = \int_0^1 \delta F_1 = \int_0^1 (X\delta x + Y\delta y + X' d\delta x + Y' d\delta y).$$

Par des intégrations par parties, on fait disparaître sous le signe $\int$ les différentielles des variations, ce qui conduit à un résultat de la forme

$$(\text{II}) \quad \delta I = A + \int_0^1 (P\,\delta x + Q\delta y), \quad \left\{ \begin{array}{l} P = X - dX' \\ Q = Y - dY' \end{array} \right.$$

en désignant par A la partie tout intégrée qui ne dépend que des variations aux limites, par P et Q des coefficients indépendants des variations.

Etudions maintenant la condition $\delta I = 0$. L'*équation principale* sera $P\delta x + Q\delta y = 0$ et l'*équation aux limites* $A = 0$. Mais, comme δx et δy sont des indéterminées indépendantes, l'équation principale se décompose en deux autres $P = 0$ et $Q = 0$. Il y a donc surabondance d'équations pour déterminer la forme de la fonction inconnue et l'on prévoit qu'elles rentrent l'une dans l'autre. Vérifions-le.

On a identiquement, en vertu du théorème d'Euler sur les fonctions homogènes,

$$F_1 - X'dx - Y'dy = 0,$$

d'où

$$d(F_1 - X'dx - Y'dy) = (X - dX')\,dx + (Y - dY')\,dy = P\,dx - Q\,dy = 0;$$

et, par conséquent, on a aussi identiquement

$$P\,dx = - Q\,dy.$$

On peut arriver autrement au même résultat. Pour cela, comparons les deux expressions (9) et (11) de δI, elles doivent rentrer l'une dans l'autre après qu'on a remplacé dans (9) ω par $\delta y - y'\delta x$. Donc, δx et δy étant des indéterminées, leurs coefficients sous les signes $\int$ sont les mêmes de part et d'autre, il vient donc

$$P = - By'dx = - B\,dy, \qquad Q = B\,dx.$$

Ainsi les deux équations $P = 0$ et $Q = 0$ reviennent l'une et l'autre à l'équation $B = 0$ du n° précédent et ne nous apprennent rien de plus. Il suffira d'intégrer l'une d'elles choisie à volonté.

Voici encore une remarque souvent utile.

Supposons qu'on fasse varier y seul, x et les quantités aux limites étant fixes (indépendantes des paramètres); toutes les variations autres que δy étant nulles, la formule (11) se réduit à

$$\delta I = \int_0^1 Q\delta y$$

et la condition $\delta I = 0$ donne $Q = 0$. De même, si l'on ne faisait varier que x seul, y et les quantités aux limites restant fixes, la condition $\delta I = 0$ conduirait à l'équation $P = 0$. On voit donc que si l'on se borne à chercher l'équation principale, on l'obtiendra en ne donnant de variation qu'à y ou bien qu'à x à son choix et en annulant toutes les variations aux limites. Ce calcul est donc tout indiqué si l'on se propose seulement de déterminer les équations des extrémales.

Deuxième cas : *deux fonctions inconnues*. — Considérons l'intégrale

$$I = \int_{x_0}^{x_1} F(x, y, y', z, z')\,dx.$$

Prenons t comme variable d'intégration et remplaçons y' par $\frac{dy}{dx}$ et z' par $\frac{dz}{dx}$; l'intégrale sera ramenée à la forme

$$I = \int_0^1 F_1(x, y, z, dx, dy, dz),$$

où F_1 est homogène du premier degré en dx, dy, dz.

On en tire, avec des notations analogues aux précédentes,

$$\delta I = \int_0^1 \delta F_1 = \int_0^1 (X\delta x + Y\delta y + Z\delta z + X'\delta dx + Y'\delta dy + Z'\delta dz);$$

et, au moyen d'intégrations par parties, δI prend la forme

$$(12) \qquad \delta I = A + \int_0^1 (P\,\delta x + Q\delta y + R\,\delta z),$$

où A désigne encore la partie tout intégrée, qui ne dépend que des variations aux limites.

La condition $\delta I = 0$ se décompose dans l'*équation aux limites* $A = 0$ et dans l'*équation principale* $P\,\delta x + Q\delta y + R\,\delta z = 0$. Il y a, comme au n° précédent, deux hypothèses à examiner :

1° S'il n'existe aucune relation entre x, y, z, les variations δx, δy, δz sont des indéterminées indépendantes et l'équation principale se décompose en trois autres $P = 0$, $Q = 0$, $R = 0$. Mais, en identifiant les expressions (**10**) et (**12**) de δI, on reconnaît facilement que ces trois équations se réduisent à deux distinctes $B = 0$ et $C = 0$. Toutefois la considération simultanée des trois équations introduit souvent plus de symétrie dans les calculs.

2° S'il existe une relation $\varphi(x, y, z) = 0$, on en tire

$$(13) \qquad \frac{\partial \varphi}{\partial x}\delta x + \frac{\partial \varphi}{\partial y}\delta y + \frac{\partial \varphi}{\partial z}\delta z = 0.$$

Dans ce cas, on se sert avec avantage de la *méthode des multiplicateurs*. On multiplie l'équation précédente par λ et on l'ajoute avec $P\,\delta x + Q\delta y + R\,\delta z = 0$, il vient

$$\left(P + \lambda\frac{\partial \varphi}{\partial x}\right)\delta x + \left(Q + \lambda\frac{\partial \varphi}{\partial y}\right)\delta y + \left(R + \lambda\frac{\partial \varphi}{\partial z}\right)\delta z = 0.$$

En vertu de (**13**), il n'y a que deux des variations qui soient indépendantes. Si l'on choisit λ de manière à annuler le coefficient de la variation dépendante, les coefficients des deux variations indépendantes seront nuls aussi. On est donc conduit à poser

$$P + \lambda \frac{\partial \Phi}{\partial x} = 0, \qquad Q + \lambda \frac{\partial \Phi}{\partial y} = 0, \qquad R + \lambda \frac{\partial \Phi}{\partial z} = 0.$$

Ces trois équations et $\Phi = 0$ forment un système de quatre équations (se réduisant à trois distinctes seulement) qui servira à déterminer y, z et λ en fonction de x.

Les méthodes de calcul qui précèdent s'étendent au cas où F renferme des dérivées d'ordre supérieur y'',... mais il faut faire, en plus, les substitutions plus compliquées

$$y'' = \frac{dx\, d^2y - dy\, d^2x}{dx^3}, \ldots$$

et, par intégrations par parties consécutives, éliminer les différentielles des variations. Les calculs sont plus pénibles et, dans ce cas, les méthodes du n° 276 sont préférables.

278. Multiplicateur de l'équation principale. — Quand y' est la plus haute dérivée qui entre dans la fonction $F(x, y, y')$ à intégrer, l'équation principale, résolue par rapport à y'', prend la forme

$$y'' = \varphi(x, y, y')$$

et elle revient au système d'équations du premier ordre

$$\frac{dx}{1} = \frac{dy}{y'} = \frac{dy'}{\varphi}.$$

On connaît un multiplicateur $M = \dfrac{\partial^2 F}{\partial y'^2}$ *de ce système* (n° 251), *c'est-à-dire un multiplicateur de l'équation aux dérivées partielles correspondante*

$$\frac{\partial z}{\partial x} + y' \frac{\partial z}{\partial y} + \varphi \frac{\partial z}{\partial y'} = 0.$$

En effet, en remplaçant y'' par φ dans l'équation principale $Y - \dfrac{dY'}{dx} = 0$, on obtient l'identité

$$\frac{\partial F}{\partial y} - \frac{\partial^2 F}{\partial x \partial y'} - y' \frac{\partial^2 F}{\partial y \partial y'} - \varphi \frac{\partial^2 F}{\partial y'^2} = 0.$$

Celle-ci, dérivée par rapport à y', donne, comme on s'en assure immédiatement, ce qui prouve la proposition (n° 254),

$$\frac{\partial M}{\partial x} + \frac{\partial (My')}{\partial y} + \frac{\partial (M\varphi)}{\partial y'} = 0.$$

Donc, *si l'on connaît une intégrale première de l'équation principale, l'intégration s'achève par des quadratures* (n° 258).

§ 2. Problèmes divers

279. Surface de révolution minimum. — *On donne deux points* A *et* B *et une droite dans un plan ; on demande de mener entre ces deux points la courbe qui, en tournant autour de cette droite, engendre la surface de révolution dont l'aire soit la plus petite possible.*

Prenons l'axe de révolution pour axe des x et une perpendiculaire pour axe des y. Soient x_0, y_0 et x_1, y_1 les coordonnées des points A et B. Appliquons la méthode du numéro 277. Considérons x et y comme des fonctions d'une variable t, qui varie de 0 à 1 quand le point x, y décrit la courbe AB. L'intégrale à rendre minimum sera

$$I = \int_0^1 y ds, \qquad \text{ou} \qquad ds = \sqrt{dx^2 + dy^2}.$$

Calculons δI ; il vient successivement

$$\delta I = \int_0^1 (\delta y\, ds + y\, \delta ds) = \int_0^1 \left(\delta y\, ds + y \frac{dx}{ds} d\delta x + y \frac{dy}{ds} d\delta y\right)$$
$$= \left[\frac{y(dx\,\delta x + dy\,\delta y)}{ds}\right]_0^1 + \int_0^1 \left[d\left(s - \frac{ydy}{ds}\right)\delta y - d\left(y\frac{dx}{ds}\right)\delta x\right].$$

L'*équation aux limites* est donc

$$\left[\frac{y(dx\,\delta x + dy\,\delta y)}{ds}\right]_0^1 = 0;$$

et l'*équation principale* se décompose en deux autres :

$$d\left(s - \frac{ydy}{ds}\right) = 0, \qquad d\left(y\frac{dx}{ds}\right) = 0.$$

On sait que ces deux équations sont équivalentes et l'on peut se borner à considérer la seconde. Il vient, en l'intégrant, séparant les variables et intégrant de nouveau,

$$y dx = C ds = C\sqrt{dx^2 + dy^2},$$

$$\frac{dy}{dx} = \sqrt{\frac{y^2}{C^2} - 1}, \qquad \frac{d\frac{y}{C}}{\sqrt{\frac{y^2}{C^2} - 1}} = d\frac{x}{C},$$

$$\operatorname{Log}\left(\frac{y}{C} + \sqrt{\frac{y^2}{C^2} - 1}\right) = \frac{x - C_1}{C}, \quad y = \frac{C}{2}\left(e^{\frac{x - C_1}{C}} + e^{-\frac{x - C_1}{C}}\right).$$

Donc les extrémales sont des *chaînettes* ayant l'axe de révolution pour base.

Si les points A et B sont donnés, leurs coordonnées ne reçoivent pas de variations et l'équation aux limites disparaît. Les deux constantes d'intégration C et C_1 se déterminent par la condition que la courbe passe par les deux points A et B.

Supposons maintenant que les points A et B, n'étant pas donnés, soient seulement assujettis à se trouver sur deux courbes MN et PQ dans le plan xy. Comme les déplacements des points A et B sur chacune de ces courbes ne dépendent aucunement l'un de l'autre, les variations à la limite 0 sont indépendantes de celles à la limite 1 et l'équation aux limites se décompose en deux autres :

$$dx_0 \delta x_0 + dy_0 \delta y_0 = 0, \qquad dx_1 \delta x_1 + dy_1 \delta y_1 = 0.$$

Ces relations serviront à déterminer les constantes. Elles expriment une propriété géométrique de l'extrémale qui fournit le minimé. La première montre que le déplacement $(\delta x_0, \delta y_0)$ du point A sur la courbe MN est perpendiculaire au déplacement (dx_0, dy_0) sur l'extrémale AB. La seconde s'interprête de même. Donc *la courbe, menée entre deux courbes données* MN *et* PQ, *qui engendre la plus petite surface de révolution, est une chaînette qui coupe normalement ces deux courbes.*

C'est Meusnier vers 1776 qui a découvert la propriété de la chaînette que nous venons d'étudier.

280. Ligne la plus courte dans l'espace. — Soit à trouver la ligne la plus courte entre deux points A (x_0, y_0, z_0) et B (x_1, y_1, z_1) de l'espace. Opérons comme au n° 277 (1° du deuxième cas). Considérons x, y, z comme des fonctions du paramètre t qui varie de 0 à 1 le long de la ligne. L'intégrale à rendre minimum sera

$$I = \int_0^1 ds = \int_0^1 \sqrt{dx^2 + dy^2 + dz^2}.$$

Calculons δI ; il vient

$$\delta I = \int_0^1 \delta\, ds = \int_0^1 \frac{dx\, d\delta x + dy\, d\delta y + dz\, d\delta z}{ds}$$

$$= \left[\frac{dx\,\delta x + dy\,\delta y + dz\,\delta z}{ds}\right]_0^1 - \int_0^1 \left(\delta x\, d\frac{dx}{ds} + \delta y\, d\frac{dy}{ds} + \delta z\, d\frac{dz}{ds}\right).$$

Les fonctions x, y, z étant indépendantes, leurs variations δx, δy et δz sont indépendantes et l'équation principale,

$$\delta x\, d\frac{dx}{ds} + \delta y\, d\frac{dy}{ds} + \delta z\, d\frac{dz}{ds} = 0,$$

se décompose en trois autres (se réduisant à deux distinctes) :

$$d\frac{dx}{ds} = d\frac{dy}{ds} = d\frac{dz}{ds} = 0; \quad \text{d'où} \quad \frac{dx}{ds} = \alpha, \quad \frac{dy}{ds} = \beta, \quad \frac{dz}{ds} = \gamma,$$

en désignant par α, β, γ trois constantes. Donc les cosinus directeurs de la tangente à une extrémale sont constants et les extrémales sont des lignes droites.

Si les points A, B sont donnés, les variations aux limites sont nulles et l'équation aux limites disparaît. La droite est déterminée par la condition de passer par les deux points.

Si les points A et B sont seulement assujettis à se trouver sur deux surfaces S et S′, ayant respectivement pour équations :

$$\varphi(x_0, y_0, z_0) = 0, \qquad \psi(x_1, y_1, z_1) = 0,$$

l'équation aux limites sera

$$\left[\frac{dx\,\delta x + dy\,\delta y + dz\,\delta z}{ds}\right]_0^1 = 0.$$

Mais, comme les déplacements des points A et B sur S et S' sont indépendants, elle se décompose en deux autres :

$$dx_0 \delta x_0 + dy_0 \delta y_0 + dz_0 \delta z_0 = 0, \quad dx_1 \delta x_1 + dy_1 \delta_1 + dz_1 \delta_1 = 0.$$

Celles-ci expriment que la droite la plus courte entre les deux surfaces est une perpendiculaire commune. On démontrerait de même que la distance la plus courte entre deux lignes est une perpendiculaire commune.

281. Ligne la plus courte sur une surface. — *Soit* $F(x, y, z) = 0$ *l'équation d'une surface* S ; *on demande de tracer sur la surface, entre deux de ses points* $A(x_0, y_0, z_0)$ *et* $B(x_1, y_1, z_1)$, *la ligne la plus courte possible.*

Il faut annuler la même variation δI qu'au n° précédent, mais, comme la ligne cherchée doit être tracée sur la surface, les variations δx, δy et δz sont liées par la relation

$$\frac{\partial F}{\partial x}\delta x + \frac{\partial F}{\partial y}\delta y + \frac{\partial F}{\partial z}\delta z = 0.$$

Par conséquent, l'équation principale

$$\delta x\, d\frac{dx}{ds} + \delta y\, d\frac{dy}{ds} + \delta z\, d\frac{dz}{ds} = 0$$

ne se décompose plus en trois autres. Employons la *méthode des multiplicateurs* (n° 277). En ajoutant à l'équation principale, que nous venons d'écrire, l'équation qui la précède multipliée par un facteur λ, on est conduit à poser les trois équations :

$$d\frac{dx}{ds} + \lambda\frac{\partial F}{\partial x} = 0, \quad d\frac{dy}{ds} + \lambda\frac{\partial F}{\partial y} = 0, \quad d\frac{dz}{ds} + \lambda\frac{\partial F}{\partial z} = 0.$$

Ces trois équations, jointes à $F = 0$, sont les équations différentielles des extrémales. L'équation aux limites sera

$$\left[\frac{dx\,\delta x + dy\,\delta y + dz\,\delta z}{ds}\right]_0^1 = 0.$$

Les lignes les plus courtes sur une surface s'appellent *lignes géodésiques*. On déduit des équations précédentes une propriété géométrique de ces lignes. On en tire, en effet,

$$\frac{d\,\frac{dx}{ds}}{\frac{\partial F}{\partial x}} = \frac{d\,\frac{dy}{ds}}{\frac{\partial F}{\partial y}} = \frac{d\,\frac{dz}{ds}}{\frac{\partial F}{\partial z}}.$$

Les numérateurs sont les coefficients directeurs de la normale principale à l'extrémale, les dénominateurs ceux de la normale à la surface S. De là le théorème suivant :

La normale principale à une ligne géodésique coïncide en chaque point avec la normale à la surface sur laquelle cette ligne est tracée.

Si les points A et B sont donnés, l'équation aux limites disparaît et la ligne géodésique est déterminée par la condition de passer par ces deux points.

Si les points A et B sont seulement assujettis à se trouver sur deux lignes L et L′ tracées sur S, l'équation aux limites se décompose dans les deux équations écrites à la fin du n° précédent et exprime que la géodésique rencontre normalement les lignes L et L′.

282. Brachistochrone. — C'est la ligne que doit suivre un point pesant pour aller du point A au point B dans le temps le plus court possible. Nous allons la déterminer en supposant nulle la vitesse initiale.

Prenons trois axes rectangulaires, celui des x étant dans le sens de la pesanteur. Soient (x_0, y_0, z_0) et (x_1, y_1, z_1) les coordonnées des points A et B. La vitesse au point (x, y, z) étant $v = \sqrt{2gh} = \sqrt{2g(x - x_0)}$, le temps T du parcours AB sera

$$T = \int_{x_0}^{x_1} \frac{ds}{v} = \frac{1}{\sqrt{2g}} \int_{x_0}^{x_1} \frac{ds}{\sqrt{x - x_0}}.$$

L'intégrale à rendre minimum sera donc

$$I = \int_{x_0}^{x_1} \frac{ds}{X}, \qquad \text{en posant} \qquad X = \sqrt{x - x_0}.$$

Calculons δI par la méthode du n° 277, mais en observant que x_0 peut varier (n° 274); il vient, sans difficulté, en écrivant sur la première ligne tous les termes qui dépendent des variations aux limites,

$$(14)\quad \left\{ \begin{aligned} \delta I &= \left[\frac{dx\,\delta x + dy\,\delta y + dz\,\delta z}{X\,ds} \right]_0^1 + \frac{\delta x_0}{2} \int_{x_0}^{x_1} \frac{ds}{X^3} \\ &- \int_{x_0}^{x_1} \left[\delta x \left(\frac{ds}{2X^3} + d\,\frac{dy}{X\,ds} \right) + \delta y\,d\,\frac{dy}{X\,ds} + \delta z\,d\,\frac{dz}{X\,ds} \right] \end{aligned} \right.$$

L'équation principale se décompose en trois autres (deux distinctes) :

$$(15)\qquad \frac{ds}{2X^3} + d\,\frac{dx}{X\,ds} = 0, \qquad d\,\frac{dy}{X\,ds} = 0, \qquad d\,\frac{dz}{X\,ds} = 0.$$

On tire des deux dernières $dy = \alpha X ds$ et $dz = \beta X ds$, en désignant par α, β des constantes. Par suite, $\beta\,dy = \alpha\,dz$ et

$$\beta y = \alpha z + \gamma,$$

ce qui prouve que l'extrémale est dans un plan vertical.

Pour déterminer l'extrémale, prenons son plan comme plan xy et plaçons l'origine au point de départ A, ce qui réduit X à $\sqrt{x}$. La seconde équation (15) nous donne, en appelant $\sqrt{\frac{1}{2a}}$ la constante d'intégration,

$$\frac{dy}{ds} = \sqrt{\frac{x}{2a}}, \qquad \text{d'où} \qquad \frac{dy}{dx} = \sqrt{\frac{x}{2a - x}}.$$

Faisons la substitution

$$x = a(1 - \cos t);$$

il vient (x, y s'annulant avec t au point A)

$$dy = a \sin t\,dt \sqrt{\frac{1 - \cos t}{1 + \cos t}} = a(1 - \cos t)\,dt,$$

$$y = a(t - \sin t).$$

C'est la représentation paramétrique d'une cycloïde. Les extrémales sont donc des cycloïdes verticales, engendrées par un cercle de rayon arbitraire a qui roule inférieurement sur une horizontale passant par le point A.

Si A et B sont donnés, la cycloïde se détermine par la condition de passer par ces deux points.

Supposons que les points A et B soient seulement assujettis à se trouver respectivement sur deux courbes données MN et PQ. Les déplacements des points A et B étant alors indépendants, l'équation aux limites, A = 0, où A est la première ligne de δI dans (14), se décompose en deux autres :

$$dx_1 \delta x_1 + dy_1 \delta y_1 + dz_1 \delta z_1 = 0,$$

$$\delta x_0 \left[\int_{x_0}^{x_1} \frac{ds}{2X^3} - \left(\frac{dx}{X\,ds}\right)_0 \right] - \delta y_0 \left(\frac{dy}{X\,ds}\right)_0 - \delta z_0 \left(\frac{dz}{X\,ds}\right)_0 = 0.$$

La première exprime que la cycloïde rencontre normalement la courbe PQ au point d'arrivée B.

Faisons, dans la seconde, les substitutions suivantes, obtenues en intégrant de x_0 à x_1 les relations (15) :

$$\int_{x_0}^{x_1} \frac{ds}{2X^3} = -\left[\frac{dx}{X\,ds}\right]_0^1, \left(\frac{dy}{X\,ds}\right)_0 = \left(\frac{dy}{X\,ds}\right)_1, \left(\frac{dz}{X\,ds}\right)_0 = \left(\frac{dz}{X\,ds}\right)_1;$$

elle se réduit à

$$dx_1 \delta x_0 + dy_1 \delta y_0 + dz_1 \delta z_0 = 0,$$

et elle exprime que la tangente à la cycloïde au point d'arrivée B est normale à la tangente à la courbe MN au point de départ A.

Le problème que nous venons de traiter a été résolu par Jean Bernoulli en 1696.

Quand la vitesse initiale est nulle, le problème suppose le point de départ au moins au niveau de B; mais les deux points peuvent être au même niveau et, dans ce cas, la brachistochrone est une arcade entière de cycloïde.

§ 3. Extrémés relatifs
Problèmes sur les isopérimètres

283. Extrémés relatifs ou liés. — Il existe une autre classe de problèmes que l'on comprend sous le nom d'extrémés relatifs, ou de *problèmes des isopérimètres* d'après les applications géométriques qui en ont fourni les premiers exemples. On considère une intégrale

$$I = \int_{x_0}^{x_1} F(x, y, y')\, dx$$

et il s'agit d'extrémer cette intégrale sous la condition qu'une autre intégrale, prise entre les mêmes limites,

$$V = \int_{x_0}^{x_1} \Phi(x, y, y')\, dx$$

conserve une valeur constante l.

La détermination des extrémés relatifs se ramène à celle des extrémés absolus par la règle suivante :

RÈGLE. — *Pour déterminer les extrémés relatifs de l'intégrale* I, *on désigne par k une constante inconnue et on opère comme pour déterminer les extrémés absolus de l'intégrale*

$$I - kV.$$

On détermine ainsi tous les éléments inconnus en fonction du paramètre inconnu k, et celui-ci se détermine lui-même au moyen de la condition $V = l$.

Pour justifier cette règle, remarquons que, dans le cas d'un extrémé relatif, on doit avoir $\delta I = 0$ pour tous les systèmes de variations laissant V constant, donc satisfaisant à la condition $\delta I = 0$.

En développant ces variations comme cela a été fait au n° 271 et avec les notations du n° 276, on voit donc que l'équation

$$\delta I = A + \int_{x_0}^{x_1} B\omega\, dx = 0$$

doit être une conséquence de l'équation

$$\delta V = A_1 + \int_{x_0}^{x_1} B\omega\, dx = 0,$$

les termes A et A_1 ne dépendent que des variations aux limites.

On en conclut d'abord que le rapport $B : B_1$ doit demeurer constant dans l'intervalle (x_0, x_1). En effet, soient ξ_1 et ξ_2 deux points quelconques de cet intervalle. Annulons toutes les variations sauf dans les deux intervalles infiniment petits $(\xi_1, \xi_1 + \varepsilon)$ et $(\xi_2, \xi_2 + \varepsilon)$; il faudra que la relation

$$\delta I = \int_{\xi_1}^{\xi_1+\varepsilon} B\omega\, dx + \int_{\xi_2}^{\xi_2+\varepsilon} B\omega\, dx = 0$$

soit une conséquence de la relation

$$\delta V = \int_{\xi_1}^{\xi_1+\varepsilon} B_1\omega\, dx + \int_{\xi_2}^{\xi_2+\varepsilon} B_1\omega\, dx = 0.$$

Dans ces relations, ω est une indéterminée fonction de x. Remplaçons-la par une autre indéterminée α en posant, d'une part, $\omega = \alpha : B_1$ entre ξ_1 et $\xi_1 + \varepsilon$ et, de l'autre, $\omega = -\alpha : B_1$ entre ξ_2 et $\xi_2 + \varepsilon$. Il faudra que la relation

$$(1) \qquad \int_{\xi_1}^{\xi_1+\varepsilon} \frac{B}{B_1}\alpha\, dx = \int_{\xi_2}^{\xi_2+\varepsilon} \frac{B}{B_1}\alpha\, dx$$

soit une conséquence de la relation

$$(2) \qquad \int_{\xi_1}^{\xi_1+\varepsilon} \alpha\, dx = \int_{\xi_2}^{\xi_2+\varepsilon} \alpha\, dx.$$

Supposons l'indéterminée α positive et appliquons le théorème de la moyenne, de manière à faire sortir $B : B_1$ du signe $\int$ dans la relation (1). A cet effet, soient respectivement m_1 et m_2 des valeurs moyennes de $B : B_1$ dans le premier et dans le second des intervalles d'intégration. La relation (1) pourra se mettre sous la forme

$$m_1 \int_{\xi_1}^{\xi_1+\varepsilon} \alpha\, dx = m_2 \int_{\xi_2}^{\xi_2+\varepsilon} \alpha\, dx,$$

ce qui donne $m_1 = m_2$, eu égard à (2). Mais, ε étant infiniment petit, les quantités m_1 et m_2 tendent respectivement vers les valeurs de $B : B_1$ aux points ξ_1 et ξ_2. Donc ces dernières valeurs sont égales et le rapport $B : B_1$ est constant. Soit k sa valeur; on aura

$$B - kB_1 = 0.$$

Ceci posé, il faut que l'équation $\delta I - k\delta V = 0$, qui se réduit à

$$A - kA_1 = 0,$$

soit aussi une conséquence de $\delta V = 0$; mais, comme elle ne contient plus ω, elle doit avoir lieu indépendamment de $\delta V = 0$. On trouve donc les conditions $B - kB_1 = 0$ et $A - kA_1 = 0$, qui sont celles d'un extrémé absolu pour l'intégrale $I - kV$. La règle est ainsi justifiée.

284. Premier problème. — *Etant donnés deux points* A *et* B *dans un plan, trouver, parmi toutes les courbes ayant même longueur* $2l$, *celle pour laquelle le segment compris entre l'arc* AB *et sa corde est maximé.*

Prenons la droite AB pour axe des x et la perpendiculaire au milieu de AB pour axe des y. En supposant que $AB = 2a$, il faut maximer l'intégrale

$$S = \int_{-a}^{+a} y\,dx, \qquad \text{sous la condition} \qquad \int_{-a}^{+a} ds = 2l.$$

D'après la règle, cherchons le maximum absolu de l'intégrale

$$S = \int_{-a}^{+a} (y\,dx - k\sqrt{dx^2 + dy^2}).$$

Les points A et B étant donnés, les variations aux limites seront nulles. Il vient ainsi

$$\begin{aligned} \delta I &= \int_{-a}^{+a} \left(\delta y\,dx + y\,d\,\delta x - k\,\frac{dx\,d\,\delta x + dy\,d\,\delta y}{ds} \right) \\ &= \int_{-a}^{+a} \delta y\,d\left(x + k\,\frac{dy}{ds} \right) - \delta x\,d\left(y - k\,\frac{dx}{ds} \right). \end{aligned}$$

On doit donc annuler les coefficients de δx et de δy, ce qui fournit deux formes équivalentes de l'équation principale (n° 277). On en tire immédiatement les deux intégrales premières :

$$x - C = -k\,\frac{dy}{ds}, \qquad y - C_1 = k\,\frac{dx}{ds};$$

puis les extrémales en ajoutant les carrés de ces deux équations membre à membre. Ces extrémales sont des cercles de rayon k :

$$(x - C)^2 + (y - C_1)^2 = k^2.$$

Pour $y = 0$, on doit avoir $x = \pm a$, donc $C = 0$ et $C_1 = \pm\sqrt{k^2 - a^2}$, ce qui correspond aux deux solutions symétriques par rapport à AB. Enfin, il faut faire en sorte que l'arc soit égal à $2l$. Soit 2θ l'angle au centre sous-tendu par AB ; on a $\theta k = l$ et $k \sin\theta = a$. En éliminant k, on a, pour déterminer θ (et, par suite, k), l'équation transcendante

$$\frac{\sin\theta}{\theta} = \frac{a}{l}.$$

En supposant a infiniment petit, cette analyse prouve que, parmi toutes les courbes fermées de même périmètre, c'est le cercle qui enferme la plus grande aire.

285. Deuxième problème. — *Parmi toutes les courbes isopérimètres tracées entre deux points* A *et* B *dans le plan* xy, *trouver celles qui, en tournant autour de l'axe des* x, *engendrent les surfaces de révolution d'aire maximée ou minimée ; ou, ce qui revient au même, en vertu du théorème de Guldin, celles dont le centre de gravité est le plus haut ou le plus bas possible.*

On doit extrémer $\int y\,ds$ sous la condition $\int ds = l$, ce qui, selon la règle, conduit à poser

$$\delta\int (y - k)\,ds = 0.$$

Cette équation ne diffère de celle traitée au n° 279 que par la substitution de $y - k$ à y, ce qui n'altère ni δy ni δx. Il suffit donc de changer aussi y en $y - k$ dans le résultat : les extrémales sont des chaînettes :

$$y - k = \frac{C}{2}\left(e^{\frac{x - C_1}{C}} + e^{-\frac{x - C_1}{C}}\right).$$

Les constantes se déterminent par la condition de faire passer la courbe par les points A et B et de donner à l'arc AB la longueur voulue. Il y aura généralement plusieurs solutions, correspondant à des maximés ou à des minimés suivant que la concavité sera tournée ou non vers l'axe de révolution.

286. Troisième problème. — *Parmi toutes les courbes isopérimètres tracées entre* A *et* B *comme dans le problème précédent, trouver celles qui engendrent les volumes de révolution maximé ou minimé.*

On doit extrémer $\int y^2 dx$ sous la condition $\int ds = l$, ce qui conduit à poser

$$\delta \int (y^2 dx - k\,ds) = 0.$$

Les points A et B étant donnés, les variations aux limites seront nulles. Pour obtenir l'équation principale, on peut ne faire varier que y (n° 277) ; il vient ainsi successivement

$$\int \left(2y\,\delta y\,dx - k\,\frac{dy\,d\,\delta y}{ds}\right) = 0, \qquad \int \left(2y\,dx + kd\,\frac{dy}{ds}\right)\delta y = 0.$$

L'équation principale est donc

$$2y + k\,\frac{d}{dx}\left(\frac{dy}{ds}\right) = 0.$$

Or, en observant que l'on a (R étant le rayon de courbure et φ l'inclinaison de la tangente)

$$\frac{d}{dx}\left(\frac{dy}{ds}\right) = \frac{d \sin \varphi}{dx} = \frac{\cos \varphi\, d\varphi}{dx} = \frac{d\varphi}{ds} = \pm \frac{1}{R},$$

cette équation peut s'écrire, en changeant au besoin le signe de k,

$$R = \frac{k}{2y}.$$

Donc le rayon de courbure de l'extrémale est en raison inverse de l'ordonnée. C'est la *courbe élastique* dont l'équation a été intégrée au n° 210 (sauf que les axes sont intervertis).

§ 4. Extrémés des intégrales doubles

287. Extrémés des intégrales doubles. — Nous n'examinerons que le cas le plus simple. Soit z une fonction de deux variables indépendantes x, y et soient p et q ses deux dérivées partielles premières. Considérons l'intégrale double

$$I = \iint F(x, y, z, p, q)\,dx\,dy,$$

étendue à un domaine déterminé D. On donne la fonction F et la valeur de z sur le contour du domaine d'intégration; on demande de déterminer z en fonction de x, y de manière que l'intégrale double soit maximée ou minimée.

Pour résoudre ce problème, on raisonne comme précédemment. On imagine que z dépende de certains paramètres, dont la variation détermine δz, et l'on exprime que la variation correspondante δI est nulle dans le cas de l'extrémé.

Pour calculer δI, désignons par Z, P, Q les dérivées partielles de F par rapport à z, p, q. On a, en intervertissant ∂ et δ,

$$\delta F = Z\delta z + P\delta p + Q\delta q = Z\delta z + P\frac{\partial \delta z}{\partial x} + Q\frac{\partial \delta z}{\partial y};$$

d'où,

$$\delta I = \iint Z\delta z\, dx\, dy + \int dy \int P\frac{\partial \delta z}{\partial x}\, dx + \int dx \int Q\frac{\partial \delta z}{\partial y}\, dy.$$

Donc, en intégrant par parties sous le signe $\int$, et en observant que δz s'annule par hypothèse sur le bord du domaine D, il vient (les dérivations partielles se faisant maintenant en considérant z comme fonction de x et y)

$$\delta I = \iint \left(Z - \frac{\partial P}{\partial x} - \frac{\partial Q}{\partial y}\right)\delta z\, dx\, dy.$$

De là, pour un extrémé, la condition :

$$Z - \frac{\partial P}{\partial x} - \frac{\partial Q}{\partial y} = 0.$$

C'est une équation aux dérivées partielles qui doit servir à déterminer z.

288. Surfaces minima. — Proposons-nous de déterminer la surface d'aire minimée parmi toutes celles qui s'appuient sur un contour fermé donné.

Soit $z = f(x, y)$ l'équation de cette surface; l'aire est représentée par l'intégrale double, étendue à un domaine donné,

$$\iint \sqrt{1 + p^2 + q^2}\, dx\, dy.$$

On a, dans le cas actuel,

$$Z = 0, \qquad P = \frac{p}{\sqrt{1 + p^2 + q^2}}, \qquad Q = \frac{q}{\sqrt{1 + p^2 + q^2}}.$$

L'équation aux dérivées partielles à laquelle z doit satisfaire devient

$$\frac{\partial P}{\partial x} + \frac{\partial Q}{\partial y} = \frac{r(1 + q^2) - 2pqs + t(1 + p^2)}{(1 + p^2 + q^2)^{3/2}} = 0,$$

c'est-à-dire

$$r(1 + q^2) - 2pqs + t(1 + p^2) = 0.$$

Cette équation est l'équation aux dérivées partielles des *surfaces minima*. Nous verrons plus loin qu'elle exprime que la courbure moyenne de la surface est nulle en chaque point.

EXERCICES

1. *Problème.* — Montrer que, parmi les surfaces de révolution de même aire, celle qui enferme le plus petit volume est la sphère.

2. *Abaissement de l'équation principale.* — Quand y'' est la plus haute dérivée qui entre dans la fonction à intégrer, l'équation principale, $Y - \frac{dY'}{dx} + \frac{d^2Y''}{dx^2} = 0$, est généralement du 4e ordre (Y'' contenant y'').

Cet ordre s'abaisse dans les cas suivants :

1° Si F ne contient pas implicitement y, on a $Y = 0$ et l'on obtient immédiatement une intégrale première (du 3e ordre)

$$Y' - \frac{dY''}{dx} = C.$$

2° Si F ne contient explicitement ni x ni y, on peut éliminer Y' de la relation précédente au moyen de $dF = Y'dy' + Y''dy''$, d'où

$$dF = C dy' + y'' dY'' + Y'' dy'' = C dy' + d(y''Y'')$$

et on obtient une intégrale deuxième (du second ordre)

$$F = C_1 + Cy' + y''Y''.$$

3. *Problème.* — Entre deux points A et B du plan, mener une courbe AMB telle que l'aire comprise entre cette courbe, les rayons de courbure aux points A et B et la développée soit un minimum.

R. Soit R le rayon de courbure ; l'intégrale à rendre minimum est

$$I = \int R ds = \int \frac{(1 + y'^2)^2}{y''} dx.$$

Observons que F ne contient ni x ni y et que $y''Y'' = - F$; l'intégrale deuxième de l'exercice précédent devient $2F = C_1 + Cy'$. Mais $F = R \frac{ds}{dx}$; il vient donc, en appelant φ l'inclinaison de la tangente,

$$2R \frac{ds}{dx} = C_1 + Cy', \qquad \text{d'où} \qquad 2R = C_1 \cos \varphi + C \sin \varphi,$$

c'est l'*équation intrinsèque* (nº 212, remarque) d'une *cycloïde*.

Si l'on donne les extrémités A et B et les directions des rayons de courbure en ces deux points, ces conditions serviront à déterminer les constantes d'intégration. Dans le cas contraire, il faudra recourir à l'équation aux limites.

4. *Dérivées exactes*. — Trouver la condition pour que $F(x, y, y', \ldots y^n)$ soit la dérivée exacte d'une fonction de $x, y, \ldots y^{n-1}$ quel que soit y (nº 206).

R. Il faut que $\int F(x, y, y', \ldots) dx$ ne dépende que des valeurs de $x, y, y', \ldots$ aux limites de l'intégration et non du choix de y ; il faut donc que sa variation soit nulle quand les quantités aux limites sont fixes. On a donc, quel que soit ω,

$$\int \left(Y - \frac{dY'}{dx} + \frac{d^2Y''}{dx^2} - \ldots \right) \omega \, dx = 0.$$

La condition cherchée est qu'on ait identiquement

$$Y - \frac{dY'}{dx} + \frac{d^2Y''}{dx^2} - \ldots = 0.$$

5. *Problème*. — Soit ρ une fonction $f(r)$ donnée du rayon vecteur OM dans l'espace. Trouver la courbe le long de laquelle $\int \rho \, ds$ est maximum ou minimum.

R. Prenons le pôle O comme origine de coordonnées rectangulaires. L'équation principale se décompose en trois autres :

$$d\left(\rho \frac{dx}{ds}\right) = ds \frac{\rho' x}{r}, \quad d\left(\rho \frac{dy}{ds}\right) = ds \frac{\rho' y}{r}, \quad d\left(\rho \frac{dz}{ds}\right) = ds \frac{\rho' z}{r}.$$

Multiplions-les par les cosinus X, Y, Z de la binormale et ajoutons ; il vient facilement $Xx + Yy + Zz = 0$, c'est-à-dire que le wronskien $W(x, y, z)$ est nul. Donc x, y, z sont liés par une relation linéaire homogène et la courbe est dans un plan passant par O.

Pour trouver son équation, prenons les coordonnées polaires r et θ dans son plan. L'intégrale à rendre maximum ou minimum est $\int \rho\, ds$ ou $\int \rho \sqrt{dr^2 + r^2 d\theta^2}$. Calculons l'équation principale en ne faisant varier que θ, nous trouvons immédiatement

$$d\left(\rho \frac{r^2 d\theta}{ds}\right) = 0, \qquad \text{d'où} \qquad \frac{r^2 d\theta}{ds} = \frac{k}{\rho}.$$

Les variables r et θ se séparent et l'intégration est ramenée aux quadratures.

6. *Cas particulier du problème précédent* : $f(r) = 1 : (r^2 \pm l^2)$. — Dans ce cas, on achève facilement la solution, la dernière équation devient, en coordonnées rectangulaires,

$$\frac{x dy - y dx}{ds} = k(x^2 + y^2 \pm l^2),$$

ou, en appelant φ l'inclinaison de la tangente,

$$(1) \qquad x \sin \varphi - y \cos \varphi = k(x^2 + y^2 \pm l^2).$$

Dérivons par rapport à s; il vient (l étant une constante)

$$(x \cos \varphi + y \sin \varphi) \frac{d\varphi}{ds} = 2k\,(x \cos \varphi + y \sin \varphi).$$

En annulant la parenthèse, on trouve une solution particulière (droites passant par O). La solution générale doit se tirer de $d\varphi : ds = 2k$. C'est donc un cercle de rayon $1 : 2k$, mais il faut exprimer qu'il satisfait à (1). Soit a, b son centre : substituons dans (1) les valeurs sur la circonférence :

$$x = a + \frac{1}{2k} \sin \varphi, \qquad y = b - \frac{1}{2k} \cos \varphi;$$

nous trouvons, entre les constantes a, b, k, la relation

$$\frac{1}{4k^2} = a^2 + b^2 \pm l^2.$$

Conservons a, b comme constantes d'intégration et éliminons k; les cercles cherchés ont pour équation

$$(2) \qquad x^2 + y^2 - 2ax - 2by = \pm l^2.$$

Ces cercles peuvent se définir par leur relation avec le cercle fixe $x^2 + y^2 = l^2$. Dans le cas du signe $+$, l'axe radical passe par O et les cercles (2) coupent le cercle fixe en deux points diamétralement opposés. Dans le cas du signe $-$, l'axe radical est la polaire du point O et les cercles (2) coupent orthogonalement le cercle fixe.

Si l'on regarde $1 : f(r)$ comme l'échelle d'une carte de l'espace non-euclidien dans l'espace euclidien, ces résultats fournissent une représentation intéressante des deux géométries non-euclidiennes, riemanienne (signe $+$) et lobatschefskienne (signe $-$). Les cercles trouvés donnent la carte des droites dans chaque système.

§ 5. Calcul des différences finies

289. Définitions et notations. — Soient $y_0, y_1, y_2, \dots y_n, \dots$ une suite de valeurs que reçoit une variable y. Les accroissements successifs de y quand on passe d'une valeur à la suivante s'appellent les *différences premières* de ces valeurs. La formation de ces différences est une opération qui se désigne par Δ. On pose

$$\Delta y_0 = y_1 - y_0, \qquad \Delta y_1 = y_2 - y_1, \dots \qquad \Delta y_n = y_{n+1} - y_n, \dots$$

Les différences des différences premières sont les *différences secondes*

$$\Delta^2 y_0 = \Delta y_1 - \Delta y_0, \qquad \Delta^2 y_1 = \Delta y_2 - \Delta y_1, \dots$$

Les *différences troisièmes* seront, de même,

$$\Delta^3 y_0 = \Delta^2 y_1 - \Delta^2 y_0, \qquad \Delta^3 y_1 = \Delta^2 y_2 - \Delta^2 y_1, \dots$$

et ainsi de suite.

Il est avantageux de représenter par ∇ (qui s'énonce pseudodelta) l'opération qui consiste à passer d'une valeur à la suivante dans la suite $y_0, y_1, y_2, \dots$ On a, par définition,

$$\nabla y_0 = y_1, \qquad \nabla y_1 = y_2, \dots \qquad \nabla y_n = y_{n+1}, \dots$$

L'opération ∇ peut aussi se répéter successivement. On aura

$$\nabla^2 y_n = \nabla y_{n+1} = y_{n+2}, \dots \qquad \nabla^p y_n = y_{n+p}, \dots$$

et, en particulier, $\nabla^n y_0 = y_n$.

Remarque. — Comme $y_{n+1} = y_n + \Delta y_n$, on a

$$\nabla y_n = y_n + \Delta y_n = (1 + \Delta) y_n,$$
$$\Delta y_n = (\nabla - 1) y_n.$$

Ainsi les opérations Δ et ∇ sont liées par les formules :

$$\nabla = 1 + \Delta, \qquad \Delta = \nabla - 1,$$

290. Propriétés des opérations Δ et ∇. — 1° On a, en vertu des définitions précédentes,

$$\Delta^p \Delta^q y_n = \Delta^q \Delta^p y_n = \Delta^{p+q} y_n ;$$

et, de même,

$$\nabla^p \nabla^q y_n = \nabla^q \nabla^p y_n = \nabla^{p+q} y_n = y_{n+p+q}.$$

Les opérations Δ et ∇ jouissent donc des propriétés :

$$\Delta^p \Delta^q = \Delta^q \Delta^p = \Delta^{p+q}, \qquad \nabla^p \nabla^q = \nabla^q \nabla^p = \nabla^{p+q}.$$

2° Si u, v, z,... sont des quantités variables, on a

$$\Delta(u + v - z + \ldots) = \Delta u + \Delta v - \Delta z + \ldots$$
$$\nabla(u + v - z + \ldots) = \nabla u + \nabla v - \nabla z + \ldots$$

et, si a est une constante,

$$\Delta ay = a\,\Delta y, \qquad \nabla ay = a\,\nabla y.$$

291. Expression de $\Delta^n y_0$ en fonction de $y_0, y_1, \ldots y_n$. — On a, en vertu des propriétés établies au n° précédent, les symboles Δ et ∇ se comportant comme des quantités dans les calculs,

$$\Delta y_0 = (\nabla - 1) y_0,$$
$$\Delta^2 y_0 = (\nabla - 1).(\nabla - 1) y_0 = (\nabla - 1)^2 y_0$$

et, en général,

$$\Delta^n y_0 = (\nabla - 1)^n y_0.$$

Si l'on développe la puissance du binome et remplace $\nabla^k y_0$ par y_k, on trouve

$$\Delta^n y_0 = y_n - n y_{n-1} + \frac{n(n-1)}{1.2} y_{n-2} - \ldots \pm y_0.$$

292. Expression de y_n en fonction de $y_0, \Delta y_0, \ldots \Delta^n y_0$. — On a

$$y_1 = \nabla y_0 = (1 + \Delta) y_0$$
$$y_2 = \nabla y_1 = (1 + \Delta)^2 y_0$$

et, en général,

$$y_n = \nabla^n y_0 = (1 + \Delta)^n y_0.$$

Si l'on développe, il vient

$$y_n = y_0 + n\Delta y_0 + \frac{n(n-1)}{1.2} \Delta^2 y_0 + \ldots + \Delta^n y_0.$$

Les résultats de ce n° et du précédent peuvent être considérés comme compris dans les relations symboliques :

$$\Delta^n = (\nabla - 1)^n \qquad \text{et} \qquad \nabla^n = (1 + \Delta)^n.$$

293. Différences des fonctions simples. — Nous allons considérer simultanément une variable indépendante x et une fonction y de x.

Nous représenterons par $y_0, y_1, y_2, \ldots$ les valeurs successives de y quand on donne à x une série d'accroissements égaux représentés par h (ou Δx). Les valeurs successives de y et, par conséquent, leurs différences successives, dépendent de la valeur initiale de x et de l'accroissement h. Ce sont donc des fonctions de x et de h qu'il s'agit de déterminer.

1° *Fonction entière.* — Supposons d'abord que y soit un polynome de degré m

$$y = Ax^m + Bx^{m-1} + Cx^{m-2} + \ldots + Kx + L.$$

On a

$$\Delta y = A[(x+h)^m - x^m] + B[(x+h)^{m-1} - x^{m-1}] + \ldots + Kh.$$

et, en ordonnant par rapport à x,

$$\Delta y = mAx^{m-1}h + B'x^{m-2} + \ldots + K'.$$

Le premier terme, qui est de l'ordre le plus élevé en x, est de degré $m - 1$ et son coefficient s'obtient en multipliant celui du premier terme de y par le degré de ce terme et par h.

En opérant de même sur Δy, il en résulte

$$\Delta^2 y = m(m-1)\,Ax^{m-2}h^2 + B''x^{m-3} + \ldots + K''$$

et ainsi de suite. Le degré de chaque différence successive va en diminuant d'une unité. Donc $\Delta^m y$ est de degré 0 et se réduit à son premier terme, dont la loi de formation est connue. On a donc

$$\Delta^m y = 1.2\ldots m\,A\,h^m.$$

Ainsi *la différence m^{me} d'une fonction entière de degré m est constante quand la variable x varie par degrés égaux et, par conséquent, toutes les différences suivantes sont nulles.*

2° *Fonction exponentielle.* — On a

$$\Delta A^{ax+b} = A^{a(x+h)+b} - A^{ax+b} = A^{ax+b}(A^{ah} - 1)$$
$$\Delta^2 A^{ax+b} = (A^{ah} - 1)\,\Delta A^{ax+b} = A^{ax+b}(A^{ah} - 1)^2$$

et, en général,

$$\Delta^n A^{ax+b} = A^{ax+b}(A^{ah} - 1)^n.$$

3° *Fonctions circulaires.* — On a

$$\begin{aligned}\Delta \sin(ax+b) &= \sin(ax+b+ah) - \sin(ax+b)\\ &= 2\sin\frac{ah}{2}\cos\left(ax+b+\frac{ah}{2}\right)\\ &= 2\sin\frac{ah}{2}\sin\left(ax+b+\frac{ah+\pi}{2}\right)\end{aligned}$$

et, en général,

$$\Delta^n \sin(ax+b) = \left(2\sin\frac{ah}{2}\right)^n \sin\left(ax+b+n\,\frac{ah+\pi}{2}\right).$$

De même,

$$\Delta^n \cos(ax+b) = \left(2\sin\frac{ah}{2}\right)^n \cos\left(ax+b+n\,\frac{ah+\pi}{2}\right).$$

294. Produits équidifférents. — 1° Soit symboliquement

$$x^{[p]} = x(x-h)(x-2h)\ldots(x-\overline{p-1}\,h);$$

on aura

$$\begin{aligned}\Delta x^{[p]} &= x(x-h)\ldots(x-\overline{p-2}\,h)\,ph\\ &= p\,x^{[p-1]}\,\Delta x.\end{aligned}$$

De même,

$$\Delta^2 x^{[p]} = p\Delta x\,\Delta x^{[p-1]} = p(p-1)\,x^{[p-2]}\,\Delta x^2$$

et, en général,

$$\Delta^n x^{[p]} = p(p-1)\ldots(p-n+1)\,x^{[p-n]}\,\Delta x^n.$$

L'analogie avec la règle pour différentier une puissance dans le calcul différentiel est évidente.

2° Soit encore symboliquement

$$x^{-[p]} = \frac{1}{x(x+h)(x+2h)\ldots(x+\overline{p-1}\,h)};$$

on trouve sans peine

$$\Delta x^{-[p]} = \frac{-ph}{x(x+h)\ldots(x+ph)} = -\,p x^{-[p+1]}\,\Delta x,$$

d'où, en général,

$$\Delta^n x^{-[p]} = (-1)^n p(p+1)\ldots(p+n-1)\, x^{[p+n]}\, \Delta x^n.$$

295. Calcul inverse des différences. Addition d'une fonction périodique arbitraire. — Le calcul inverse des différences est au calcul direct ce que le calcul intégral est au calcul différentiel, il a pour objet de déterminer une fonction quand on connaît sa différence finie ou, plus généralement, une relation entre cette fonction, quelques-unes de ses différences, et la variable indépendante. Nous ne nous occuperons ici que du premier cas.

Soit x la variable indépendante, dont l'accroissement $\Delta x = h$ est supposé constant; soient $F(x)$ la fonction inconnue et $f(x)$ la différence donnée; on doit avoir

$$\Delta F(x) = f(x), \qquad \text{ou} \qquad F(x+h) - F(x) = f(x).$$

La fonction $F(x)$ dont la différence est $f(x)$ se représente par $\Sigma f(x)$ et se nomme l'*intégrale aux différences finies* de $f(x)$. D'après ces notations, les caractéristiques Δ et Σ appliquées à la même fonction se détruisent et l'on a

$$\Delta\, \Sigma f(x) = f(x).$$

Dans le calcul intégral ordinaire, quand on a obtenu une intégrale particulière d'une différentielle donnée, on ajoute à cette première solution une constante arbitraire pour former l'intégrale générale. Dans le calcul intégral aux différences finies, ce n'est pas une constante arbitraire qu'il faut ajouter, mais la fonction la plus générale dont la différence est nulle, c'est-à-dire une fonction quelconque de période $h = \Delta x$. Nous désignerons une pareille fonction par Π.

D'après cela, $f(x)$ étant une fonction particulière dont la différence est $\Delta f(x)$, on a

$$\Delta\, \Sigma f(x) = f(x) + \Pi.$$

Donc les symboles Σ et Δ se détruisent encore, quand Σ précède Δ, mais il faut ajouter une fonction périodique arbitraire Π.

En vertu de cette remarque, les calculs effectués au nos 293 et 294 donnent, réciproquement,

$$\Sigma\, A^x = \frac{A^x}{A^h - 1} + H.$$

$$\Sigma \cos(ax + b) = \frac{\sin\left(ax - \frac{ah}{2} + b\right)}{2 \sin \frac{ah}{2}} + H.$$

$$\Sigma\, x^{[p]} = \frac{x^{[p+1]}}{(p+1)h} + H.$$

296. Intégrale définie aux différences. — L'intégrale aux différences jouit d'une propriété analogue à celle des fonctions primitives dans le calcul infinitésimal : Soient x_1, x_2,... x_n une suite de valeurs de différence constante h, et $F(x)$ une intégrale aux différences de $f(x)$; on a

$$F(x_2) - F(x_1) = f(x_1),\ F(x_3) - F(x_2) = f(x_2), \ldots\ F(x_n) - F(x_{n-1}) = f(x_{n-1})$$

et, en additionnant toutes ces relations,

$$F(x_n) - F(x_1) = f(x_1) + f(x_2) + \ldots + f(x_{n-1}).$$

C'est la propriété que nous voulions établir. Le second membre s'appelle l'*intégrale définie aux différences de* $f(x)$ et se désigne, en abrégé, par $\sum_{x_1}^{x_n - h} f(x)$. L'équation prend ainsi la forme

$$\sum_{x_1}^{x_n - h} f(x) = F(x_n) - F(x_1),$$

et l'analogie avec les formules de quadratures est évidente. Par exemple, au moyen de l'intégrale de A^x indiquée à la fin du n° précédent, on obtient, h étant égal à $\frac{b-a}{n}$,

$$A^a + A^{a+h} + A^{a+2h} + \ldots + A^{a+(n-1)h} = \sum_a^{b-h} A^x = \frac{A^b - A^a}{A^h - 1}.$$

CHAPITRE XI

Polynomes de Bernoulli
Formules sommatoires. Interpolation

§ 1. Polynomes de Bernoulli

297. Nombres de Bernoulli. — Les nombres de Bernoulli sont les nombres $B_1, B_2, \ldots B_n, \ldots$ définis par le développement en série de Maclaurin, convergent pourvu que $|x|$ soit $< 2\pi$ (n° 48),

$$(1) \qquad \frac{x}{e^x - 1} = 1 + \frac{B_1 x}{1} + \frac{B_2 x^2}{2!} + \ldots + \frac{B_n x^n}{n!} + \ldots$$

Nous observerons d'abord que la fonction

$$\frac{x}{e^x - 1} + \frac{x}{2} = x\,\frac{e^{\frac{x}{2}} + e^{-\frac{x}{2}}}{e^{\frac{x}{2}} - e^{-\frac{x}{2}}}$$

est une fonction paire de x. Il s'ensuit évidemment que B_1 est égal à $-\frac{1}{2}$ et que *tous les autres coefficients* B *d'indice impair sont nuls.* Ceux d'indice pair ont pour valeurs (n° 49) :

$$B_2 = \frac{1}{6}, \quad B_4 = -\frac{1}{30}, \quad B_6 = \frac{1}{42}, \quad B_8 = -\frac{1}{30},$$

$$B_{10} = \frac{5}{66}, \quad B_{12} = -\frac{691}{2730}, \quad B_{14} = \frac{7}{6}, \quad B_{16} = -\frac{3617}{510},$$

$$B_{18} = \frac{43867}{798}, \quad B_{20} = -\frac{174611}{330}, \quad B_{22} = \frac{854513}{138}, \ldots$$

On remarque, dans ce tableau, que *les nombres de Bernoulli d'indice pair sont de signes alternés.* C'est une règle générale, comme nous le savons déjà (n° 48).

298. Polynomes de Bernoulli. — Ce sont les polynomes $\varphi_1(v)$, $\varphi_2(v)$,... définis par le développement de Maclaurin suivant :

$$(2)\quad \frac{e^{vx}-1}{e^x-1} = v + \varphi_1(v)\frac{x}{1} + \varphi_2(v)\frac{x^2}{2!} + \ldots + \varphi_n(v)\frac{x_n}{n!} + \ldots$$

Ces polynomes dépendent des nombres de Bernoulli, et on obtient leur expression symbolique analogue à celle des nombres de Bernoulli (n° 49), en mettant la fonction génératrice sous la forme

$$(e^{vx}-1)\frac{e^{Bx}}{x} = \frac{e^{(B+v)x}-e^{Bx}}{x}.$$

Le coefficient de $x^n : n!$ sera

$$(3)\quad \varphi_n(v) = \frac{(B+v)^{n+1}-B^{n+1}}{n+1}.$$

Les polynomes de Bernoulli fournissent l'expression générale des sommes des puissances semblables des nombres entiers.

On a, en effet,

$$1 + e^x + e^{2x} + \ldots + e^{(v-1)x} = \frac{e^{vx}-1}{e^x-1},$$

d'où, en égalant les coefficients de $x^n : n!$,

$$1 + 2^n + 3^n + \ldots + (v-1)^n = \varphi_n(v).$$

299. Propriétés des polynomes de Bernoulli. — 1° *Les polynomes de Bernoulli s'annulent si $v = 0$ ou si $v = 1$.*

C'est la conséquence immédiate de la formule (3) qui précède et des formules (7) du n° 49.

2° Pour déterminer $\varphi_n\left(\frac{1}{2}\right)$, considérons les relations

$$e^{\left(B+\frac{1}{2}\right)x} + e^{Bx} = e^{Bx}\left(e^{\frac{x}{2}}+1\right) = \frac{x}{e^{\frac{x}{2}}-1} = 2e^{\frac{Bx}{2}},$$

et égalons les coefficients de x^{n+1} dans les deux membres extrêmes ; il vient

$$\left(B+\frac{1}{2}\right)^{n+1} + B^{n+1} = 2\left(\frac{B}{2}\right)^{n+1};$$

d'où, par (3),

$$(4) \qquad \varphi_n\left(\frac{1}{2}\right) = -2\left(1 - \frac{1}{2^{n+1}}\right)\frac{B_{n+1}}{n+1}.$$

Donc *les polynomes d'indice pair s'annulent pour* $v = \frac{1}{2}$.

3° Si l'on dérive la formule (3), il vient

$$\varphi'_n(v) = (B + v)^n = n\varphi_{n-1}(v) + B_n.$$

Il y a deux cas à distinguer : selon que $n = 2k$ ou $2k + 1$, on aura

$$(5) \qquad \begin{cases} \varphi'_{2k}(v) = 2k\,\varphi_{2k-1}(v) + B_{2k}, \\ \varphi'_{2k+1}(v) = (2k+1)\,\varphi_{2k}(v). \end{cases}$$

On en conclut encore, en dérivant une fois de plus,

$$(6) \qquad \varphi''_{2k}(v) = 2k\,(2k-1)\,\varphi_{2k-2}(v).$$

4° *Un polynome* $\varphi_{2k+1}(v)$ *d'indice impair ne peut reprendre plus de deux fois la même valeur quand* v *varie de* 0 *à* 1.

En effet, s'il reprenait trois fois la même valeur, sa dérivée $(2k+1)\varphi_{2k}$ s'annulerait pour les valeurs 0, 1 et deux valeurs intermédiaires au moins, donc au moins quatre fois dans l'intervalle 0, 1. Alors sa dérivée seconde

$$(2k+1)\,[2k\varphi_{2k-1} + B_{2k}]$$

s'annulerait au moins trois fois, et φ_{2k-1} reprendrait au moins trois fois la même valeur dans l'intervalle 0, 1. Il en serait de même de $\varphi_{2k-3}, \varphi_{2k-5}, \dots \varphi_1$, ce qui est impossible, φ_1 étant du second degré.

En particulier, un polynome φ_n d'indice impair ne peut s'annuler pour $v = \frac{1}{2}$. Donc, par la formule (4), *aucun nombre de Bernoulli d'indice pair ne peut être nul.*

5° *Un polynome d'indice impair ne change pas de signe quand* v *varie de* 0 *à* 1.

En effet, il ne pourrait changer de signe qu'en s'annulant et, comme il s'annule aux deux limites, il s'annulerait trois fois, ce qui est impossible.

6° *Un polynome* φ_{2k} *d'indice pair s'annule pour les valeurs* 0, 1 *et* $\frac{1}{2}$ (voir 1° et 2°), *mais il ne s'annule pour aucune autre valeur de* v *entre* 0 *et* 1.

En effet, si φ_{2k} s'annulait quatre fois, φ_{2k-1} reprendrait au moins trois fois la même valeur, comme on l'a montré dans la démonstration 4°; ce qui est impossible.

On en conclut que c'est pour $v = \frac{1}{2}$ que les polynomes d'indice impair prennent leur plus grande valeur absolue entre 0 et 1, puisque c'est la seule racine de leur dérivée.

7° *Deux polynomes consécutifs d'indice pair sont de signes contraires pour v compris entre* 0 *et* 1.

En effet, φ_{2k} s'annulant aux points 0 et $\frac{1}{2}$, sa dérivée s'annule pour une valeur intermédiaire v_0; et l'on a, par la formule de Taylor $(0 < \theta < 1)$,

$$\varphi_{2k}(v_0 + t) = \varphi_{2k}(v_0) + \frac{t^2}{2}\varphi''_{2k}(v_0 + \theta t);$$

d'où, pour $t = -v_0$, en ayant égard à la formule (6),

$$0 = \varphi_{2k}(v_0) + \frac{v_0^2}{2}2k(2k-1)\varphi_{2k-2}(\theta v_0).$$

Donc φ_{2k} et φ_{2k-2}, qui sont de signe invariable entre 0 et $\frac{1}{2}$, sont de signes contraires dans cet intervalle. De même, dans l'intervalle $\left(\frac{1}{2}, 1\right)$.

8° *Deux polynomes consécutifs d'indice impair sont aussi de signes contraires dans l'intervalle* (0, 1).

En effet, $\varphi_{2k+1}(v)$ s'annule pour $v = 0$; par suite, pour v positif et suffisamment petit, ce polynome aura le signe de sa dérivée $(2k+1)\varphi_{2k}(v)$. Donc φ_{2k+1}, ne changeant pas de signe (5°), a, dans tout l'intervalle (0, 1), le signe de φ_{2k} dans l'intervalle $\left(0, \frac{1}{2}\right)$ et il n'y a qu'à appliquer la propriété précédente. Comme φ_1 est négatif, on voit que le signe de φ_{2k} entre 0 et $\frac{1}{2}$, ou celui de φ_{2k+1} entre 0 et 1, sera celui de $(-1)^{k+1}$.

Ce signe est, en vertu de l'équation (4), celui de $-B_{2k+2}$. Donc *les nombres* B *d'indice pair sont de signes alternés*, propriété connue.

9° *La fonction* $\varphi_n\left(\frac{1}{2} + u\right)$ *est une fonction paire de u si n est impair, une fonction impaire si n est pair.*

En effet, la fonction génératrice du développement :

$$\Sigma\left[\varphi_n\left(\frac{1}{2}+u\right)-\varphi_n\left(\frac{1}{2}-u\right)\right]\frac{x_n}{n!}$$

est la fonction paire de x :

$$\frac{e^{\left(\frac{1}{2}+u\right)x}-e^{\left(\frac{1}{2}-u\right)x}}{c^x-1}=\frac{e^{ux}-e^{-ux}}{e^{\frac{x}{2}}-e^{-\frac{x}{2}}}.$$

Donc, les puissances impaires de x devant disparaître, $\varphi_{2k+1}\left(\frac{1}{2}+u\right)$ est une fonction paire. Alors $\varphi_{2k}\left(\frac{1}{2}+u\right)$, qui est sa dérivée à un facteur numérique près, est impaire.

300. Développement des polynomes de Bernoulli en séries trigonométriques. — Ces développements dans l'intervalle (0, 1) sont donnés par les deux formules suivantes, que nous allons démontrer :

$$(7)\quad \left\{\begin{aligned} \varphi_{2k-1}(x) &= (-1)^k\, 2\,\frac{(2k-1)!}{(2\pi)^{2k}}\sum_{n=1}^{\infty}\frac{1-\cos 2n\pi x}{n^{2k}},\\ \varphi_{2k}(x) &= (-1)^{k-1}\, 2\,\frac{(2k)!}{(2\pi)^{2k+1}}\sum_{n=1}^{\infty}\frac{\sin 2n\pi x}{n^{2k+1}}.\end{aligned}\right.$$

Désignons par $\Phi_p(x)$ la première ou la seconde des deux sommes :

$$\sum_{n=1}^{\infty}\frac{\sin 2n\pi x}{n^p},\qquad \sum_{n=1}^{\infty}\frac{\cos 2n\pi x}{n^p},$$

selon que p est impair ou pair. On aura, dans les deux cas,

$$(8)\qquad \Phi'_p(x) = (-1)^{p-1}\,2\pi\,\Phi_{p-1}(x).$$

Maintenant les deux formules (7) rentrent dans la formule générale

$$(9)\qquad \varphi_n = K_n\left[\Phi_{n+1}(x)-\Phi_{n+1}(0)\right]$$

où K_n est une constante convenable. Nous allons d'abord démontrer qu'il existe une relation de cette forme (9) quel que soit n. Pour cela, nous allons vérifier qu'il existe une relation de cette forme pour $n = 1$, ensuite qu'une telle relation existant pour n, on en déduit une autre semblable pour $(n+1)$.

D'abord, pour $n = 1$, je dis que l'on a

$$\varphi_1 = K_1[\Phi_2(x) - \Phi_2(0)].$$

En effet, les deux membres s'annulant pour $x = 0$, il suffit de montrer qu'ils ont même dérivée. Or on a, entre 0 et 1, par la formule (3),

$$\varphi'_1 = D\,\frac{x^2 - x}{2} = x - \frac{1}{2},$$

et, par la dernière formule du n° 87,

$$\Phi'_2 = -2\pi\Phi_1 = -2\pi\Sigma\,\frac{\sin 2n\pi x}{n} = 2\pi^2\left(x - \frac{1}{2}\right);$$

les dérivées seront les mêmes si $K_1 = 1 : 2\pi^2$.

Supposons maintenant la relation (9) vraie pour n. Il suffit de l'intégrer pour trouver l'analogue pour $n + 1$. En effet, φ_n et Φ_{n+1} sont respectivement les dérivées de φ_{n+1} et de Φ_{n+2} à un facteur et à une constante additive près. On a donc, en intégrant et en désignant par K_{n+1}, A et B des constantes convenables,

$$\varphi_{n+1} = K_{n+1}\,[\Phi_{n+2}(x) - \Phi_{n+2}(0)] + Ax + B.$$

Mais A est nul parce que φ et Φ reprennent la même valeur aux limites 0 et 1, B l'est aussi parce que φ s'annule avec x. Donc l'équation (9) est générale.

Pour déterminer K_n, on dérive n fois l'équation (9); d'où, par les équations (5) et (8),

$$n!\,\varphi'_1 = K_n\,(-1)^{\frac{n(n+1)}{2}}\,(2\pi)^n\,\Phi_1.$$

D'ailleurs les valeurs de φ'_1 et Φ_1 que nous venons d'écrire plus haut donnent $\Phi_1 : \varphi'_1 = -\pi$, ce qui conduit aux valeurs de K_n écrites dans les équations (7).

Remarque. — Les propriétés 1°, 5°, 7°, 8° et 9° du n° 299 sont immédiatement apparentes dans les formules (7).

301. Nouvelles expressions des nombres de Bernoulli. — Portons dans la première relation (5) les valeurs de φ'_{2k} et φ_{2k-1} tirées de (7) et posons, en général,

$$s_p = \sum_1^\infty \frac{1}{n^p};$$

la relation (5) se réduit alors à

$$B_{2k} = (-1)^{k-1} 2 \frac{(2k)!}{(2\pi)^{2k}} s_{2k}.$$

Quand k augmente, s_{2k} tend rapidement vers 1. Cette formule montre donc que les nombres de Bernoulli croissent très rapidement avec k.

Cette même expression de B_{2k} nous permet de retrouver le rayon de convergence R du développement (1). D'après la théorie des séries potentielles, ce sera l'inverse de la plus grande limite de $\sqrt[n]{B_n : n!}$, donc

$$R = \lim \sqrt[2k]{\frac{(2k)!}{B_{2k}}} = 2\pi.$$

§ 2. Formule sommatoire d'Euler et de Maclaurin Relation entre les sommes et les intégrales

302. Formule préalable. — Considérons la formule de Maclaurin :

$$(1) \quad f(x) - f(0) = xf'(0) + \frac{x^2}{2!} f''(0) + \dots + \frac{x^{2p}}{(2p)!} f^{2p}(0) + R_{2p+1}$$

avec l'expression du reste (t. I, n° 339) :

$$R_{2p+1} = \frac{1}{(2p)!} \int_0^x f^{2p+1}(x - t)\, t^{2p} dt.$$

Remplaçons successivement dans cette formule la fonction f par ses dérivées f', f'',... en remplaçant, en même temps, $2p$ par $(2p-1)$, $(2p-2)$,... 1. Multiplions successivement ces équations par $B_1 x$, $\frac{B_2 x^2}{2!}$, $\frac{B_3 x^3}{3!}$,... $\frac{B^{2p-1} x^{2p-1}}{(2p-1)!}$, les B désignant les nombres Bernoulliens, et ajoutons-les membre à membre avec (1). Il viendra un résultat de la forme

$$[f(x) - f(0)] + \frac{B_1 x}{1} [f'(x) - f'(0)] + \dots + \frac{B_{2p-1} x^{2p-1}}{(2p-1)!} [f^{2p-1}(x) - f^{2p-1}(0)]$$
$$= xf'(0) + A_2 x^2 f''(0) + A_3 x^3 f'''(0) + \dots + A_{2p} x^{2p} f^{2p}(0) + R,$$

en posant

$$A_2 = \frac{1}{2!} + \frac{B_1}{1} = \frac{(1+B)^2 - B^2}{2!}$$

$$A_3 = \frac{1}{3!} + \frac{B_1}{2!\,1} + \frac{B_2}{2!} = \frac{(1+B)^3 - B^3}{3!}$$

$$A_4 = \frac{1}{4!} + \frac{B_1}{3!\,1} + \frac{B_2}{2!\,2!} + \frac{B_3}{3!} = \frac{(1+B)^4 - B^4}{4!}$$

et en désignant par R l'intégrale

$$\int_0^x dt\, f^{2p+1}(x-t)\left[\frac{t^{2p}}{(2p)!} + \frac{B_1 x t^{2p-1}}{1.(2p-1)!} + \frac{B_2 x^2 t^{2p-2}}{2!\,(2p-2)!} + \dots\right]$$

On remarque d'abord que tous les coefficients A_2, A_3,... sont nuls par les relations (7) du n° 49. Quant à l'expression entre crochets dans l'intégrale R, elle revient à un polynome de Bernoulli, car on peut l'écrire comme il suit :

$$\frac{(t+Bx)^{2p} - (Bx)^{2p}}{(2p)!} = x^{2p}\frac{\left(\frac{t}{x}+B\right)^{2p} - B^{2p}}{(2p)!} = \frac{x^{2p}}{(2p-1)!}\varphi_{2p-1}\left(\frac{t}{x}\right).$$

Il vient donc, φ désignant un polynome de Bernoulli,

$$\text{(2)} \qquad R = \frac{x^{2p}}{(2p-1)!}\int_0^x f^{2p+1}(x-t)\,\varphi_{2p-1}\left(\frac{t}{x}\right) dt.$$

Tous les coefficients B d'indice impair sont nuls, sauf B qui est égal à $-\frac{1}{2}$; nous avons ainsi obtenu la formule suivante :

$$\text{(3)} \left\{ \begin{aligned} f(x) - f(0) &= x\frac{f'(x)+f'(0)}{2} - \frac{B_2 x^2}{2!}[f''(x) - f''(0)] - \dots \\ &- \frac{B_{2p-2}x^{2p-2}}{(2p-2)!}[f^{2p-2}(x) - f^{2p-2}(0)] + R. \end{aligned} \right.$$

303. Simplification de R. — Utilisons les propriétés des polynomes de Bernoulli (n° 399). Comme $\frac{t}{x}$ varie de 0 à 1 dans l'expression (2), $\varphi_{2p-1}\left(\frac{t}{x}\right)$ ne change pas de signe (propriété 5°), et l'on peut poser par le théorème de la moyenne, θ étant compris entre 0 et 1 (en sorte que $x\theta$ est une valeur intermédiaire de l'argument $x - t$)

$$R = \frac{x^{2p}}{(2p-1)!} f^{2p+1}(\theta x) \int_0^x \varphi_{2p-1}\left(\frac{t}{x}\right) dt.$$

Changeons encore t en tx dans l'intégrale, il viendra

$$R = \frac{x^{2p+1}}{(2p-1)!} f^{2p+1}(\theta x) \int_0^1 \varphi_{2p-1}(t)\, dt.$$

L'intégration s'effectue immédiatement en remplaçant φ_{2p-1} par sa valeur donnée par l'équation (5) du n° 299, à savoir

$$\varphi_{2p-1} = \frac{\varphi'_{2p} - B_{2p}}{2p},$$

et en observant que l'intégrale de φ' est nulle, puisque φ s'annule aux limites 0 et 1 (n° 299). Il vient donc simplement

$$(4) \qquad R = -\frac{B_{2p} x^{2p+1}}{(2p)!} f^{2p+1}(\theta x).$$

304. Formule d'Euler et de Maclaurin. — Ce n'est qu'une transformation de la formule (3). Remplaçons dans le premier membre la fonction $f(x)$ par l'intégrale

$$\int_a^{a+x} f(x)\, dx = \int_0^x f(a+x)\, dx;$$

et, par conséquent, dans le second membre, la dérivée $f^k(x)$ par $f^{k-1}(a+x)$ et cela pour $k = 1, 2, \ldots$; il vient

$$(5) \left\{ \begin{aligned} \int_a^{a+x} f(x)\, dx = x \frac{f(a+x) + f(a)}{2} - \frac{B_2 x^2}{2!} [f'(a+x) - f'(a)] - \\ - \frac{B_{2p-2} x^{2p-2}}{(2p-2)!} [f^{2p-3}(a+x) - f^{2p-3}(a)] + R \end{aligned} \right.$$

et la valeur (4) de R devient $(0 < \theta < 1)$

$$(6) \qquad R = -\frac{B_{2p} x^{2p+1}}{(2p)!} f^{2p}(a + \theta x).$$

La formule (5) est la *formule d'Euler et de Maclaurin*, mais complétée par l'expression du reste que ces géomètres n'ont pas donnée. Comme les nombres B_2, B_4,... croissent rapidement en valeur absolue, cette formule serait le plus souvent divergente si l'on faisait croître p à l'infini. Mais, en donnant à p une valeur convenable, on pourra généralement faire en sorte que R soit suffisamment petit pour être négligé en pratique. L'expression (6) de R permet d'agir en toute sûreté.

On se sert de la formule d'Euler et de Maclaurin pour ramener le calcul des intégrales au calcul des sommes, et réciproquement. C'est ce que nous allons montrer.

305. Application au calcul approché des intégrales définies. — Pour appliquer la formule (5) au calcul de l'intégrale $\int_a^b f(x)\,dx$, il suffit évidemment de poser $x = b - a$. Mais, si l'intervalle d'intégration est un peu grand, il convient, pour obtenir plus d'exactitude, de le décomposer en plusieurs parties. Posons $h = \frac{b-a}{n}$; nous aurons

$$\int_a^b f\,dx = \int_a^{a+h} + \int_{a+h}^{a+2h} + \dots + \int_{a+(n-1)h}^{a+nh} f\,dx.$$

Appliquons à chacune de ces intégrales partielles la formule (5), où l'on remplacera x par h, et ajoutons les résultats; il viendra

$$(7)\quad \left\{\begin{aligned} \int_n^b f(x)\,dx = h\left[\frac{f(a)}{2} + f(a+h) + \dots + f(a+\overline{n-1}h) + \frac{f(b)}{2}\right] \\ - \frac{B_2 h^2}{2!}[f(b) - f(a)] - \frac{B_4 h^4}{4!}[f'''(b) - f'''(a)] - \dots \\ - \frac{B_{2p+2} h^{2p-2}}{(2p-2)!}[f^{2p-3}(b) - f^{2p-3}(a)] + R \end{aligned}\right.$$

et le reste R est donné par la formule

$$R = -n\mu \frac{B_{2p} h^{2p+1}}{(2p)!},$$

μ désignant une valeur moyenne de $f^{2p}(x)$ entre a et b.

La formule (7) est celle que nous voulions obtenir. Le terme écrit sur la première ligne au second membre est susceptible d'une interprétation géométrique : il représente la somme des trapèzes inscrits dans la courbe $y = f(x)$ et déterminés par des ordonnées équidistantes. Quant au premier membre, il représente l'aire de la courbe.

306. Formule sommatoire d'Euler et de Maclaurin. — Réciproquement, la formule (7) peut servir à ramener le calcul d'une somme à celui d'une intégrale définie. Posons, b étant égal à $a + nh$,

$$\sum_a^{b-h} f(x) = f(a) + f(a+h) + f(a+2h) + \ldots + f(b-h).$$

On tirera de la formule (7)

$$(8)\quad \begin{cases} \displaystyle\sum_a^{b-h} f(x) = \frac{1}{h}\int_a^b f(x)\,dx - \frac{f(b)-f(a)}{2} + \frac{B_2 h}{2!}[f'(b)-f'(a)] + \ldots \\ \displaystyle\quad + \frac{B_{2p-2}h^{2p-3}}{(2p-2)!}[f^{2p-3}(b) - f^{2p-3}(a)] + n\mu\frac{B_{2p}h^{2p}}{(2p)!} \end{cases}$$

C'est la *formule sommatoire d'Euler et de Maclaurin*, complétée par l'expression du reste. Elle est très utile quand la quadrature indiquée s'effectue simplement.

307. Expression symbolique de la formule d'Euler et de Maclaurin. Intégration aux différences d'un polynome. — Soit $f(y)$ un polynome. Faisons successivement $y = 1, 2, \ldots (n-1)$ dans la formule (9) du n° 50 et ajoutons; il vient

$$f'(0) + f'(1) + \ldots + f'(n-1) = f(B+n) - f(B).$$

On généralise cette formule en remplaçant la fonction $f(y)$ par $f(a + hy)$ considérée comme fonction de y; elle devient ainsi

$$(9)\quad \sum_{y=0}^{n-1} f'(a+hy) = \frac{f[a+(B+n)h] - f(a+Bh)}{h}.$$

C'est la formule la plus élégante pour la sommation d'un polynome. Ce n'est d'ailleurs qu'une expression symbolique de celle d'Euler et de Maclaurin (où f est remplacée par f'), mais dans le cas particulier où cette formule est limitée et le reste nul.

Si f n'est pas un polynome, on peut encore considérer la formule (9) comme une expression symbolique de celle d'Euler et de

Maclaurin prolongée à l'infini, mais elle n'est plus légitime que si le reste de la formule (8) tend vers zéro, ce qui sera l'exception.

§ 3. Interpolation

308. Objet de l'interpolation. — L'objet de l'interpolation est de construire une fonction d'une variable, connaissant les valeurs de cette fonction pour un certain nombre de valeurs données de la variable. Ce problème est indéterminé tant qu'on ne fixe pas la forme de la fonction cherchée, car il revient à faire passer une courbe par des points donnés, ce qui peut se faire d'une infinité de manières tant que la courbe n'est pas définie. Le problème de l'interpolation devient déterminé quand la forme de la fonction est donnée et qu'elle renferme autant de paramètres distincts qu'il y a de valeurs imposées à la fonction. Ainsi une fonction entière de degré $n - 1$ renferme n paramètres et peut se déterminer si l'on donne les valeurs de la fonction en n points.

309. Formule d'interpolation de Lagrange. — Le polynome y de degré $n - 1$ qui prend n valeurs données $y_1, y_2, \dots y_n$ pour les valeurs $x_1, x_2, \dots x_n$ de x est unique. En effet, s'il y en a avait deux, leur différence, qui est de degré $n - 1$ au plus, ayant n racines $x_1, \dots x_n$, serait identiquement nulle, et les deux polynomes seraient identiques.

On peut écrire immédiatement le polynome P_1 de degré $n - 1$ qui prend la valeur 1 pour $x = x_1$ et qui s'annule pour $x = x_2$, $x_3, \dots x_n$. C'est

$$P_1 = \frac{(x - x_2)(x - x_3)\dots(x - x_n)}{(x_1 - x_2)(x_1 - x_3)\dots(x_1 - x_n)}.$$

Le polynome P_i, égal à 1 pour $x = x_i$ et nul pour les autres valeurs x_k, se déduit du précédent par une permutation des indices 1 et i. Par suite, le polynome y de degré $n - 1$ qui prend les valeurs $y_1, \dots y_n$ aux points $x_1, \dots x_n$ s'exprime par la formule

$$(1) \qquad y = y_1 P_1 + y_2 P_2 + \dots + y_n P_n.$$

C'est la *formule d'interpolation de Lagrange*, qui est très utile dans les raisonnements, mais se prête mal au calcul.

310. Formule d'interpolation de Newton. — Soit $f(x)$ une fonction quelconque. Proposons-nous de déterminer le polynome y de degré $n - 1$ qui prend les valeurs $f(x_1), f(x_2), \ldots f(x_n)$ aux points $x_1, x_2, \ldots x_n$.

Désignons, en général, par Q_i le polynome de degré $i - 1$ qui prend les valeurs $f(x_1), f(x_2), \ldots f(x_i)$ aux points $x_1, x_2, \ldots x_i$. Nous serons conduits à la formule de Newton en écrivant le polynome y sous la forme

$$y = Q_1 + \sum_{i=2}^{n} (Q_i - Q_{i-1});$$

mais il faut transformer les termes de cette somme. Le polynome $Q_i - Q_{i-1}$ de degré $i - 1$ s'annule (d'après sa définition) aux points $x_1, x_2, \ldots x_{i-1}$. Il ne diffère donc du produit $(x - x_1) \ldots (x - x_{i-1})$ que par un facteur constant, égal au coefficient de x^{i-1} dans $Q_i - Q_{i-1}$, donc dans Q_i, c'est-à-dire, d'après l'expression de Q_i par la formule de Lagrange, égal à

$$\frac{f(x_1)}{(x_1 - x_2) \ldots (x_1 - x_i)} + \frac{f(x_2)}{(x_2 - x_1) \ldots (x_2 - x_i)} + \ldots + \frac{f(x_i)}{(x_i - x_1) \ldots (x_i - x_{i-1})}$$

Ce coefficient est donc une fonction symétrique de $x_1, \ldots x_i$ et nous désignerons cette fonction par

$$f(x_1, x_2, \ldots x_i).$$

Ainsi la valeur de y peut s'écrire

$$(2) \quad \begin{cases} y = f(x_1) + (x - x_1) f(x_1, x_2) + (x - x_1)(x - x_2) f(x_1, x_2, x_3) \\ \qquad + \ldots + (x - x_1) \ldots (x - x_{n-1}) f(x_1, x_2, \ldots x_n). \end{cases}$$

Telle que la *formule d'interpolation de Newton* pour former le polynome y de degré $n - 1$ qui prend les n valeurs données $f(x_k)$ aux points x_k ($k = 1, 2, \ldots n$).

On donne à $f(x_1, x_2), f(x_1, x_2, x_3), \ldots$ les noms de *première, deuxième,... fonction interpolaire* de $f(x)$. On calcule ces fonctions par un procédé de proche en proche que nous allons faire connaître.

311. Calcul des fonctions interpolaires. — Si l'on fait $x = x_n$ dans la formule de Newton (**2**), elle donne $f(x_n)$; par conséquent, si l'on remplace x_n par x, on a, quel que soit x, *l'identité*

$$(3)\quad \begin{cases} f(x)=f(x_1)+(x-x_1)f(x_1,x_2)+\dots \\ \qquad +(x-x_1)\dots(x-x_{n-2})f(x_1,x_2,\dots x_{n-1}) \\ \qquad +(x-x_1)\dots(x-x_{n-2})(x-x_{n-1})f(x_1,\dots x_{n-1},x). \end{cases}$$

Si l'on soustrait de cette identité celle qu'on en déduit en remplaçant n par $n-1$, on en conclut

$$f(x_1,x_2,\dots x_{n-1},x)=\frac{f(x_1,\dots x_{n-2},x)-f(x_1,\dots x_{n-2},x_{n-1})}{x-x_{n-1}}.$$

Il vient donc pour $n=2, 3,\dots$ le système de formules :

$$f(x_1,x)=\frac{f(x)-f(x_1)}{x-x_1},\quad f(x_1,x_2,x)=\frac{f(x_1,x)-f(x_1,x_2)}{x-x_2},\dots$$

fournissant un procédé systématique pour calculer de proche en proche les fonctions interpolaires.

312. Reste de la formule d'interpolation de Newton. — Etablissons d'abord une propriété générale des fonctions interpolaires, dans l'hypothèse où $f(x)$ est dérivable jusqu'à l'ordre $n-1$. Désignant encore par y le polynome défini par la formule (**2**), considérons la différence $f(x)-y$. Elle s'annule aux points $x_1,\dots x_n$; donc en vertu du théorème de Rolle, ses dérivées 1re, 2e,... $(n-1)$me s'annulent au moins $n-1$, $n-2$,... 1 fois respectivement dans un intervalle contenant ces valeurs. Soit donc ξ la racine de la dernière dérivée, de sorte que ξ est une moyenne entre $x_1,\dots x_n$; nous avons

$$0=f^{(n-1)}(\xi)-D^{n-1}y=f^{(n-1)}(\xi)-(n-1)!\,f(x_1,\dots x_n);$$

d'où la propriété en question :

$$(4)\qquad f(x_1,\dots x_n)=\frac{f^{(n-1)}(\xi)}{(n-1)!}.$$

Revenons maintenant à la formule de Newton.

Transformons, par la propriété précédente, le dernier terme de la formule (3), mais après y avoir changé n et $n + 1$. Il vient

$$f(x) = f(x_1) + (x - x_1) f(x_1, x_2) + \dots$$
$$+ (x - x_1) \dots (x - x_{n-1}) f(x_1, x_2, \dots x_n) + R,$$
$$R = \frac{(x - x_1) \dots (x - x_n)}{n!} f^{(n)}(\xi),$$

où ξ est maintenant une moyenne entre $x_1, \dots x_n$ et x.

Donc R représente l'erreur que l'on commet quand on calcule approximativement $f(x)$ par la formule (2) qui est la formule d'interpolation de Newton. C'est pourquoi R s'appelle le *reste de la formule de Newton;* et l'expression que nous venons d'en donner rappelle celle du reste de la formule de Taylor.

313. Formule de Newton dans le cas de valeurs de x équidistantes. — Considérons le cas où les valeurs successives $x_0, x_1, x_2, \dots$ sont en progression arithmétique. En changeant au besoin x en $x + x_0$, on peut faire en sorte que ces valeurs soient

$$x_0 = 0, \qquad x_1 = h, \qquad x_2 = 2h, \dots \qquad x_n = nh.$$

Soient $y_0, y_1, \dots y_n$ les valeurs correspondantes du polynome y de degré n à déterminer. L'expression de ce polynome par la formule de Newton peut se déduire immédiatement d'une formule au calcul des différences.

Formons, en effet, les différences successives $\Delta y_0, \Delta^2 y_0, \dots \Delta^n y_0$; nous aurons

$$y_m = y_0 + m\Delta y_0 + \frac{m(m-1)}{1.2} \Delta^2 y_0 + \dots$$

Ce développement se termine de lui-même au terme qui renferme $\Delta^m y_0$. Remplaçons dans ce développement m par $x : h$ et poursuivons le développement jusqu'au terme en $\Delta^n y_0$; nous pouvons poser

$$y = y_0 + \frac{x}{h}\frac{\Delta y_0}{1} + \frac{x}{h}\left(\frac{x}{h} - 1\right)\frac{\Delta^2 y_0}{1.2} + \dots$$
$$+ \frac{x}{h}\left(\frac{x}{h} - 1\right) \dots \left(\frac{x}{h} - n + 1\right) \frac{\Delta^n y_0}{1.2 \dots n}.$$

L'exactitude de cette formule se vérifie immédiatement, car ce développement se réduit à celui de y_m quand $x = mh$. C'est l'expression très simple de la formule de Newton pour le cas des valeurs équidistantes, et elle se rattache au calcul des différences.

On peut mettre en évidence l'analogie de cette formule avec celle de Maclaurin. Posons, d'après la notation des produits équidifférents,

$$x^{[p]} = x(x - h) \ldots (x - ph + h)$$

et remplaçons h par Δx; il vient

$$y = y_0 + \frac{x}{1}\frac{\Delta y_0}{\Delta x} + \frac{x^{[2]}}{1.2}\frac{\Delta^2 y_0}{\Delta x^2} + \ldots + \frac{x^{[n]}}{1.2\ldots n}\frac{\Delta^n y_0}{\Delta x^n}.$$

Cette formule d'ailleurs ne peut pas être autre que la formule (**2**) adaptée au cas actuel, puisqu'elle se complète, comme elle, d'un terme par le changement de n en $n + 1$ et, par conséquent, les termes de même rang sont identiques.

314. Formules d'approximation pour les quadratures. — Les formules d'interpolation peuvent servir au calcul de l'intégrale

$$\int_a^b f(x)\,dx,$$

lorsque cette quadrature ne peut se faire exactement. On remplace, à cet effet, la courbe $y = f(x)$ par une autre que l'on sait intégrer.

On peut remplacer $f(x)$ par un polynome de degré n à l'aide de la formule de Lagrange. Cela revient à remplacer la courbe $y = f(x)$ par une parabole du n^{me} degré ayant $n + 1$ points communs avec elle. Si les abscisses de ces points sont en progression arithmétique, on obtient la *méthode d'intégration de Cotes et de Newton*, qui est d'ailleurs peu recommandable.

Gauss a considérablement amélioré la méthode précédente en modifiant le choix des points de subdivision de manière à augmenter l'approximation. Mais l'exposition complète de la *méthode de Gauss* exige trop de calculs pour trouver place ici.

Au lieu de faire l'interpolation dans l'intervalle (a, b) tout entier, on peut partager cet intervalle en parties consécutives et interpoler dans chaque partie. On peut remplacer $f(x)$ par une suite de polynomes du premier degré, c'est-à-dire la courbe par une suite de droites, et l'on obtient la *formule des trapèzes*.

On peut aussi remplacer $f(x)$ par une suite de polynomes du deuxième ou du troisième degré, c'est-à-dire la courbe par une suite d'arcs de paraboles, et, en supposant les intervalles égaux, on obtient la *formule de Simpson* (t. I, n° 356).

315. Expression empirique de certaines lois. — Quand la loi exacte des variations de certaines quantités n'est pas connue, comme cela a lieu pour la plupart des phénomènes naturels, on peut recourir aux formules d'interpolation. On détermine les valeurs de la fonction pour une série des valeurs de la variable et les formules d'interpolation fournissent une règle empirique pour calculer les valeurs de la fonction pour les valeurs intermédiaires de la variable. Les formules ainsi établies ne méritent généralement que peu de confiance.

Parfois on se sert des formules d'interpolation pour calculer les valeurs de la fonction pour des valeurs de la variable qui tombent en dehors de l'intervalle des expériences. On fait alors de l'*extrapolation*. Les résultats obtenus par cette voie ne peuvent être acceptés qu'avec une extrême circonspection.

CHAPITRE XII

Applications géométriques
Points singuliers. Contacts. Enveloppes

§ 1. Points singuliers des courbes planes

316. Points ordinaires et points singuliers. — Considérons l'équation d'une courbe plane, en axes rectangulaires ou obliques,

$$f(x, y) = 0, \tag{1}$$

et supposons que f soit une fonction continue et uniforme *indéfiniment dérivable* dans le voisinage du point M (a, b) de la courbe.

Si la dérivée partielle $f'_y(a, b)$ n'est pas nulle, l'équation (1) n'a, dans le voisinage du point M, qu'une seule solution, $y = \varphi(x)$, ce qui représente une seule branche continue de courbe, passant par le point M, et douée d'une tangente déterminée dont la direction varie d'une manière continue avec la position du point de contact. C'est la conséquence du théorème général sur l'existence des fonctions implicites (t. I, n° 169). Un point M qui possède ces caractères s'appelle un *point ordinaire* de la courbe.

Si la dérivée f'_y était nulle au point M, mais f'_x différente de 0, on pourrait résoudre l'équation (1) par rapport à x et la conclusion serait analogue.

Donc, si nous appelons *points singuliers* les points qui ne possèdent pas les caractères énumérés plus haut, nous pouvons énoncer la conclusion suivante :

Quand $f(x, y)$ et toutes ses dérivées sont continues et uniformes, la courbe $f(x, y) = 0$ n'a d'autres points singuliers que ceux dont les coordonnées a et b satisfont simultanément aux trois équations :

$$f(a, b) = 0, \qquad \frac{\partial f}{\partial a} = 0, \qquad \frac{\partial f}{\partial b} = 0.$$

Pour trouver les points singuliers de la courbe, il faut donc chercher les systèmes de solutions communes des trois équations précédentes.

317. **Points singuliers de divers ordres.** — Soit $M(a, b)$ un point singulier. Développons $f(x, y)$ par la formule (limitée) de Taylor suivant les puissances de $x - a$ et $y - b$. Comme f, f'_x et f'_y s'annulent au point M par hypothèse, les termes des ordres 0 à 1 disparaissent et le développement débute par les termes du second ordre. On a donc

$$f(x, y) = \varphi_2 + \varphi_3 + \dots + \varphi_{n-1} + R_n,$$

en désignant par $\varphi_2, \varphi_3, \dots$ des polynomes homogènes en $(x - a)$ et $(y - b)$ de degrés 2, 3,... et par R_n le terme complémentaire.

Si l'ensemble des termes du second ordre, à savoir

$$\varphi_2 = \frac{(x-a)^2}{2} \frac{\partial^2 f}{\partial a^2} + (x-a)(x-b) \frac{\partial^2 f}{\partial a \, \partial b} + \frac{(y-b)^2}{2} \frac{\partial^2 f}{\partial b^2},$$

ne disparaît pas identiquement comme les précédents, c'est-à-dire si l'une au moins des dérivées secondes de f ne s'annule pas au point M, le point M est un *point singulier du second ordre* (*).

Si, au contraire, $\varphi_1, \varphi_2, \varphi_3, \dots \varphi_{n-1}$ sont identiquement nuls mais que φ_n ne le soit pas, on dit que le point $M(a, b)$ de la courbe est un *point singulier de l'ordre n* (**).

318. **Points singuliers du second ordre.** — D'après ce qui précède, un point singulier du second ordre $M(a, b)$ de la courbe $f(x, y) = 0$, est caractérisé par ce fait que le développement de $f(x, y)$ suivant les puissances de $x - a$, $y - b$ est de la forme

$$f(x, y) = \varphi_2 + \varphi_3 + \dots$$

où φ_2 n'est pas identiquement nul.

(*) On dit *un point double* dans la théorie des fonctions analytiques, parce qu'il passe par ce point deux branches réelles ou imaginaires. Nous nous plaçons ici au point de vue exclusif des variables réelles.

(**) On dit *un point multiple* d'ordre *n* dans la théorie des fonctions analytiques, parce qu'il y passe *n* branches réelles ou imaginaires.

La forme de la courbe dans le voisinage du point M est liée aux propriétés de l'équation homogène du second degré $\varphi_2 = 0$, qui représente un faisceau de deux droites réelles ou imaginaires, distinctes ou confondues, passant par M.

Désignons, en effet, par Δ le discriminant de φ_2, à savoir

$$\Delta = \left(\frac{\partial^2 f}{\partial a\, \partial b}\right)^2 - \frac{\partial^2 f}{\partial a^2}\frac{\partial^2 f}{\partial b^3};$$

nous aurons le théorème suivant, dont nous allons expliquer les termes et donner la démonstration :

Théorème. — 1° *Si l'on a* $\Delta < 0$, *ou, ce qui revient au même, si les deux droites du faisceau sont imaginaires, le point* M *est un* POINT ISOLÉ.

2° *Si l'on a* $\Delta > 0$, *ou si les deux droites du faisceau sont réelles et distinctes, le point* M *est un* POINT DOUBLE A TANGENTES DISTINCTES, *c'est-à-dire que la courbe possède deux branches passant par* M *et respectivement tangentes aux deux droites du faisceau* (fig. 1).

3° Si *l'on a* $\Delta = 0$, *ou si les deux droites du faisceau se confondent, il y a doute sur la forme de la courbe, mais, sauf exception, le point* M *sera un* POINT DE REBROUSSEMENT *de première espèce* (fig. 2).

Pour simplifier l'écriture, supposons qu'on ait préalablement transporté l'origine au point M; nous sommes ramenés à étudier la courbe $f(x, y) = 0$ dans le voisinage de l'origine. Développons $f(x, y)$ par la formule de Maclaurin suivant les puissances de x, y; les termes du second ordre ne disparaissent pas, il vient donc

$$f(x, y) = \varphi_2 + \varphi_3 + \dots + \varphi_{n-1} + R_n,$$

où les φ désignent des polynomes homogènes en x, y de degrés marqués par l'indice, et R_n le terme complémentaire.

Faisons ici une remarque préalable. Quel que soit le point (x, y), l'un au moins des deux rapports $y : x$ ou $x : y$ ne surpasse pas l'unité en valeur absolue. Donc on peut toujours trouver les points de la courbe en posant successivement dans son équation $y = ux$, puis $x = vy$ et en cherchant, dans le premier cas, les valeurs *bornées* de u et, dans le second, les valeurs *bornées* de v qui satisfont à l'équation transformée.

Il faut encore s'assurer de la forme que prend le terme complémentaire R_n par la substitution $y = ux$ (les conclusions étant évidemment analogues pour la substitution $x = vy$). Posons, en abrégé,

$$F(x) = f(x, ux).$$

Par la substitution $y = ux$, le développement de $f(x, y)$ écrit plus haut se transforme dans celui de $F(x)$ suivant les puissances de x; R_n se transforme dans le reste correspondant, qui est de la forme (t. I, n° 339)

$$R_n = \frac{x^n}{(n-1)!}\int_0^1 F^{(n)}(tx)\,(1-t)^n\,dt.$$

Comme les dérivées de F s'expriment linéairement à l'aide des dérivées partielles de $f(x, y)$, on voit que, par la substitution $y = ux$, R_n prend la forme

$$R_n = x^n \psi(u, x),$$

où $\psi(u, x)$ désigne, comme f, une fonction continue *indéfiniment dérivable*, pourvu que u soit borné et x suffisamment petit (auquel cas, le point x, y est voisin de l'origine).

Arrivons maintenant à la démonstration du théorème, le point M étant pris comme origine.

Premier cas. $\Delta < 0$. — Les droites du faisceau sont imaginaires. L'origine est alors à distance finie de tout autre point de la courbe et l'on dit que l'origine est un *point isolé*. Nous allons le prouver.

Mettons l'équation de la courbe sous la forme

$$\varphi_2(x, y) + R_3 = 0.$$

Posons d'abord dans cette équation $y = ux$ et divisons par x^2; il vient, eu égard à l'expression précédente de R_n,

$$\varphi_2(1, u) + x\psi(u, x) = 0,$$

où ψ garde une valeur finie quand x tend vers 0 (u étant borné). Or $\varphi_2(1, u)$, ayant ses racines imaginaires, reste supérieur à un nombre fixe en valeur absolue. L'équation précédente devient donc impossible quand x tend vers 0. De même, si l'on posait $x = vy$, on serait conduit à une relation impossible quand y tend vers 0. Donc la courbe n'a aucun point dans le voisinage de l'origine.

Deuxième cas. $\Delta > 0$. — Si les droites sont réelles et distinctes, la courbe possède deux branches qui se coupent à l'origine et qui sont respectivement tangentes à chacune des droites du faisceau (fig. 1).

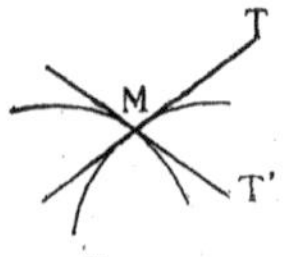

Fig. 1.

Prenons les deux droites du faisceau comme axes cordonnés; $\varphi_2(x, y)$ se réduira au seul terme xy, à part un coefficient qu'on rend égal à l'unité en divisant toute l'équation par ce facteur. On ramène ainsi l'équation de la courbe à la forme

$$xy + R_3 = 0.$$

Faisons d'abord la substitution $y = ux$ où u doit rester borné, R_3 prend la forme $x^3\psi(u, x)$, et, en divisant par x^2, il vient

$$u + x\psi(u, x) = 0.$$

Cette équation prouve que u tend vers 0 avec x. C'est l'équation d'une courbe dans le plan u, x, que nous appellerons la courbe (u, x) pour la distinguer de la courbe (x, y). Pour cette courbe (u, x), l'origine est un point ordinaire, car il y a un terme du premier degré en u. Donc il existe une solution u et une seule en fonction de x et elle est infiniment petite avec x.

En remplaçant $\psi(u, x)$ par $\psi(0, x) + u\psi'_u(\theta u, x)$ où $0 < \theta < 1$, on voit que cette solution vérifie la relation

$$u = \frac{-x\psi(0, x)}{1 + x\psi'_u(\theta u, x)}.$$

Si $\psi(0, 0)$ n'est pas nul, les valeurs principales de u puis de y sont

$$u = -x\psi(0, 0), \qquad y = -x^2\psi(0, 0).$$

Cette dernière relation est l'équation approchée d'une branche de courbe tangente à l'axe des x à l'origine et sans inflexion en ce point.

Si $\psi(0, 0)$ est nul, les valeurs principales de u et de y sont respectivement celles de $-x\psi(0, x)$ et de $-x^2\psi(0, x)$. Il y a donc inflexion ou non, selon que le développement de $\psi(0, x)$ suivant les puissances de x débute par un terme d'ordre impair ou d'ordre pair.

On montre de même, par la substitution $x = vy$, que la courbe possède une seconde branche, tangente à l'axe des y. Elle ne peut en avoir d'autre dans le voisinage de l'origine.

La courbe la plus simple présentant un point double à tangentes distinctes est le *folium* de Descartes, $x^3 + y^3 - 3axy = 0$.

Troisième cas. $\Delta = 0$. — Les deux droites du faisceau se confondent ; en prenant cette droite pour axe des x et divisant par une constante, l'équation de la courbe prend la forme

$$y^2 + \varphi_3(x, y) + \varphi_4(x, y) + \dots = 0.$$

Aucun point infiniment voisin de l'origine ne s'obtient par la substitution $x = vy$ où v reste fini, car, après cette substitution, suppression du facteur y^2 et dans l'hypothèse de y infiniment petit, l'équation se réduit à $1 = 0$, ce qui est possible. Il suffit donc d'étudier la substitution $y = ux$. Après division par x^2, elle fournit la relation

$$u^2 + x\varphi_3(1, u) + x^2\varphi_4(1, u) + \dots = 0,$$

qui montre d'abord que u est infiniment petit avec x.

En général, $f(x, y)$ contient un terme en x^3, dont le coefficient $\varphi_3(1, 0)$ n'est pas nul et la relation précédente contient un terme du premier degré en x, alors l'origine est un point ordinaire pour la courbe (u, x). Il existe une valeur x, fonction de u, et une seule qui vérifie l'équation au voisinage de l'origine ; elle a pour valeur principale

$$x = -\frac{u^2}{\varphi_3(1, 0)} \quad \text{d'où} \quad \begin{cases} u = \pm\sqrt{-x\varphi_3(1, 0)}, \\ y = \pm x\sqrt{-x\varphi_3(1, 0)}. \end{cases}$$

Ces deux valeurs de y sont de signes contraires et ne sont réelles que si x a le signe de $-\varphi_3(1, 0)$. Donc la courbe n'existe que d'un seul côté de l'axe des y, mais se compose de deux branches qui touchent l'axe des x à l'origine et s'arrêtent en ce point. Ces deux branches sont situées de part et d'autre de leur tangente commune et l'on dit que l'origine est un *un point de rebroussement de première espèce* (fig. 2).

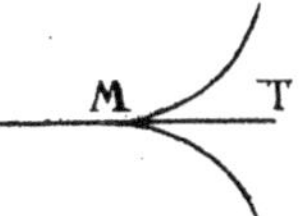

Fig. 2.

Toutefois cette conclusion suppose que $f(x, y)$ contienne un terme en x^3, sinon il y a *doute* et il faut un nouvel examen.

La courbe la plus simple présentant un point de rebroussement de première espèce à l'origine est $y^2 + ax^3 = 0$.

319. Discussion du cas douteux. — Quand les termes du second degré forment un carré y^2, mais qu'il n'y a pas de terme en x^3, les choses se compliquent. Supposons qu'on ait, en développant $f(x, y)$,

$$y^2 + (b_3x^2y + c_3xy^2 + d_3y^3) + (a_4x^4 + b_4x^3y + \ldots) \\ + (a_5x^5 + b_5x^4y + \ldots) + \ldots = 0.$$

Substituons $y = ux$, divisons par x^2 et ordonnons ; il vient

$$(u^2 + b_3ux + a_4x^2) + (a_5x^3 + b_4x^2u + c_3xu^2) + \ldots = 0.$$

Donc l'origine est un *point singulier du second ordre* pour la courbe (u, x). Nous sommes amenés à recommencer sur cette courbe la discussion déjà faite pour la courbe (x, y). Concluons donc :

1° Si le trinome $(u^2 + b_3u + a_4)$ a ses racines imaginaires, l'origine est un *point isolé* pour la courbe (u, x), donc aussi pour la courbe (x, y).

2° Si ce trinome a ses racines α et β réelles et distinctes, la courbe (u, x) possède deux branches respectivement tangentes à l'origine aux droites $u = \alpha x$ et $u = \beta x$; donc la courbe (x, y) possède deux branches correspondantes, ayant pour équations approchées $y = \alpha x^2$ et $y = \beta x^2$, par conséquent, toutes deux tangentes à l'axe des x. Elles sont du même côté ou de part et d'autre de cet axe selon que α et β sont de même signe ou non. Si l'une des racines α, β est nulle, les valeurs correspondantes de u et de y seront d'ordre plus élevé en x et la branche correspondante de la courbe (x, y) pourra exceptionnellement présenter un point d'inflexion. Dans ces divers cas, on dit que l'origine est un *point double à tangentes confondues* (fig. 3). Par exemple, ce sera le cas pour la courbe $y^2 (1 + x) = x^4$.

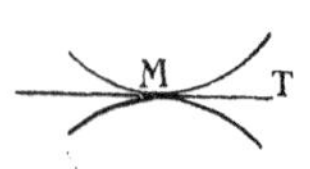

Fig. 3.

3° Si le trinome $(u^2 + b_3ux + a_4x^2)$ est un carré $(u - \alpha x)^2$ et qu'on ne retombe pas une seconde fois sur le cas douteux, la courbe (u, x) est tangente à la droite $(u - \alpha x) = 0$ et possède à l'origine un point de rebroussement de première espèce. Ses deux branches ont, d'après le n° précédent, pour équations approchées :

$$(u - \alpha x) = \pm x \sqrt{mx}$$

et les équations des deux branches correspondantes de la courbe (x, y) sont approximativement

$$y = x^2 (\alpha \pm \sqrt{mx}).$$

Ces deux branches sont tangentes à l'axe des x à l'origine, mais s'arrêtent en ce point. Elles sont situées du même côté de leur tangente, pourvu que α ne soit pas nul, et l'on dit alors que l'origine est un *point de rebroussement de deuxième espèce* (fig. 4).

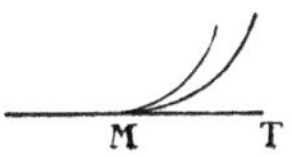

Fig. 4.

La courbe la plus simple ayant un point de rebroussement de deuxième espèce à l'origine est $(y - x^2)^2 = x^5$.

Exceptionnellement, il peut arriver que l'on retombe encore une fois sur le cas douteux, alors il faut recommencer une troisième fois les mêmes raisonnements et ainsi de suite. Si l'on arrive à une solution, l'origine ne peut être qu'un point isolé, un point double (à tangentes distinctes ou non), ou un point de rebroussement (de première ou de deuxième espèce). Mais, si le cas douteux se reproduit indéfiniment, la méthode n'aboutit pas.

Cet insuccès ne peut se produire si la courbe est algébrique, c'est-à-dire si $f(x, y)$ est un polynome, car à chaque nouvelle discussion il faut faire intervenir des termes de f en plus, et un polynome ne contient qu'un nombre limité de termes.

320. Points multiples d'ordre supérieur. — Supposons maintenant que l'origine soit un point singulier d'ordre n de la courbe

$$f(x, y) = 0.$$

Le développement de $f(x, y)$ par la formule de Maclaurin débutera par les termes de l'ordre n. Cela revient à dire que f s'annule à l'origine ainsi que ses dérivées d'ordre $< n$, mais qu'une au moins des dérivées d'ordre n ne s'annule pas. L'équation de la courbe se met sous la forme

$$\varphi_n(x, y) + \varphi_{n+1}(x, y) + \dots = 0.$$

Nous allons montrer que les propriétés de la courbe dans le voisinage de l'origine sont liées à celles de l'équation homogène d'ordre n

$$\varphi_n(x, y) = 0,$$

qui représente un faisceau de n droites, réelles ou imaginaires, passant par l'origine. Les développements donnés précédemment pour le cas où $n = 2$ nous permettent d'abréger pour le cas général.

Soit $M(x, y)$ un point de la courbe, infiniment voisin de l'origine O. Désignons par r la distance OM et par λ, μ les coefficients directeurs de OM. Substituons dans l'équation de la courbe les valeurs $x = \lambda r$, $y = \mu r$ et divisons par r^n; il vient

$$\varphi_n(\lambda, \mu) + r\varphi_{n+1}(\lambda, \mu) + \dots = 0.$$

Donc, si r est infiniment petit, les coefficients directeurs λ, μ diffèrent infiniment peu d'une solution de $\varphi_n(\lambda, \mu) = 0$. On en conclut que toute branche de courbe passant par l'origine est nécessairement tangente à l'une des droites du faisceau $\varphi_n(x, y) = 0$. D'où le théorème suivant :

Théorème. — *Toute branche (réelle) de la courbe est nécessairement tangente à une droite réelle du faisceau* $\varphi_n(x, y) = 0$. *En particulier, si tout le faisceau est imaginaire, l'origine est un point isolé.*

En vertu de ce théorème, on est ramené à examiner séparément chaque droite du faisceau pour reconnaître s'il lui correspond une branche tangente et de quelle nature.

Considérons, en particulier, une droite d'ordre k de multiplicité du faisceau ($k \leqslant n$). En la prenant comme axe des x, on fera apparaître dans $\varphi_n(x, y)$ le facteur y^k et l'équation de la courbe deviendra

$$y^k\psi_{n-k}(x, y) + \psi_{n+1}(x, y) + \dots = 0,$$

les ψ désignant des polynomes homogènes du degré indiqué par l'indice et dont le premier ne contient plus y en facteur.

Posons $y = ux$ dans l'équation de cette courbe que nous appellerons la courbe (x, y), et divisons par x^n ; nous trouvons l'équation d'une courbe, que nous appellerons la courbe (u, x),

$$u^k \psi_{n-k}(1, u) + x\psi_{n+1}(1, u) = 0.$$

L'étude d'une branche de la courbe (x, y) tangente à l'axe des x, revient à celle de la courbe (u, x) dans le voisinage de l'origine, car u doit être infiniment petit pour que y soit infiniment petit par rapport à x et, si l'on connaît une valeur principale de u, on connaît une valeur principale de y ou de ux. De là, les conclusions suivantes :

Premier cas. *La courbe (u, x) a un point simple à l'origine.* — C'est le cas ordinaire et il peut avoir lieu dans deux hypothèses : 1° si $k = 1$; 2° si k est $<$ 1 mais que $\psi_{n+1}(1, 0)$ ne soit pas nul.

1° Si $k = 1$, l'équation de la courbe (u, x) renferme un terme du premier degré en u, car $\psi_{n-k}(1, 0)$ n'est pas nul ; donc u a une valeur et une seule en fonction de x, sa valeur principale se tire de l'équation

$$u\psi_{n-1}(1, 0) + x\psi_{n+1}(1, 0) = 0$$

et il en résulte une seule valeur de y, toujours réelle. Donc, *à toute droite réelle simple du faisceau, correspond une branche qui la touche à l'origine.*

2° Si k est $>$ 1 mais que $\psi_{n+1}(1, 0)$ ne soit pas nul, l'équation de la courbe (u, x) contient un terme du premier degré en x, et x a une valeur et une seule en fonction de u. Sa valeur principale se tire de l'équation

$$u^k \psi_{n-k}(1, 0) + x\psi_{n+1}(1, 0) = 0;$$

elle est de la forme $x = mu^k$, en désignant par m une constante non nulle. On en tire, inversement, les valeurs principales de u puis de y :

$$y = ux = x\sqrt[k]{\frac{x}{m}}.$$

Si k est impair, le radical a une seule valeur réelle qui change de signe avec x et alors y ne change pas de signe. Donc *une droite multiple d'ordre impair est tangente à une branche sans inflexion.*

Si k est pair, le radical n'est réel que si x a le signe de m, auquel cas il a deux valeurs de signes contraires. Donc *une droite multiple d'ordre pair est tangente en un point de rebroussement (de première espèce).*

Par exemple, l'origine est un point singulier du 5e ordre pour la courbe

$$x^2y^3 = x^6 + y^6\,;$$

l'axe des x (droite triple) est une tangente ordinaire et l'axe des y (droite double) une tangente de rebroussement.

Deuxième cas : *La courbe* (u, x) *a un point singulier à l'origine.* — Comme il y a un terme en u^k, ce point est d'ordre $\leqslant k \leqslant n$. On recommencera sur ce point singulier l'analyse faite pour la courbe (x, y), et ainsi de suite.

Si la courbe est algébrique, la discussion doit aboutir comme dans le cas d'un point double.

321. Autres points singuliers. — La théorie précédente suppose la continuité et la dérivabilité des fonctions. Il peut exister d'autres singularités tenant à des discontinuités. Voici quelques exemples :

1° *Point d'arrêt.* Si la fonction uniforme $f(x)$ cesse brusquement d'exister ou devient imaginaire (sans passer par l'infini) quand x passe par la valeur a, la courbe $y = f(x)$ a un point d'arrêt pour $x = a$. Par exemple, l'origine est un point d'arrêt de la courbe $y = x \operatorname{Log} x$.

2° *Point anguleux.* Ce sont ceux où deux arcs de courbe s'arrêtent sous une inclinaison différente. Par exemple, la courbe

$$y = x(x \operatorname{Log} x \pm (\sqrt{1 - x})$$

a un *point saillant* ou *anguleux* à l'origine.

§ 2. Asymptotes des courbes planes

322. Définition. — On appelle *asymptote* d'une branche infinie de courbe une droite AB telle que la distance à cette droite d'un point M qui s'éloigne indéfiniment sur la courbe ait pour limite zéro.

Pour que cette condition soit réalisée, il est nécessaire et suffisant que la distance du point M à la droite AB ait pour limite zéro, quand on la compte parallèlement à une droite fixe oblique à AB, car la distance vraie et la distance oblique sont dans un rapport constant différent de zéro.

323. Asymptotes parallèles à l'axe des y. — Elles s'obtiennent directement en faisant usage du théorème suivant :

Pour qu'une droite, $x = a$, soit une asymptote de la courbe $y = f(x)$ en coordonnées rectangulaires ou obliques, il faut et il suffit que la valeur absolue de $f(x)$ croisse à l'infini quand x tend vers a dans un sens déterminé.

En effet, dans ces conditions, le point $M(x, y)$ de la courbe s'éloigne à l'infini et sa distance à la droite $x = a$ comptée parallèlement à l'axe des x, distance égale (au signe près) à $x - a$, tend vers zéro.

Si la courbe a pour équation $f(x, y) = 0$, on trouve les asymptotes parallèles à l'axe des y en cherchant pour quelles valeurs finies de x une ou plusieurs déterminations de y tendent vers l'infini.

Par exemple, l'axe de y est une asymptote de la courbe

$$y = e^{\frac{1}{x}},$$

car y tend vers l'infini quand x positif tend vers 0 : la branche de courbe est à droite de l'asymptote.

On suit une méthode analogue pour trouver les asymptotes parallèles de l'axe des x. Ainsi la courbe précédente a une seconde asymptote $y = 1$, car x tend vers l'infini quand y tend vers 1.

324. Asymptotes non parallèles à l'axe des y. — Pour les trouver, on se sert du théorème suivant :

Si une branche infinie de courbe possède une asymptote $y = cx + d$, les coefficients c et d sont donnés par les relations

$$(1) \qquad c = \lim \frac{y}{x}, \qquad d = \lim (y - cx),$$

où x tend vers l'infini, le point $M(x, y)$ restant sur la branche de courbe.

En effet, la distance du point $M(x, y)$ à la droite $y - cx - d = 0$ est proportionnelle à l'expression $y - cx - d$. Pour que cette droite soit une asymptote, il faut donc que $y - cx - d$ ait pour limite 0 quand M s'éloigne à l'infini sur la branche correspondante ; et alors x tend vers $+\infty$ ou $-\infty$ suivant le sens dans lequel cette branche est infinie. Cela revient à dire que l'équation de la branche de courbe peut se mettre sous la forme

$$y - cx - d = u,$$

où u est une fonction de x qui tend vers 0 quand x tend vers l'infini dans le sens indiqué. On déduit de cette relation

$$(2) \qquad \frac{y}{x} = c + \frac{d + u}{x}, \qquad y - cx = d + u;$$

et en faisant tendre x vers l'infini dans le sens de la branche infinie, on obtient les deux formules du théorème.

Réciproquement, si les limites (1) *existent quand le point* $M(x, y)$ *s'éloigne à l'infini sur une branche de la courbe, la droite* $y = cx + d$ *sera une asymptote de cette branche.*

En effet, si les limites (1) existent, $y - cx - d$ tend vers 0 quand $M(x, y)$ s'éloigne à l'infini sur la branche, et $y - cx - d = 0$ est une asymptote.

Il est bon d'observer que x tend vers $+\infty$ sur une branche située à droite de l'axe des y, vers $-\infty$ sur une branche située à gauche. D'autre part, u est positif ou négatif selon que la branche est située au-dessus ou au-dessous de son asymptote.

325. Asymptotes des courbes algébriques. — Soit $f(x, y) = 0$ l'équation d'une courbe algébrique de degré n. En rangeant les termes par degrés décroissants, on la met sous la forme

$$(1) \qquad \varphi_n(x, y) + \varphi_{n-1}(x, y) + \dots = 0,$$

les polynomes φ étant homogènes de degrés $n, n-1, \dots$

Pour trouver les asymptotes non parallèles à l'axe des y (*), posons $y = tx$; l'équation divisée par x^n donne la relation

$$(2) \qquad \varphi_n(1, t) + \frac{1}{x}\varphi_{n-1}(1, t) + \ldots = 0.$$

Le coefficient angulaire c d'une asymptote est la limite de t quand x croît indéfiniment sur une branche; mais l'équation précédente se réduisant à $\lim \varphi_n(1, t) = 0$, t tend alors vers une racine de l'équation

$$(3) \qquad \varphi_n(1, c) = 0.$$

Pour qu'il y ait des asymptotes non parallèles à l'axe des y, il faut donc que cette équation ait des racines réelles. Les directions fournies par ces racines sont les directions asymptotiques. L'équation (3) est l'*équation aux directions asymptotiques*.

Soit c une de ses racines. Posons $y = cx + v$ dans l'équation (1); puis, après avoir ordonné par rapport à x, divisons par la plus haute puissance de x; le résultat sera de la forme

$$(4) \qquad \psi(v, c) + \frac{1}{x}\psi_1(v, c) + \ldots = 0.$$

L'ordonnée d à l'origine d'une asymptote est la limite de v quand x tend vers l'infini; c'est donc une racine de l'équation

$$(5) \qquad \psi(d, c) = 0.$$

Pour qu'il existe une asymptote de direction c, il faut donc que $\psi(d, c)$ contienne d et que l'équation $\psi(d, c) = 0$ ait au moins une racine réelle. Soit d l'une d'elles; la droite

$$y = cx + d$$

sera une asymptote, *pourvu qu'il lui corresponde une branche infinie (réelle) de la courbe,* ayant donc une équation de la forme

$$(6) \qquad y = cx + d + u,$$

(*) Il n'y a qu'à intervertir les variables pour trouver, par le même procédé, les asymptotes non parallèles à l'axe des x.

où u tend vers zéro quand x est infini d'un signe déterminé. Ce signe correspond au sens dans lequel la droite est asymptote, tandis que le signe de u fait connaître si la branche de courbe est au-dessus ou au-dessous de son asymptote.

Pour nous assurer de l'existence de cette branche, portons la valeur (6) de y dans l'équation de la courbe, ce qui revient à remplacer v par $d + u$ dans l'équation (4). L'équation

$$\psi(d + u, c) + \frac{1}{x} \psi_1(d + u, c) + \ldots = 0$$

devra fournir au moins une valeur infiniment petite de u pour x infini de signe déterminé. Remplaçons encore x par $1 : x'$; l'équation

$$(7) \qquad \psi(d + u, c) + x'\psi_1(d + u, c) + \ldots = 0.$$

devra fournir une valeur infiniment petite de u pour une valeur infiniment petite et de signe déterminé de x'. On est donc ramené à reconnaître si la courbe (7) possède une ou plusieurs branches passant par l'origine et quelle est leur disposition. C'est la question étudiée dans le paragraphe précédent.

De la nature de la courbe (7) à l'origine, on déduit, sans difficulté, la situation des branches de la courbe (1) qui ont pour asymptote la droite $y = cx + d$. En effet, à toute branche de (7) correspond une branche infinie de (1) et les signes de u et x se correspondent comme ceux de u et de x'.

En particulier, si d est une racine simple de l'équation (5), la droite $y = cx + d$ est asymptote et cela dans les deux sens. En effet, $u = 0$ étant racine simple de $\psi_1(d + u, c)$, l'origine est un point ordinaire pour la courbe (7) dont l'équation renferme un terme du 1er degré en u. Donc la fonction u existe et est infiniment petite avec x' (positif ou négatif).

EXERCICES

1. Asymptote du *Folium de Descartes* : $x^3 + y^3 - 3axy = 0$.

Equation aux directions asymptotiques, $1 + c^3 = 0$; une seule direction réelle $c = -1$. Substituant $y = -x + v$, il vient

$$v + a - \frac{v(v + a)}{x} + \frac{v^3}{3x^3} = 0, \qquad \text{d'où} \qquad d + a = 0.$$

Il y a une racine *simple* $d = -a$, donc une asymptote (dans les deux sens) $y = -x - a$. Pour reconnaître la position des deux branches correspondantes, remplaçons v par $-a + u$ et x par $1 : x'$; il vient

$$u[1 - x'(u - a)] + \frac{1}{3} x'^2(u - a)^3 = 0.$$

La valeur principale de u est $\frac{1}{3} a^3x'^2$ qui a le signe de a. Si a est positif, les deux branches infinies sont au-dessus de l'asymptote.

2. Asymptotes de la courbe $x^4 - y^4 + xy = 0$.

Equation aux directions asymptotiques, $1 - c^4 = 0$; deux directions réelles $c = +1$ et -1. Substituant $y = cx + v$, il vient

$$4cv - \frac{c - 4v^2}{x} + \ldots = 0, \qquad \text{d'où} \qquad 4cd = 0.$$

Il y a, pour chaque c, une racine simple $d = 0$; donc, en tout, deux asymptotes (dans les deux sens) $y = \pm x$.

Pour reconnaître la position des branches infinies, remplaçons v par u et x par $1 : x'$; il vient

$$4cu - x'(c - 4u^2) + \ldots = 0.$$

La valeur principale de u est $\frac{1}{4} x'$ et change de signe avec x'; les branches relatives à une même asymptote sont au-dessus d'elle du côté des x positifs, et au-dessous du côté des x négatifs.

3. Asymptotes de la courbe $y^2x^2 - ax + a^2 = 0$.

Equation aux directions asymptotiques, $c^2 = 0$; une seule direction réelle $c = 0$. Substituant $y = cx + v = v$, il vient

$$v^2 - \frac{a}{x} + \frac{a^2}{x^2} = 0, \qquad \text{d'où} \qquad d^2 = 0.$$

Donc une asymptote possible $x = 0$. Assurons-nous de l'existence des branches correspondantes. Substituons $v = d + u = u$ et $x = 1 : x'$; il vient

$$u^2 - ax' + a^2x'^2 = 0.$$

L'origine est un point simple de cette courbe; u a pour valeur principale $\pm \sqrt{ax'}$ pourvu que x' ait le signe de a. Donc, si $a > 0$, la droite $y = 0$ est asymptote du côté des x positifs seulement, mais il y a deux branches infinies situées de part et d'autre de cette droite. L'axe des y est aussi une asymptote.

4. Asymptote de la courbe $y^2x^2 - 2y + a^2 = 0$.

Une direction asymptotique $c = 0$, d'où $d = 0$. Mais $y = 0$ n'est pas une asymptote, parce que l'équation entre u et x' est

$$u^2 + a^2x'^2 - 2ux'^2 = 0$$

et l'origine est un point isolé de cette courbe. On montre d'une manière analogue qu'il n'y a pas d'asymptote parallèle à l'axe des y.

Il est facile de traiter directement ces deux dernières courbes en résolvant leurs équations par rapport à x ou à y.

§ 3. Théorie du contact
Courbes et surfaces osculatrices

326. Distance à une courbe plane d'un point infiniment voisin. — Considérons une courbe plane (C), définie en axes rectangulaires ou obliques par l'équation

$$\text{(C)} \qquad F(x, y) = 0,$$

où F est une fonction uniforme, continue, ainsi que ses dérivées partielles premières. Un point ordinaire est un point où l'une au moins des deux dérivées partielles est différente de 0. Soient a, b les coordonnées d'un point ordinaire P de cette courbe; ensuite x', y' les coordonnées d'un point Q infiniment voisin de P, mais non situé sur la courbe. Proposons-nous de déterminer la distance du point Q à la courbe (C). A cet effet, soient X et Y les coordonnées d'un point Q′ de la courbe infiniment voisin de Q, ρ la distance QQ′ et u, v ses coefficients directeurs; on a

$$X = x' + u\rho, \qquad Y = y' + v\rho.$$

Portons ces valeurs dans l'équation de la courbe et observons que F est différentiable; il vient, ε tendant vers 0 avec ρ,

$$0 = F(X, Y) = F(x', y') + \rho\left(u\frac{\partial F}{\partial x'} + v\frac{\partial F}{\partial y'} + \varepsilon\right).$$

Mais, comme x', y' sont infiniment voisins de a, b, cette relation peut se mettre sous la forme

$$F(x', y') + \rho\left(u\frac{\partial F}{\partial a} + v\frac{\partial F}{\partial b} + \varepsilon\right) = 0,$$

où le nouvel ε tend vers 0 avec les deux distances ρ et PQ.

Le point P est, par hypothèse, un point ordinaire, donc F'_a et F'_b ne sont pas nuls tous deux et $uF'_a + vF'_b$ ne s'annule que pour la direction u, v de la tangente à (C) au point P. Donc, si la direction QQ′ n'a pas pour limite celle de la tangente, la valeur principale de ρ est égale à la valeur absolue du quotient $F(x', y') : (uF'_a + vF'_b)$.

La plus courte distance du point P à la courbe (C) s'obtient en prenant la direction u, v qui rend le dénominateur maximum, c'est-à-dire celle de la normale à la courbe au point P.

De là, la conclusion suivante :

Théorème. — *Soient x', y' les coordonnées d'un point Q, infiniment voisin d'un point ordinaire* P *d'une courbe plane* $F(x, y) = 0$; *la distance du point Q à la courbe est un infiniment petit du même ordre que l'expression* $F(x', y')$ *obtenue en portant les coordonnées du point Q dans le premier membre de l'équation de la courbe. — Cette proposition subsiste si l'on compte la distance parallèlement à une direction fixe, pourvu seulement que ce ne soit pas celle de la tangente à la courbe au point* P.

327. Distance à une surface d'un point infiniment voisin. — Considérons une surface (S) définie en axes rectangulaires ou obliques par l'équation

$$(S) \qquad F(x, y, z) = 0,$$

où F est une fonction uniforme et continue ainsi que ses trois dérivées partielles premières. Un point ordinaire est un point où l'une au moins de ces trois dérivées est différente de 0. Pour déterminer la distance à la surface d'un point Q qui est infiniment voisin d'un point ordinaire $P(a, b, c)$ de la surface, nous procéderons comme dans le n° précédent.

Soient x', y', z' les coordonnées du point Q; X, Y, Z celles d'un point Q′ de la surface infiniment voisin de Q; ρ la distance QQ′ et u, v, w ses coefficients directeurs ; nous aurons, ε tendant vers 0 avec les distances ρ et PQ,

$$F(X, Y, Z) = F(x', y', z') + \rho(uF'_a + vF'_b + wF'_c + \varepsilon) = 0.$$

Mais, P étant un point ordinaire, $uF'_a + vF'_b + wF'_c$ ne s'annule que pour une direction parallèle au plan tangent à la surface au point P. Pour toute autre direction, la valeur principale de ρ est égale à la valeur absolue du quotient $F(x', y', z') : (uF'_a + vF'_b + wF'_c)$ et la plus courte distance du point (x', y', z') à la surface s'obtient en choisissant la direction qui rend le dénominateur maximum. Ce sera d'ailleurs celle de la normale à la surface au point P.

De là, le théorème suivant :

THÉORÈME. — *La distance à la surface* $F(x, y, z) = 0$ *d'un point* Q, *infiniment voisin d'un point ordinaire* P *de cette surface, est un infniment petit du même ordre que l'expression* $F(x', y', z')$ *obtenue en portant les coordonnées du point* Q *dans le premier membre de l'équation de la surface. — Cette proposition subsiste si l'on compte la distance parallèlement à une direction fixe, pourvu qu'elle ne soit pas parallèle au plan tangent à la surface au point* P.

328. Distance à une courbe gauche d'un point infiniment voisin. — Considérons une courbe gauche définie en axes rectangulaires ou obliques par les deux équations

$$\text{(C)} \qquad F(x, y, z) = 0, \qquad F_1(x, y, z) = 0,$$

où les fonctions F, F_1 et leurs dérivées premières sont continues. En un point ordinaire, l'un au moins des trois déterminants fonctionnels de (F, F_1) par rapport à (x, y), (y, z) ou (z, x) ne s'annule pas.

Cherchons la distance à cette courbe d'un point $Q(x', y', z')$ infiniment voisin d'un point ordinaire $P(a, b, c)$ de la courbe. Soient $Q'(X, Y, Z)$ un point de la courbe infiniment voisin de Q, ρ la distance $Q'Q$ et u, v, w ses coefficients directeurs ; nous trouverons, comme ci-dessus, ε et ε_1 étant infiniment petits,

$$F(x', y', z') + \rho(uF'_a + vF'_b + wF'_c + \varepsilon) = 0,$$
$$F_1(x', y', z') + \rho(uF'_{1a} + vF'_{1b} + wF'_{1c} + \varepsilon_1) = 0.$$

Donc ρ s'exprime des deux manières suivantes :

$$\rho = -\frac{F(x', y', z')}{uF'_a + vF'_b + wF'_c + \varepsilon} = -\frac{F_1(x', y', z')}{uF'_{1a} + vF'_{1b} + wF'_{1c} + \varepsilon_1}.$$

Si QQ′ n'est pas parallèle à la tangente à la courbe au point P, l'un au moins des deux dénominateurs n'est pas infiniment petit.

Donc ρ est du même ordre que l'un au moins des deux numérateurs, mais peut être infiniment grand par rapport à l'autre ; il est donc du même ordre que le plus grand des deux en valeur absolue, et cela est vrai, en particulier, si ρ est la plus courte distance. D'où le théorème suivant :

THÉORÈME. — *La plus courte distance à la courbe gauche* $F = F_1 = 0$ *d'un point* (x', y', z') *infiniment voisin d'un point ordinaire de cette courbe, est un infiniment petit du même ordre que la plus grande en valeur absolue des deux quantités :* $F(x', y', z'), F_1 x', y', z')$.

329. Définition générale du contact. — Lorsque deux courbes (C) et (C′) ou bien une courbe (C) et une surface (S) ont en commun un point ordinaire P, on dit qu'elles ont entre elles un contact d'ordre n en ce point (n entier), si, prenant sur (C) un point Q infiniment voisin de P, sa distance à (C′) (ou à S) est un infiniment petit d'ordre $n + 1$ par rapport à PQ.

Dans le cas de deux courbes, le point Q peut être pris indifféremment sur l'une ou sur l'autre, car nous allons voir que les conditions du contact sont symétriques par rapport aux deux courbes.

330. Contact de deux courbes planes. — Considérons deux courbes (C) et (C′). Supposons la courbe (C′) définie par l'équation

$$(C') \qquad F(x, y) = 0,$$

où F est une fonction uniforme, continue et indéfiniment dérivable.

Soit P un point ordinaire commun à cette courbe et à la courbe (C). En vertu du théorème du n° 326, *la condition nécessaire et suffisante pour que les deux courbes aient au point* P *un contact de l'ordre n, est que la quantité* $F(x, y)$, *obtenue en portant dans* F *les coordonnées d'un point* Q *de l'autre courbe* (C) *infiniment voisin du point* P, *soit un infiniment petit d'ordre* $n + 1$ *par rapport à* PQ.

Appliquons ce principe dans les différentes hypothèses que l'on peut faire sur la représentation analytique de la courbe (C).

Supposons d'abord (C) définie par une représentation paramétrique :

$$(C) \qquad x = \varphi(t), \qquad y = \psi(t),$$

où φ, ψ sont des fonctions uniformes, indéfiniment dérivables, auquel cas un point ordinaire est un point où l'une au moins des deux dérivées x', y' par rapport à t est différente de 0.

Soit t_0 le paramètre du point P; un point Q de (C) infiniment voisin de P aura pour coordonnées

$$x = \varphi(t_0 + dt), \qquad y = \psi(t_0 + dt)$$

et PQ sera du même ordre que ds, qui est lui-même du même ordre que dt, car x' ou y' n'est pas nul.

La condition du contact d'ordre n est donc que l'expression

$$F[\varphi(t_0 + dt), \psi(t_0 + dt)]$$

soit d'ordre $n + 1$ par rapport à dt.

Posons, pour abréger,

$$\Phi(t) = F[\varphi(t), \psi(t)],$$

on voit que le développement de $\Phi(t_0 + dt)$ par la formule de Taylor devra commencer par un terme en dt^{n+1}. *Les conditions analytiques d'un contact de l'ordre n au point t_0 sont donc en nombre $n + 1$, à savoir*

$$\Phi(t_0) = \Phi'(t_0) = \ldots = \Phi^n(t_0) = 0.$$

Mais pour que le contact soit de l'ordre n seulement et non d'ordre plus élevé, il faut ajouter à ces conditions que $\Phi^{n+1}(t_0)$ ne soit pas nul.

La condition prend une forme particulièrement simple, lorsque les équations des deux courbes sont résolues par rapport à l'ordonnée, donc de la forme

$$(C) \quad y - f(x) = 0, \qquad (C') \quad y - f_1(x) = 0,$$

ce qui suppose que la tangente ne soit pas parallèle à l'axe des y.

On a, dans ce cas, $t = x$, donc

$$\Phi(t) = \Phi(x) = f(x) - f_1(x).$$

Les conditions d'un contact de l'ordre n au point x_0 sont :

$$f(x_0) = f_1(x_0), \qquad f'(x_0) = f'_1(x_0), \ldots f^n(x_0) = f^n_1(x_0),$$

mais $f^{n+1}(x_0)$ et $f^{n+1}_1(x_0)$ doivent être différents pour que le contact ne soit pas d'ordre plus élevé.

De là, le théorème suivant : *Pour que deux courbes planes aient un contact de l'ordre n en un point où la tangente n'est pas parallèle à l'axe des y, il faut et il suffit que l'ordonnée et ses n premières dérivées par rapport à l'abscisse aient les mêmes valeurs pour les deux courbes. Pour que le contact ne soit pas d'ordre plus élevé, il faut encore que les dérivées de l'ordre n + 1 diffèrent pour les deux courbes.*

D'après cela, deux courbes qui ont un contact du premier ordre ou d'ordre supérieur, sont *tangentes* au point de contact, car, y' ayant même valeur pour les deux courbes, les deux tangentes ont la même direction.

THÉORÈME. — *Deux courbes qui ont un contact de l'ordre n se coupent ou ne se coupent pas au point de contact suivant que n est pair ou impair.*

En effet, soient $y = f(x)$ et $y = f_1(x)$ les équations des deux courbes et x_0 l'abscisse du point de contact. Nous venons de dire que, dans le voisinage de ce point, la différence des ordonnées des deux courbes, à savoir $f(x_0 + dx) - f_1(x_0 + dx)$ est d'ordre $n + 1$ par rapport à dx. Cette différence change de signe avec dx si n est pair, et ne change pas si n est impair. Dans le premier cas, les courbes se coupent au point x_0 ; elles ne se coupent pas dans le second.

331. Courbes planes osculatrices. — Supposons que l'on donne la courbe (C) et le point P sur cette courbe, mais que la courbe (C′) soit seulement assujettie à faire partie d'une famille de courbes définie par une équation

$$(C') \qquad F(x, y, a_1, a_2, \dots a_{n+1}) = 0,$$

renfermant $n + 1$ paramètres indéterminés : $a_1, a_2, \dots$

On peut se proposer de déterminer ces paramètres de manière que la courbe (C′) ait au point P avec la courbe (C) un contact de l'ordre le plus élevé possible. La courbe (C′) est alors, parmi toutes celles du système considéré, l'*osculatrice* de la courbe (C).

En principe, $n + 1$ paramètres distincts peuvent être assujettis à $n + 1$ conditions. On peut donc les déterminer de manière à obtenir au point C un contact de l'ordre n au moins.

Pour fixer les idées, supposons que la courbe (C) soit donnée par une représentation paramétrique :

$$x = \varphi(t), \qquad y = \psi(t),$$

et posons, comme au n° précédent,

$$\Phi(t) = F(\varphi, \psi, a_1, a_2, \dots a_{n+1}).$$

Les $n + 1$ conditions du contact d'ordre n au point t sont

$$\Phi(t) = \Phi'(t) = \Phi''(t) = \dots \Phi^n(t) = 0.$$

Ordinairement dans les applications, ce système de $n + 1$ équations entre les $n + 1$ indéterminées a n'est ni incompatible ni indéterminé et il détermine les éléments de l'osculatrice. L'osculatrice a un contact de l'ordre n si $\Phi^{n+1}(t)$ ne s'annule pas et exceptionnellement un contact d'ordre plus élevé si cette dérivée s'annule aussi.

Supposons, comme cela arrive aussi dans la plupart des applications, que les $n + 1$ paramètres a soient complètement déterminés, soit par les équations $\Phi = \Phi' = \dots = \Phi^n = 0$, soit par la condition de faire passer la courbe par $n + 1$ points donnés. Nous allons démontrer le théorème suivant :

Théorème. — *La courbe* (C′) *dépendent de $n + 1$ paramètres qui est osculatrice à une courbe donnée* (C) *en un point également donné* P, *est la limite des courbes de son espèce qui passent par le point* P *et par n autres points de la courbe* (C) *infiniment voisins du premier.*

Les courbes (C) et (C′) étant définies comme ci-dessus, désignons par $t_0, t_1, t_2, \dots t_n$ les paramètres du point P et de n points voisins sur la courbe (C). La condition que (C′) passe par ces $n + 1$ points fournit les $n + 1$ équations

$$\Phi(t_0) = \Phi(t_1) = \dots = \Phi(t_n) = 0.$$

Donc, en vertu du théorème de Rolle, dans les intervalles de ces $n + 1$ racines de $\Phi(t)$, se trouvent au moins n racines de $\Phi'(t)$ et, par suite, $n - 1$ de $\Phi''(t)$,... et une de $\Phi^n(t)$. Si l'on fait tendre t_1,

$t_2, \ldots t_n$ vers t_0, toutes ces racines tendent aussi vers t_0. On retrouve donc, à la limite, le système d'équations,

$$\Phi(t_0) = \Phi'(t_0) = \ldots = \Phi^n(t_0) = 0,$$

qui détermine l'osculatrice au point t_0.

332. Droite osculatrice. Cercle osculateur. — 1° L'équation d'une droite,

$$y - ax - b = 0,$$

renferme deux paramètres arbitraires a et b permettant d'établir en un point donné avec une courbe $y = f(x)$ un contact du premier ordre. Les éléments de la *droite osculatrice* au point x seront définis par les équations :

$$\Phi(x) = f(x) - ax - b - 0, \qquad \Phi'(x) = f'(x) - a = 0.$$

Son coefficient angulaire a est donc $f'(x)$. *La droite osculatrice est la tangente,* conformément au théorème précédent.

La tangente a donc généralement un contact du premier ordre avec la courbe et la courbe ne traverse pas sa tangente. Exceptionnellement, le contact sera d'ordre plus élevé si l'on a $\Phi''(x) = f''(x) = 0$, ce qui arrive en un point d'inflexion. Donc, *en un point d'inflexion, le contact de la tangente avec la courbe est au moins du second ordre.*

2° L'équation d'un cercle,

$$(x - a)^2 + (y - b)^2 - R^2 = 0,$$

renferme trois paramètres, qui permettent d'établir avec une courbe, en un point donné P, un contact du deuxième ordre. Ces trois paramètres permettent aussi de faire passer le cercle par trois points. Le *cercle osculateur* au point P est donc la limite d'un cercle passant par ce point et deux autres points de la courbe infiniment voisins du premier (Propriété prise comme définition dans le premier volume). Le contact du cercle osculateur avec la courbe est donc généralement du second ordre ; et le cercle traverse la courbe, sauf aux points exceptionnels où l'ordre du contact est plus élevé.

333. Contact d'une courbe et d'une surface. — Soit S une surface définie par l'équation

$$(S) \qquad F(x, y, z) = 0,$$

où F est une fonction uniforme indéfiniment dérivable, ensuite P un point ordinaire commun à cette surface et à une courbe (C). D'après la définition du contact (n° 329) et en vertu du théorème du n° 327, on a le théorème suivant : *Pour qu'une courbe* (C) *et une surface* (S) *aient, en un point ordinaire* P, *un contact d'ordre n, il faut et il suffit que l'expression* $F(x, y, z)$ *obtenue en substituant dans le premier membre de l'équation de la surface les coordonnées x, y, z d'un point* Q *infiniment voisin de* P *sur la courbe* (C), *soit un infiniment petit d'ordre* $n + 1$ *par rapport à* PQ.

Considérons d'abord le cas où la courbe (C) est donnée par une représentation paramétrique :

$$x = f(t), \qquad y = f_1(t), \qquad z = f_2(t),$$

les fonctions f étant uniformes et indéfiniment dérivables. Comme les dérivées x', y', z' ne s'annulent pas toutes à la fois en un point ordinaire, on montre par un raisonnement semblable à celui du n° 330 que la condition d'un contact de l'ordre n en point ordinaire $P(t_0)$ est la suivante : *Si l'on pose* $\Phi(t) = F(x, y, z)$ *où x, y, z sont fonctions de t, il faut et il suffit que* $\Phi(t_0 + dt)$ *soit d'ordre* $n + 1$ *par rapport à dt, ou que l'on ait*

$$\Phi(t_0) = \Phi'(t_0) = \ldots = \Phi^n(t_0) = 0, \qquad \Phi^{n+1}(t_0) \gtrless 0.$$

Il faut donc $n + 1$ conditions pour qu'une courbe et une surface aient, en un point donné, un contact de l'ordre n au moins.

Supposons, en second lieu, que l'équation de la surface soit

$$z - f(x, y) = 0,$$

et celles de la courbe

$$y = f_1(x), \qquad z = f_2(x).$$

Prenant $t = x$, nous avons, dans ce cas-ci,

$$\Phi(x) = f_2(x) - f[x, f_1(x)]$$

et la condition du contact d'ordre n au point x_0 est que l'expression

$$f_2(x_0 + dx) - f[x_0 + dx, f_1(x_0 + dx)]$$

soit d'ordre $n + 1$ par rapport à dx. Cette expression représente la différence des ordonnées z de la courbe et de la surface. Nous obtenons donc, comme dans le cas des courbes planes, le théorème suivant :

THÉORÈME. — *La courbe* (C) *qui a, avec une surface* (S), *un contact d'ordre n en un point, traverse ou ne traverse pas* (S) *selon que n est pair ou impair.*

334. Surfaces osculatoires en un point d'une courbe. — Considérons une famille de surfaces à $n + 1$ paramètres

$$F(x, y, z, a_1, a_2, \ldots a_{n+1}) = 0.$$

On appelle *osculatrice,* en un point P d'une courbe donnée (C), celle des surfaces de la famille précédente qui a, avec la courbe en ce point, un contact de l'ordre le plus élevé possible. Comme il faut généralement $n + 1$ conditions pour un contact de l'ordre n, ces conditions déterminent les paramètres $a_1, a_2, \ldots a_{n+1}$; l'osculatrice, dans une famille des surfaces à $n + 1$ paramètres, a donc généralement un contact d'ordre n avec la courbe.

Supposons que les $n + 1$ paramètres soient déterminés aussi bien par la condition du contact d'ordre n en un point que par celle de passer par $n + 1$ points ; on aura, comme au n° 331, le théorème suivant :

THÉORÈME. — *La surface dépendant de $n + 1$ paramètres qui est osculatrice en un point donné* P *d'une courbe* (C), *est la limite des surfaces de son espèce passant par le point* P *et n autres points de la courbe infiniment voisins du premier.*

335. Plan osculateur. — L'équation d'un plan

$$F(x, y, z) = ax + by + cz + d = 0$$

renferme trois paramètres arbitraires, qui permettent d'établir, en un point t d'une courbe (C)

$$\text{(C)} \qquad x = f(t), \qquad y = f_1(t), \qquad z = f_2(t),$$

un contact du second ordre. Les conditions de ce contact sont

$$\left\{\begin{aligned} \Phi(t) &= ax + by + cz + d = 0, \\ \Phi'(t) &= ax' + by' + cz' = 0, \\ \Phi''(t) &= ax'' + by'' + cz'' = 0. \end{aligned}\right.$$

Ces équations déterminent les paramètres du plan osculateur au point t, pourvu que l'un au moins des déterminants

$$A = y'z'' - y''z', \qquad B = z'x'' - z''x', \qquad C = x'y'' - x''y'$$

ne soit pas nul. Nous supposerons cette condition réalisée.

Le plan osculateur a généralement un contact du second ordre et, par conséquent, la courbe traverse son plan osculateur. Pour que cet ordre soit plus élevé, il faut que l'on ait

$$\Phi'''(t) = ax''' + by''' + cz''' = 0,$$

auquel cas on peut éliminer a, b, c entre $\Phi' = \Phi'' = \Phi''' = 0$ et l'on obtient la condition $D = 0$, où D est le déterminant

$$D = \begin{vmatrix} x' & y' & z' \\ x'' & y'' & z'' \\ x''' & y''' & z''' \end{vmatrix}$$

Le plan osculateur en un point où D s'annule est dit *stationnaire*, il a avec la courbe un contact du troisième ordre au moins, et généralement la courbe ne le traverse pas. Au point de contact, la torsion est nulle, en vertu de la formule (t. I, n° 235)

$$\frac{1}{T} = -\frac{D}{A^2 + B^2 + C^2}.$$

Le plan osculateur, étant déterminé par la condition d'avoir avec la courbe un contact du second ordre, l'est aussi par celle de passer par le point t et deux autres points de la courbe infiniment voisins du premier, propriété prise comme définition dans le premier volume.

THÉORÈME. — *Une courbe dont tous les plans osculateurs sont stationnaires, est plane dans tout intervalle où* A, B, C *ne s'annulent pas à la fois.*

En effet, le déterminant D est un wronskien $W(x', y', z')$, dont l'annulation exprime que x', y', z' sont liés par une relation linéaire à coefficients constants (n° 170) dans tout intervalle où les mineurs A, B, C ne s'annulent pas à la fois. Il vient donc

$$\alpha x' + \beta y' + \gamma z' = 0, \qquad \text{d'où} \qquad \alpha x + \beta y + \gamma z = \delta,$$

ce qui est l'équation d'un plan.

En vertu de ce théorème, toute courbe dont la torsion est constamment nulle est plane, car, dans ce cas, on a $D = 0$ d'après l'expression de $1 : T$. Ce résultat a été établi autrement dans le premier volume.

336. Contact de deux courbes de l'espace. — Soit (C′) une courbe définie par les deux équations

$$(C') \qquad F(x, y, z) = 0, \qquad F_1(x, y, z) = 0,$$

où les fonctions F sont uniformes, continues et indéfiniment dérivables, ensuite P un point ordinaire commun à cette courbe et à une courbe (C). D'après la définition du contact, et en vertu du théorème du n° 328, la condition d'un contact de l'ordre n au point P est donnée par le théorème suivant :

THÉORÈME. — *Pour que deux courbes* (C) *et* (C′) *aient en un point ordinaire* P *un contact d'ordre n, il faut et il suffit que les deux expressions* $F(x, y, z)$ *et* $F_1(x, y, z)$, *obtenues en substituant dans les premiers membres des équations de* (C′) *les coordonnées d'un point* Q *infiniment voisin de* P *sur la courbe* (C), *soient infiniment petites de l'ordre* $n + 1$ *par rapport à la distance* PQ, *l'une des deux expressions au moins n'étant pas d'ordre plus élevé.*

Supposons comme précédemment la courbe (C) définie par une représentation paramétrique

$$x = f(t), \qquad y = f_1(t), \qquad z = f_2(t),$$

les fonctions f étant continues et indéfiniment dérivables, et posons, x, y, z étant ces fonctions de t,

$$\Phi(t) = F(x, y, z), \qquad \Phi_1(t) = F_1(x, y, z).$$

Les conditions d'un contact d'ordre n au point t sont que $\Phi(t+dt)$ et $\Phi_1(t+dt)$ soient de l'ordre $n+1$ par rapport à dt, l'une au moins des expressions n'étant pas d'ordre plus élevé. On aura donc

$$\Phi(t) = \Phi'(t) = \Phi''(t) = \dots \Phi^n(t) = 0,$$
$$\Phi_1(t) = \Phi'_1(t) = \Phi''_1(t) = \dots \Phi^n_1(t) = 0;$$

de plus, une des deux dérivées $\Phi^{n+1}(t)$, $\Phi^{n+1}_1(t)$ ne sera pas nulle, sinon le contact serait d'ordre plus élevé.

Il faut donc $2n+2$ relations pour exprimer que deux courbes de l'espace ont, en un point donné, un contact d'ordre n au moins.

337. Courbes osculatrices dans l'espace. — Les courbes osculatrices se définissent dans l'espace comme dans le plan avec une différence toutefois. Si un système de courbes (C') dépend de $2n+2$ paramètres, ceux-ci peuvent généralement se déterminer par la condition d'établir avec une courbe donnée (C), en un point donné P, un contact de l'ordre n. Mais si les équations des courbes (C') ne renferment que $2n+1$ paramètres, on ne peut plus établir qu'un contact d'ordre $n-1$, n'imposant que $2n$ conditions, et il reste un paramètre arbitraire. Il y aura donc une infinité d'osculatrices de l'espèce (C'), ou il n'y en aura pas, comme on voudra l'entendre.

Considérons une famille de courbes (C') à $2n+2$ paramètres, et admettons que ces paramètres se déterminent complètement, soit par la condition d'établir en un point donné avec une courbe donnée (C) un contact de l'ordre n, soit par celle de faire passer la courbe (C') par $n+1$ points donnés. On démontrera, comme au n° 331, le théorème suivant : *La courbe* (C') *osculatrice de la courbe* (C) *au point* P *est la limite des courbes* (C') *qui passent par le point* P *et par n autres points de la courbe* (C) *infiniment voisins du premier.*

Considérons quelques exemples : 1° *Droite osculatrice.* Les équations d'une droite de l'espace renferment quatre paramètres, permettant d'établir un contact du premier ordre avec une courbe (C) en un point donné P. Suivant le théorème précédent, cette droite est la limite d'une sécante passant par P et un point de (C) infiniment voisin. La droite osculatrice se confond avec la tangente et a généralement avec la courbe un contact du premier ordre.

2° *Cercle osculateur.* Les équations d'un cercle dans l'espace dépendent de 6 paramètres, permettant d'établir un contact du second ordre ou de faire passer le cercle par trois points. Le *cercle osculateur* en un point P d'une courbe gauche est donc la limite du cercle passant par ce point et deux autres points de la courbe infiniment voisin du premier, il a généralement avec la courbe un contact du second ordre.

338. Transformation de contact. — On appelle ainsi une transformation des figures qui conserve, entre les lignes et les surfaces transformées, les contacts qui existaient avant la transformation.

Toute transformation ponctuelle bicontinue et biuniforme est une transformation de contact et elle conserve l'ordre des contacts.

Une transformation *ponctuelle* fait correspondre un point $M'(x', y', z')$ à un point $M(x, y, z)$ et, par suite, une ligne à une ligne et une surface à une surface. Elle est *biuniforme* si les deux points M et M′ se correspondent uniformément; elle est *bicontinue* si M′ varie d'une manière continue avec M, et réciproquement. La transformation est généralement définie par des formules de substitution (continues)

$$x' = f(x, y, z), \qquad y' = f_1(x, y, z), \qquad z' = f_2(x, y, z).$$

Une telle transformation conserve l'ordre des contacts, parce que l'ordre du contact d'une courbe, soit avec une ligne soit une surface, peut être défini par la condition de faire passer cette ligne ou cette surface par un certain nombre de points de la courbe infiniment voisins.

En particulier, une transformation de contact maintient la tangence des lignes entre elles ou des lignes avec les surfaces. Elle maintient aussi la tangence de deux surfaces en un point, car celle-ci est caractérisée par le fait que toute ligne tracée sur une des surfaces et passant par le point de contact, touche l'autre surface en ce point.

Nous ne nous étendrons pas ici sur la théorie très importante des transformations. Il suffira de rappeler quelques propriétés de deux transformations fondamentales : l'*homographie* et l'*inversion.*

1° Les formules de la *transformation homographique* sont de la forme

$$x' = \frac{A}{D}, \qquad y' = \frac{B}{D}, \qquad z' = \frac{C}{D},$$

où A, B, C, D sont des polynomes du premier degré en x, y, z. Cette transformation, qui n'altère pas le degré des équations, conserve les droites et les plans, mais elle rejette à l'infini le plan $D = 0$. Les propriétés des figures qui se conservent dans l'homographie sont dites *projectives*. L'homographie conserve les pôles et polaires dans les quadriques et dans les coniques : ce sont des propriétés projectives.

2° L'*inversion* ou la transformation *par rayons vecteurs réciproques* se définit au moyen d'un pôle appelé *pôle d'inversion*. Elle fait correspondre les points M et M′ dont les rayons vecteurs r et r' issus du pôle ont des directions coïncidantes et des valeurs reciproques, de sorte que $rr' = k^2$.

Les formules de transformation, en axes rectangulaires, sont, d'après cela, l'origine étant au pôle,

$$x' = \frac{k^2 x}{r^2}, \qquad y' = \frac{k^2 y}{r^2}, \qquad z' = \frac{k^2 z}{r^2} \quad (r^2 = x^2 + y^2 + z^2).$$

La propriété la plus caractéristique de l'inversion est celle-ci : *L'inversion conserve les sphères et, par conséquent, aussi les cercles* (qui sont des intersections de sphères).

On vérifie immédiatement cette propriété en effectuant les substitutions ci-dessus dans l'équation d'une sphère. Mais le plan doit être considéré comme un cas particulier de la sphère, car, si la sphère passe par le pôle, elle se transforme dans un plan parallèle à celui qui touche la sphère au pôle, et réciproquement. Un plan passant par le pôle se transforme en lui-même. Une droite (intersection de deux plans rectangulaires dont l'un passe par le pôle) se transforme dans un cercle qui touche au pôle une droite parallèle à la première.

On en conclut une seconde propriété : *l'inversion conserve les angles*. En effet, elle conserve l'angle de deux plans, car elle les transforme en sphères se coupant sous le même angle au pôle (donc partout) ; elle conserve l'angle de deux droites, car elle les transforme en cercles se coupant sous le même angle au pôle (donc au second point d'intersection aussi). Enfin les angles des lignes et des surfaces sont ceux de leurs tangentes et de leurs plans tangents ; ils se conservent donc aussi. Il ne serait pas difficile de montrer d'ailleurs que, pour une transformation ponctuelle continue, les propriétés de conserver soit les sphères, soit les angles, sont équivalentes et se ramènent l'une à l'autre. Mais il n'y a pas de théorème correspondant dans le plan.

Comme l'homographie, l'inversion est une transformation de contact. Elle conserve les cercles et les sphères ; donc *l'inversion transforme un cercle osculateur en cercle osculateur, une sphère osculatrice en sphère osculatrice,* mais sans établir, en général, la correspondance entre leurs centres.

L'inversion conserve aussi les enveloppes, dont nous allons faire la théorie dans les paragraphes suivants, parce que les enveloppes sont définies, comme on va s'en assurer, par des propriétés de contact.

§ 4. Enveloppes des courbes planes

339. Points-caractéristiques. — Soit une famille de courbes planes, définie, en axes rectangulaires ou obliques, par une équation

$$F(x, y, \alpha) = 0, \tag{1}$$

contenant un paramètre arbitraire α. Nous supposons que la fonction F et ses dérivées partielles successives sont des fonctions continues et uniformes. Nous admettons encore que, si l'une de ces courbes admet des points singuliers, ceux-ci sont isolés les uns des autres.

Considérons, en particulier, la courbe (α), c'est-à-dire celle qui correspond à la valeur α du paramètre, et soit M un point *ordinaire* de cette courbe, tel donc que l'une des dérivées F'_x ou F'_y ne soit pas nulle. Cette condition reste réalisée dans le voisinage du point M, de sorte que, aux environs de ce point, les courbes de la famille sont dépourvues de point singulier.

L'équation de la courbe $(\alpha + d\alpha)$ infiniment voisine de la courbe (α) est de la forme

$$F(x, y, \alpha) + [F'_\alpha(x, y, \alpha) + \varepsilon]\, d\alpha = 0,$$

où ε tend vers 0 avec $d\alpha$. D'après un principe connu (n° 326), la distance du point $M(x, y)$ de la courbe (α) à celle-ci est un infiniment petit du même ordre que l'expression

$$[F'_\alpha(x, y, \alpha) + \varepsilon]\, d\alpha,$$

obtenue en substituant dans l'équation de celle-ci les coordonnées x, y du point M. Cette expression est donc généralement de l'ordre de $d\alpha$. Pour qu'elle soit d'ordre plus élevé, il est nécessaire et suffisant que l'on ait $F'_\alpha = 0$. *Les points-caractéristiques d'une courbe* (α) *sont les points ordinaires de cette courbe dont la distance à la courbe infiniment voisine est d'ordre supérieur à* $d\alpha$. Ce sont donc les points *ordinaires* qui satisfont aux deux équations

$$F(x, y, \alpha) = 0, \qquad F'_\alpha(x, y, \alpha) = 0.$$

Quand deux courbes infiniment voisines :

$$F(x, y, \alpha) = 0, \qquad F(x, y, \alpha + d\alpha) = 0,$$

se coupent, *les points d'intersection limites sont des points-caractéristiques,* car leurs coordonnées satisfont à l'équation

$$\lim \frac{F(x, y, d\alpha) - F(x, y, \alpha)}{d\alpha} = F'_\alpha = 0.$$

Mais la réciproque n'est pas toujours vraie, les points-caractéristiques ne sont pas toujours limites de points d'intersection. Nous résoudrons cette question au n° 343.

340. Enveloppe et enveloppées. — Il peut arriver exceptionnellement qu'une courbe (α) se compose tout entière de points-caractéristiques ; mais, en général, les points-caractéristiques sont isolés sur chaque courbe. *On appelle enveloppe de la famille le lieu géométrique des points-caractéristiques isolés.* Par opposition à l'enveloppe, les courbes de la famille (1) s'appellent *enveloppées.*

S'il existe une enveloppe, son équation en x, y s'obtiendra donc en éliminant α entre les deux équations

$$(2) \qquad F = 0, \qquad F'_\alpha = 0.$$

Mais on peut obtenir en même temps des courbes étrangères à l'enveloppe.

En effet, si l'on peut vérifier les équations (2) par une valeur de α indépendante de (x, y), la courbe (α) correspondante est exclusivement composée de points-caractéristiques et ne fait généralement pas partie de l'enveloppe.

En second lieu, les coordonnées x, y des points singuliers (variables ou non avec α) satisfont aussi aux équations (2), car ce sont des fonctions de α qui vérifient les trois équations $F = 0$, $F'_x = 0$, $F'_y = 0$ et, par conséquent, aussi l'équation $F'_\alpha = 0$ qu'on obtient en dérivant totalement la première par rapport à α en tenant compte des deux autres.

L'équation de l'enveloppe s'obtiendra donc en cherchant les valeurs de x, y fonctions de α, qui satisfont aux équations (2) sans être les coordonnées d'un point singulier. Ces valeurs

$$(3) \qquad x = x(\alpha), \qquad y = y(\alpha),$$

fournissent une représentation paramétrique de l'enveloppe.

Nous n'étudierons qu'un arc d'enveloppe dépourvu de points singuliers. Une des dérivées $x'(\alpha)$, $y'(\alpha)$ sera donc supposée différente de zéro. La propriété fondamentale de l'enveloppe s'exprime alors par le théorème suivant :

Chaque enveloppée touche son enveloppe au point-caractéristique.

Les coordonnées des points de l'enveloppe sont des fonctions (3) de α qui vérifient l'équation $F(x, y, \alpha) = 0$. Dérivons totalement cette équation par rapport à α; il vient, en tout point de l'enveloppe, puisque $F'_\alpha = 0$,

$$x' F'_x + y' F'_y = 0.$$

Cette équation ne peut être identique, car, en un point ordinaire, une au moins des dérivées F'_x, F'_y n'est pas nulle. Les coefficients directeurs x', y' de la tangente à l'enveloppe sont donc déterminés par la même équation que ceux de la tangente à l'enveloppée au même point, et ces deux tangentes se confondent.

Réciproquement, si l'on cherche une courbe (E) *qui touche successivement toutes les enveloppées, on retrouve l'enveloppe.*

En effet, (E) étant le lieu des points de contact des enveloppées, les coordonnées d'un point de (E) sont des fonctions du paramètre α satisfaisant à l'équation, $F(x, y, \alpha) = 0$, de l'enveloppée touchée en ce point. Cette équation, dérivée totalement par rapport à α, donne

$$x' F'_x + y' F'_y + F'_\alpha = 0, \qquad \text{d'où} \qquad F'_\alpha = 0,$$

car on a $x' F'_x + y' F'_y = 0$ (les tangentes à l'enveloppée et à la courbe (E) étant les mêmes). Donc (E) est un lieu de points-caractéristiques. Il suit évidemment de là que *toute courbe plane est l'enveloppe de ses tangentes* (*).

341. Calcul de l'enveloppe pour d'autres formes d'équations. — I. Il arrive souvent que l'on doive chercher l'enveloppe d'une courbe $F(x, y, \alpha, \beta) = 0$, dont l'équation renferme deux paramètres liés par la relation $\varphi(\alpha, \beta) = 0$. Considérant β comme une fonction de α définie par cette relation, on est ramené au cas précédent. On doit, pour obtenir l'enveloppe, éliminer α, β et $\frac{d\beta}{d\alpha}$ entre les quatre équations :

$$F = 0, \qquad \varphi = 0, \qquad \frac{\partial F}{\partial \alpha} + \frac{\partial F}{\partial \beta}\frac{d\beta}{d\alpha} = 0, \qquad \frac{\partial \varphi}{\partial \alpha} + \frac{\partial \varphi}{\partial \beta}\frac{d\beta}{d\alpha} = 0;$$

(*) Il est intéressant de vérifier cette proposition directement. Soit $\beta = f(\alpha)$ l'équation de la courbe, donc

$$y - f(\alpha) = (x - \alpha) f'(\alpha)$$

celle de sa tangente au point α. Les coordonnées d'un point-caractéristique satisfont à l'équation dérivée en α

$$(x - \alpha) f''(\alpha) = 0.$$

Si $f''(\alpha)$ est nul (point d'inflexion), tous les points de la tangente sont caractéristiques. Mais, en général, ce n'est pas le cas; la relation précédente donne $x = \alpha$ et le point de contact est seul caractéristique.

ou, ce qui revient au même, α et β entre les trois équations :

$$(4) \qquad F = 0, \qquad \varphi = 0, \qquad \frac{d(F, \varphi)}{d(\alpha, \beta)} = 0,$$

dont la dernière provient de l'élimination de $d\beta : d\alpha$ entre les deux dernières équations du groupe précédent.

II. La courbe dont on cherche l'enveloppe peut aussi être donnée par une représentation paramétrique

$$(5) \qquad x = \varphi(t, \alpha), \qquad y = \psi(t, \alpha),$$

t désignant la variable indépendante sur la courbe. On revient encore au cas ordinaire en considérant, dans la première équation, t comme une fonction de y et de α définie par la seconde équation Pour former l'équation de l'enveloppe, on est conduit à éliminer α, t et $\frac{\partial t}{\partial \alpha}$ entre les équations (5) et les deux suivantes :

$$(6) \qquad 0 = \frac{\partial \varphi}{\partial t}\frac{\partial t}{\partial \alpha} + \frac{\partial \varphi}{\partial \alpha} \qquad 0 = \frac{\partial \psi}{\partial t}\frac{\partial t}{\partial \alpha} + \frac{\partial \psi}{\partial \alpha}$$

ou, ce qui revient au même, à éliminer t et α entre les équations (5) et l'équation unique

$$\frac{d(\varphi, \psi)}{d(t, \alpha)} = 0,$$

provenant de l'élimination immédiate de la dérivée de t entre les équations (6).

342. Condition pour que l'enveloppe ait en chaque point un contact d'ordre n avec l'enveloppée. — Ecartons les points singuliers. Nous pouvons alors admettre que l'équation de la famille de courbes soit résolue par rapport à y. L'équation d'une enveloppée sera (α constant)

$$y = f(x, \alpha)$$

et celle de l'enveloppe résultera de l'élimination de α (variable) entre les deux équations :

$$y = f(x, \alpha), \qquad \frac{\partial f}{\partial \alpha} = 0.$$

Nous admettrons ici l'existence des dérivées partielles de $f(x, \alpha)$ jusqu'à un ordre quelconque.

Donnons à x l'accroissement dx et soient respectivement Δy et δy les accroissements correspondants des ordonnées de l'enveloppe et de l'enveloppée. On a, pour l'enveloppée (α constant),

$$\delta y = \frac{\partial f}{\partial x} dx + \frac{\partial^2 f}{\partial x^2} \frac{dx^2}{2\,!} + \dots + \frac{\partial^n f}{\partial x^n} \frac{dx^n}{n\,!} + \dots$$

Si l'enveloppe et l'enveloppée ont un contact d'ordre n, le développement de Δy coïncide avec le précédent jusqu'à l'ordre n inclusivement. Donc, jusqu'à cet ordre, les dérivées de f par rapport à x conservent la même forme que pour α constant quand on considère α comme fonction de x sur l'enveloppe. Ceci ayant lieu le long de l'enveloppe, nous allons en déduire que *toutes les dérivées partielles de $f(x, \alpha)$ où entre une dérivation au moins par rapport à α, sont nulles jusqu'à l'ordre n inclusivement.*

En effet, pour que la dérivée première en x garde la même forme dans les deux hypothèses, il faut d'abord que

$$\frac{\partial f}{\partial \alpha} = 0.$$

Ensuite, si l'on a déjà fait en sorte que la dérivée d'ordre k garde la même forme dans les deux hypothèses, pour étendre cette conclusion à l'ordre $k+1$, il faut poser

$$\frac{\partial^{k+1} f}{\partial \alpha\, \partial x^k} = 0.$$

On aura donc, tout le long de l'enveloppe,

$$\frac{\partial^{k+1} f}{\partial \alpha\, \partial x^k} = 0 \quad (k = 0, 1, 2, \dots n-1).$$

Chacune de ces équations (sauf la dernière) dérivée totalement sur l'enveloppe, donne, en tenant compte de la suivante,

$$\frac{\partial^{k+2} f}{\partial \alpha^2 \partial x^k} = 0 \quad (k = 0, 1, 2, \dots n-2),$$

et on continue ainsi de suite jusqu'à ce que l'on trouve $\frac{\partial^n f}{\partial \alpha^n} = 0$, ce qui prouve la proposition.

Il suit de cette proposition que *toutes les dérivées d'ordre* $n + 1$ *où entre une dérivation au moins par rapport à* α, *s'expriment en fonction de* $\frac{\partial^{n+1} f}{\partial \alpha^{n+1}}$.

En effet, en vertu de cette proposition, on a, le long de l'enveloppe,

$$\frac{\partial^n f}{\partial x^{k-1} \partial \alpha^{n-k+1}} = 0 \quad (k = 1, 2, \ldots n).$$

Dérivons totalement par rapport à x, en désignant par α' la dérivée de α sur l'enveloppe; il vient

$$\frac{\partial^{n+1} f}{\partial x^k \partial \alpha^{n-k+1}} + \frac{\partial^{n+1} f}{\partial x^{k-1} \partial \alpha^{n-k+2}} \alpha' = 0 \quad (k = 1, 2, \ldots n).$$

Notre affirmation est donc justifiée, car ceci est un système d'équations récurrentes, d'où l'on tire de proche en proche

$$\frac{\partial^{n+1} f}{\partial x^k \partial \alpha^{n-k+1}} = \frac{\partial^{n+1} f}{\partial \alpha^{n+1}} (-\alpha')^k \quad (k = 1, 2, \ldots n).$$

Ceci nous permet de trouver facilement la condition pour que, ces relations ayant lieu, l'ordre du contact entre l'enveloppe et l'enveloppée ne soit pas plus élevé que n. Il faut pour cela que la dérivée en x d'ordre $n + 1$ de f n'ait plus la même forme pour α variable que pour α constant, c'est-à-dire que le nouveau terme

$$\frac{\partial^{n+1} f}{\partial x^n \partial \alpha} \alpha'$$

ne soit pas nul. Or, en exprimant cette dérivée partielle par la formule que nous venons d'établir, ce terme devient

$$-(-\alpha')^{n+1} \frac{\partial^{n+1} f}{\partial \alpha^{n+1}}.$$

Donc *la condition pour que le contact (généralement d'ordre n) ne soit pas d'ordre* $n + 1$ *est que* α' *et* $\frac{\partial^{n+1} f}{\partial \alpha^{n+1}}$ *soient différents de* 0.

Supposons maintenant toutes ces conditions remplies. Nous allons montrer que la nature des points caractéristiques est dans une étroite relation avec l'ordre du contact entre l'enveloppe et les enveloppées. C'est ce qui résulte du théorème suivant :

343. Théorème. — *Si l'ordre du contact de l'enveloppée avec son enveloppe est constant et égal à n le long de l'enveloppe, deux enveloppées consécutives ne se coupent pas ou se coupent au point caractéristique selon que n est pair ou impair.*

En effet, considérons deux enveloppées infiniment voisines :

$$y = f(x, \alpha), \qquad y_1 = f(x, \alpha + \delta\alpha).$$

Les abscisses $x + h$ de leurs points d'intersection sont données par les racines h de l'équation

$$f(x + h, \alpha + \delta\alpha) - f(x + h, \alpha) = 0.$$

Pour que ces deux enveloppées se coupent en un point infiniment voisin du point caractéristique, il faut et il suffit que cette équation ait une racine réelle h infiniment petite avec $\delta\alpha$. Développons donc le premier membre de l'équation suivant les puissances de h et $\delta\alpha$. Les termes d'ordre $< n + 1$ se détruisent ou sont nuls (l'ordre du contact étant n). Les termes principaux seront ceux de l'ordre $n + 1$, à savoir

$$\frac{1}{(n + 1)!}\left[\left(h\frac{\partial}{\partial x} + \delta\alpha\frac{\partial}{\partial \alpha}\right)^{n+1} f - h^{n+1}\frac{\partial^{n+1} f}{\partial x^{n+1}}\right].$$

Mais, en remplaçant les dérivées partielles par leurs valeurs en fonction de $\frac{\partial^{n+1} f}{\partial \alpha^{n+1}}$ indiquées ci-dessus, cette expression se ramène aisément à

$$\frac{1}{(n + 1)!}\frac{\partial^{n+1} f}{\partial \alpha^{n+1}}\left[(\delta\alpha - h\alpha')^{n+1} - (-h\alpha')^{n+1}\right].$$

Les racines infiniment petites h de l'équation à résoudre se confondent donc avec celles de l'équation

$$(\delta\alpha - h\alpha')^{n+1} - (-h\alpha')^{n+1} = 0.$$

La résolution algébrique de celle-ci est immédiate. Soit ω une racine $(n+1)^{me}$ de l'unité autre que 1 ; on aura

$$\delta\alpha - h\alpha' = - h\alpha'\omega,$$

d'où

$$h = \frac{\delta\alpha}{(1-\omega)\alpha'}.$$

Si n est pair, $n+1$ est impair et les n valeurs de ω sont imaginaires ; il n'y a pas de valeur réelle infiniment petite de h.

Si n est impair, $n+1$ est pair et ω admet la valeur réelle unique -1, d'où la valeur réelle infiniment petite

$$h = \frac{\delta\alpha}{2\alpha'}.$$

Par exemple, une courbe est l'enveloppe de ses tangentes et, l'ordre du contact étant impair, les points caractéristiques sont limites d'intersections. — D'autre part, une courbe est aussi l'enveloppe de ses cercles osculateurs, mais l'ordre du contact étant pair, les points caractéristiques ne sont pas limites d'intersections. On se borne évidemment dans tout ceci au domaine réel (*).

EXERCICES

1. Enveloppe de la famille à deux paramètres α et β

$$\frac{x^m}{\alpha^m} + \frac{y^m}{\beta^m} = 1 \qquad \text{avec la condition} \qquad \frac{\alpha^p}{a^p} + \frac{\beta^p}{b^p} = 1.$$

R. L'équation de l'enveloppe est

$$\left(\frac{x}{a}\right)^{\frac{mp}{m+p}} + \left(\frac{y}{b}\right)^{\frac{mp}{m+p}} = 1.$$

Cas particuliers : 1° Si $m = 1$, $p = 2$, $b = a$, on trouve l'enveloppe d'une droite de longueur constante a dont les extrémités s'appuient sur deux axes rectangulaires. C'est l'*astroïde*, $x^{2/3} + y^{2/3} = a^{2/3}$ (t. I, p. 258).

(*) On obtient aussi des résultats intéressants en se plaçant dans le domaine complexe, mais nous renverrons pour cela à notre *Mémoire de l'Ac. des nuovi Lincei.* Vol. XXVIII, 1910.

2° Si $m = 2$, $p = 1$, $b = a$, la courbe variable est une ellipse décrite par un des points de la droite précédente et son enveloppe est la même que celle de cette droite.

3° Si $m = 2$, $p = 2$, la courbe variable est une ellipse dont les sommets sont les projections des points d'une ellipse fixe sur ses axes. L'enveloppe est un système de quatre droites $\pm \frac{x}{a} \pm \frac{y}{b} = 1$.

2. *Enveloppe d'une droite.* — Les axes étant rectangulaires, on met l'équation d'une droite mobile sous la forme normale

$$x \cos \alpha + y \sin \alpha - f(\alpha) = 0. \tag{1}$$

Le point-caractéristique est à l'intersection de cette droite avec

$$-x \sin \alpha + y \cos \alpha - f'(\alpha) = 0 \tag{2}$$

et on obtient ses coordonnées x, y en fonction de α par la résolution du système. Montrer : 1° que la seconde équation est celle de la normale à l'enveloppe (E) de la droite (1) ; 2° que l'enveloppe de la droite (2) est la développée de (E) ; 3° que le rayon de courbure R et la différentielle ds de l'arc de (E) sont

$$R = \frac{ds}{d\alpha} = \pm [f(a) + f''(\alpha)]\, d\alpha,$$

d'où la *formule de rectification de Legendre*

$$s = \pm [f'(\alpha) + \int f(\alpha)\, d\alpha].$$

3. *Enveloppe d'un cercle.* — Soit le cercle (a, b, R fonctions de α)

$$(x - a)^2 + (y - b)^2 - R^2 = 0.$$

Les points-caractéristiques sont à l'intersection avec la droite

$$(x - a)\, a' + (y - b)\, b' - RR' = 0. \tag{D}$$

Cette droite est perpendiculaire à la tangente MT à la courbe (C) décrite par le centre M du cercle, et sa distance au centre est égale à

$$\frac{RR'}{\sqrt{a'^2 + b'^2}} = R\,\frac{dR}{ds},$$

s étant l'arc de la courbe (C) :

1° Si $|dR| < |ds|$, la droite D coupe le cercle en deux points et il y a deux branches à l'enveloppe.

En particulier, si R est constant, la droite D passe par le centre et l'enveloppe se compose de deux branches obtenues en portant sur la normale à la courbe (C), de part et d'autre du point M, la longueur constante R.

2° Si $|dR| > |ds|$, la droite et le cercle ne se coupent pas et il n'y a pas d'enveloppe.

3° Si $|dR| = |ds|$, la droite D est tangente au cercle au point-caractéristique (donc aussi à l'enveloppe) et la normale à l'enveloppe est tangente à la courbe (C). Dans ce cas, *le cercle variable est osculateur à son enveloppe :* la condition nécessaire et suffisante pour cela est donc $|dR| = |ds|$.

4. *Caustiques.* — La caustique d'une courbe (C) pour un point lumineux A est l'enveloppe des rayons émanés de A et réfléchis sur (C). Montrer qu'elle est la développée de la podaire, par rapport au même point, de la courbe (C') semblable à (C) obtenue en prolongeant d'une longueur égale chaque rayon vecteur AP mené du point A la courbe (C). En déduire la relation

$$\frac{1}{l} + \frac{1}{r} = \frac{2}{R \cos i},$$

r étant le rayon incident AP, l le rayon réfléchi terminé au point où il touche son enveloppe, R le rayon de courbure de (C), i l'angle d'incidence. En particulier, si les rayons sont parallèles, $l = \frac{R \cos i}{2}$ et la normale à la caustique passe par le milieu du rayon de courbure de (C).

R. On montre que le rayon réfléchi est normal à la podaire de (C') en observant que la normale à la podaire d'une courbe passe par le milieu du rayon vecteur de cette courbe. On applique alors la relation qui lie les rayons de courbure d'une courbe et de sa podaire (t. I, p. 260).

5. Montrer que la *caustique d'un cercle* par rapport à un point de la circonférence est une *cardioïde* (t. I, p. 303, ex. 6 et 7) ; celle par rapport à un point à l'infini (rayons parallèles) une *épicycloïde* à deux rebroussements (t. I, p. 259).

§ 5. Enveloppes des surfaces et des courbes de l'espace

344. Enveloppe d'une famille de surfaces à un paramètre. — La théorie est analogue à celle des enveloppes de courbes planes, ce qui nous permet d'abréger. Soit une famille de surfaces définies, en axes quelconques, par l'équation

$$F(x, y, z, \alpha) = 0, \tag{1}$$

où F est une fonction continue et dérivable.

On appelle *caractéristique* de la surface (α) le lieu des *points-caractéristiques* de cette surface, c'est-à-dire des points *ordinaires* dont la distance à la surface infiniment voisine ($\alpha + d\alpha$) est d'ordre supérieur à $d\alpha$. En général, et nous supposerons qu'il en est ainsi, ce lieu est une ligne définie par les deux équations

$$(2) \qquad F = 0, \qquad F'_\alpha = 0.$$

Si la surface ($\alpha + d\alpha$) coupe la surface (α), la limite de la ligne d'intersection est une caractéristique ; mais il peut arriver, par exception, qu'une caractéristique ne soit pas une limite d'intersection. On pourrait faire à ce sujet une étude analogue à celle que nous avons faite pour les courbes planes. Nous n'entreprendrons pas cette étude ici.

L'enveloppe de la famille de surfaces est le lieu des caractéristiques. Chaque surface de la famille prend, par opposition, le nom d'*enveloppée*.

On remarque que les coordonnées des *points singuliers* (où $F'_x = F'_y = F'_z = 0$) satisfont aussi aux équations (2) et l'on est conduit, comme pour les courbes planes, à la règle suivante :

L'équation de l'enveloppe d'une famille de surfaces $F = 0$ *s'obtient en éliminant le paramètre* α *entre l'équation* $F = 0$ *et sa dérivée (par rapport au paramètre)* $F'_\alpha = 0$. *Mais on obtient, en même temps, le lieu des points singuliers s'il y en a.*

La propriété essentielle de l'enveloppe s'exprime encore par le théorème suivant :

Chaque enveloppée touche son enveloppe tout le long de la caractéristique correspondante.

Le plan tangent à l'enveloppée $F = 0$ en un point ordinaire, est, en effet,

$$(\xi - x) F'_x + (\eta - y) F'_y + (\zeta - z) F'_z = 0.$$

On peut aussi considérer l'équation $F = 0$ comme celle de l'enveloppe, à condition d'y remplacer α par sa valeur en x, y, z tirée de $F'_\alpha = 0$. Donc les coefficients du plan tangent à l'enveloppe sont $F'_x + F'_\alpha \frac{\partial \alpha}{\partial x}, \ldots$ Mais F'_α s'annule sur la caractéristique, de sorte que, sur elle, ces coefficients ont les mêmes valeurs pour l'enveloppe et l'enveloppée. Donc l'enveloppe et l'enveloppée ont même plan tangent le long de la caractéristique commune.

Réciproquement, si l'on cherche une surface (E) *qui touche successivement chacune des surfaces enveloppées suivant une courbe, on retrouve l'enveloppe.*

En effet, l'équation $F(x, y, z, \alpha) = 0$ est celle d'une enveloppée si α est constant. On définit la ligne de contact (C) en y joignant l'équation $\varphi(x, y, z, \alpha) = 0$ d'une seconde surface passant par cette ligne. Une surface tangente, lieu de la ligne (C), s'obtient en remplaçant dans $F = 0$, α par sa valeur tirée de $\varphi = 0$. Plaçons-nous en un point de la ligne (C) et différentions l'équation $F = 0$ pour un déplacement quelconque sur la surface tangente (α variable) ; il vient

$$F'_x dx + F'_y dy + F'_z dz + F'_\alpha d\alpha = 0.$$

Mais cette relation se réduit à $F'_\alpha = 0$, parce que le déplacement dx, dy, dz est aussi tangent à l'enveloppée et annule la somme des trois premiers termes. Donc la ligne de contact (C) est une caractéristique.

345. Enveloppe d'une famille de surfaces à deux paramètres. — On peut aussi considérer une famille doublement infinie de surfaces, c'est-à-dire dépendant de deux paramètres α et β,

$$(1) \qquad F(x, y, z, \alpha, \beta) = 0.$$

Si l'on pose, entre les deux paramètres, une relation

$$(2) \qquad \beta = \varphi(\alpha),$$

on extrait de la famille précédente une famille simplement infinie dont on peut chercher l'enveloppe. La ligne caractéristique sur la surface s'obtient en joignant à l'équation (1) la relation

$$(3) \qquad F'_\alpha + F'_\beta \frac{d\beta}{d\alpha} = 0.$$

En éliminant α et β entre ces trois équations, on obtient une *enveloppe partielle* qui touche une infinité simple des surfaces de la famille et qui dépend du choix de la relation (2).

Mais il y a sur chaque surface (1) des points qui sont caractéristiques quelle que soit la relation (2). Ce sont ceux qui satisfont simultanément aux deux relations

$$(4) \qquad F'_\alpha = 0, \qquad F'_\beta = 0,$$

car alors la relation (3) est satisfaite quel que soit $d\beta : d\alpha$. En éliminant α et β entre (1) et (4) on obtient une surface qui est le lieu de ces points caractéristiques et que l'on appelle l'*enveloppe générale* ou tout simplement l'*enveloppe* de la famille (1).

On montre, comme précédemment, que *chaque enveloppée touche l'enveloppe au point-caractéristique correspondant.*

Réciproquement, *si l'on cherche une surface* (E) *qui touche chacune des surfaces de la famille en un point, on retrouve l'enveloppe.*

En effet, les coordonnées du point où (E) touche l'enveloppée $F = 0$ sont des fonctions de α, β qui vérifient cette équation. Différentions totalement cette équation pour un déplacement sur l'enveloppe (α, β variables); il vient

$$F'_x\,dx + F'_y\,dy + F'_z\,dz + F'_\alpha\,d\alpha + F'_\beta\,d\beta = 0.$$

Au point de contact avec l'enveloppée (α, β), les trois premiers termes se détruisent, parce que le déplacement est tangent à l'enveloppée. Il reste donc

$$F'_\alpha\,d\alpha + F'_\beta\,d\beta = 0.$$

Mais, comme $d\alpha$ et $d\beta$ sont arbitraires, cette équation entraîne $F'_\alpha = 0$, $F'_\beta = 0$ séparément. Le point de contact est un point-caractéristique et la surface tangente se confond avec l'enveloppe.

346. Enveloppe d'une famille de courbes dans l'espace. — Considérons une famille de courbes de l'espace dépendant d'un paramètre arbitraire α et définies par les deux équations

$$(1) \qquad F(x, y, z, \alpha) = 0, \qquad \Phi(x, y, z, \alpha) = 0.$$

Si on appelle encore *point-caractéristique* de la courbe (α) un point *ordinaire* tel que sa distance à la courbe infiniment voisine ($\alpha + d\alpha$) soit un infiniment petit d'ordre supérieur à $d\alpha$, on voit, comme dans le cas des courbes planes, que ses coordonnées doivent vérifier les deux équations

$$(2) \qquad F'_\alpha = 0, \qquad \Phi'_\alpha = 0.$$

En général, les équations (1) et (2) sont incompatibles, sauf pour des valeurs exceptionnelles de α, et il n'y a pas de points-caractéristiques. Mais, s'il existe des points-caractéristiques dont la position varie d'une manière continue avec α, autrement dit, si les équations (1) et (2) admettent des solutions communes x, y, z fonctions continues de α, le lieu de ces points s'appelle l'*enveloppe* de la famille de courbes.

D'après cela, une famille de courbes de l'espace n'admet généralement pas d'enveloppe. On voit, en même temps, que *la condition nécessaire et suffisante pour qu'il y ait une enveloppe, est que deux courbes infiniment voisines se rencontrent au premier ordre près* (ou en négligeant les termes d'ordre supérieur à $d\alpha$).

THÉORÈME. — *Si une famille de courbes admet une enveloppe, chaque enveloppée touche l'enveloppe au point-caractéristique correspondant.*

La démonstration se fait comme pour les courbes planes.

Réciproquement, s'il existe une courbe (E) *qui touche, en chacun de ses points, une des courbes de la famille, cette courbe n'est autre que l'enveloppe.*

En effet, les coordonnées x, y, z des points M de la courbe (E) seront des fonctions de α, assujetties à vérifier les équations (3). Si l'on dérive totalement ces équations par rapport à α, il vient (les accents désignant les dérivées par rapport à α),

$$\frac{\partial F}{\partial x} x' + \frac{\partial F}{\partial y} y' + \frac{\partial F}{\partial z} z' + F'_\alpha = 0, \qquad \frac{\partial \Phi}{\partial x} x' + \dots + \Phi'_\alpha = 0.$$

Mais les termes en x', y', z' se détruisent, parce que la tangente à la courbe (E) est la même qu'à l'enveloppée par hypothèse. Ces équations se réduisent donc aux deux équations $F'_\alpha = 0$, $\Phi'_\alpha = 0$, qui déterminent l'enveloppe.

347. Enveloppe de caractéristiques (Arête de rebroussement). — Une classe importante de courbes ayant une enveloppe est celle des caractéristiques d'une famille de surfaces à un paramètre $F(x, y, z, \alpha) = 0$. Les quatre équations (1) et (2) du n° précédent se réduisent effectivement dans ce cas à trois seulement

$$F = 0, \qquad F'_\alpha = 0, \qquad F''_\alpha = 0.$$

Les valeurs de x, y, z, généralement fonctions de α, que l'on en tire, définissent une courbe qui touche toutes les caractéristiques et qu'on appelle l'*arête de rebroussement* (*) de la surface enveloppe.

348. Surface enveloppe (ou focale) d'une congruence de courbes. — On donne le nom de congruence à un ensemble de courbes de l'espace dépendant de deux paramètres arbitraires α et β et définies par deux équations :

$$(1)\quad F(x, y, z, \alpha, \beta) = 0, \qquad \Phi(x, y, z, \alpha, \beta) = 0.$$

Considérons une courbe particulière $[\alpha, \beta]$. On peut concevoir qu'elle fasse partie d'une famille à un paramètre en posant une relation $\beta = \varphi(\alpha)$, compatible avec les paramètres particuliers de la courbe. On peut, en général, choisir cette dépendance de façon à former une famille à un paramètre ayant une enveloppe, c'est-à-dire de manière qu'il y ait sur la courbe $[\alpha, \beta]$ des points-caractéristiques. Les coordonnées x, y, z d'un point-caractéristique doivent satisfaire, en effet, aux équations

$$(2)\quad \frac{\partial F}{\partial \alpha} + \frac{\partial F}{\partial \beta}\frac{d\beta}{d\alpha} = 0, \qquad \frac{\partial \Phi}{\partial \alpha} + \frac{\partial \Phi}{\partial \beta}\frac{d\beta}{d\alpha} = 0.$$

Si l'on élimine x, y, z entre les équations (1) et (2), on obtient une équation différentielle du premier ordre entre α et β servant à déterminer la relation $\beta = \varphi(\alpha)$ pour laquelle il y a une enveloppe. D'autre part, en éliminant $\frac{d\beta}{d\alpha}$ entre les deux équations (2), on a, pour déterminer les points-caractéristiques correspondants sur la courbe $[\alpha, \beta]$, les trois équations :

$$(3)\quad F = 0, \qquad \Phi = 0, \qquad \frac{\partial F}{\partial \alpha}\frac{\partial \Phi}{\partial \beta} - \frac{\partial F}{\partial \beta}\frac{\partial \Phi}{\partial \alpha} = 0.$$

Nous supposerons que ces trois équations soient compatibles et déterminent les coordonnées d'un ou de plusieurs points en fonction continue de α, β. Ces points s'appellent les *points focaux*.

(*) Parce que les points de cette arête sont généralement des points de rebroussement pour les sections de l'enveloppe par un plan.

Généralement, et nous supposerons que ce soit le cas, le lieu de ces points est une surface que l'on appelle l'*enveloppe* ou la *surface focale* de la congruence.

Le système de valeurs x, y, z, fonctions continues de α, β, qu'on obtient en résolvant les équations (3), fournit une représentation paramétrique de la surface focale. L'équation en x, y, z de cette surface s'obtient en éliminant α et β entre les mêmes équations.

Théorème. — *Chaque courbe de la congruence touche la surface focale en chacun de ses points focaux.*

En effet, sur la surface focale, x, y, z sont des fonctions de α, β qui vérifient les équations (3); les composantes dx, dy, dz d'un déplacement tangentiel à la surface focale correspondent à un système d'accroissements quelconques $d\alpha$, $d\beta$ des paramètres et sont liés par les relations

$$(4)\quad \begin{cases} \dfrac{\partial F}{\partial x}\,dx + \dfrac{\partial F}{\partial y}\,dy + \dfrac{\partial F}{\partial z}\,dz + \dfrac{\partial F}{\partial \alpha}\,d\alpha + \dfrac{\partial F}{\partial \beta}\,d\beta = 0, \\[2mm] \dfrac{\partial \Phi}{\partial x}\,dx + \dfrac{\partial \Phi}{\partial y}\,dy + \dfrac{\partial \Phi}{dz}\,dz + \dfrac{\partial \Phi}{\partial \alpha}\,d\alpha + \dfrac{\partial \Phi}{\partial \beta}\,d\beta = 0. \end{cases}$$

En particulier, si $d\alpha$, $d\beta$ vérifient *simultanément* les deux équations :

$$(5)\qquad \frac{\partial F}{\partial \alpha}\,d\alpha + \frac{\partial F}{\partial \beta}\,d\beta = 0, \qquad \frac{\partial \Phi}{\partial \alpha}\,d\alpha + \frac{\partial \Phi}{\partial \beta}\,d\beta = 0,$$

compatibles en vertu de la troisième équation (3), le déplacement dx, dy, dz se fera sur la tangente à la courbe $[\alpha, \beta]$. Donc cette courbe touche la surface focale.

Réciproquement, si l'on cherche une surface qui touche en un point chacune des courbes de la congruence, on retrouve la surface focale.

En effet, les coordonnées x, y, z d'un point de la surface seront encore des fonctions de α, β assujetties à vérifier les équations $F = 0$, $\Phi = 0$ de la courbe touchée en ce point. Différentions totalement ces équations pour un déplacement tangent à la courbe $[\alpha, \beta]$; nous trouverons les équations (4), se réduisant aux équations (5), puis, en éliminant $d\beta : d\alpha$, la troisième équation (3), qui détermine la surface focale.

EXERCICES

1. Montrer que l'enveloppe du plan qui coupe les axes rectangulaires aux distances respectives $\alpha^2 : (a+\alpha)$, $\alpha^2 : (b+\alpha)$, $\alpha^2 : (c+\alpha)$ a pour équation $(x+y+z)^2 + 4(ax+by+cz) = 0$.

2. L'enveloppe des plans tangents aux différents points d'une section plane d'un ellipsoïde est une surface conique. Discuter.

3. Une *surface canal* est l'enveloppe d'une sphère de rayon constant dont le centre décrit une courbe. La caractéristique est alors le grand cercle qui se trouve dans le plan normal à la courbe. Étudier le cas où le rayon varie en même temps que le centre se déplace.

4. L'enveloppe du plan $\alpha x + \beta y + \gamma z = l$, dont les paramètres sont liés par les relations $\alpha^2 + \beta^2 + \gamma^2 = 1$ et

$$\frac{\alpha^2}{l^2 - a^2} + \frac{\beta^2}{l^2 - b^2} + \frac{\gamma^2}{l^2 - c^2} = 0,$$

est la *surface des ondes*

$$\frac{a^2 x^2}{r^2 - a^2} + \frac{b^2 y^2}{r^2 - b^2} + \frac{c^2 z^2}{r^2 - c^2} = 0 \qquad (r^2 = x^2 + y^2 + z^2).$$

§ 6. Systèmes de droites : Surfaces réglées ; Congruences

349. Surfaces réglées, développables ou gauches. — On appelle *réglée* une surface qui est le lieu des positions successives d'une droite mobile nommée *génératrice*. Il y en a de deux espèces, les *surfaces développables* et les *surfaces gauches*. Nous commençons par l'étude des développables. Ce nom leur vient de la propriété d'être *applicables* sur un plan, que nous examinerons plus loin au n° 352.

Nous supposons, dans toute cette théorie, que les fonctions à considérer sont *uniformes*, *continues* et *dérivables*. La plupart des théorèmes tomberaient en défaut dans l'hypothèse de la non dérivabilité.

350. Surfaces développables. — *On appelle développable toute surface qui est l'enveloppe d'un plan mobile à un paramètre.* Soit le plan mobile

$$Ax + By + Cz + D = 0,$$

où A, B, C, D dépendent d'un paramètre α. Si le plan se déplaçait parallèlement à lui-même ou en tournant autour d'une droite fixe, il n'y aurait pas de surface enveloppe. Nous excluons donc ces deux cas. La *caractéristique* du plan (n° 344) s'obtient en joignant à la précédente l'équation dérivée par rapport à α,

$$A'x + B'y + C'z + D' = 0,$$

et ces caractéristiques sont les *génératrices rectilignes* de la surface.

THÉORÈME. — *Le plan tangent est le même le long de toute droite de la développable. Une développable qui contiendrait une droite autre que ses génératrices rectilignes se réduirait à un plan.*

Le plan tangent ne peut varier le long d'une droite Δ de la développable. En effet, le plan tangent en un point de la développable est le plan $Ax + By + Cz + D = 0$ passant par ce point (n° 344). S'il variait le long d'une droite Δ, comme il contient cette droite, il ne ferait que tourner autour d'elle et n'aurait pas d'enveloppe.

Il suit de là que *toute droite de la surface est une des caractéristiques*. En effet, si une droite Δ n'était pas une caractéristique, la surface serait le lieu des caractéristiques s'appuyant sur Δ. Le plan tangent, ne changeant ni le long d'une caractéristique ni le long de Δ, serait le même partout et la développable se réduirait à ce plan.

Ainsi une développable autre qu'un plan ne peut admettre qu'un seul système de génératrices rectilignes et le plan tangent est le même le long d'une génératrice.

351. Arête de rebroussement. Second mode de génération des développables. — En général, les caractéristiques restent tangentes à une courbe gauche, appelée *arête de rebroussement* de la développable (n° 347), et qui se définit en joignant aux deux équations de la caractéristique l'équation suivante :

$$A''x + B''y + C''z + D'' = 0,$$

obtenue par une nouvelle dérivation, ce qui fait un système de trois équations linéaires d'où l'on peut tirer x, y, z en fonction de α.

Mais il y a deux cas d'exception à signaler : Si l'arête se réduit à un point, la développable est un *cône,* et c'est un *cylindre* si ce point est rejeté à l'infini.

Réciproquement, le lieu des tangentes à une courbe gauche est une surface développable, à savoir l'enveloppe du plan osculateur de cette courbe.

En effet, le plan osculateur, variable le long de la courbe, ne dépend que d'un seul paramètre, celui du point de contact. Les caractéristiques (intersections de deux plans osculateurs infiniment voisins) sont les tangentes à la courbe (t. I, n° 236); donc l'enveloppe du plan est le lieu des tangentes.

Ainsi les développables sont des surfaces réglées dont les génératrices ont une courbe enveloppe, ou bien passent par un point fixe (cône) ou bien ont une direction fixe (cylindre).

Cette courbe enveloppe est l'*arête de rebroussement* de la surface. Si elle était plane, la surface dégénérerait dans un plan.

THÉORÈME. — *La condition nécessaire et suffisante pour que la droite mobile*

$$(1) \qquad x = az + p, \qquad y = bz + q,$$

dont les coefficients dépendent d'un paramètre α, engendre une surface développable (ou ait une enveloppe) est que l'on ait

$$(2) \qquad a'q' - b'p' = 0.$$

En effet, pour déterminer le point où la droite touche son enveloppe, il faut ajouter aux équations (1) ses deux dérivées par rapport à α :

$$0 = a'z + p', \qquad 0 = b'z + q'.$$

La condition (2) exprime que ces deux équations sont compatibles pour des valeurs finies ou infinies de z. Le point de contact peut être rejeté à l'infini et il peut aussi être fixe ; donc l'enveloppe peut être rejetée à l'infini ou se réduire à un point. La développable peut ainsi se réduire à un cylindre (y compris le plan) ou à un cône.

Remarquons encore que la condition (2) exprime que deux droites infiniment voisines se rencontrent au premier ordre près.

352. Equation aux dérivées partielles des développables. — Les surfaces développables satisfont à une équation aux dérivées partielles qui les caractérise. Considérons l'ordonnée z comme une fonction de x, y sur la surface ; et posons, en abrégé,

$$p = \frac{\partial z}{\partial x}, \quad q = \frac{\partial z}{\partial y}, \quad r = \frac{\partial^2 z}{\partial x^2}, \quad s = \frac{\partial^2 z}{\partial x \partial y}, \quad t = \frac{\partial^2 z}{\partial y^2}.$$

Le plan tangent est le même tout le long d'une génératrice ; les coefficients de son équation, qui est

$$\zeta - z - p(\xi - x) - q(\eta - y) = 0,$$

en particulier p et q, ne dépendent que du seul paramètre qui définit la position de la génératrice de contact. Donc p et q sont aussi fonctions l'un de l'autre et l'on a, par le théorème général sur les déterminants fonctionnels (n° 244),

$$\frac{d(p, q)}{d(x, y)} = rt - s^2 = 0.$$

Donc l'ordonnée z d'une développable satisfait à l'équation aux dérivées partielles du second ordre $rt - s^2 = 0$.

Réciproquement, $rt - s^2 = 0$ est l'équation aux dérivées partielles d'une développable. En effet, elle exprime d'abord que p et q sont fonctions l'un de l'autre. Mais on a aussi

$$\frac{d(p, z - px - qy)}{d(x, y)} = - \begin{vmatrix} r, & xr + ys \\ s, & xs + yt \end{vmatrix} = y(s^2 - rt) = 0.$$

Donc le troisième coefficient $(z - px - qy)$ de l'équation du plan tangent est aussi fonction du premier p. La surface, qui est l'enveloppe de ses plans tangents, est donc l'enveloppe d'une famille de plans à un paramètre : c'est une surface développable.

353. Surfaces applicables sur un plan. — On dit que deux surfaces sont *applicables* l'une sur l'autre, lorsque l'on peut établir entre leurs points une correspondance telle que les arcs correspondants aient même longueur sur les deux surfaces. Nous allons montrer que les surfaces développables peuvent être caractérisées par la propriété d'être applicables sur un plan.

1° *Une surface développable est applicable sur un plan.*

Soient x, y, z les coordonnées d'un point O de l'arête de rebroussement de la surface, exprimées en fonction de l'arc s de cette courbe. Les cosinus directeurs de la tangente au point O seront x', y', z', en désignant par des accents les dérivées par rapport à s. Les coordonnées ξ, η, ζ d'un point M de cette tangente située à la distance (positive ou négative) u du point O, seront

$$\xi = x + ux', \qquad \eta = y + uy', \qquad \zeta = z + uz'.$$

Nous avons ainsi exprimé les coordonnées d'un point quelconque de la développable en fonction des deux paramètres u et s.

Cherchons l'expression de la différentielle $d\sigma$ de l'arc d'une courbe tracée sur la développable. On a

$$d\sigma^2 = \Sigma d\xi^2 = \Sigma[(x' + ux'')\, ds + x'\, du]^2.$$

Soient R le rayon de courbure et λ, μ, ν les cosinus directeurs de la normale principale de l'arête au point O. On a $x'' = \lambda : R, \ldots$ $\Sigma x'^2 = 1$ et $\Sigma x'\lambda = 0$; il vient donc

$$d\sigma^2 = \left(1 + \frac{u^2}{R^2}\right) ds^2 + 2\, du\, ds + du^2 = (du + ds)^2 + \left(\frac{u\, ds}{R}\right)^2.$$

Cette expression ne dépend que de la relation $u = \varphi(s)$ qui définit la courbe tracée sur la surface et du rayon de courbure R de l'arête, nullement de la torsion de celle-ci.

Or R est une fonction déterminée $f(s)$ de l'arc; et la relation $R = f(s)$ est aussi l'*équation intrinsèque* (n° 212) d'une courbe plane que nous pouvons construire. Faisons correspondre au point O de l'arête celui O′ de cette courbe plane qui est déterminé par la même valeur de s; les rayons de courbure correspondants seront les mêmes. Portons maintenant, sur la tangente en O′ à la courbe plane, une longueur O′M′ égale à OM, donc égale à u; nous determinerons ainsi dans le plan de cette courbe un point M′ correspondant au point M de la développable. Ce mode de correspondance entre les points de la développable et ceux du plan conserve la longueur des arcs, car les différentielles $d\sigma$ des arcs des deux courbes correspondantes, donc définies toutes deux par la même relation $u = \varphi(s)$, ont même expression pour les deux courbes.

La démonstration précédente tombe en défaut par le *cône* et le *cylindre*, mais le théorème subsiste et la démonstration en est immédiate comme le lecteur peut le vérifier facilement lui-même.

2° *Réciproquement, une surface applicable sur un plan est développable.*

Soient α, β les coordonnées des points du plan sur lequel on applique la surface. Nous pouvons considérer les coordonnées x, y, z des points de la surface comme des fonctions de celles α, β des points correspondants du plan. Les longueurs étant conservées, aux droites qui sont les lignes les plus courtes du plan, doivent correspondre les lignes géodésiques de la surface. Faisons varier α, β sur une droite (D) de direction arbitraire, nous pourrons prendre $d\alpha$ et $d\beta$ tous deux constants ; alors $ds = \sqrt{d\alpha^2 + d\beta^2}$, qui est aussi la différentielle de l'arc de la géodésique (g) correspondante, est constant également. Les cosinus directeurs de la normale principale de (g) sont (ds étant constant) proportionnels à d^2x, d^2y et d^2z. Mais, d'autre part, puisque c'est une géodésique, ils sont aussi proportionnels aux coefficients directeurs p, q et -1 de la normale à la surface (n° 281). On a donc, pour $d\alpha$ et $d\beta$ constants, les *identités* en α, β, $d\alpha$ et $d\beta$:

$$d^2x + p\,d^2z = 0, \qquad d^2y + q\,d^2z = 0.$$

Remplaçons dans ces deux équations d^2x, d^2y et d^2z par leurs expressions développées en $d\alpha$ et $d\beta$; les coefficients de $d\alpha^2$, $d\alpha\,d\beta$, et $d\beta^2$ seront nuls séparément. On aura, en particulier,

$$\frac{\partial^2 x}{\partial \alpha^2} + p\,\frac{\partial^2 z}{\partial \alpha^2} = 0, \qquad \frac{\partial^2 x}{\partial \alpha\,\partial \beta} + p\,\frac{\partial^2 z}{\partial \alpha\,\partial \beta} = 0 ;$$

puis, en multipliant respectivement par $d\alpha$, $d\beta$ et ajoutant,

$$d\,\frac{\partial x}{\partial \alpha} + p d\,\frac{\partial z}{\partial \alpha} = 0 ; \quad \text{de même,} \quad d\,\frac{\partial y}{\partial \alpha} + q d\,\frac{\partial z}{\partial \alpha} = 0.$$

Il suit de ces deux identités que $\frac{\partial x}{\partial \alpha}$ et $\frac{\partial z}{\partial \alpha}$ demeurent constants en même temps que $\frac{\partial z}{\partial \alpha}$ et, par conséquent, sont fonctions de $\frac{\partial z}{\partial \alpha}$

seulement, donc que p et q sont fonctions de ce même paramètre. Alors p et q étant aussi fonctions l'un de l'autre, la surface est développable, comme on l'a vu au n° précédent.

354. Surfaces réglées gauches. — Toute surface réglée peut être considérée comme engendrée par une *génératrice rectiligne* G qui s'appuie constamment sur une courbe *directrice* Γ. Soient x, y, z les coordonnées d'un point de la directrice Γ exprimées en fonction d'une variable indépendante t; a, b, c les cosinus directeurs (fonctions de t) de la génératrice G (considérée avec un sens) qui passe par ce point t; u la distance (positive ou négative) d'un point M de G au point x, y, z. Les coordonnées ξ, η, ζ du point M de la génératrice G seront données par les formules

$$(G) \qquad \xi = x + au, \qquad \eta = y + bu, \qquad \zeta = z + cu.$$

Celles ξ_1, η_1, ζ_1 d'un point M_1 de la génératrice G_1 infiniment voisine, menée par le point $(t + \Delta t)$ de la directrice, seront, de même,

$$(G_1) \qquad \xi_1 = x_1 + a_1u_1, \qquad \eta_1 = y_1 + b_1u_1, \qquad \zeta_1 = z_1 + c_1u_1,$$

où l'on a

$$x_1 = x + \Delta x, \qquad a_1 = a + \Delta a, \qquad y_1 = y + \Delta y, \ldots$$

Cherchons la plus courte distance OO_1 de la génératrice G à la génératrice infiniment voisine G_1. Le carré de la distance δ de deux points $M(\xi, \eta, \zeta)$ et $M_1(\xi_1, \eta_1, \zeta_1)$ de ces deux génératrices a pour expression

$$(1) \quad \delta^2 = (\xi_1 - \xi)^2 + (\eta_1 - \eta)^2 + (\zeta_1 - \zeta)^2 = \Sigma(\xi_1 - \xi)^2.$$

Pour obtenir son minimum, il faut annuler ses deux dérivées par rapport à u et u_1, ce qui donne, eu égard aux valeurs de $\xi, \xi_1, \ldots$

$$\Sigma(\xi_1 - \xi)\, a = 0, \qquad \Sigma(\xi_1 - \xi)\, a_1 = 0.$$

Mais comme $a_1 = a + \Delta a, \ldots$ ce système peut être remplacé par le suivant :

$$(2) \qquad \Sigma(\xi_1 - \xi)\, a = 0, \qquad \Sigma(\xi_1 - \xi)\, \Delta a = 0.$$

Faisons dans ces deux équations les substitutions

$$\xi_1 - \xi = \Delta x + a_1u_1 - au = \Delta x + a(u_1 - u) + u_1\,\Delta a, \ldots$$

La première équation montrera que u_1 tend vers u quand Δt tend vers 0, et la seconde deviendra

$$\Sigma \Delta a \, \Delta x + u_1 \Sigma \Delta a^2 + (u_1 - u) \Sigma a \Delta a = 0.$$

Divisons par Δt^2 et passons à la limite ; en désignant par des accents les dérivées par rapport à t et en remplaçant u_1 par sa limite u, il vient simplement

$$\Sigma a'x' + u \Sigma a'^2 = 0,$$

car le rapport $\Sigma a \Delta a : \Delta t^2$ reste fini. On s'en assure en retranchant $\Sigma a^2 = 1$ de $\Sigma (a + \Delta a)^2 = 1$, ce qui donne $2 \Sigma a \Delta a = - \Sigma \Delta a^2$. De là, la valeur u_0 de u donnant le minimum :

$$(3) \qquad u_0 = - \frac{\Sigma a'x'}{\Sigma a'^2}.$$

Cette valeur (positive ou négative) u_0 détermine sur la génératrice G un point O, qui est le pied de la perpendiculaire commune OO_1 avec la génératrice infiniment voisine, et qu'on appelle le *point central*. Le lieu de ce point quand la génératrice varie, est une courbe de la surface appelée *ligne de striction*. Dans le cas particulier où la surface est développable, le point central est le *point-caractéristique* de la génératrice et la ligne de striction devient l'*arête de rebroussement* de la développable.

L'équation (3) montre quelle est la *condition nécessaire et suffisante pour que la directrice* Γ *soit la ligne de striction (ou l'arête de rebroussement) de la surface, ou pour que l'on ait* $u_0 = 0$, *c'est*

$$\Sigma a'x' = a'x' + b'y' + c'z' = 0.$$

Déterminons maintenant les cosinus directeurs λ, μ, ν de la plus courte distance δ considérée dans le sens OO_1 (ou de G vers G_1). A cet effet, remplaçons dans les équations (2) $\xi_1 - \xi, \ldots$ par les quantités proportionnelles $\lambda \ldots$; elles deviennent $\Sigma \lambda a = 0$, $\Sigma \lambda \Delta a = 0$. On en tire, par les propriétés des fractions égales, en désignant par ψ l'angle des deux génératrices infiniment voisines G et G_1,

$$(4) \qquad \frac{\lambda}{b \, \Delta c - c \, \Delta b} = \frac{\mu}{c \, \Delta a - a \, \Delta c} = \frac{\nu}{a \, \Delta b - b \, \Delta a} = \pm \frac{1}{\sin \psi},$$

car on sait, par la géométrie analytique, que

$$\Sigma\lambda^2 = 1 \qquad \text{et} \qquad \Sigma(b\,\Delta c - c\,\Delta b)^2 = \sin^2\psi.$$

Enfin $\Sigma\lambda a$ et $\Sigma\lambda a_1$ étant nuls, la plus courte distance δ elle-même sera

$$\delta = \Sigma\lambda(\xi_1 - \xi) = \Sigma\lambda(\Delta x + a_1 u_1 - au) = \Sigma\lambda\,\Delta x;$$

ou, en remplaçant λ, μ, ν par leurs valeurs (4),

$$\delta = \pm\frac{1}{\sin\psi}\Sigma\,\Delta x\,(b\,\Delta c - c\,\Delta b) = \pm\frac{1}{\sin\psi}\begin{vmatrix} a & \Delta a & \Delta x \\ b & \Delta b & \Delta y \\ c & \Delta c & \Delta z \end{vmatrix}$$

Comme on dispose du signe de ψ, on peut le déterminer en prenant le signe + dans les équations précédentes. Cela revient à compter l'angle ψ dans le sens de la rotation directe autour de OO_1 (ou δ), car si l'on prend OO_1 pour axe des z, on a $\nu = 1$ et la dernière relation (4) donne $\sin\psi = a\,\Delta b - b\,\Delta a$, quantité positive dans le sens indiqué. Nous écrirons, en abrégé, $\delta\sin\psi = [a, \Delta a, \Delta x]$; et, en développant jusqu'aux termes du troisième ordre, nous aurons

$$\delta\sin\psi = [a, da, dx] + \frac{1}{2}[a, d^2a, dx] + \frac{1}{2}[a, da, d^2x] + \ldots$$

$$= [a, da, dx) + \frac{1}{2}d[a, da, dx] + \ldots$$

Le facteur $\sin\psi$, qui a pour valeur principale $\sqrt{\Sigma(bdc - cdb)^2}$ ou $\sqrt{da^2 + db^2 + dc^2}$, est du premier ordre, de sorte que, en général, δ est du premier ordre en dt. Si δ est d'ordre plus élevé, le point central est un *point-caractéristique* et la surface est développable. Donc *la condition pour que la surface soit développable est que l'on ait constamment* $[a, da, dx] = 0$. Mais alors la différentielle de ce déterminant s'annule aussi, de sorte que δ est du troisième ordre. Donc, *dans une surface développable, la distance de deux génératrices infiniment voisines est du troisième ordre.*

Supposons maintenant la surface gauche. Divisons la dernière équation par $\sin^2\psi$ et passons à la limite ; il vient

$$(5)\qquad \lim\frac{\delta}{\sin\psi} = \frac{[a, da, dx]}{da^2 + db^2 + dc^2} = \frac{[a, a', x']}{a'^2 + b'^2 + c'^2} = -k,$$

k désignant une quantité de signe déterminé, variable d'une génératrice à l'autre, nommée *paramètre de distribution*. Si ce paramètre est nul, la surface est développable.

Ce paramètre joue, dans la théorie du plan tangent aux surfaces gauches, un rôle important, que nous allons mettre en lumière en faisant varier le point de contact le long d'une génératrice G, et en cherchant la loi de la rotation du plan tangent autour de cette génératrice.

Prenons cette génératrice G pour axes des z; nous aurons $a = 0$, $b = 0$, $c = 1$, d'où $c' = 0$ (c étant maximum). Les valeurs de u_0 et de k (**3** et **5**) se réduisent à

$$u_0 = -\frac{a'x' + b'y'}{a'^2 + b'^2}, \qquad k = -\frac{a'y' - b'x'}{a'^2 + b'^2}.$$

Plaçons l'origine au point central, de sorte que $u_0 = 0$. Le plan tangent au point central s'appelle le *plan central*. Prenons-le pour plan xz. Le plan tangent au point de G de paramètre u passe par le point infiniment voisin (donc de même paramètre u) sur la génératrice infiniment voisine, ayant donc (puisque ξ, η sont nuls sur G) les coordonnées infiniment petites

$$d\xi = dx + u da, \qquad d\eta = dy + u db.$$

Comme le plan tangent passe par Oz, il fait avec le plan central un angle φ (positif ou négatif suivant le sens de la rotation autour de OG) déterminé par la formule

$$\text{tg}\,\varphi = \frac{d\eta}{d\xi} = \frac{y' + b'u}{x' + a'u} = \frac{b'u}{x'} = \frac{u}{k}.$$

En effet, $y' = 0$, car φ s'annule avec u; ensuite $ax' = 0$, car u_0 est nul et alors $a' = 0$ car x' n'est pas nul (sinon k s'annulant, la surface serait développable). De là, le théorème de Chasles : *La tangente de l'inclinaison du plan tangent sur le plan central varie, sur chaque génératrice, proportionnellement à la distance du point de contact au point central.* Quand le point de contact se déplace dans le sens positif, le plan tangent tourne autour de la génératrice dans le sens positif ou négatif suivant que le signe du paramètre de distribution k est positif ou négatif.

355. Congruences de droites. — Considérons une congruence de droites

$$(1) \qquad x = az + p, \qquad y = bz + q,$$

les coefficients dépendant de deux paramètres α, β et rappelons-nous les résultats généraux du n° 348. Toutes les droites de la congruence sont tangentes à une même surface S appelée *surface focale*. Les points où une droite particulière D touche S, sont ses *points focaux*. Pour trouver ces points, on considère la droite D comme faisant partie d'une famille à un paramètre. Cette famille se définit en posant une relation $\beta = \varphi(\alpha)$ compatible par les paramètres de D et telle qu'il y ait des *points-caractéristiques* sur D : ces points-caractéristiques sont les points focaux.

Ainsi, pour obtenir les points focaux, nous combinons les équations (1) avec leurs dérivées totales par rapport à α, à savoir

$$(2) \qquad 0 = a'z + p', \qquad 0 = b'z + q',$$

et nous choisissons $\varphi(\alpha)$ de manière que ces équations soient compatibles, ou que deux droites infiniment voisines se rencontrent (au premier ordre près), c'est-à-dire par la condition

$$(3) \qquad a'q' - b'p' = 0,$$

qui exprime que les droites ont une enveloppe (n° 351). Mais on a maintenant

$$a' = \frac{\partial a}{\partial \alpha} + \frac{\partial a}{\partial \beta}\beta', \qquad q' = \frac{\partial q}{\partial \alpha} + \frac{\partial q}{\partial \beta}\beta', \ldots$$

de sorte que la condition (3) prend la forme

$$(4) \qquad P\beta'^2 + Q\beta' + R = 0,$$

où P, Q, R sont des fonctions connues de α, β. Cette équation du second degré a, en général, deux racines, que nous supposerons réelles :

$$(5) \qquad \beta' = \varphi_1(\alpha, \beta), \qquad \beta' = \varphi_2(\alpha, \beta).$$

Portant ces valeurs de β' dans les équations (2), celles-ci sont compatibles et nous obtenons deux valeurs correspondantes pour z. Il y a donc, sur chaque génératrice de la congruence, deux points focaux F_1 et F_2 ; et la surface focale S se compose de deux nappes S_1 et S_2, dont chacune est touchée en un point par chaque génératrice de la congruence.

Les calculs que nous venons de faire résolvent la question de faire passer, par une droite donnée D_0 de la congruence, une surface developpable dont les génératrices appartiennent à la congruence. Il faut, en effet, pour cela, poser une relation $\beta = \varphi(\alpha)$, vérifiée par les paramètres particuliers α_0, β_0 de D_0 et telle qu'on ait la relation (3), donc aussi les relations (4) et (5). Chacune des deux équations différentielles (5) admet une intégrale particulière $\beta = \varphi(\alpha)$ complètement déterminée par la condition d'admettre les valeurs initiales α_0, β_0. De là, la conclusion suivante :

Il existe deux surfaces développables Δ_1 et Δ_2 passant par une génératrices donnée (appartenant à la congruence) et formées de droites de la congruence.

Les points focaux F_1 et F_2 de la génératrice sont ceux où cette génératrice touche respectivement les arêtes de rebroussement A_1 et A_2 des deux développables Δ_1 et Δ_2. Ces arêtes sont donc situées respectivement sur les nappes S_1 et S_2 de la surface focale, qui est leur lieu géométrique.

Considérons, en particulier, la développable Δ_1 engendrée par une suite de génératrices D, D′, D″,... (fig. 5). Les points focaux successifs F_1, F'_1, F''_1,... dessinent sur S_1 l'arête de rebroussement A_1 ; les points focaux F_2, F'_2, F''_2,... dessinent sur S_2 une autre courbe de Δ_1, qui n'est pas tangente à la droite D. Donc D et la tangente à cette courbe déterminent le plan tangent à la développable au point F_2 (donc le long de D) et aussi le plan tangent à la nappe S_2 de la surface focale au même point F_2, et ces deux plans tangents coïncident. De là, les théorèmes suivants :

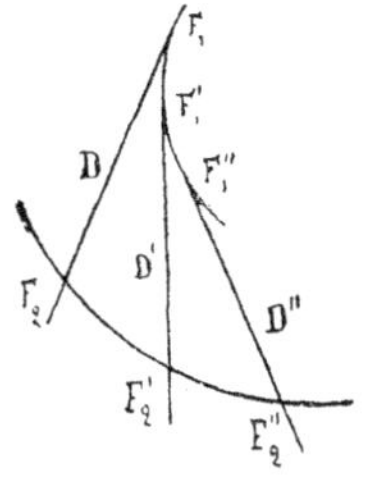

FIG. 5.

Les plans tangents à la surface focale aux deux points focaux sur une même génératrice ou les PLANS FOCAUX, *sont les plans tangents aux deux développables qui passent par cette génératrice.*

Chacune des deux développables qui passent par une génératrice de la congruence, a son arête de rebroussement sur une des nappes de la surface focale et est circonscrite à l'autre nappe.

Un plan focal est donc, en même temps, plan tangent à l'une des nappes et plan osculateur de l'arête de rebroussement tracée sur l'autre. Donc si les deux plans focaux sont rectangulaires, le plan osculateur de l'arête est normal à la surface focale. Si cette condition se réalise pour toutes les droites de la congruence, les arêtes de rebroussement des développables passant par les diverses génératrices seront des *lignes géodésiques* de la surface focale. Comme on le verra au n° suivant, cette condition se réalise dans les congruences de normales à une surface et dans celles-là seulement.

Ces conclusions générales supposent que les points focaux F_1 et F_2 ne soient pas confondus et que chacun d'eux décrive une surface, ce qui est évidemment le cas général.

356. Congruences de normales. — Demandons-nous si les droites d'une congruence arbitraire,

$$x = az + p, \qquad y = bz + q, \tag{6}$$

restent normales à une même surface, les coefficients a, p, b, q étant donc fonctions de deux paramètres indépendants α et β.

S'il en est ainsi, les coordonnées x, y, z des points de la surface seront des fonctions de α et de β assujetties à vérifier les deux équations précédentes. Mais, de plus, tout déplacement dx, dy, dz sur la surface devant être normal à la droite de la congruence qui passe au même point, on aura (x, y, z étant considérés comme fonctions de α, β)

$$a\,dx + b\,dy + dz = 0;$$

ou, en remplaçant dx et dy par leurs valeurs tirées de la différentiation totale des deux mêmes équations (6),

$$(a^2 + b^2 + 1)dz + z(a\,da + b\,db) + a\,dp + b\,dq = 0;$$

ou encore, en divisant par $\sqrt{1 + a^2 + b^2}$,

$$d(z\sqrt{1 + a^2 + b^2}) + \frac{a\,dp + b\,dq}{\sqrt{1 + a^2 + b^2}} = 0.$$

C'est une équation aux différentielles totales entre z, α et β, qui doit servir à déterminer z en fonction de α, β. Mais, pour que cette détermination soit possible, il est nécessaire et suffisant que

$$\frac{a\,dp + b\,dq}{\sqrt{1 + a^2 + b^2}}$$

soit une différentielle totale exacte en α, β. Cette condition entraîne une relation entre les quatre fonctions a, b, p, q des deux paramètres. Donc *il n'existe pas, en général, de surface normale aux droites d'une congruence donnée.*

La condition que nous venons de trouver est susceptible d'une interprétation géométrique remarquable. Prenons comme variables indépendantes α, β les coordonnées p et q du pied de la droite (6) sur le plan xy (*). La condition d'intégrabilité sera

$$(7) \qquad \frac{\partial}{\partial q}\left(\frac{a}{\sqrt{1 + a^2 + b^2}}\right) = \frac{\partial}{\partial p}\left(\frac{b}{\sqrt{1 + a^2 + b^2}}\right).$$

D'autre part, considérons une droite particulière D de la congruence. L'équation (4), équivalente à (3) du n° précédent, qui exprime que les droites (6) ont une enveloppe devient ici

$$(8) \qquad \frac{\partial a}{\partial q} q'^2 + \left(\frac{\partial a}{\partial p} - \frac{\partial b}{\partial q}\right) q' - \frac{\partial b}{\partial p} = 0.$$

Les deux racines q'_1 et q'_2 de cette équation du second degré sont les coefficients angulaires dans le plan xy des courbes d'intersection par ce plan des deux développables passant par la droite D. Les deux plans tangents à ces développables le long de D, devant contenir D et l'une de ces tangentes respectivement, ont pour équations

$$q'_1(x - az - p) = (y - bz - q), \qquad q'_2(x - az - p) = (y - bz - q).$$

La condition de perpendicularité de ces deux plans est

$$1 + b^2 - ab(q'_1 + q'_2) + q'_1 q'_2(1 + a^2) = 0;$$

(*) Ceci est permis. En effet, si p et q étaient liés par une relation, le plan xy couperait la congruence suivant une courbe et, pour éviter ce cas, on changerait d'axes coordonnés. Il est d'ailleurs impossible que la congruence soit coupée suivant une courbe par un plan quelconque, sinon elle se réduirait à une surface.

ou bien, en remplaçant les somme et produit des racines q' par leurs valeurs tirées de l'équation (**8**),

$$\frac{\partial a}{\partial q}(1+b^2)+ab\left(\frac{\partial a}{\partial q}-\frac{\partial b}{\partial q}\right)-\frac{\partial b}{\partial p}(1+a^2)=0,$$

ce qui coïncide avec la condition d'intégrabilité (**7**) quand on effectue les calculs. On a donc le théorème suivant :

La condition nécessaire et suffisante pour qu'une congruence de droites soit une congruence de normales, est que les deux plans focaux soient rectangulaires pour chacune des génératrices.

§ 7. Surface polaire Développées des courbes gauches

357. Enveloppes des plans du trièdre principal. — Si l'on considère un point M sur une courbe gauche et le trièdre principal correspondant, ce trièdre varie avec le point M et chacun des trois plans du trièdre enveloppe une surface développable.

Les trois plans du trièdre sont le *plan osculateur* perpendiculaire à la binormale, le *plan normal* perpendiculaire à la tangente, enfin le plan perpendiculaire à la normale principale que l'on appelle le *plan rectifiant*.

Le plan osculateur a pour caractéristique la tangente et pour enveloppe, la *développable des tangentes*.

Le plan normal, sur lequel nous allons revenir, a pour enveloppe la *développable polaire*.

Quant au *plan rectifiant*, il enveloppe une surface à laquelle on donne le nom de *développable rectifiante*. La courbe considérée se trouve sur cette surface, car le plan rectifiant contient la tangente, par conséquent, son enveloppe contient l'enveloppe de la tangente, c'est-à-dire la courbe elle-même. On voit, en même temps, que la caractéristique du plan rectifiant passe par le point M, qui est le point caractéristique sur la tangente. La normale principale à la courbe est perpendiculaire au plan tangent à la développable qui est le plan rectifiant, donc la courbe est une géodésique de la développable et *elle se transforme en droite* quand on étend celle-ci sur un plan. C'est de là que vient le nom de développable rectifiante.

358. Surface polaire. — Etant donnée une courbe gauche :

$$(1) \qquad x = f(t), \qquad y = f_1(t), \qquad z = f_2(t),$$

la *surface* (ou *développable*) *polaire* est l'enveloppe des plans normaux. Pour obtenir les équations d'une caractéristique, il faut combiner l'équation du plan normal et sa dérivée par rapport à t. Cette droite, dont les équations sont donc

$$(\xi - x)\, x' + (\eta - y)\, y' + (\zeta - z)\, z' = 0,$$
$$(\xi - x)\, x'' + (\eta - y)\, y'' + (\zeta - z)\, z'' = x'^2 + y'^2 + z'^2,$$

s'appelle *droite polaire* ou *axe du plan osculateur* ou encore *axe de courbure*. Elle est perpendiculaire au plan osculateur, car ses coefficients de direction $y'z'' - z'y'' = A, \ldots$ sont les mêmes que ceux de la normale à ce plan. En joignant aux équations de l'axe de courbure celle du plan osculateur, $A(\xi - x) + \ldots = 0$, on obtient les trois équations qui déterminent les coordonnées du centre de courbure (t. I, n° 229). Donc : *Le centre de courbure est le point de percée du plan osculateur par l'axe de courbure.*

Les équations de l'arête de rebroussement de la surface polaire s'obtiennent en ajoutant aux deux équations d'une caractéristique la suivante, obtenue en dérivant une fois de plus :

$$(\xi - x)\, x''' + (\eta - y)\, y''' + (\zeta - z)\, z''' = 3\,(x'x'' + y'y'' + z'z'').$$

359. Sphère osculatrice. — L'équation d'une sphère (de centre ξ, η, ζ et de rayon R arbitraires) renferme quatre paramètres, qui permettent d'obtenir avec la courbe, en un point donné t, un contact du troisième ordre. Les éléments ξ, η, ζ et R de la sphère osculatrice seront déterminés par les quatre équations :

$$\varphi(t) = (x - \xi)^2 + (y - \eta)^2 + (z - \zeta)^2 - R^2 = 0,$$
$$\frac{1}{2}\,\varphi'(t) = (x - \xi)\, x' + (y - \eta)\, y' + (z - \zeta)\, z' = 0.$$
$$\varphi''(t) = \varphi'''(t) = 0.$$

Les trois équations $\Phi' = \Phi'' = \Phi''' = 0$, qui déterminent ξ, η, ζ sont les mêmes que celles qui déterminent les coordonnées du point où la droite polaire touche son arête de rebroussement et que nous avons écrites au n° précédent. Nous obtenons donc le théorème suivant :

L'arête de rebroussement de la surface polaire est le lieu géométrique du centre de la sphère osculatrice.

360. Développées des courbes gauches. — On appelle *développée* d'une courbe donnée toute courbe qui est une enveloppe de normales à cette courbe, ou toute courbe dont les tangentes viennent rencontrer normalement la courbe donnée.

Soient t le paramètre et x, y, z les coordonnées d'un point M de la courbe gauche (1); ξ, η, ζ celles du point N correspondant de la développée; ρ la longueur MN de la normale; σ l'arc de la développée (compté positivement dans le sens MN). Les équations du problème sont

$$(2) \qquad \frac{d\xi}{\xi - x} = \frac{d\eta}{\eta - y} = \frac{d\zeta}{\zeta - z} = \frac{d\sigma}{\rho},$$

qui expriment que MN est tangent à la développée, et

$$(3) \quad (\xi - x)\,dx + (\eta - y)\,dy + (\zeta - z)\,dz = 0,$$

qui exprime que MN est normal à la courbe.

Il y a donc trois relations distinctes pour déterminer ξ, η, ζ en fonction de t. Commençons pour établir quelques propriétés de la développée. Différentions l'équation

$$(\xi - x)^2 + (\eta - y)^2 + (\zeta - z)^2 = \rho^2$$

en ayant égard à (3); il vient

$$(\xi - x)\,d\xi + (\eta - y)\,d\eta + (\zeta - z)\,d\zeta = \rho\,d\rho$$

et, en remplaçant $d\xi, \ldots$ par leurs valeurs (2),

$$[(\xi - x)^2 + (\eta - y)^2 + (\zeta - z)^2]\,\frac{d\sigma}{\rho} = \rho\,d\rho, \quad \text{d'où} \quad d\sigma = d\rho.$$

Donc *la longueur d'un arc de la développée est égale à la différence de longueur des normales tangentes à ses extrémités.*

Différentions l'équation (3) en tenant compte de la relation $\Sigma\, d\xi\, dx = 0$ qui résulte immédiatement de (2) et (3); il vient

$$(4)\quad (\xi - x)\, d^2x + (\eta - y)\, d^2y + (\zeta - z)\, d^2z = ds^2.$$

Mais les équations (3) et (4) sont celles de l'axe de courbure du point M. Le point N où la normale MN touche la développée est sur cet axe; donc *toutes les développées d'une courbe gauche sont tracées sur sa surface polaire.*

Passons maintenant à la détermination analytique des développées.

Soit Z le centre de courbure au point M; menons le rayon de courbure R = MZ et l'axe de courbure ZN (fig. 6). Le segment ZN sera considéré comme positif dans le sens de la binormale de direction (X, Y, Z) et comme négatif en sens contraire. Désignons enfin par θ l'angle de la normale MN avec la normale principale MZ, angle compris entre $\pm$ 90° et de même signe que ZN en sorte que ZN = R tg θ.

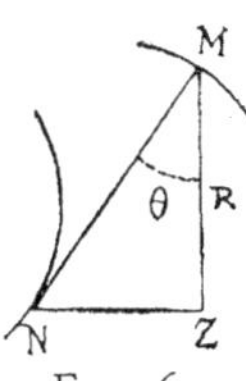

Fig. 6.

Pour obtenir les coordonnées ξ, η, ζ du point N, écrivons que les projections de MN sur les axes sont égales à celles du contour MZN; nous trouvons

$$(5)\quad \left\{\begin{aligned} \xi - x &= R(\lambda + X \operatorname{tg} \theta), \\ \eta - y &= R(\mu + Y \operatorname{tg} \theta), \\ \zeta - z &= R(\nu + Z \operatorname{tg} \theta). \end{aligned}\right.$$

En exprimant dans ces équations (4), x, y, z et les seconds membres en fonction de t, on obtient une représentation paramétrique de la développée. Mais, pour cela, il faut encore connaître la valeur de θ en fonction de t.

A cet effet, différentions la première équation (5); il vient

$$d\xi = dx + \lambda\, dR + R\, d\lambda + dX(R \operatorname{tg} \theta) + X d(R \operatorname{tg} \theta)$$

Eliminons $d\xi$ par les relations (2) et (5) et $d\lambda$, dX par les formules de Frenet (t. I, n° 238), qui donnent

$$d\xi = (\xi - x)\frac{d\sigma}{\rho} = R\frac{d\sigma}{\rho}(\lambda + X \operatorname{tg} \theta),$$

$$d\lambda = -\left(\frac{\alpha}{R} + \frac{X}{T}\right) ds, \qquad dX = \frac{\lambda}{T}\, ds;$$

Il vient

$$R\frac{d\sigma}{\rho}(\lambda + X \operatorname{tg} \theta) = \lambda\, dR - \frac{RX}{T}ds + \frac{\lambda}{T}ds\, R \operatorname{tg} \theta + Xd(R \operatorname{tg} \theta).$$

Dans cette dernière équation, on peut considérer λ et X comme des indéterminées, car leurs coefficients ne dépendent que de la forme de la courbe et non du choix des axes coordonnés. Les coefficients de λ et X sont donc les mêmes dans les deux membres, ce qui nous donne

$$R\frac{d\sigma}{\rho} = dR - \frac{R\,ds}{T}\operatorname{tg} \theta, \qquad \frac{R\,d\sigma}{\rho}\operatorname{tg} \theta = d(R \operatorname{tg} \theta) - \frac{R\,ds}{T};$$

et, en éliminant $d\sigma : \rho$ entre les deux équations,

$$-\frac{R\,ds}{T}(1 + \operatorname{tg}^2 \theta) + R d \operatorname{tg} \theta = 0, \qquad \text{d'où} \qquad d\theta = \frac{ds}{T}.$$

En définitive, θ est déterminé par une quadrature

$$(6) \qquad \theta = \theta_0 + \int_{t_0}^{t} \frac{ds}{T},$$

t étant la variable d'intégration. La valeur initiale θ_0 reste arbitraire. Si l'on porte la valeur (6) dans (5), on obtient les équations d'une infinité de développées, différant par la valeur initiale θ_0.

La formule (6) conduit à une conséquence importante. Si l'on considère deux développées différentes (θ) et (θ') engendrées par les deux normales MN et MN′, on tire de (6)

$$\theta - \theta' = \theta_0 - \theta'_0.$$

Donc, *si deux normales* MN *et* MN′ *engendrent des développées, elles font entre elles un angle constant.*

Réciproquement, si la normale MN *a une enveloppe, la normale* MN′ *en a une aussi, pourvu qu'elle fasse un angle constant avec* MN.

Si la courbe est plane, la torsion $1 : T$ est nulle et θ se réduit à θ_0. Si l'on prend le plan de la courbe comme plan xy, on a $z = \nu = X = Y = 0$ et $Z = 1$; les formules (5) deviennent

$$\xi = x + R\lambda, \qquad \eta = y + R\mu, \qquad \zeta = R \operatorname{tg} \theta_0.$$

Or ξ, η sont les coordonnées du centre de courbure. Par conséquent, les développées s'obtiennent en prenant, sur chaque normale au plan de la courbe élevée au centre de courbure, une longueur proportionnelle au rayon de courbure correspondant. La surface polaire est un cylindre, dont la développée ordinaire est une section droite, et les autres développées sont des hélices qui coupent les génératrices de ce cylindre sous un angle constant (complémentaire de θ_0).

La développée ordinaire s'obtient en faisant $\theta_0 = 0$ et elle est l'enveloppe des normales principales. Mais on observe que les courbes planes sont les seules dont les normales principales aient une enveloppe, car la formule (6) montre que θ ne peut être constant que si la torsion est nulle.

REMARQUE. — Les normales à une courbe gauche (C) forment une congruence de droites (n° 355). Les deux *points focaux* sur une normale sont le point M de la courbe et le point de contact avec la surface polaire. Celle-ci est donc une nappe de la surface focale, tandis que l'autre nappe dégénère dans la courbe (C) lieu du point M. Par chaque normale passe une vraie développable, contenant (C) et ayant son arête sur la surface polaire, tandis que l'autre développable est le plan normal perpendiculaire à la première. Ainsi les deux plans focaux sont rectangulaires, la congruence est une congruence de normales à une surface (n° 356) et *les développées sont des géodésiques de la surface polaire.*

CHAPITRE XIII

Lignes tracées sur une surface

---

§ 1. Courbure des lignes tracées sur une surface

361. Formule fondamentale. — Il s'agit d'étudier, en un point M d'une surface S, la courbure des lignes tracées sur la surface et passant par ce point. Les axes sont supposés rectangulaires. Nous mettons l'équation de la surface sous la forme

$$z = f(x, y);$$

nous admettons que z et ses dérivées partielles des deux premiers ordres sont des fonctions uniformes et continues des deux variables x et y et nous posons, en abrégé,

$$p = \frac{\partial z}{\partial x}, \quad q = \frac{\partial z}{\partial y}, \quad r = \frac{\partial^2 z}{\partial x^2}, \quad s = \frac{\partial^2 z}{\partial x \, \partial y}, \quad t = \frac{\partial^2 z}{\partial y^2}.$$

Ceci entendu, menons la normale MN au point $M(x, y, z)$ de la surface, dans le sens où elle fait un angle aigu avec Oz. Ses cosinus directeurs X, Y, Z seront, sans ambiguité de signe (le radical étant positif),

$$X = \frac{-p}{\sqrt{1 + p^2 + q^2}}, \quad Y = \frac{-q}{\sqrt{1 + p^2 + q^2}}, \quad Z = \frac{+1}{\sqrt{1 + p^2 + q^2}}.$$

Soient maintenant α, β, γ les cosinus directeurs de la tangente MT au point M à une courbe (C) de la surface ; λ, μ, ν les cosinus directeurs du rayon de courbure R de cette courbe, et θ l'angle de R avec la normale à la surface. Nous avons par les formules de Frenet (t. I, n° 238)

$$\cos \theta = X\lambda + Y\mu + Z\nu = \frac{R(X\, d\alpha + Y\, d\beta + Z\, d\gamma)}{ds}.$$

Substituons les valeurs

$$d\alpha = d\,\frac{dx}{ds} = \frac{d^2x}{ds} - \frac{dx\,d^2s}{ds^2},\ldots$$

et observons que $X dx + Y dy + Z dz$ est nul, parce que le déplacement dx, dy, dz sur la courbe (C) est perpendiculaire à la normale à la surface; il vient

$$(1)\qquad \frac{\cos\theta}{R} = \frac{X\,d^2x + Y\,d^2y + Z\,d^2z}{ds^2}.$$

Remplaçons maintenant d^2z par sa valeur

$$d^2z = r\,dx^2 + 2s\,dx\,dy + t\,dy^2 + p\,d^2x + q\,d^2y;$$

les termes en d^2x et d^2y disparaissent, car leurs coefficients $X + pZ$ et $Y + qZ$ sont nuls; et, en substituant encore à Z la valeur indiquée plus haut, il reste

$$(2)\qquad \frac{\cos\theta}{R} = \frac{r\,dx^2 + 2s\,dx\,dy + t\,dy^2}{ds^2\sqrt{1 + p^2 + q^2}},$$

ou encore, en introduisant les cosinus directeurs α, β de la tangente à la courbe (C),

$$(3)\qquad \frac{\cos\theta}{R} = \frac{r\alpha^2 + 2s\alpha\beta + t\beta^2}{\sqrt{1 + p^2 + q^2}}.$$

C'est la formule fondamentale dans la théorie de la courbure.

362. Théorème. — *Une courbe tracée sur une surface a même rayon de courbure au point* M *que la section plane déterminée dans la surface par son plan osculateur.*

En effet, ces deux courbes ayant même tangente et même normale principale au point M, les quantités θ, α, β ont mêmes valeurs pour les deux courbes et la formule (3) fournit la même valeur pour R.

Ce théorème ramène la courbure des courbes quelconques à celle des sections planes. Toutefois ce théorème tombe en défaut si $\cos\theta$ et $r\alpha^2 + 2s\alpha\beta + t\beta^2$ s'annulent à la fois, ce qui rend la formule (3) identique. Alors la courbe a son plan osculateur tangent à la surface et elle est tangente aux *directions asymptotiques* (n° 367). Tel est le cas pour la section de la surface par son plan tangent.

363. Théorème de Meusnier. — *Le rayon de courbure au point* M *d'une section oblique est la projection sur le plan de cette section du rayon de courbure de la section normale qui a même tangente en* M.

Soit R_0 le rayon de courbure de la section normale qui a pour tangente MT. Pour cette section, on a $\cos\theta = \pm 1$ selon que le vecteur R_0 est dirigé suivant MN ou en sens contraire. Le premier membre de (3) se réduit donc à $\pm 1 : R_0$ et, comme le second membre est indépendant de θ, nous obtenons

$$(4) \qquad \frac{\cos\theta}{R} = \frac{\pm 1}{R_0}, \qquad \text{d'où} \qquad R = R_0 (\pm \cos\theta).$$

Dans les deux cas, $\pm\cos\theta$ est le cosinus de l'angle fait que le vecteur R avec le vecteur R_0, ce qui prouve la proposition.

364. Courbure normale et courbure géodésique. — Soit C le centre de courbure de la courbe tracée sur la surface. Menons par ce point l'axe de courbure (ou la normale au plan osculateur) coupant en C_0 le plan normal à la surface (passant par MT) et en C_1 le plan tangent.

Le point C_0 s'appelle *centre de courbure normale*, le vecteur MC_0 *rayon de courbure normale*, la grandeur inverse *courbure normale* de la courbe au point M.

Le point C_1 s'appelle *centre de courbure géodésique*, MC_1 *rayon de courbure géodésique*, la grandeur inverse *courbure géodésique*.

D'après cela, les courbures normale et géodésique ont respectivement pour valeurs (abstraction faite du signe)

$$\frac{\cos\theta}{R}, \qquad \frac{\sin\theta}{R}.$$

On voit aussi, en se reportant à la relation (4) du n° précédent, que *la courbure normale d'une courbe est égale à la courbure de la section normale qui a même tangente* MT.

Si l'on projette la courbe sur le plan tangent, la courbe et sa projection sont respectivement une section oblique et une section normale du cylindre projetant. Donc, en vertu du théorème précédent, *la courbure géodésique est la courbure au point* M *de la projection de la courbe sur le plan tangent à la surface.* De même, *la courbure normale est celle de la projection de la courbe sur le plan normal à la surface passant par la tangente* MT.

On peut aussi attribuer un signe aux courbures normale et géodésique. On prend R en valeur absolue, la courbure normale est entièrement définie par la formule $\cos\theta : R$: elle est positive et négative selon que R est du même côté de la surface que la normale MN ou bien du côté opposé.

La courbure géodésique sera définie en grandeur et en signe par l'expression $\sin\theta : R$, à condition de donner un signe à θ. Pour cela, il faut définir le sens direct pour la rotation de MN vers R, ce qui peut se faire par rapport au trièdre principal. La courbure géodésique sera positive ou négative suivant que le rayon de courbure sera de l'un ou de l'autre côté du plan normal.

Si la normale principale est normale à la surface, $\theta = 0$ ou π, et la courbure géodésique est nulle. Les lignes dont la courbure géodésique est constamment nulle portent le nom de *lignes géodésiques*.

Si la normale principale est tangente à la surface, $\theta = \pi . 2$ et la courbure normale est nulle. Les lignes dont la courbure normale est constamment nulle portent le nom de *lignes asymptotiques* (n° 390).

365. Equation d'Euler. Sections et directions principales. — Le théorème de Meusnier ramène l'étude de la courbure à celle de la courbure des sections normales. Celle-ci a été faite par Euler.

Plaçons l'origine des coordonnées au point M et prenons la normale MN pour axe des z, donc pour plan xy le plan tangent à la surface. On a $p = q = 0$. Pour une section normale, la formule fondamentale (3) se réduit à

$$(6) \qquad \frac{1}{R} = r\alpha^2 + 2s\alpha\beta + t\beta^2,$$

si R est dirigé suivant MN; tandis qu'il faut changer le signe du premier membre si R est de sens contraire. Mais nous conviendrons de considérer la formule (6) comme générale, en attribuant un double signe à R, positif dans le sens MN et négatif dans le sens contraire.

Soit ω l'angle de la tangente MT à la section avec l'axe des x; il vient, par une transformation facile,

$$\frac{1}{R} = r\cos^2\omega + 2s\cos\omega\sin\omega + t\sin^2\omega$$
$$= \frac{r+t}{2} + \frac{r-t}{2}\cos 2\omega + s\sin 2\omega.$$

Cette équation montre que $1 : R$ est une fonction continue et limitée de ω : elle a donc au moins un maximé et un minimé. On les trouve en cherchant les valeurs de ω qui annulent sa dérivée, c'est-à-dire les racines de l'équation

$$\operatorname{tg} 2\omega = \frac{2s}{r-t}.$$

Cette équation donne pour ω deux directions rectangulaires. Prenons-les pour axes des x et des y; l'équation précédente ayant pour racine $\omega = 0$, il faut que $s = 0$, et l'équation (2) se réduit à

$$\frac{1}{R} = r\cos^2\omega + t\sin^2\omega.$$

Soient R_1 le rayon de courbure de la section $\omega = 0$, R_2 celui de la section $\omega = \pi : 2$; nous aurons $1 : R_1 = r$ et $1 : R_2 = t$. Nous obtenons ainsi l'*équation d'Euler*

$$\frac{1}{R} = \frac{\cos^2\omega}{R_1} + \frac{\sin^2\omega}{R_2}.$$

Les deux directions rectangulaires que nous venons de considérer correspondent aux sections de plus grande et de plus petite courbure, celles-ci s'appellent les *sections principales*. Les plans de ces sections sont les *plans principaux*. Les rayons de courbure R_1 et R_2 de ces sections sont les *rayons de courbure principaux*. Les centres de courbure correspondants sont les *centres de courbures principaux*. Les directions des tangentes aux sections principales sont les *directions principales*.

L'équation d'Euler ne dépend plus en rien des axes coordonnés et elle exprime une propriété de la surface. Elle fait dépendre le rayon de courbure d'une section normale quelconque de l'angle que fait le plan de cette section avec celui d'une section principale et des deux rayons de courbure principaux.

366. **Courbure moyenne.** — Soient R′ et R″ les rayons de courbure de deux directions rectangulaires définies par les angles ω et $\omega + \pi : 2$; on a, par la formule d'Euler,

$$\frac{1}{R'} = \frac{\cos^2 \omega}{R_1} + \frac{\sin^2 \omega}{R_2}, \qquad \frac{1}{R''} = \frac{\sin^2 \omega}{R_1} + \frac{\cos^2 \omega}{R_2};$$

par conséquent,

$$\frac{1}{R'} + \frac{1}{R''} = \frac{1}{R_1} + \frac{1}{R_2}.$$

Donc *la somme des courbures de deux sections rectangulaires est constante au point* M *et égale à la somme des courbures principales.* La moitié de cette constante s'appelle la *courbure moyenne* au point M. Le concept de courbure moyenne est dû à Sophie Germain.

367. **Forme de la surface au voisinage d'un point. Directions asymptotiques.** — On peut distinguer sur la surface trois sortes de points :

1° Si R_1 et R_2 sont de même signe au point M, R a toujours le même signe quel que soit ω, et toutes les sections tournent leur concavité dans le même sens. Dans le voisinage de M, la surface se trouve tout entière du même côté de son plan tangent. C'est ce qui a lieu en tout point d'un ellipsoïde.

2° Si R_1 et R_2 sont de signes contraires, R peut changer de signe. Les deux directions correspondant aux racines de l'équation

$$\operatorname{tg} \omega = \pm \sqrt{-\frac{R_2}{R_1}}$$

donnent $\frac{1}{R} = 0$. On les appelle les *directions asymptotiques,* pour une raison que nous indiquerons au n° suivant, et les tangentes correspondantes sont les *tangentes aux directions asymptotiques.* La surface n'est pas tout entière du même côté de son plan tangent et l'on dit qu'elle est à courbures opposées au point M. C'est ce qui arrive en tout point d'un hyperboloïde à une nappe.

3° Un cas intermédiaire entre les deux précédents est celui où l'une des courbures principales, $1 : R_2$ par exemple, est nulle. Il vient alors

$$\frac{1}{R} = \frac{\cos^2 \omega}{R_1}.$$

La surface est située tout entière du même côté de son plan tangent, mais R croît à l'infini pour $\omega = 0$. C'est ce qui arrive en tout point d'une surface cylindrique dont la section droite est sans inflexion.

Enfin, il faut signaler le cas particulier où les deux rayons de courbure principaux sont égaux. Alors toutes les sections normales ont même courbure. Un tel point s'appelle un *ombilic* de la surface.

368. Indicatrice de Dupin. — On représente géométriquement la variation du rayon de courbure quand le plan de la section tourne autour de la normale, par la construction suivante : On porte sur la tangente à la section une longueur MT égale à la racine carrée de la valeur absolue de R ; le point T décrit dans le plan tangent une courbe, appelée *indicatrice*, qui figure la variation de R. La nature de cette courbe dépend de celle du point M.

1° Si R_1 et R_2 sont de même signe, R est toujours de même signe aussi, par exemple positif. Alors les coordonnées du point T sont $x = \sqrt{R} \cos \omega$, $y = \sqrt{R}$ et l'indicatrice est une ellipse

$$\frac{x^2}{R_1} + \frac{y^2}{R_2} = 1.$$

On dit, dans ce cas, que M est un *point elliptique*.

2° Si l'une des courbures principales, $1 : R_2$ par exemple, est nulle, l'indicatrice est dite parabolique et devient un système de deux droites parallèles, à savoir (en supposant R_1 positif)

$$\frac{x^2}{R_1} = 1.$$

On dit, dans ce cas, que M est un *point parabolique*.

3° Si R_1 et R_2 sont de signes contraires, R est positif quand MT tombe dans l'un des angles entre les directions asymptotiques, et négatif dans l'autre angle. Les coordonnées du point T sont, suivant le cas, $x = \sqrt{\pm R} \cos \omega$, $y = \sqrt{\pm R} \sin \omega$. L'indicatrice se compose de deux hyperboles conjuguées

$$\frac{x^2}{R_1} + \frac{y^2}{R_2} = \pm 1;$$

et les *directions asymptotiques* sont celles des asymptotes de l'indicatrice, ce qui justifie leur nom. On dit alors que M est un *point hyperbolique*.

On peut faire apparaître autrement le rapport de l'indicatrice avec la forme de la surface autour du point M. Rappelons que le point M a été pris comme origine des coordonnées et les tangentes aux sections principales comme axes des x et des y. Donc, si l'on développe z par la formule de Maclaurin suivant les puissances de x et de y, il vient (p, q, s s'annulant à l'origine)

$$z = \frac{1}{2}(rx^2 + ty^2) + \ldots$$

ou, puisque $r = 1 : R_1$ et $t = 1 : R_2$ (n° 465),

$$2z = \frac{x^2}{R_1} + \frac{y^2}{R_2} + \ldots$$

Coupons la surface par deux plans parallèles, $z = \pm l$, à la distance infiniment petite l du plan tangent $z = 0$. Les sections auront pour équations approchées, en négligeant les termes d'ordre supérieur au second,

$$\frac{x^2}{R_1} + \frac{y^2}{R_2} = \pm 2l.$$

D'où la conclusion suivante :

Si l'on coupe la surface par un plan parallèle au plan tangent et infiniment voisin du point de contact, la courbe d'intersection est semblable à l'indicatrice de ce point.

369. Détermination de la nature d'un point en axes rectangulaires quelconques. — Supposons maintenant que le point $M(x, y, z)$ occupe une situation quelconque par rapport aux axes. La formule (3) nous donnera, pour la courbure d'une section normale quelconque au point M, et avec la même convention que précédemment (n° 365) sur le signe de R,

$$\frac{1}{R} = \frac{r\alpha^2 + 2s\alpha\beta + t\beta^2}{\sqrt{1 + p^2 + q^2}}. \tag{7}$$

Les trois cas à distinguer quant aux variations de signes de $1 : R$ quand on fait varier $\alpha : \beta$, s'aperçoivent encore immédiatement, car elles tiennent aux propriétés du trinome $r\alpha^2 + 2s\alpha\beta + t\beta^2$.

1° Si $rt - s^2 > 0$, le trinome et par suite R ont un signe invariable et ne peuvent s'annuler. Le point M est *elliptique*.

2° Si $rt - s^2 = 0$, le trinome peut s'annuler mais ne peut changer de signe, le point M est *parabolique*. Tels sont tous les points d'une surface développable.

3° Si $rt - s^2 < 0$, le trinome et R peuvent changer de signe, le point M est *hyperbolique*.

Les asymptotes de l'indicatrice (n° 368) correspondent aux directions pour lesquelles la courbure d'une section normale est nulle. Les directions asymptotiques sont donc définies par l'équation :

$$r\alpha^2 + 2s\alpha\beta + t\beta^2 = 0,$$

qui est l'*équation aux directions asymptotiques*.

Pour former l'*équation de la projection de l'indicatrice sur le plan xy*, les axes étant supposés transportés parallèlement à eux-mêmes au point M, il suffit de poser $x = \alpha\sqrt{R}$, $y = \beta\sqrt{R}$ et d'éliminer α, β de l'équation (7). Il vient ainsi

$$\frac{rx^2 + 2sxy + ty^2}{\sqrt{1 + p^2 + q^2}} = 1.$$

370. Détermination des sections et des courbures principales. — Les courbures principales sont les maximé et minimé de $1 : R$ considéré comme fonction du rapport $\alpha : \beta$. Or, pour une section normale, nous avons, par la formule (7),

$$\frac{1}{RZ} = r\alpha^2 + 2s\alpha\beta + t\beta^2.$$

Mais, comme on a

$$\alpha^2 + \beta^2 + \gamma^2 = \alpha^2 + \beta^2 + (p\alpha + q\beta)^2 = 1,$$

l'équation précédente peut être remplacée par une autre où n'intervient plus que le rapport $\alpha : \beta$, à savoir

$$\frac{\alpha^2 + \beta^2 + (p\alpha + q\beta)^2}{RZ} = r\alpha^2 + 2s\alpha\beta + t\beta^2.$$

de sorte que les maximé et minimé de $1 : R$ peuvent se déduire de cette relation où les variables α, β sont considérées comme indépendantes. Il faut, pour cela, tirer de cette relation les dérivées de $1 : R$ par rapport à α et à β et les annuler séparément. Il est clair que cela revient à dériver l'équation précédente par rapport à α puis β séparément, en traitant R comme une constante, ce qui donne

$$\frac{\alpha + p\,(p\alpha + q\beta)}{RZ} = r\alpha + s\beta, \qquad \frac{\beta + q\,(p\alpha + q\beta)}{RZ} = s\alpha + t\beta,$$

c'est-à-dire

$$(8) \qquad \frac{\alpha + p\,(p\alpha + q\beta)}{r\alpha + s\beta} = \frac{\beta + q\,(p\alpha + q\beta)}{s\alpha + t\beta} = RZ.$$

L'égalité des deux premiers membres constitue une équation du second degré qui donne deux valeurs pour le rapport $\alpha : \beta$. Elle fait connaître les directions des tangentes aux sections principales. Toutes réductions faites, elle devient

$$(9) \quad \alpha^2[s(1+p^2)-pqr]+\alpha\beta[t(1+p^2)-r(1+q^2)]-\beta^2[s(1+q^2)-pqt]=0.$$

D'autre part, si l'on élimine $\alpha : \beta$ entre les deux équations (8), on forme l'équation du second degré qui a pour racines les deux courbures principales $1 : R_1$ et $1 : R_2$, à savoir

$$(10) \quad \frac{1+p^2+q^2}{R^2Z^2} - \frac{r(1+q^2)+t(1+p^2)-2pqs}{RZ} + (rt - s^2) = 0.$$

Remplaçant Z par sa valeur connue (n° 361), On conclut immédiatement de cette équation

$$(11) \quad \frac{1}{R_1 R_2} = \frac{rt - s^2}{(1+p^2+q^2)^2}, \quad \frac{1}{R_1} + \frac{1}{R_2} = \frac{r(1+q^2)+t(1+p^2)-2pqs}{(1+p^2+q^2)^{3/2}}.$$

La dernière valeur divisée par 2 est celle de la *courbure moyenne* au point M; la précédente s'appelle la *courbure totale* de la surface en ce point.

Remarque. — On déduit facilement de l'équation (9) la condition pour qu'un point soit un ombilic (n° 367). Les sections principales étant indéterminées, cette équation doit être identique, ce qui entraîne

$$\frac{r}{1+p^2}=\frac{s}{pq}=\frac{t}{1+q^2}.$$

Ces deux équations caractérisent un ombilic. Elles constituent, avec celle de la surface, un système de trois équations entre x, y, z. Donc, *en général, une surface n'a qu'un nombre limité d'ombilics.*

371. Formules d'Olinde Rodrigue. — Les équations (8) qui déterminent les sections et les courbures principales peuvent être présentées sous diverses formes plus simples ou plus symétriques.

Remplaçons-y d'abord α et β par les composantes proportionnelles dx et dy d'un déplacement sur une direction principale; elles peuvent s'écrire

$$\frac{dx+p\,dz}{dp}=\frac{dy+q\,dz}{dq}=\mathrm{RZ}. \tag{12}$$

Substituons à p et q leurs valeurs $-\mathrm{X}:\mathrm{Z}$ et $-\mathrm{Y}:\mathrm{Z}$; il viendra

$$-\frac{\mathrm{Z}\,dx-\mathrm{X}\,dz}{\mathrm{Z}\,d\mathrm{X}-\mathrm{X}\,d\mathrm{Z}}=-\frac{\mathrm{Z}\,dy-\mathrm{Y}\,dz}{\mathrm{Z}\,d\mathrm{Y}-\mathrm{Y}\,d\mathrm{Z}}=\mathrm{R}.$$

c'est-à-dire

$$\frac{dx+\mathrm{R}\,d\mathrm{X}}{\mathrm{X}}=\frac{dy+\mathrm{R}\,d\mathrm{Y}}{\mathrm{Y}}=\frac{dz+\mathrm{R}\,d\mathrm{Z}}{\mathrm{Z}}.$$

Mais chacune des fractions est nulle, car la somme des numérateurs multipliés respectivement par X, Y, Z est nulle, tandis que celle des dénominateurs est *un*. On a donc

$$dx+\mathrm{R}\,d\mathrm{X}=0,\quad dy+\mathrm{R}\,d\mathrm{Y}=0,\quad dz+\mathrm{R}\,d\mathrm{Z}=0. \tag{13}$$

Ce sont les formules d'*Olinde Rodrigue* relatives à un déplacement suivant une direction principale. Elles se réduisent à deux distinctes, car en multipliant par X, Y, Z et ajoutant on obtient une identité.

Les formules d'Olinde Rodrigue permettent de démontrer le théorème suivant :

THÉORÈME. — *Une surface dont tous les points sont des ombilics est une sphère (ou un plan).*

En effet, toutes les directions étant principales, ces formules (13) doivent se vérifier pour des valeurs arbitraires de dx et de dy ; les deux premières se décomposent donc dans les quatre suivantes :

$$1 + R\frac{\partial X}{\partial x} = 0, \quad \frac{\partial X}{\partial y} = 0, \quad \frac{\partial Y}{\partial x} = 0, \quad 1 + R\frac{\partial Y}{\partial y} = 0.$$

Les deux formules du milieu montrent que X ne dépend que de x, et Y de y seuls ; par suite, les formules extrêmes montrent que R est constant. Les formules d'Olinde Rodrigue sont alors immédiatement intégrables, et on en tire (a, b, c étant trois constantes d'intégration)

$$x - a + RX = 0, \qquad y - b + RY = 0, \qquad z - c + RZ = 0,$$

d'où $(x - a)^2 + (y - b)^2 + (z - c)^2 = R^2$.

Cette démonstration suppose R fini. On satisfait encore aux équations d'Olinde Rodrigue en faisant $R = \infty$ et X, Y, Z constants. Dans ce cas, la surface est un plan.

372. **Expressions des courbures moyenne et totale à l'aide des cosinus directeurs de la normale.** — L'équation, équivalente à (9), qui détermine les directions principales s'obtient en éliminant R entre deux des formules d'Olinde Rodigue, les deux premières par exemple ; il vient

$$dx\,dY - dy\,dX = 0.$$

Pour former celle des courbures principales, supposons encore X et Y exprimés en fonction de x et de y. Les deux premières équations (13) s'écriront comme il suit :

$$\left(\frac{1}{R} + \frac{\partial X}{\partial x}\right)dx + \frac{\partial X}{\partial y}\,dy = 0, \qquad \frac{\partial Y}{\partial x}\,dx + \left(\frac{1}{R} + \frac{\partial Y}{\partial y}\right)dy = 0.$$

L'élimination de $dx : dy$, nous donne alors

$$\left(\frac{1}{R} + \frac{\partial X}{\partial x}\right)\left(\frac{1}{R} + \frac{\partial Y}{\partial y}\right) - \frac{\partial X}{\partial y}\frac{\partial Y}{\partial x} = 0.$$

Cette équation du second degré en $1 : R$, équivalente à (**10**), est celle qui détermine les courbures principales. On en tire des expressions élégantes de la courbure totale et de la courbure moyenne, à savoir

$$\frac{1}{R_1 R_2} = \frac{d(X, Y)}{d(x, y)}, \qquad \frac{1}{R_1} + \frac{1}{R_2} = -\left(\frac{\partial X}{\partial x} + \frac{\partial Y}{\partial y}\right).$$

Il suffit d'effectuer les calculs pour retrouver les valeurs (**11**).

373. Courbure totale. — Gauss, à qui l'on doit la notion de courbure totale, a montré qu'on peut en donner une définition analogue à celle de la courbure des courbes planes.

Considérons, sur la surface S, une portion d'aire σ sur laquelle $1 : R_1R_2$ ne change pas de signe. Par l'origine, menons un vecteur OP de longueur 1 parallèle à la normale à la surface au point M (de coordonnées x, y, z). Si M décrit σ, le point P (de coordonnées X, Y, Z) décrit une portion de sphère d'aire σ_1 et établit ce que l'on appelle une *représentation sphérique* de l'aire σ. On dit que σ_1 est la *courbure totale* de la portion de surface σ, et $\sigma_1 : \sigma$ est sa courbure moyenne. Si l'aire σ tend vers 0 autour d'un point M donné, la limite de la courbure moyenne sera la *courbure totale de la surface au point* M.

On vérifie immédiatement qu'on retrouve, avec cette définition, la valeur $1 : R_1R_2$ indiquée au nº précédent. Soient, en effet, σ' et σ'_1 les projections de σ et de σ_1 sur le plan xy. On a

$$\sigma = \iint_{\sigma'} \frac{dx\,dy}{Z}, \qquad \sigma_1 = \iint_{\sigma'_1} \frac{dX\,dY}{Z}.$$

Si l'on transforme la seconde intégrale en prenant x, y, comme nouvelles variables, c'est le champ d'intégration σ' qui correspond à σ'_1, et l'on trouve, en attribuant à σ_1 le signe + ou — suivant que la correspondance entre σ_1 et σ'_1 est directe ou inverse,

$$\sigma_1 = \iint_{\sigma'} \frac{d(X, Y)}{d(x, y)} \frac{dx\,dy}{Z} = \iint_{\sigma'} \frac{1}{R_1 R_2} \cdot \frac{dx\,dy}{Z}.$$

Donc, si l'on fait tendre σ' vers 0, on a effectivement, par l'application du théorème de la moyenne à l'intégrale double,

$$\lim \frac{\sigma_1}{\sigma} = \frac{1}{R_1 R_2}.$$

La définition précédente subsiste pour les surfaces développables où $1 : R_1R_2$ est nul partout. En effet, la courbure totale σ_1 d'une portion quelconque σ de surface développable est nulle. On s'en assure en observant que, la normale étant la même tout le long d'une génératrice, le point P défini plus haut varie sur une courbe.

374. **Surfaces à courbure moyenne nulle.** — Les surfaces à courbure moyenne nulle portent le nom de *surfaces minima*, parce que toute portion d'une telle surface limitée par une courbe fermée est d'aire moindre que toute autre surface s'appuyant sur la même courbe. Nous ne démontrerons pas cette propriété ici, mais nous allons vérifier que la condition nécessaire trouvée au n° 288 pour qu'une surface soit d'aire minimum exprime précisément que sa courbure moyenne est nulle.

Les surfaces à courbure moyenne nulle sont caractérisées par l'équation (n° 372)

$$\frac{\partial X}{\partial x} + \frac{\partial Y}{\partial y} = 0.$$

Si l'on observe que X et Y sont précisément identiques aux quantités P et Q du n° 288, on reconnaît que cette condition exprime que la surface est d'aire minimum. C'est pourquoi on donne aux surfaces à courbure moyenne nulle le nom de *surfaces minima*. Si on limite par une courbe une portion quelconque d'une telle surface, l'aire de cette portion est moindre que celle de toute autre surface limitée par la même courbe.

En tout point d'une surface minima, les deux courbures principales sont égales et de signes contraires, l'indicatrice est formée de deux hyperboles équilatères conjuguées et les directions asymptotiques sont rectangulaires.

§ 2. Lignes de courbure

375. Lignes de courbure et développée d'une surface. — Le lieu des normales à une surface le long d'une ligne (C) de celle-ci est une surface réglée qu'on appelle *normalie* et qui, en général, est gauche. *On appelle lignes de courbure les lignes de la surface qui sont les traces de normalies développables.*

D'après cette définition, toute ligne plane est une ligne de courbure de son plan, car la normalie correspondante est un cylindre. Toute ligne de la sphère est une ligne de courbure, car la normalie correspondante est un cône. Les méridiens et les parallèles des surfaces de révolution sont des lignes de courbure, car les normalies correspondantes sont des plans et des surfaces coniques.

Les normales à une surface forment une congruence particulière de droites (n° 355). Par chaque génératrice on peut faire passer deux normalies développables rectangulaires et, par suite, par chaque point de la surface on peut généralement faire passer deux lignes de courbure se coupant à angle droit. Occupons-nous d'abord de déterminer leurs directions et, pour cela, reprenons la question dès le début, sans nous occuper des résultats obtenus au n° 355.

Considérons, comme précédemment, la surface

$$z = f(x, y)$$

et conservons toutes les mêmes notations. Les équations de la normale à la surface au point quelconque $M(x, y, z)$ sont

$$\xi - x + p(\zeta - z) = 0, \qquad \eta - y + q(\zeta - z) = 0.$$

Elles dépendent de deux paramètres x et y. Pour que cette normale, en se déplaçant, engendre une développable (ou ait une enveloppe), il faut poser une relation $y = \varphi(x)$ telle que deux normales infiniment voisines se rencontrent (au premier ordre près). Les coordonnées ξ, η, ζ du point de rencontre ou *point focal,* qui est celui où la normale touche son enveloppe, doivent vérifier les équations de la normale et leurs différentielles par rapport au paramètre qui sont

$$(\zeta - z)\,dp - (dx + p\,dz) = 0, \quad (\zeta - z)\,dq - (dy + q\,dz) = 0,$$

et l'on en tire

$$(14)\qquad \zeta - z = \frac{dx + p\,dz}{dp} = \frac{dy + q\,dz}{dq}.$$

Pour que ces équations soient compatibles, il faut que l'on ait

$$(15)\qquad \frac{dx + p\,dz}{dp} = \frac{dy + q\,dz}{dq}.$$

C'est la relation qui définit la fonction $y = \varphi(x)$, c'est donc l'*équation différentielle des lignes de courbure*. Si l'on y remplace dz, dp et dq par leurs expressions en dx et dy, elle devient

$$(16)\qquad \frac{(1 + p^2)\,dx + pq\,dy}{r\,dx + s\,dy} = \frac{pq\,dx + (1 + q^2)\,dy}{s\,dx + t\,dy}.$$

L'équation (15) ou (16) coïncide avec celle (12) ou (8) qui définit les directions principales (n°s 370 et 371). Donc *les lignes de courbure sont, en chaque point, tangentes aux sections principales, et il y a, par conséquent, deux familles de lignes de courbure se coupant à angle droit et formant sur la surface un système orthogonal.*

Déterminons maintenant les *points focaux* sur la normale au point M. L'ordonnée ζ d'un tel point se tire de l'équation (14), qui donne, en tenant compte de (12), $\zeta = z + RZ$, où R est l'un des deux rayons principaux R_1 ou R_2. Donc *les deux points focaux sur une normale sont les deux centres de courbure principaux correspondants.*

Ainsi la surface focale de la congruence des normales est le lieu des centres de courbure principaux. On l'appelle aussi la *surface des centres* ou la *développée* de la surface proposée. *Les arêtes de rebroussement des normalies développables sont sur la surface des centres et en sont des géodésiques* (n° 355).

Les formules d'Olinde Rodrigue (n° 371) fournissent une forme commode des équations différentielles des lignes de courbure. Ces formules qui définissent les directions principales donnent, en effet,

$$(17)\qquad \frac{dx}{dX} = \frac{dy}{dY} = \frac{dz}{dZ}.$$

Ce sont les équations différentielles des lignes de courbure, se réduisant, comme on le sait, à une seule distincte.

On peut en donner une interprétation géométrique utile. Lorsqu'un point M décrit une ligne sur une surface, la direction de la normale à la surface varie. Si l'on mène, à partir de l'origine, un vecteur de longueur 1 parallèle à cette normale, son extrémité (de coordonnées X, Y, Z) décrit, sur la sphère de rayon 1, une courbe qui est une *représentation sphérique* de la ligne tracée sur la surface. Les équations (17) montrent que, si cette ligne est une ligne de courbure, les tangentes à la ligne et à sa représentation sphérique aux points correspondants sont parallèles.

376. Théorème de Joachimsthal. — *Deux surfaces qui se coupent suivant une ligne de courbure commune, font entre elles un angle constant; et, réciproquement, si deux surfaces se coupent sous un angle constant, l'intersection ne peut être une ligne de courbure pour l'une sans l'être pour l'autre.*

Ce théorème est une conséquence presque immédiate des formules d'Olinde Rodrigue que nous venons d'écrire (17). Si deux surfaces S et S_1 se coupent suivant une ligne de courbure commune, les cosinus directeurs X, Y, Z et X_1, Y_1, Z_1 vérifient tous deux les mêmes équations (17) et l'on a, le long de la ligne commune,

$$\frac{dX}{dX_1} = \frac{dY}{dY_1} = \frac{dZ}{dZ_1}.$$

Par conséquent, des relations immédiates

$$XdX + YdY + ZdZ = X_1dX_1 + Y_1dY_1 + Z_1dZ_1 = 0,$$

on conclut aussi, les différentielles étant proportionnelles,

$$XdX_1 + YdY_1 + ZdZ_1 = X_1dX + Y_1dY + Z_1dZ = 0.$$

Considérons maintenant l'angle φ des normales aux deux surfaces. Nous concluons des deux relations précédentes

$$d \cos \varphi = d(XX_1 + YY_1 + ZZ)_1 = 0;$$

donc φ est constant.

Réciproquement, si l'intersection est une ligne de courbure de S, la relation $\Sigma\, X_1 dx = 0$, qui a lieu le long de cette ligne, se transforme par les relations (17) en

$$\Sigma\, X_1 dX = 0.$$

Ensuite, si φ est constant, la condition $d \cos \varphi = 0$ se transforme, en tenant compte de l'équation précédente, en

$$\Sigma X dX_1 = 0.$$

On a d'ailleurs toujours

$$\Sigma X_1 dX_1 = 0.$$

Donc dX_1, dY_1, dZ_1 vérifient, le long de l'intersection, les deux mêmes relations $\Sigma X dx = \Sigma X_1 dx = 0$ que dx, dy et dz et leur sont, par conséquent, proportionnels : l'intersection est aussi une ligne de courbure de S_1.

En particulier, toute ligne plane est une ligne de courbure de son plan. Donc, si une ligne de courbure est plane, son plan coupe la surface sous un angle constant. Pareillement, si une ligne de courbure est sphérique, la sphère qui la porte coupe la surface sous un angle constant.

377. Surface des centres d'une développable. — Sur une développable, les deux systèmes de lignes de courbure sont les génératrices d'une part et leurs trajectoires orthogonales d'autre part. Celles-ci sont des développantes de l'arête de rebroussement et, par conséquent, leur détermination revient à la rectification de l'arête, donc à une quadrature.

La première nappe de la surface des centres est rejetée à l'infini.

L'autre nappe, qui correspond aux trajectoires, est la développable rectifiante de l'arête. En effet, le plan rectifiant de l'arête coïncide avec le plan normal à la développable le long de la génératrice, car il passe par la tangente à l'arête et est normal à son plan osculateur. Ce plan est le plan normal aux trajectoires. Donc la caractéristique du plan rectifiant est l'axe de courbure commun à toutes les trajectoires et est le lieu de leurs centres de courbure aux points où ces trajectoires coupent la génératrice considérée. Donc la surface des centres est bien l'enveloppe de ce plan. Il suit de là que *l'arête de rebroussement d'une développable appartient à sa développée et est une ligne géodésique de cette développée.*

En particulier, si la développable est circonscrite à une sphère, le plan rectifiant (le plan normal le long d'une génératrice) passe par le centre de la sphère et enveloppe un cône concentrique. Donc *l'arête de rebroussement d'une développable circonscrite à une sphère est une ligne géodésique du cône concentrique.*

378. Surfaces qui admettent un système de lignes de courbure circulaires. — *Une surface qui est l'enveloppe d'une infinité simple de sphères, admet les caractéristiques de ces sphères comme système de lignes de courbure circulaires. Réciproquement, une surface qui admet un système de lignes de courbure circulaires, est l'enveloppe d'une infinité simple de sphères.*

Le théorème direct est immédiat. La caractéristique d'une sphère enveloppée est une circonférence; et celle-ci est une ligne de courbure, car la normalie correspondante est un cône ayant son sommet au centre de la sphère enveloppée.

Réciproquement, si une ligne de courbure C est circulaire, la surface coupe le plan de cette ligne sous un angle constant en vertu du théorème de Joachimsthal (n° 376). On peut construire une sphère passant par la ligne plane C et coupant son plan sous le même angle, auquel cas cette sphère touche la surface le long de C. La surface est alors l'enveloppe de toutes les sphères analogues.

Lorsqu'une surface S est l'enveloppe d'une infinité simple de sphères, le centre de ces sphères décrit une courbe Γ et, par conséquent, une des nappes de la surface des centres se réduit à cette courbe. Nous allons établir la réciproque :

Si l'une des nappes de la surface des centres se réduit à une courbe, la surface S *est l'enveloppe d'une famille de sphères à un paramètre.*

Par chaque point O de cette courbe Γ, il doit passer une infinité simple de normales à la surface S. Ces normales coupent S suivant une ligne L, qui est une ligne de courbure (car la normalie est un cône). Le centre de courbure de cette ligne est le point O, lequel est fixe, de sorte que l'arc σ de la développée est nul. Comme $dR = d\sigma = 0$, le rayon R est constant le long de cette ligne L, et la sphère de centre O et de rayon R touche la surface S le long de L : la surface est l'enveloppe de toutes les sphères analogues.

Lorsqu'une surface est l'enveloppe d'une famille de sphères, les caractéristiques des sphères enveloppées forment le premier système de lignes de courbure. *La détermination du second système de lignes de courbure dépend d'une quadrature.* En effet, les normales à la surface sont celles à la courbe Γ, et il faut former avec elles des normalies développables ou déterminer les développées de cette courbe gauche. Cette détermination dépend, comme nous le savons, du calcul de $\int ds : T$ sur la courbe Γ. La seconde nappe de la surface des centres, lieu de ces développées, est la surface polaire de la courbe Γ.

379. Surface canal. — *Une surface canal est l'enveloppe d'une sphère de rayon constant* R *dont le centre* $O(a, b, c)$ *décrit une courbe* Γ.

Considérons une représentation paramétrique de la courbe Γ, autrement dit, considérons a, b, c comme fonctions d'un paramètre t sur cette courbe. La sphère a pour équation

$$(x-a)^2+(y-b)^2+(z-c)^2=R^2.$$

On forme celles de la caractéristique en joignant à celle-ci l'équation (dérivée par rapport à t)

$$(x-a)a'+(y-b)b'+(z-c)c'=0.$$

Cette caractéristique est un grand cercle de la sphère dont le plan est normal à Γ. Donc *la surface canal est aussi engendrée par un cercle de rayon constant, qui se meut de manière que son plan reste normal à la courbe* Γ *décrite par le centre.*

Le cercle générateur de rayon constant R forme le premier système de lignes de courbure. Donc, *sur une surface canal, l'un des rayons de courbure principaux,* R, *est constant.*

Réciproquement, une surface qui a un rayon de courbure principal constant est une surface canal. En effet, soit L une ligne de courbure de rayon constant R ; le centre de courbure O correspondant sera fixe, car il décrit une développée dont l'arc est nul ($d\sigma = dR = 0$). La sphère de centre O et de rayon R touche donc la surface le long de L : la surface est l'enveloppe de toutes les sphères analogues de rayon R constant. On déduit facilement de là le théorème suivant :

THÉORÈME. — *Une surface dont les deux rayons de courbure principaux sont constants est une sphère.*

Il suffit de montrer que les deux rayons de courbure sont égaux en chaque point ou que tous les points sont des ombilics (n° 371).

Supposons, par impossible, R_1 et R_2 différents ; la surface sera de deux manières différentes une surface canal et les deux centres O_1 et O_2 décriront les courbes Γ_1 et Γ_2. Aucune de ces deux courbes ne peut se réduire à un point, car, si Γ_1, par exemple, se réduit à un point fixe O_1, la surface est une sphère de centre O_1 et $R_1 = R_2$. Mais il est impossible que O_1 et O_2 varient sur deux courbes, car la distance $O_1 O_2$ est une constante $R_2 - R_1$ et le point O_2, qui est à distance donnée $R_2 - R_1$ de trois points donnés sur Γ_1, est fixé par le fait même.

380. Cyclide de Dupin. — *Une surface dont les deux systèmes de lignes de courbure sont circulaires est l'enveloppe d'une famille de sphères tangentes à trois sphères fixes. On donne à cette surface le nom de cyclide de Dupin.*

Cette surface est de deux manières différentes enveloppe de sphères. Soient C_1, C_2, C_3 trois lignes de courbure du premier système : ce sont trois cercles le long desquels la surface touche trois sphères fixes S_1, S_2, S_2 (n° 378). Une ligne de courbure quelconque L du second système s'appuie sur C_1, C_2, C_3 ; et la sphère S qui touche la surface le long de L, touche les sphères fixes aux points de rencontre de L avec C_1, C_2 et C_3. Or, la surface est l'enveloppe des sphères S (n° 378), ce qui prouve la proposition.

THÉORÈME DE MANNHEIM. — *La cyclide de Dupin est la transformée d'un tore par inversion.*

L'inversion ou la transformation d'une figure par rayons vecteurs réciproques est une transformation de contact, jouissant de la propriété générale de conserver les tangences et les enveloppes et ayant, en outre, la propriété particulière de conserver les sphères, les cercles et les angles (n° 338).

Soient S_1, S_2 et S_3 les trois sphères fixes touchées par la sphère variable S qui enveloppe la cyclide. Dans le plan des trois centres de S_1, S_2, S_3, nous pouvons tracer un cercle C orthogonal à ces trois sphères. Son centre sera au point de concours des axes radicaux des trois grands cercles, intersections des sphères par le plan ci-dessus.

Prenons un pôle d'inversion sur le cercle C ; ce cercle se transformera en une droite orthogonale aux trois sphères transformées et dont les centres seront, par conséquent, en ligne droite. La cyclide sera transformée dans l'enveloppe des sphères tangentes à trois sphères dont les centres sont en ligne droite, c'est-à-dire dans un tore. Les sphères qui engendrent la cyclide et qui touchent S_1, S_2, S_3 sont, en effet, transformées dans celles qui touchent les transformées de S_1, S_2, S_3.

381. Transformations qui conservent les lignes de courbure. — *Les transformations ponctuelles qui conservent les lignes de courbure sont celles qui conservent les sphères, et réciproquement (le plan étant considéré comme un cas particulier de la sphère).*

La sphère est une surface dont toutes les lignes sont des lignes de courbure. Une transformation qui conserve ces lignes doit donc remplacer la sphère par une nouvelle surface jouissant de la même propriété et dont, par conséquent, tous les points soient des ombilics : une telle surface est encore une sphère ou un plan (n° 371).

Réciproquement, une transformation qui conserve les sphères conserve les lignes de courbure, car nous allons montrer qu'elle conserve les directions principales. A cet effet, nous allons caractériser ces directions en un point par une certaine propriété des sphères tangentes à la surface au même point, propriété que la transformation ne peut altérer.

Prenons comme origine un point ordinaire M de la surface et rapportons-la à ses directions principales Mx et My et à sa normale Mz. L'équation de la surface prendra, aux environs de ce point, la forme connue (n° 368)

$$z = \frac{1}{2}\left(\frac{x^2}{R_1} + \frac{y^2}{R_2}\right) + \dots$$

les termes non écrits étant d'ordre plus élevé en x et y. Coupons la surface par une sphère tangente au point M et de rayon R (considéré comme positif ou négatif au même titre que les rayons principaux). L'équation de cette sphère est

$$x^2 + y^2 + (z - R)^2 = R^2 ;$$

d'où, en développant comme ci-dessus,

$$z = R - R\sqrt{1 - \frac{x^2 - y^2}{R^2}} = \frac{1}{2}\frac{x^2 + y^2}{R} + \dots$$

Si l'on soustrait cette équation de la précédente, on obtient celle de la projection sur le plan tangent de l'intersection de la surface par la sphère, à savoir, en multipliant par 2,

$$x^2\left(\frac{1}{R_1} - \frac{1}{R}\right) + y^2\left(\frac{1}{R_2} - \frac{1}{R}\right) + \dots = 0.$$

Il y a trois cas possibles :

1° Si R est extérieur à l'intervalle (R_1, R_2), les deux coefficients sont de même signe et cette courbe a un point isolé à l'origine : la sphère touche la surface à l'origine sans la couper.

2° Si R est intermédiaire entre R_1 et R_2, cette courbe présente un point double à tangentes distinctes : la sphère coupe la surface suivant deux courbes qui se coupent à l'origine.

3° Si R est égal à l'un des rayons principaux, par exemple R_1, l'équation se réduit à $y^2 + \dots = 0$. Cette courbe présente, en général, à l'origine, un point de rebroussement et est tangente à la direction principale : la sphère coupe la surface suivant deux lignes ayant une tangente commune (qui est la direction principale). S'il en est ainsi, cette propriété se conserve dans la transformée et y caractérise une direction principale.

Le troisième cas peut introduire exceptionnellement une singularité plus compliquée. Néanmoins une sphère tangente de rayon principal est toujours caractérisée par le fait qu'il existe deux sphères tangentes de rayons infiniment voisins du précédent dont l'une coupe et dont l'autre ne coupe pas la surface. La direction principale correspondante est la limite de celle de la tangente à la section faite par la sphère infiniment voisine qui coupe la surface. Ces propriétés se conservent dans la transformée et y caractérisent toujours une direction principale.

Cette analyse prouve, en même temps, qu'*une sphère tangente en un point* M *d'une surface et ayant pour centre l'un des centres de courbure principaux, se transforme dans une sphère ayant encore pour centre l'un des centres de courbure principaux*. Mais, en général, ces centres ne seront pas des points correspondants de la transformation.

La similitude, la symétrie, l'inversion et leurs combinaisons sont des transformations qui conservent les sphères, donc elles conservent les lignes de courbure. Il est facile de prouver que ce sont les seules. C'est un théorème de géométrie qu'il est inutile de développer ici.

On peut aussi démontrer que l'inversion conserve les lignes de courbure en utilisant les propriétés des cyclides. A cause de l'importance du théorème, nous allons encore donner cette démonstration géométrique. Une ligne de courbure d'une surface est aussi une ligne de courbure de la développable circonscrite le long de cette ligne, puisque la normalie est commune aux deux surfaces. Il suffit donc de prouver le théorème pour une développable.

Sur une développable, le premier système de lignes de courbure est constitué par les génératrices qui sont les caractéristiques des plans enveloppés. Celles-ci sont remplacées par les caractéristiques des sphères transformées des plans, qui constituent à leur tour le premier système de lignes de courbure de la surface transformée, enveloppe de ces sphères.

Le second système de lignes de courbure est orthogonal au premier système pour les deux surfaces. Donc ils se correspondent encore, puisque l'inversion conserve les angles.

382. Torsion géodésique. — Soit M_0 un point d'une courbe (C) tracée sur une surface. Construisons en ce point un trièdre trirectangle tangent à la surface, en menant la tangente M_0T_0 à la courbe, la normale M_0N_0 à la surface et une normale M_0P_0 à la courbe dans le plan tangent et dans un sens tel que le trièdre $M_0T_0P_0N_0$ soit de rotation directe comme les axes coordonnés. Si le point M décrit l'arc M_0M de longueur ds sur la courbe et vient en M, la normale MN fera avec le plan normal initial $M_0T_0N_0$ un angle infiniment petit dw. On appelle *torsion géodésique* de la courbe au point M_0 et l'on représente par $1 : \gamma$ le quotient limite

$$\frac{1}{\gamma} = \frac{dw}{ds}.$$

La torsion géodésique est positive ou négative en même temps que dw, qui est lui-même considéré comme positif ou négatif selon que la rotation de la normale MN se fait autour de M_0T_0 dans le sens direct ou rétrograde relativement au trièdre défini plus haut.

Prenons ce trièdre comme système d'axes coordonnés, M_0x sur M_0T_0, M_0y sur M_0P_0 et M_0z sur M_0N_0. Si l'on développe z par la formule de Maclaurin au voisinage de l'origine, on aura (p_0, q_0 étant nuls)

$$(1) \qquad z = \frac{1}{2}(r_0x^2 + 2s_0xy + t_0y^2) + \dots$$

$$p = r_0x + s_0y + \dots$$

$$q = s_0x + t_0y + \dots$$

Mais au point M de la courbe, extrémité de l'arc ds, on a, au premier ordre près, $x = ds$, $y = 0$, donc aussi,

$$p = r_0\,ds, \qquad q = s_0\,ds;$$

et les cosinus directeurs de la normale MN sont, avec la même approximation,

$$X = -\,r_0\,ds, \qquad Y = -\,s_0\,ds, \qquad Z = 1.$$

Ces cosinus sont les coordonnées (X, Y, Z) du point à la distance 1 de l'origine sur la normale MN, de sorte que Y est la distance de ce point au plan des xz (plan normal initial) ou le sinus de l'angle dw de la normale avec ce plan. Mais, au début, cet angle est compté positivement en sens contraire des y; on a donc

$$dw = \sin(dw) = -\,Y = s_0\,ds$$

et, par conséquent,

$$\frac{1}{\gamma} = \frac{dw}{ds} = s_0.$$

Ainsi, dans la formule (1), le coefficient s_0 représente précisément la torsion géodésique dans la direction de l'axe des x. Ce coefficient s_0 ne s'annule que si la surface est rapportée à ses directions principales; donc, *la torsion géodésique est nulle pour les directions principales et pour celles-ci seulement.*

Faisons maintenant tourner les axes des xy de 90° autour de la normale dans le sens direct : il faut remplacer dans l'équation (1) x par y et y par $-x$, et cela change seulement le signe de s; donc *les torsions géodésiques relatives à deux directions rectangulaires sont égales et de signes contraires.*

Proposons-nous maintenant d'exprimer la torsion géodésique en fonction des courbures principales et de l'orientation de la courbe (C). L'équation de la surface rapportée à ses directions principales est

$$z = \frac{1}{2}\left(\frac{x^2}{R_1} + \frac{y^2}{R_2}\right) + \ldots$$

Supposons que la tangente à la courbe (C) fasse l'angle ω avec la section principale d'indice 1. Amenons l'axe des x sur cette tangente par une rotation ω des axes, ce qui nous ramène au cas précédent. Il faut, dans l'équation précédente, remplacer x et y par les valeurs

$$x \cos \omega + y \sin \omega, \qquad -x \sin \omega + y \cos \omega.$$

La torsion géodésique cherchée sera le coefficient de xy dans l'équation obtenue; il vient donc

$$\frac{1}{\Upsilon} = \sin \omega \cos \omega \left(\frac{1}{R_1} - \frac{1}{R_2}\right).$$

Cette formule met aussi en évidence les deux propriétés de la torsion géodésique que nous avons énoncées ci-dessus.

Remarque. — Le plan osculateur à la courbe (C) en un point mobile sur la courbe tourne, comme la normale à la surface, autour de la tangente. La rotation de la normale à la surface par rapport au plan osculateur à la courbe est la différence entre les rotations absolues de la normale et du plan osculateur comptées positivement dans le même sens. La rotation absolue $d\varpi$ de la normale est $ds:\gamma$, celle du plan osculateur est ds : T ; donc la rotation $d\psi$ de la normale par rapport au plan osculateur a pour valeur

$$d\psi = \frac{ds}{\gamma} - \frac{ds}{T}.$$

On déduit de cette formule le théorème suivant :

383. Théorème. — *Si deux surfaces* S *vers* S′ *se coupent sous un angle* θ *variable ou non, et qu'on désigne par* $1:\gamma$ *et* $1:\gamma'$ *les torsions géodésiques de la ligne d'intersection relativement aux deux surfaces, on a, pour un déplacement sur cette ligne,*

$$\frac{d\theta}{ds} = \frac{1}{\gamma'} - \frac{1}{\gamma},$$

en supposant l'angle θ *compté de* S *vers* S′ *positivement dans le sens direct autour de la tangente de l'intersection.*

En effet, soient ψ et ψ' les angles que font les normales à S et à S′ avec le plan osculateur de l'intersection, en sorte que $\theta = \psi' - \psi$. On a, par la formule précédente, ds et T se rapportant à la courbe d'intersection,

$$\frac{d\psi'}{ds} = \frac{1}{\gamma'} - \frac{1}{T}, \qquad \frac{d\psi}{ds} = \frac{1}{\gamma} - \frac{1}{T}$$

et, en soustrayant,

$$\frac{d(\psi' - \psi)}{ds} = \frac{d\theta}{ds} = \frac{1}{\gamma'} - \frac{1}{\gamma}.$$

En particulier, *si deux surfaces se coupent sous un angle constant, la torsion géodésique de l'intersection est la même pour les deux surfaces, et réciproquement.*

Ce théorème renferme celui de Joachimsthal que nous avons établi précédemment. Si deux surfaces se coupent suivant une ligne de courbure commune, la torsion géodésique de cette ligne est nulle pour les deux surfaces, donc θ est constant.

Réciproquement, si θ est constant, les torsions géodésiques sont égales pour les deux surfaces ; si l'une est nulle, l'autre l'est aussi et l'intersection est une ligne de courbure pour les deux surfaces.

384. Théorème de Dupin. — On dit que trois familles de surfaces :

$$F_1(x, y, z, \alpha) = 0, \quad F_2(x, y, z, \beta) = 0, \quad F_3(x, y, z, \gamma) = 0,$$

forment un *système triple orthogonal,* lorsque par chaque point passe une surface de chaque famille et que deux surfaces de familles différentes se coupent à angle droit.

THÉORÈME. — *Les trois familles d'un système triple orthogonal se coupent mutuellement suivant leurs lignes de courbure* (DUPIN).

Soient S_1, S_2, S_3 les trois surfaces se coupant en M suivant les lignes d'intersection C_{23}, C_{31}, C_{12}. La torsion géodésique de C_{23} est la même sur S_2 et sur S_3 (n° 383) ; nous la désignerons par $1 : \gamma_{23}$ et nous désignerons par $1 : \gamma_{31}$ et $1 : \gamma_{12}$ les deux autres torsions analogues. Comme C_{23} et C_{31} se coupent normalement sur S_3 au point M, on a, en ce point (n° 382),

$$\frac{1}{\gamma_{23}} + \frac{1}{\gamma_{31}} = 0; \quad \text{de même,} \quad \frac{1}{\gamma_{31}} + \frac{1}{\gamma_{12}} = \frac{1}{\gamma_{12}} + \frac{1}{\gamma_{23}} = 0,$$

ce qui exige que chacune des trois torsions soit nulle séparément. Donc les intersections sont des lignes de courbure des surfaces qui se coupent (n° 382).

Le théorème de Dupin fournit une nouvelle démonstration de la propriété que possède l'inversion de conserver les lignes de courbure. En effet, toute surface fait partie d'un système triple orthogonal, dont ses normalies développables constituent les deux premières familles, et la troisième famille est formée des surfaces parallèles obtenues en portant des longueurs égales sur ses normales. Dès lors, le théorème de Dupin met en évidence que : *toute transformation qui conserve l'orthogonalité conserve les lignes de courbure, et réciproquement* (car les lignes de courbure se coupent à angle droit).

Le théorème de Dupin conduit aussi aisément, par la considération d'un système orthogonal, à la détermination des lignes de courbure des quadriques à centre.

385. Lignes de courbure des quadriques. — Toute quadrique à centre fait partie d'un système triple orthogonal de quadriques homofocales. Ainsi la quadrique

$$(1)\qquad \frac{x^2}{A}+\frac{y^2}{B}+\frac{z^2}{C}=1 \qquad (A>B>C)$$

fait partie de la famille homofocale

$$(2)\qquad \frac{x^2}{A-\lambda}+\frac{y^2}{B-\lambda}+\frac{z^2}{C-\lambda}=1.$$

Or, par chaque point (x, y, z) de l'espace, on peut faire passer trois quadriques de ce système, car les valeurs correspondantes du paramètre λ sont les racines de l'équation (2), qui est du 3e degré et dont les racines sont toujours réelles et comprises respectivement dans les intervalles $(-\infty, C)$, (C, B) et (B, A) comme on s'en assure par les substitutions $\lambda=-\infty$, $C-\varepsilon$, $C+\varepsilon$, $B-\varepsilon$, $B+\varepsilon$ et $A-\varepsilon$. Donc par chaque point passent trois quadriques du système : un ellipsoïde $(\lambda<C)$, un hyperboloïde à une nappe $(C<\lambda<B)$ et un hyperboloïde à deux nappes $(\lambda>B)$. *Ces trois familles forment un système triple orthogonal.* En effet, les normales à deux surfaces (λ) et (λ') en un point commun x, y, z ont pour coefficients directeurs respectivement

$$\frac{x}{A-\lambda},\ \frac{y}{B-\lambda},\ \frac{z}{C-\lambda};\qquad \frac{x}{A-\lambda'},\dots$$

et la condition d'orthogonalité

$$\frac{x^2}{(A-\lambda)(A-\lambda')}+\frac{y^2}{(B-\lambda)(B-\lambda')}+\frac{z^2}{(C-\lambda)(C-\lambda')}=0$$

est vérifiée, car elle s'obtient en retranchant membre à membre les équations des surfaces (λ) et (λ').

Les lignes de courbure des quadriques à centre se déduisent immédiatement de là et on en conclut que ce sont des lignes algébriques. Si la surface (1) est un ellipsoïde, ses lignes de courbure seront les intersections de cette surface avec les familles d'hyperboloïdes à une et à deux nappes comprises dans la formule (2).

§ 3. Réseaux conjugués. Lignes asymptotiques

386. Directions conjuguées. — Deux tangentes en un point M d'une surface sont *conjuguées* si elles coïncident avec deux diamètres conjugués de l'indicatrice et l'on dit qu'elles ont des *directions conjuguées*. En vertu des propriétés des coniques, *il n'existe en chaque point d'une surface (hormis les ombilics) qu'un seul système de deux directions conjuguées rectangulaires, ce sont les directions principales*. D'autre part, *une direction asymptotique est une direction qui coïncide avec sa conjuguée*.

Proposons-nous de déterminer, en projection sur le plan xy, la relation qui lie les coefficients de directions $dy : dx$ et $\delta y : \delta x$ de deux directions conjuguées au point $M(x, y, z)$ d'une surface. Les axes étant supposés transportés parallèlement à eux-mêmes en ce point, nous savons que la projection de l'indicatrice sur le plan xy a pour équation (n° 369)

$$\frac{rx^2 + 2sxy + ty^2}{\sqrt{1 + p^2 + q^2}} = 1.$$

Mais une projection parallèle (conservant la ligne de l'infini) conserve les directions conjuguées, les projections des directions conjuguées sont donc conjuguées par rapport à la conique précédente et, par conséquent, elles sont liées par la relation

$$r\,dx\,\delta x + s(dx\,\delta y + dy\,\delta x) + t\,dy\,\delta y = 0,$$

qui peut s'écrire plus brièvement

$$dp\,\delta x + dq\,\delta y = 0.$$

Tel est la relation qui lie deux directions conjuguées (d) et (δ).

387. Théorème. — *Quand le point de contact varie le long d'une courbe* (C) *sur une surface, la caractéristique du plan tangent est, en chaque point de contact, la tangente conjuguée de celle à la courbe* (C).

Soient x, y, z les coordonnées d'un point M de la courbe (C), lesquelles sont fonctions d'un paramètre sur cette courbe. La caractéristique du plan tangent en ce point est définie par l'équation du plan tangent et sa dérivée par rapport au paramètre, à savoir (puisque $dz = p\,dx + q\,dy$)

$$\zeta - z = p(\xi - x) + q(\eta - y),$$
$$(\xi - x)\,dp + (\eta - y)\,dq = 0,$$

La seconde relation est l'équation de la projection de la caractéristique sur le plan xy. Son coefficient de direction $\delta y : \delta x$ est $-\,dp : dq$ et satisfait, par conséquent, à la relation qui lie deux directions conjuguées.

Le plan tangent le long de la courbe (C) enveloppe une surface développable. Le théorème précédent admet donc l'énoncé suivant : *Si une développable est circonscrite à une surface, la génératrice et la tangente à la courbe de contact forment, en chaque point de cette courbe, un système de deux tangentes conjuguées.*

388. Transformations qui conservent les directions conjuguées. — *La définition des directions conjuguées est projective et dualistique, c'est-à-dire que deux directions conjuguées restent conjuguées après une homographie ou une transformation par polaires réciproques.*

Ces deux propriétés se déduisent aisément du théorème précédent. Si l'on considère une famille de plans tangents le long d'une courbe (C) sur une surface (S), l'homographie les transforme dans les plans tangents le long de la ligne correspondante, et les caractéristiques des plans se correspondent; donc l'homographie fait correspondre les directions conjuguées de la nouvelle surface à celles de la première.

Faisons maintenant une transformation par polaires réciproques. Elle transforme la surface (S) dans une surface (S′), la courbe (C) dans une développable (Δ′) circonscrite à (S′), et la développable (Δ) circonscrite à (S) dans la ligne de contact (C′) de la nouvelle développable (Δ′). Donc les génératrices de la nouvelle développable correspondent à la tangente à (C), et les tangentes à la nouvelle ligne de contact (C′) aux génératrices de la première développable : donc à deux directions conjuguées correspondent encore deux directions conjuguées.

389. Réseaux conjugués. — Supposons que deux familles de courbes tracées sur une surface soient telles que deux courbes de familles différentes se coupent en chaque point de la surface ; on dit qu'elles forment un *réseau conjugué* si, en chaque point, les tangentes aux deux courbes qui se coupent sont conjuguées. Ainsi ces réseaux sont projectifs et dualistiques comme les directions conjuguées elles-mêmes.

Il existe sur toute surface une infinité de réseaux conjugués, car si l'on a tracé une première famille de lignes ne se coupant pas entre elles sur la surface, on peut déterminer une seconde famille de lignes coupant partout les précédentes suivant la direction conjuguée. Cette détermination dépendra, en général, de l'intégration de l'équation du premier ordre qui lie les directions conjuguées

$$r\,dx\,\delta x + s(dx\,\delta y + dy\,\delta x) + t\,dy\,\delta y = 0,$$

où $\delta y : \delta x$ est le coefficient angulaire sur le plan xy de la projection des courbes de la famille donnée, coefficient connu en fonction de x et y.

Si l'on intègre cette équation, on obtient celle de la famille conjuguée avec une constante arbitraire.

Il existe un théorème remarquable, qui est dû à M. Koenigs et qui permet de former, sans intégration, sur toute surface, une infinité de réseaux conjugués.

Théorème de M. Koenigs. — *La famille de courbes planes obtenues en coupant une surface par un faisceau de plans passant par une droite fixe, admet pour lignes conjuguées les lignes de contact des cônes circonscrits à la surface et dont les sommets sont sur la droite fixe.*

Ce théorème est une conséquence presque immédiate de celui du n° 387. La génératrice du cône est conjuguée à la direction de la ligne de contact ; mais, comme elle est dans le plan de la section, elle est la tangente à cette section : donc les deux tangentes sont conjuguées.

390. Lignes asymptotiques. — Les *directions asymptotiques* sont celles qui sont conjuguées à elles-mêmes : leur définition est donc *projective* et *dualistique*. La relation trouvée (386) entre les directions conjuguées $dy : dx$ et $\delta y : \delta x$ est

$$r\,dx\,\delta x + s(dx\,\delta y + dy\,\delta x) + t\,dy\,\delta y = 0.$$

Si la seconde direction coïncide avec la première, on retrouve l'équation connue des directions asymptotiques

$$r\,dx^2 + 2s\,dx\,dy + t\,dy^2 = 0.$$

Les *lignes asymptotiques* sont celles qui ont, en chacun de leurs points, une direction asymptotique (ou qui touchent en chaque point les asymptotes de l'indicatrice). L'équation précédente est donc leur équation différentielle.

En se reportant aux formules du n° 364, on constate que *les lignes asymptotiques sont celles dont la courbure normale*, $\cos\theta : R$, *est constamment nulle*. En particulier, *toute droite située sur une surface est une ligne asymptotique de celle-ci.*

Si les points d'une surface sont hyperboliques, l'équation précédente donne deux valeurs pour $dy : dx$. Elle définit deux systèmes de lignes asymptotiques se coupant sur la surface. Si tous les points sont paraboliques, la surface est développable et elle n'a plus qu'un seul système de lignes asymptotiques : ses génératrices rectilignes. Si les points sont elliptiques, il n'y a plus de lignes asymptotiques réelles.

§ 4. Extension des formules aux coordonnées curvilignes Déformation des surfaces

391. Coordonnées curvilignes. — Une surface est représentée en coordonnées curvilignes (ou sous forme paramétrique) lorsque ses trois coordonnées x, y, z sont exprimées en fonction de deux paramètres u, v qui varient dans un certain domaine. Nous supposerons toute condition de continuité et de dérivabilité remplie dans ce domaine. Les équations de la surface sont alors de la forme

$$(1)\qquad x = \varphi_1(u, v), \qquad y = \varphi_2(u, v), \qquad z = \varphi_3(u, v).$$

Les variables u, v sont appelées *coordonnées curvilignes,* à cause de la représentation géométrique que l'on peut en donner. Pour cela, on trace sur la surface les deux systèmes de lignes $u =$ const., $v =$ const. On observe, en effet, que quand on fixe l'une des variables u, v, le point (x, y, z) qui satisfait aux équations (1) décrit une courbe sur la surface. Un point de la surface est défini par les paramètres u, v des deux courbes qui se coupent sur lui. Toutefois le système de coordonnées u, v n'est pas complètement défini par les courbes de la surface, car ces courbes ne changent pas si l'on remplace u et v par de nouvelles variables u_1 et v_1 fonctions d'une seule des premières respectivement, $u_1 = \psi_1(u)$, $v_1 = \psi_2(v)$.

392. Notations et paramètres. — Nous conviendrons de désigner les dérivées partielles de x, y, z par rapport à u au moyen de l'indice 1, celles par rapport à v par l'indice 2, ces indices pouvant se superposer comme les dérivations. Nous posons donc, en abrégé,

$$\frac{\partial x}{\partial u} = x_1, \qquad \frac{\partial^2 x}{\partial u^2} = x_{11}, \qquad \frac{\partial^2 u}{\partial u\,\partial v} = x_{12} = x_{21}, \ldots$$

en sorte que

$$dx = x_1\,du + x_2\,dv, \qquad dy = y_1\,du + y_2\,dv, \ldots$$

Nous définissons alors les paramètres suivants (les sommes désignées par Σ s'étendant à x, y, z) :

$$E = \Sigma x_1^2, \qquad F = \Sigma x_1 x_2, \qquad G = \Sigma x_2^2.$$

$$A = y_1 z_2 - y_2 z_1, \qquad B = z_1 x_2 - z_2 x_1, \qquad C = x_1 y_2 - x_2 y_1.$$

$$H^2 = A^2 + B^2 + C^2 = EG - F^2.$$

Nous remarquons que H ne peut s'annuler en un point ordinaire, car l'une au moins des quantités A, B, C est différente de 0. Nous posons ensuite

$$L = \frac{Ax_{11} + By_{11} + Cz_{11}}{H}, \qquad M = \frac{\Sigma A x_{12}}{H}, \qquad N = \frac{\Sigma A x_{22}}{H};$$

ou, sous forme de déterminants,

$$\mathrm{HL} = \begin{vmatrix} x_{11} & y_{11} & z_{11} \\ x_1 & y_1 & z_1 \\ x_2 & y_2 & z_2 \end{vmatrix} \quad \mathrm{HM} = \begin{vmatrix} x_{12} & y_{12} & z_{12} \\ x_1 & y_1 & z_1 \\ x_2 & y_2 & z_2 \end{vmatrix} \quad \mathrm{HN} = \begin{vmatrix} x_{22} & y_{22} & z_{22} \\ x_1 & y_1 & z_1 \\ x_2 & y_2 & z_2 \end{vmatrix}$$

Les cosinus directeurs de la normale sont : $X = A : H$, $Y = B : H$, $Z = C : H$ et, avec la convention sur le sens de la normale faite au n° 361, il faut donner à H le signe de C.

393. Différentiel de l'arc. — La différentielle de l'arc de courbe sur la surface s'appelle l'*élément linéaire* de la surface. Son carré ds^2 est une forme quadratique en du, dv,

$$ds^2 = E\,du^2 + 2F\,du\,dv + G\,dv^2,$$

qui joue le rôle fondamental dans la théorie.

Cette formule montre que $\sqrt{E}\,du$ et $\sqrt{G}\,dv$ sont les arcs élémentaires des courbes $v =$ const. et $u =$ const. Les déplacements dx, dy, dz et δx, δy, δz qui correspondent à ces deux arcs ds et δs sont respectivement $x_1\,du$, $y_1\,du$, $z_1\,du$ et $x_2\,\delta v$, $y_2\,\delta v$, $z_2\,\delta v$, faisant entre eux l'angle α :

$$\cos\alpha = \frac{dx_1\,\delta x_1 + \ldots}{ds\,\delta s} = \frac{du\,\delta v\,(x_1 x_2 + \ldots}{du\,\delta v\,\sqrt{E}\,\sqrt{G}} = \frac{F}{\sqrt{E}\,\sqrt{G}}.$$

L'angle α est celui sous lequel les deux courbes $u =$ const. et $v =$ const. se coupent au point considéré. Si cet angle est droit, les coordonnées curvilignes sont dites *orthogonales* et l'on a

$$F = 0.$$

394. Courbure. — La *courbure normale* d'une courbe de la surface dont la normale principale fait, avec la normale à la surface, l'angle θ, se tire de la formule (1) du n° 361. C'est

$$\frac{\cos\theta}{R} = \frac{X\,d^2x + Y\,d^2y + Z\,d^2z}{ds^2} = \frac{A\,d^2x + B\,d^2y + C\,d^2z}{H\,ds^2};$$

ou, en remplaçant d^2x, d^2y, d^2z par leurs valeurs en du, dv, d^2u, d^2v, et en observant que les termes en d^2u et d^2v se détruisent

$$\frac{\cos\theta}{R} = \frac{L\,du^2 + 2M\,du\,dv + N\,dv^2}{ds^2}.$$

La *courbure d'une section normale* dont la direction est définie par le rapport $du : dv$ sera, avec la convention de signe du n° 365,

$$\frac{1}{R} = \frac{L\,du^2 + 2M\,du\,dv + N\,dv^2}{E\,du^2 + 2F\,du\,dv + G\,dv^2}.$$

Désignons, en abrégé, la courbure par ρ; cette équation nous donne, en chassant le dénominateur,

$$(L - \rho E)\,du^2 + 2(M - \rho F)\,du\,dv + (N - \rho G)\,dv^2 = 0.$$

Pour obtenir les courbures principales, qui extrèment la valeur de ρ, il suffit, comme au n° 370, d'annuler les dérivées partielles par rapport à du et dv, car l'équation est homogène. Il vient ainsi

$$(L - \rho E)\,du + (M - \rho F)\,dv = (M - \rho F)\,du + (N - \rho G)\,dv = 0.$$

En éliminant ρ, on obtient l'*équation aux directions principales* ou l'*équation différentielle des lignes de courbure*

$$\frac{L\,du + M\,dv}{M\,du + N\,dv} = \frac{E\,du + F\,dv}{F\,du + G\,dv}.$$

Celle-ci peut aussi se mettre sous forme de déterminant

$$\begin{vmatrix} dv^2 & -du\,dv & du^2 \\ E & F & G \\ L & M & N \end{vmatrix} = 0.$$

D'autre part, en éliminant $du : dv$, on obtient l'équation du second degré en ρ qui a pour racines les courbures principales, à savoir

$$(M - \rho F)^2 - (L - \rho E)(N - \rho G) = 0.$$

On en tire l'expression de la courbure totale

$$\rho_1 \rho_2 = \frac{1}{R_1 R_2} = \frac{LN - M^2}{EG - F^2} = \frac{LN - M^2}{H^2}.$$

395. Lignes conjuguées et asymptotiques. — Si l'on compare l'expression précédente de $1 : R$ à celle que donne la formule (**2**) du n° 361, on en conclut l'identité en du, dv

$$\frac{r\,dx^2 + 2s\,dx\,dy + t\,dy^2}{\sqrt{1 + p^2 + q^2}} = L\,du^2 + 2M\,du\,dv + N\,dv^2,$$

qui doit résulter de la substitution linéaire

$$dx = x_1 du + x_2 dv, \qquad dy = y_1 du + y_2 dv.$$

En égalant le premier membre à l'unité on obtient, en coordonnées dx, dy, la projection de l'indicatrice sur le plan x, y et les directions conjuguées se conservent en projection. Or, la conique représentée, en coordonnées du, dv, par l'équation

$$L du^2 + 2M du\, dv + N dv^2 = 1$$

se déduit de la précédente par la substitution linéaire qui précède et qui fait correspondre les directions conjuguées dans les deux coniques. Donc les directions conjuguées de la conique en du, dv correspondent encore aux directions conjuguées sur la surface. Les coefficients (du, dv) et $(\delta u, \delta v)$ de deux directions conjuguées de la surface sont, par conséquent, liés par la même relation que sur la conique, à savoir

$$L du\, \delta u + M(du\, \delta v + dv\, \delta u) + N dv\, \delta v = 0.$$

Telle est donc aussi la relation différentielle entre les deux familles d'un réseau conjugué sur la surface.

Les *directions asymptotiques* sont les directions qui coïncident avec leur conjuguée. On obtient l'équation aux directions asymptotiques, ou l'*équation différentielle des lignes asymptotiques,* en identifiant les deux directions conjuguées dans la formule précédente. Il vient ainsi

$$L du^2 + 2M du\, dv + N dv^2 = 0.$$

396. Surfaces applicables; déformation des surfaces. — Deux surfaces S et S_1 sont dites *applicables* l'une sur l'autre quand on peut établir entre leurs points une correspondance telle que les arcs de deux courbes correspondantes aient même longueur sur les deux surfaces.

Si les coordonnées x, y, z des points de la surface S sont exprimées en fonctions de deux paramètres u, v, les coordonnées ξ, η, ζ des points correspondants de la surface S_1 seront des fonctions des mêmes paramètres. Nous pouvons donc supposer que les paramètres u, v définissent les points correspondants dans les deux surfaces.

Dans ces conditions, pour que les arcs de deux courbes correspondantes quelconques aient même longueur sur les deux surfaces, il faut qu'ils aient même différentielle ds en tout point et en tous sens. Pour cela, il est nécessaire et suffisant que l'expression de l'arc soit la même en u, v et du, dv pour les deux surfaces, ou que l'on ait sur les deux surfaces la même formule

$$ds^2 = \mathrm{E}\,du^2 + 2\mathrm{F}\,du\,dv + \mathrm{G}\,dv^2.$$

Il est donc nécessaire et suffisant que les paramètres E, F, G soient les mêmes pour les deux surfaces.

Le problème de trouver une surface applicable sur une surface donnée est celui de la *déformation des surfaces*. Ce problème consiste à changer la forme de la surface sans changer celle de l'élément linéaire.

Gauss a montré que l'invariance de l'élément linéaire dans la déformation entraîne nécessairement celle d'autres éléments géométriques définis sur la surface. Les éléments invariants les plus remarquables sont la courbure géodésique des courbes tracées sur la surface et la courbure totale de la surface elle-même en chaque point.

Nous démontrerons l'invariance de la courbure géodésique dans le prochain paragraphe. Celle de la courbure totale est la conséquence immédiate du théorème suivant dû à Gauss :

396. Théorème de Gauss. — *La courbure totale en un point s'exprime en fonction des trois paramètres* E, F, G *et de leurs dérivées partielles des deux premiers ordres : elle ne dépend que de la forme de l'élément linéaire. Donc la courbure totale ne change pas quand on déforme la surface.*

Nous avons, pour calculer la courbure totale $\rho_1\rho_2$, la formule (394)

$$\rho_1\rho_2 = \frac{\mathrm{LN} - \mathrm{M}^2}{\mathrm{H}^2} \qquad \text{d'où} \qquad \mathrm{H}^4\rho_1\rho_2 = \mathrm{HL}\,.\,\mathrm{HN} - (\mathrm{HM})^2.$$

Nous savons déjà que $H^2 = EG - F^2$ ne dépend que de l'élément linéaire. Il faut montrer que

$$HL.HN - (HM)^2$$

s'exprime en fonction de E, F, G et de leurs dérivées partielles.

Remplaçons HL, HN, HM par leurs valeurs écrites au n° 392 sous forme de déterminant et effectuons les produits par la règle de la multiplication des déterminants. En tenant encore compte des valeurs de E, F, G (n° 392), l'expression considérée prend la forme d'une différence de deux déterminants

$$\begin{vmatrix} \Sigma x_{11} x_{22} & \Sigma x_1 x_{22} & \Sigma x_2 x_{22} \\ \Sigma x_1 x_{11} & E & F \\ \Sigma x_2 x_{11} & F & G \end{vmatrix} - \begin{vmatrix} \Sigma x^2_{12} & \Sigma x_1 x_{12} & \Sigma x_2 x_{12} \\ \Sigma x_1 x_{12} & E & F \\ \Sigma x_2 x_{12} & F & G \end{vmatrix}$$

et, en retranchant la même quantité

$$(EG - F^2)\, \Sigma x_{11} x_{22}$$

aux deux déterminants, leur différence devient

$$\begin{vmatrix} 0 & \Sigma x_1 x_{22} & \Sigma x_2 x_{22} \\ \Sigma x_1 x_{11} & E & F \\ \Sigma x_2 x_{11} & F & G \end{vmatrix} - \begin{vmatrix} \Sigma (x^2_{12} - x_{11} x_{22}) & \Sigma x_1 x_{12} & \Sigma x_2 x_{12} \\ \Sigma x_1 x_{12} & E & F \\ \Sigma x_2 x_{12} & F & G \end{vmatrix}$$

Pour achever la démonstration, il suffit de vérifier, par le calcul direct, que les sommes $\Sigma x_1 x_{11}$, $\Sigma x_1 x_{12}$, $\Sigma x_2 x_{12}$ et $\Sigma x_2 x_{22}$, où il y a un indice commun aux deux facteurs, sont les dérivées partielles de E et G par rapport à u et v; ensuite que les trois dernières sommes

$$\Sigma x_1 x_{22}, \qquad \Sigma x_2 x_{11}, \qquad \Sigma (x^2_{12} - x_{11} x_{22}),$$

ont respectivement pour valeurs

$$\frac{\partial F}{\partial v} - \frac{1}{2}\frac{\partial G}{\partial u}, \qquad \frac{\partial F}{\partial u} - \frac{1}{2}\frac{\partial E}{\partial v}, \qquad \frac{1}{2}\frac{\partial^2 E}{\partial v^2} - \frac{\partial^2 F}{\partial u\, \partial v} + \frac{1}{2}\frac{\partial^2 G}{\partial u^2}.$$

Nous ne ferons pas ces substitutions et nous n'achèverons le calcul que dans un cas particulier.

Supposons que l'élément linéaire ait l'expression réduite

$$ds^2 = du^2 + G\, dv^2,$$

qui joue, comme nous le verrons plus loin, un rôle fondamental dans la théorie des géodésiques.

Dans ce cas, le premier déterminant disparaît, car les éléments de la première colonne sont tous nuls. Il vient

$$H^4 \rho_1\rho_2 = -\begin{vmatrix} \frac{1}{2}\frac{\partial^2 G}{\partial u^2} & 0 & \frac{1}{2}\frac{\partial G}{\partial u} \\ 0 & 1 & 0 \\ \frac{1}{2}\frac{\partial G}{\partial u} & 0 & G \end{vmatrix}$$

et, comme $H^4 = G^2$,

$$\rho_1\rho_2 = \frac{1}{R_1 R_2} = \frac{1}{4\,G^2}\left(\frac{\partial G}{\partial u}\right)^2 - \frac{1}{2G}\frac{\partial^2 G}{\partial u^2}$$

$$\frac{1}{R_1 R_2} = -\frac{1}{\sqrt{G}}\frac{\partial^2 \sqrt{G}}{\partial u^2}.$$

Posons, pour abréger l'écriture,

$$m = +\sqrt{G};$$

nous aurons le théorème suivant :

Quand l'élément linéaire de la surface a pour expression

$$ds^2 = du^2 + m^2 dv^2,$$

la courbure totale est liée à cette expression par la formule toute simple

$$\frac{1}{R_1 R_2} = -\frac{1}{m}\frac{\partial^2 m}{\partial u^2}.$$

Ce résultat fondamental est encore dû à Gauss.

§ 5. Lignes géodésiques

398. Introduction de la courbure géodésique dans l'expression de la variation de longueur d'une ligne. — Les lignes géodésiques d'une surface sont, comme nous le savons (n° 281), les extrémales (sur cette surface) de l'intégrale

$$I = \int \sqrt{dx^2 + dy^2 + dz^2}.$$

La variation de cette intégrale sur la surface est liée à la courbure géodésique de la ligne d'intégration par une formule remarquable.

Laissons fixes les quantités aux limites; la variation δI se ramène, après intégration par parties, à la forme connue

$$\delta I = -\int d\alpha\,\delta x + d\beta\,\delta y + d\gamma\,\delta z = -\int \frac{\lambda\delta x + \mu\delta y + \nu\delta z}{R}\,ds.$$

où α, β, γ sont les cosinus directeurs de la tangente à la ligne, λ, μ, ν ceux de la normale principale, et R le rayon de courbure.

Désignons par

$$\delta\sigma = \sqrt{\delta x^2 + \delta y^2 + \delta z^2}$$

la grandeur du déplacement imposé par la variation au point M de la courbe, et par φ l'angle que ce déplacement fait avec la normale principale. Nous avons

$$\lambda\delta x + \mu\delta y + \nu\delta z = \delta\sigma \cos\varphi$$

et, par suite,

$$\delta I = -\int \frac{\cos\varphi}{R}\,ds\,\delta\sigma.$$

Supposons maintenant que l'on déplace le point M normalement à la courbe. Alors les angles φ et θ que fait $\delta\sigma$ avec la normale principale à la courbe et la normale à la surface, diffèrent d'un angle droit : on a, suivant le sens de $\delta\sigma$, $\cos\varphi = \pm \sin\theta$. Mais on peut convenir de donner un signe à $\delta\sigma$ de manière que le signe ambigu soit toujours $+$; il vient, dans ce cas particulier,

$$\delta I = -\int \frac{\sin\theta}{R}\,ds\,\delta\sigma. \tag{1}$$

Dans cette intégrale, $\delta\sigma$ est le déplacement normal à la courbe, et $\sin\theta : R$ est la *courbure géodésique*.

Sous cette forme, on aperçoit immédiatement que les extrémales (ou les géodésiques) sont les lignes dont la courbure géodésique est nulle (n° 364).

Cette formule prouve que si deux surfaces sont applicables l'une sur l'autre, la courbure géodésique de deux courbes correspondantes est la même sur les deux surfaces, puisque les variations δI de longueur des courbes correspondantes sont les mêmes et les variations $\delta\sigma$ aussi.

Cette formule met aussi en évidence que la courbure géodésique d'une courbe définie en coordonnées curvilignes par une relation $v = \varphi(u)$, ne peut dépendre (comme δI) que de la forme de l'élément linéaire de la surface. Nous allons le montrer plus explicitement dans le n° suivant en développant les calculs.

399. **Théorème.** — *L'expression de la courbure géodésique d'une courbe, sur une surface définie en coordonnées curvilignes* u, v, *ne dépend que des coefficients* E, F, G *qui figurent dans l'élément linéaire, de leurs dérivées partielles premières et de la relation entre* u *et* v *qui définit la courbe. Par suite, la courbure géodésique d'une courbe tracée sur une surface reste invariable quand on déforme la surface.*

Conservons la représentation de la surface et toutes les notations du paragraphe précédent. La condition pour que deux déplacements (dx, dy, dz) et $(\delta x, \delta y, \delta z)$, de longueurs ds et $\delta\sigma$, soient rectangulaires, est que l'on ait

$$\Sigma\, dx\,\delta x = \Sigma\,(x_1\,du + x_2\,dv)\,(x_1\,\delta u + x_2\,\delta v) = 0.$$

En effectuant le produit, cette condition revient à

$$\mathrm{E}\,du\,\delta u + \mathrm{F}(du\,\delta v + dv\,\delta u) + \mathrm{G}\,dv\,\delta v = 0.$$

Elle ne dépend, comme on le voit, que de la forme de l'élément linéaire.

Observons que l'on a identiquement

$$\begin{aligned}\mathrm{E}(\mathrm{F}\,du + \mathrm{G}\,dv)^2 - 2\mathrm{F}(\mathrm{F}\,du + \mathrm{G}\,dv)(\mathrm{E}\,du + \mathrm{F}\,dv) + \mathrm{G}(\mathrm{E}\,du + \mathrm{F}\,dv)^2 \\ = (\mathrm{EG} - \mathrm{F}^2)(\mathrm{E}\,du^2 + 2\mathrm{F}\,du\,dv + \mathrm{G}\,dv^2).\end{aligned}$$

La relation de perpendicularité nous donne, par les propriétés des fractions égales et en utilisant l'identité précédente

$$(2)\qquad \frac{\delta u}{\mathrm{F}\,du + \mathrm{G}\,dv} = \frac{-\,\delta v}{\mathrm{E}\,du + \mathrm{F}\,dv} = \frac{\delta\sigma}{\sqrt{\mathrm{EG} - \mathrm{F}^2}\,ds},$$

où l'on a

$$ds^2 = \mathrm{E}\,du^2 + 2\mathrm{F}\,du\,dv + \mathrm{G}\,dv^2, \qquad \delta\sigma^2 = \mathrm{E}\,\delta u^2 + \ldots$$

Calculons maintenant la variation de l'intégrale

$$\mathrm{I} = \int ds = \int \sqrt{\mathrm{E}\,du^2 + 2\mathrm{F}\,du\,dv + \mathrm{G}\,dv^2},$$

les quantités aux limites restant fixes et en donnant à u, v les variations δu, δv; nous trouvons, par le procédé de calcul habituel, un résultat de la forme

$$\delta I = \int P\,\delta u + Q\,\delta v, \tag{3}$$

où les valeurs de P et de Q sont les suivantes :

$$(4)\quad \begin{cases} P = \dfrac{1}{2ds}\left(\dfrac{\partial E}{\partial u}\,du^2 + 2\dfrac{\partial F}{\partial u}\,du\,dv + \dfrac{\partial G}{\partial u}\,dv^2\right) - d\,\dfrac{E\,du + F\,dv}{ds}, \\[2ex] Q = \dfrac{1}{2ds}\left(\dfrac{\partial E}{\partial v}\,du^2 + 2\dfrac{\partial F}{\partial v}\,du\,dv + \dfrac{\partial G}{\partial v}\,dv^2\right) - d\,\dfrac{F\,du + G\,dv}{ds}. \end{cases}$$

Ainsi, quand la relation entre u et v est donnée, P et Q ne dépendent plus que de E, F, G et de leurs dérivées partielles premières. Remplaçons δu et δv par leurs expressions (2) tirées de la condition de perpendicularité du déplacement; il vient

$$\delta I = \int \frac{P(F\,du + G\,dv) - Q(E\,du + F\,dv)}{ds^2\sqrt{EG - F^2}}\,ds\,\delta\sigma.$$

Avec cette condition de perpendicularité, l'expression sous le signe $\int$ doit s'identifier avec celle (1) trouvée au numéro précédent. De là, l'expression de la courbure géodésique :

$$\frac{\sin\theta}{R} = -\frac{P(F\,du + G\,dv) - Q(E\,du + F\,dv)}{ds^2\sqrt{EG - F^2}}.$$

Il reste à y remplacer P et Q par leurs valeurs (4) ci-dessus. Pour une même relation entre u et v, la courbure géodésique ne dépend donc que de E, F, G et de leurs dérivées premières : elle ne change pas quand on déforme la surface. Donc *quand deux surfaces sont applicables l'une sur l'autre, la courbure géodésique des courbes correspondantes est la même, aux points correspondants, sur les deux surfaces.*

400. Equations différentielles des géodésiques en coordonnées u, v. — On obtient ces équations en annulant la variation δI et, par conséquent, les coefficients de δu et δv dans l'expression (3) de δI. On obtient ainsi les deux équations différentielles

$$P = 0, \qquad Q = 0, \tag{5}$$

où P et Q s'expriment par les formules (4). Ces deux équations rentrent d'ailleurs l'une dans l'autre, moyennant la relation

$$(6) \qquad ds^2 = E\,du^2 + 2F\,du\,dv + G\,dv^2,$$

qui permet d'éliminer ds de l'une ou de l'autre, par exemple de $Q = 0$. Après cela, l'équation $Q = 0$ est une équation différentielle du second ordre entre u et v. Son intégration conduit à la relation $v = \varphi(u)$ qui définit la géodésique. Cette relation contient deux constantes arbitraires d'intégration, qui permettent de faire passer la géodésique par un point arbitraire et de lui imposer une direction initiale arbitraire sur la surface. Si l'on sait trouver une intégrale première de cette équation différentielle, l'intégration s'achèvera par des quadratures, ainsi qu'il résulte d'un théorème général du calcul des variations (n° 278).

Mais on peut encore procéder autrement pour effectuer l'intégration des équations des géodésiques. Si l'on fait abstraction de la relation (6), les deux équations (5) forment un système de deux équations différentielles simultanées permettant de déterminer u et v en fonction de s. Prenant s comme variable indépendante et, par suite, ds constant, les deux équations $P = 0$ et $Q = 0$ divisées par ds sont de la forme

$$E\frac{d^2u}{ds^2} + F\frac{d^2v}{ds^2} = a\left(\frac{du}{ds}\right)^2 + 2b\frac{du}{ds}\frac{dv}{ds} + c\left(\frac{dv}{ds}\right)^2,$$

$$F\frac{d^2u}{ds^2} + G\frac{d^2v}{ds^2} = a_1\left(\frac{du}{ds}\right)^2 + 2b_1\frac{du}{ds}\frac{dv}{ds} + c_1\left(\frac{dv}{ds}\right)^2,$$

où les coefficients a, b,... sont des fonctions connues (continues et dérivables) de u, v. Ces deux équations peuvent être résolues par rapport aux dérivées secondes, car le déterminant du système est $EG - F^2$ ou H^2 qui ne peut s'annuler (n° 392). Cette résolution n'altérera pas la forme quadratique des seconds membres des équations précédentes; donc les équations différentielles s'écriront encore sous la forme

$$(7) \quad \left\{ \begin{aligned} \frac{d^2u}{ds^2} &= a\left(\frac{du}{ds}\right)^2 + 2b\frac{du}{ds}\frac{dv}{ds} + c\left(\frac{dv}{ds}\right)^2, \\ \frac{d^2v}{ds^2} &= a_1\left(\frac{du}{ds}\right)^2 + 2b_1\frac{du}{ds}\frac{dv}{ds} + c_1\left(\frac{dv}{ds}\right)^2, \end{aligned} \right.$$

où les coefficients a, b,... ne sont plus les mêmes que dans les équations précédentes, mais sont encore des fonctions connues, continues et dérivables de u, v.

L'intégration du système (7) déterminera u, v en fonction de s et de quatre constantes d'intégration, permettant de choisir arbitrairement les valeurs initiales de u, v et de leurs dérivées premières. Mais on connaît d'avance une intégrale du système (7), à savoir

$$(8) \qquad E\left(\frac{du}{ds}\right)^2 + 2F\frac{du}{ds}\frac{dv}{ds} + G\left(\frac{dv}{ds}\right)^2 = \text{const.}$$

Nous savons, en effet, qu'en prenant cette constante égale à l'unité, cette relation fait rentrer les relations (7) l'une dans l'autre. Il doit donc en être ainsi quelle que soit valeur de la constante, puisque les équations (7) ne changent pas quand on multiplie ds par une constante arbitraire, ce qui revient à modifier la valeur de ladite constante. Mais la variable s ne représentera l'arc de la géodésique que si cette constante est prise égale à l'unité. Nous voyons donc que la condition nécessaire et suffisante pour que s représente l'arc d'une géodésique dans l'intégration des équations (7), est que les valeurs initiales soient liées par la condition

$$(9) \qquad E_0\left(\frac{du}{ds}\right)_0^2 + 2F_0\left(\frac{du}{ds}\right)_0\left(\frac{dv}{ds}\right)_0 + G_0\left(\frac{dv}{ds}\right)_0^2 = 1,$$

auquel cas la même condition restera satisfaite pour toutes les valeurs de s.

Si l'on peut trouver une seconde intégrale des équations (7) renfermant une constante arbitraire, l'intégration du système s'achèvera par des quadratures. En effet, l'élimination de ds conduira à une relation du premier ordre entre u et v et une constante arbitraire, donc à une intégrale première de l'équation du second ordre qui a lieu entre u et v seuls, ce qui ramène au cas précédent.

401. Equations différentielles des géodésiques en coordonnées x, y. — Il est intéressant de considérer le cas particulier où la surface est donnée par l'équation

$$z = f(x, y),$$

et de trouver l'équation des géodésiques en projection sur le plan xy. Ce cas revient au précédent en faisant $u = x$ et $v = y$. Mais on obtient immédiatement les équations des géodésiques sous la forme (7), au moyen des formules de Frenet

$$\frac{d\alpha}{ds} = \frac{\lambda}{R}, \qquad \frac{d\beta}{ds} = \frac{\mu}{R}.$$

Ici, R est essentiellement positif et λ et μ coïncident avec les cosinus directeurs X et Y de la normale à la surface, aux signes près. Ce signe est le même ou non suivant que le rayon de courbure de la section normale qui coïncide avec celui de la géodésique est considéré comme positif et négatif. On a donc, même en signe, R étant maintenant le rayon de courbure avec son signe de la section normale de même tangente que la géodésique,

$$(10) \qquad \frac{d\alpha}{ds} = \frac{X}{R}, \qquad \frac{d\beta}{ds} = \frac{Y}{R};$$

et, si l'on prend s comme variable indépendante et, par suite, ds constant,

$$(11) \qquad \frac{d^2x}{ds^2} = \frac{X}{R}, \qquad \frac{d^2y}{ds^2} = \frac{Y}{R}.$$

Ce sont les équations des géodésiques sous la forme (7). Il n'y a plus qu'à y remplacer X, Y et R par leurs valeurs connues

$$X = \frac{-p}{\sqrt{1 + p^2 + q^2}}, \qquad Y = \frac{-q}{\sqrt{1 + p^2 + q^2}},$$
$$\frac{1}{R} = \frac{r\,dx^2 + 2s\,dx\,dy + t\,dy^2}{ds^2\sqrt{1 + p^2 + q^2}}.$$

Il ne faut pas perdre de vue que ds est l'arc de la géodésique elle-même, et non de sa projection : on a

$$ds^2 = dx^2 + dy + dz^2 = (1 + p^2)\,dx^2 + 2pq\,dx\,dy + (1 + q^2)\,dy^2.$$

Pour former l'équation différentielle des géodésiques entre x et y seulement, il faut éliminer ds de l'une des équations (10). On arrive plus vite au résultat en combinant les deux équations entre elles. On en tire

$$d\,\frac{\beta}{\alpha} = \frac{\beta\,d\alpha - \alpha\,d\beta}{\alpha^2} = \frac{\beta X - \alpha Y}{R\alpha^2}\,ds;$$

et en divisant par dx et remplaçant $\alpha\, ds$ par dx,

$$\frac{d}{dx}\left(\frac{dy}{dx}\right) = \frac{X\,dy - Y\,dx}{R\,dx}\left(\frac{ds}{dx}\right)^2.$$

Prenons x comme variable indépendante et accentuons les dérivées par rapport à x; l'équation différentielle prend la forme

$$(12) \qquad y'' = (Xy' - Y)\frac{s'^2}{R};$$

et enfin, en remplaçant X, Y et $s'^2 : R$ par leurs valeurs ci-dessus,

$$(13) \qquad y'' = (q - py')\frac{r + 2sy' + ty'^2}{1 + p^2 + q^2},$$

c'est l'équation des géodésiques en projection sur le plan xy.

Remarque. — Proposons-nous de déterminer la relation qui lie l'angle de contingence d'un arc de géodésique à celui de sa projection. Cette relation se tire facilement de l'équation (12).

Soient σ l'arc de la projection, et φ l'inclinaison de sa tangente sur l'arc des x. Multiplions l'équation (12) par $dx : (1 + y'^2) = dx : \sigma'^2$; il vient

$$d\varphi = \frac{y''dx}{1 + y'^2} = \frac{X\,dy - Y\,dx}{R}\left(\frac{s'}{\sigma'}\right)^2 = (X\beta - Y\alpha)\left(\frac{s'}{\sigma'}\right)^2\frac{ds}{R}.$$

Mais $(X\beta - Y\alpha)$ est le cosinus de l'angle de la binormale avec l'axe des z et est égal à $\sqrt{1 - \gamma^2 - Z^2}$; d'autre part

$$\left(\frac{s'}{\sigma'}\right)^2 = \left(\frac{ds}{d\sigma}\right)^2 = \frac{ds^2}{ds^2 - dz^2} = \frac{1}{1 - \gamma^2}.$$

Il vient donc

$$(14) \qquad d\varphi = \frac{d\sigma}{\rho} = \frac{\sqrt{1 - \gamma^2 - Z^2}}{1 - \gamma^2}\frac{ds}{R}.$$

Pour que l'angle de contingence $ds : R$ de la courbe soit supérieur à celui $d\sigma : \rho$ de sa projection, il faut, d'après cette relation, que l'on ait

$$(1 - \gamma^2)^2 > (1 - \gamma^2) - Z^2.$$

Cette condition sera toujours réalisée si l'équation

$$u^2 - u + Z^2 = 0$$

a ses racines imaginaires ou si $Z > \frac{1}{2}$, ce qui suppose que la normale à la surface (la normale principale) fasse un angle inférieur à 60° avec l'axe des z. Donc *si la normale à la surface fait avec la normale au plan de projection un angle au maximum de 60°, la courbure totale d'un arc de géodésique ne sera jamais inférieure à celle de la projection de cet arc.* Il est clair que cette proposition s'applique à la projection de n'importe quelle courbe, mais en considérant sa normale principale au lieu de la normale à la surface.

402. Théorème. — *Soit* A *un point donné sur une surface ; on peut limiter autour de ce point une portion suffisamment petite de la surface pour que les géodésiques issues de ce point ne se coupent pas entre elles.*

Projetons la surface sur le plan tangent en A et prenons ce plan comme plan des xy; l'équation de la surface pourra se mettre sous la forme

$$z = f(x, y).$$

Il suffit de démontrer que l'on peut décrire dans le plan xy un cercle de centre A, assez petit pour que les courbes qui sont les projections des géodésiques issues de ce point A, ne se rencontrent pas dans le cercle.

Je vais d'abord montrer que, si le cercle est assez petit, deux courbes de cette espèce infiniment voisines issues de A ne se couperont pas. Cette conclusion résulte du fait que l'équation différentielle de ces courbes est du second ordre.

D'abord on peut limiter, autour du point A dans le plan xy, un cercle assez petit pour que Z reste aussi voisin de 1 que l'on veut sur la portion correspondante de surface.

La formule (14) du n° précédent montre que l'on rend ainsi $d\varphi$ aussi petit que l'on veut, de sorte que l'on peut rendre aussi petite que l'on veut la variation de direction de la courbe dans le cercle, à condition de supposer ce cercle suffisamment petit. Par exemple, on peut faire en sorte que cette variation reste inférieure à 45°.

Ceci fait, considérons une courbe particulière AB. Je vais prouver qu'elle ne peut rencontrer la courbe infiniment voisine qu'à distance finie. En effet, nous pouvons choisir l'axe des x de manière que y' garde une valeur finie sur la courbe, puisque sa direction ne varie pas de 45°. Alors, dans l'équation vérifiée par la courbe,

$$y'' = F(x, y, y'),$$

F et ses dérivées partielles $\frac{\partial F}{\partial y}$ et $\frac{\partial E}{\partial y'}$ sont des fonctions continues.

Désignons par y'_0 et $y'_0 + \delta y'_0$ les orientations initiales des deux courbes infiniment voisines, par δy, $\delta y'$, $\delta y''$ les variations correspondantes de y, y' et y''. Il vient, en différentiant l'équation précédente avec δ,

$$\delta y'' - \frac{\partial F}{\partial y'}\,\delta y' - \frac{\partial F}{\partial y}\,\delta y = 0.$$

Si les deux courbes infiniment voisines se rencontrent pour les abscisses 0 et x_1, cette équation linéaire admet une intégrale δy s'annulant pour les mêmes valeurs. Mais nous allons montrer que toutes les intégrales de cette équation qui s'annulent pour $x = 0$ s'annulent, en ce cas, pour $x = x_1$, *qu'elles soient infiniment voisines ou non;* d'où il suit que x_1 n'est pas infiniment petit. En effet, si u_1 est une intégrale s'annulant pour $x = 0$, et u_2 une autre intégrale, l'intégrale générale de l'équation linéaire est $C_1 u_1 + C_2 u_2$ et les seules intégrales qui s'annulent pour $x = 0$ sont de la forme $C_1 u_1$; ainsi, si l'une de celles-ci s'annule pour $x = x_1$, il faut que u_1 s'annule, et alors ces intégrales s'annulent toutes pour $x = x_1$.

Donc deux courbes infiniment voisines ne se rencontrent qu'à distance finie. Comme alors il est clair que deux courbes qui ne sont pas infiniment voisines ne peuvent se rencontrer qu'à distance finie, il est possible de décrire un cercle de centre A dans lequel les courbes ne se recoupent pas.

La question de reconnaître si, par deux points, on peut faire passer une ou plusieurs géodésiques est une question importante et délicate sur laquelle nous reviendrons plus loin. Nous verrons que la courbure totale de la surface est un élément qui joue un rôle important dans la solution de cette question.

403. Théorème. — *Soit tracée sur une surface un segment de ligne* L *qui ne se coupe pas et dont la courbure géodésique soit bornée ; si l'on élève, le long de cette ligne, des géodésiques normales de longueur suffisamment petite, ces géodésiques ne se couperont pas entre elles.*

Je vais d'abord prouver qu'une géodésique AB issue du point A de la ligne L ne peut être coupée par la géodésique infiniment voisine en un point infiniment voisin de son origine. En effet, projetons la figure sur le plan tangent à la surface au point A ; les deux géodésiques infiniment voisines se projettent sur ce plan normalement à la projection de la ligne L. Si ces projections se rencontraient en un point infiniment voisin de A, comme ces géodésiques se confondent (au premier ordre près) avec les normales à la projection de L et que celles-ci se coupent au centre de courbure géodésique, le rayon de courbure géodésique de la courbe L serait nul et cette courbure infinie au point A, contrairement à l'hypothèse.

Donc on peut supposer les géodésiques AB suffisamment courtes pour que deux géodésiques infiniment voisines ne se coupent pas. Mais deux géodésiques AB qui ne sont pas infiniment voisines ne peuvent se couper qu'à une distance finie de leur point de départ A (au moins pour l'une d'elles). On peut donc raccourcir suffisamment ces géodésiques pour qu'elles ne se rencontrent plus.

404. Expression de la longueur d'une ligne géodésique. Théorèmes qui s'en déduisent. — Considérons une ligne géodésique joignant deux points $A(x_0, y_0, z_0)$ et $B(x_1, y_1, z_1)$ de la surface. Supposons que, le long de cette ligne, x, y, z soient fonctions d'un paramètre t qui varie de 0 à 1. Si l'on déplace les points A et B, la longueur de la ligne, qui est donnée par l'intégrale

$$s = \int_0^1 ds = \int_0^1 \sqrt{dx^2 + dy^2 + dz^2},$$

varie aussi, et sa variation calculée au n° 180 se réduit à l'expression

$$\delta s = \left[\frac{dx\,\delta x + dy\,\delta y + dz\,\delta z}{ds}\right]_0^1,$$

parce que l'intégrale qui s'ajoute à ce terme (n° 180) disparaît pour une ligne géodésique.

On tire immédiatement de cette formule les théorèmes suivants, établis par Gauss mais par une toute autre voie.

1° *Si, à partir d'un point* A, *on mène une ligne géodésique* AB *de longueur constante et que l'on fasse tourner cette courbe autour du point* A, *le point* B *se déplace normalement à* AB.

2° *Si, en chaque point* A *d'une courbe* MN, *on mène une géodésique* AB *normale à cette courbe et de longueur constante, le lieu du point* B *est encore normal à la courbe* AB.

On a, dans les deux cas, en effet,

$$\delta x_0 dx_0 + \delta y_0 dy_0 + \delta z_0 dz_0 = 0,$$

car le déplacement δx_0, δy_0, δz_0 du point A est nul ou normal au déplacement dx_0, dy_0, dz_0 du même point sur la géodésique. La relation précédente se réduit donc à

$$\delta x_1 dx_1 + \delta y_1 dy_1 + \delta z_1 dz_1 = 0.$$

Celle-ci exprime que le déplacement δx_1, δy_1, δz_1 du point B est normal à la géodésique.

3° *Etant donnés deux foyers* $A(x_0, y_0, z_0)$ *et* $A'(x'_0, y'_0, z'_0)$ *sur une surface, les lieux des points de la surface tels que la somme ou bien la différence des distances géodésiques aux deux foyers soit constante, bissecte l'angle des deux rayons vecteurs géodésiques.*

En effet, soient respectivement x, y, z et x', y', z' les coordonnées courantes sur chaque géodésique; on a, selon le cas,

$$0 = \left[\frac{dx\delta x + dy\delta y + dz\delta z}{ds}\right]_0^1 \pm \left[\frac{dx'_1\delta x'_1 + dy'_1\delta y'_1 + dz'_1\delta z'_1}{ds'}\right]_0^1.$$

Mais les variations δ sont nulles à la limite 0 et sont les mêmes à la limite 1, de sorte que cette équation se réduit à

$$\frac{dx_1\delta x_1 + dy_1\delta y_1 + dz_1\delta z_1}{ds_1} \pm \frac{dx'_1\delta x'_1 + dy'_1\delta y'_1 + dz'_1\delta z'_1}{ds'_1} = 0.$$

Soient φ et φ' les inclinaisons respectives des tangentes aux deux géodésiques au point commun B; soit ψ l'inclinaison de la courbe décrite par B; soit enfin $\delta\sigma$ la grandeur du déplacement élémentaire du point B. Divisons l'équation précédente par $\delta\sigma$; elle peut s'écrire

$$\cos(\psi - \varphi) \pm \cos(\psi - \varphi') = 0.$$

Donc $\psi - \varphi$ est, au signe près, égal à $\psi - \varphi'$ ou à $(\psi - \pi) - \varphi'$. Dans les deux cas, le déplacement du point B bissecte l'angle des deux géodésiques.

On peut donner aux lieux décrits par B les noms d'*ellipse* et d'*hyperbole géodésiques*.

Ces deux courbes se coupent donc normalement aux points communs. On voit que l'on peut ainsi étendre à une surface le système orthogonal formé d'ellipses et d'hyperboles homofocales dans le plan (n° 156) : on lui substitue un système d'ellipses et d'hyperboles géodésiques homofocales sur la surface.

Ces conclusions se généralisent d'elles-mêmes. Au lieu de considérer des géodésiques égales AB et A'B issues de deux foyers fixes, considérons deux perpendiculaires à deux courbes données sur la surface. Les courbes lieux des points dont la somme ou la différence des distances géodésiques à deux courbes données sur la surface est constante, bissectent l'angle des géodésiques qui mesurent ces distances ; elles se coupent à angle droit et définissent aussi un système orthogonal sur la surface.

405. Surface rapportée à ses lignes géodésiques. Coordonnées polaires géodésiques. — Prenons comme coordonnées curvilignes sur la surface, une famille de géodésiques et leurs trajectoires orthogonales. Ces trajectoires interceptent, d'après ce qui précède, des arcs égaux sur les géodésiques. On peut donc les définir par leur distance géodésique u à une trajectoire particulière.

Les équations des géodésiques seront

$$v = \text{const.}$$

et celles des trajectoires

$$u = \text{const.}$$

Ces coordonnées étant orthogonales, le carré de l'élément linéaire est de la forme $E\,du^2 + G\,dv^2$; mais, ds se réduisant à du

sur une géodésique, il faut que $E = 1$, et l'on a, en posant $G = m^2$,

$$ds^2 = du^2 + m^2 dv^2. \tag{15}$$

Nous vérifierons tout à l'heure que, réciproquement, si ds est de cette forme, la surface est rapportée à une famille de géodésiques et à leurs trajectoires orthogonales.

On peut, en particulier, choisir la famille des géodésiques issues d'un même point A pris comme pôle géodésique. On définit alors chacune de ces géodésiques par l'angle v que fait son élément initial avec celui d'une première géodésique de repère. On constitue ainsi, sur la surface, un *système de coordonnées polaires,* tout analogue à celui des coordonnées polaires dans le plan. Dans cette hypothèse, si l'on considère un élément de surface infiniment petit autour du pôle, la partie principale de ds^2 doit se confondre avec son expression en coordonnées polaires dans le plan. Donc, quand u tend vers 0, la partie principale de m est u.

406. Détermination de la géodésique infiniment voisine d'une géodésique donnée. — Considérons une géodésique issue du point A de la surface, et soit B un point de cette courbe suffisamment voisin de A pour que la géodésique AB ne soit pas rencontrée par une géodésique infiniment voisine issue du même point (n° 402). Nous pouvons étudier la surface dans le voisinage de la ligne AB en faisant usage des coordonnées polaires géodésiques, le point A étant pris comme pôle. Dans ces conditions, le carré de l'élément linéaire est de la forme (15) ci-dessus

$$ds^2 = du^2 + m^2 dv^2.$$

Si l'on fait $du = 0$, l'arc ds se réduit à $m\,dv$ et mesure l'arc de trajectoire entre les deux géodésiques (v) et $(v + dv)$ au point u de la géodésique (v). Le long de cette géodésique u seul varie et m est une fonction de u qui vérifie la formule de Gauss (n° 397)

$$\frac{1}{R_1 R_2} = -\frac{1}{m}\frac{d^2m}{du^2}, \qquad \text{ou} \qquad \frac{d^2m}{du^2} + \frac{m}{R_1 R_2} = 0.$$

De là, la proposition suivante :

Tant que la géodésique (v) ne rencontre pas la géodésique infiniment voisine issue du même point, la quantité $p = m\,dv$ qu'il faut *porter normalement à la courbe pour obtenir la géodésique infiniment voisine, est une solution de l'équation linéaire du second ordre*

$$\frac{d^2p}{du^2} + \frac{p}{R_1 R_2} = 0 \tag{16}$$

dont la valeur initiale est nulle.

La solution fournie par cette équation sera donc valable tant qu'elle ne passera pas par la valeur 0.

On tire de là quelques conséquences fondamentales :

1° *Si la courbure totale est négative le long d'une géodésique, celle-ci ne peut rencontrer la géodésique infiniment voisine issue du même point.*

En effet, on peut, dans ce cas, assigner un nombre positif a^2 satisfaisant à la condition

$$a^2 + \frac{1}{R_1 R_2} < 0.$$

L'équation (16) peut s'écrire

$$p'' - pa^2 = -p\left(a^2 + \frac{1}{R_1 R_2}\right).$$

Intégrons cette équation par la formule finale du n° 190, comme si le second membre était donné ; il vient (a étant remplacé par ai)

$$p = \mathrm{A}\,\mathrm{ch}\, au + \mathrm{B}\,\mathrm{sh}\, au - \frac{1}{a}\int_0^u \mathrm{sh}\, a(u-t)\left(a^2 + \frac{1}{R_1 R_2}\right) p\,dt.$$

Mais p s'annule pour $u = 0$ et nous désignons par p'_0 la valeur initiale de p' (que nous supposerons positive). La valeur de p se reduit à

$$p = \frac{p'_0}{a}\,\mathrm{sh}\, au - \frac{1}{a}\int_0^u \mathrm{sh}\, a(u-t)\left(a^2 + \frac{1}{R_1 R_2}\right) p\,dt.$$

D'abord p croît avec u et devient positif ; tant qu'il le reste, on a

$$p > \frac{p'_0}{a}\,\mathrm{sh}\, au.$$

Donc p reste toujours positif et les formules précédentes sont toujours valables. Les deux géodésiques infiniment voisines s'écartent indéfiniment l'une de l'autre.

2° *Si la courbure totale est positive, supérieure à a^2 mais $< b^2$, le long d'une géodésique, cette géodésique rencontre pour la première fois la géodésique infiniment voisine issue du même point à une distance u de ce point comprise entre $\pi : b$ et $\pi : a$.*

L'équation différentielle se met sous la forme

$$p'' + a^2 p = \left(a^2 - \frac{1}{R_1 R_2}\right) p;$$

d'où, comme ci-dessus,

$$p = \frac{p'_0}{a} \sin au + \frac{1}{a}\int_0^u \sin a(u-t)\left(a^2 - \frac{1}{R_1 R_2}\right) p\, dt.$$

Tant que u est $< \pi : a$ et que p est positif, l'intégrale est négative et l'on a

$$p < \frac{p'_0}{a} \sin au;$$

donc la première racine u est $< \pi : a$.

Au contraire, remplaçons a par b; nous voyons que, tant que u est $< \pi : b$ et que p est positif, l'intégrale est positive et que l'on a

$$p > \frac{p'_0}{b} \sin bu;$$

donc la première racine u est $> \pi : b$.

Ce théorème suppose que la géodésique considérée ne se recoupe pas elle-même à une distance de son point de départ inférieure à celle dont il s'agit dans le théorème précédent. Il est clair, en effet, que si une géodésique se recoupe, elle recoupe en même temps la géodésique infiniment voisine. Cependant le théorème précédent s'applique encore, comme on le voit facilement, à condition de ne considérer que le point de rencontre de deux arcs qui diffèrent infiniment peu l'un de l'autre sur toute leur longueur.

Il peut aussi arriver qu'une géodésique se ferme et, dans ce cas encore, l'énoncé peut être mis en défaut. Pour le rendre exact, il faut admettre que la géodésique engendrée par la variation de u se compose de spires qui se superposent sans se confondre, de sorte que les points qui correspondent à deux valeurs différentes de u soient distincts. Il ne peut plus y avoir alors de points communs à deux géodésiques infiniment voisines que ceux qui correspondent à la même valeur de u, comme cela est admis dans la démonstration.

407. Théorème. — *Entre deux points donnés* A *et* B *sur une portion de surface à courbure négative et limitée par un seul contour, on ne peut tracer qu'une seule ligne géodésique.*

En effet, dans le cas contraire, on pourrait tracer deux lignes géodésiques ayant les mêmes extrémités et enfermant la plus petite aire possible sur la portion de surface considérée, et cette aire ne serait pas nulle car deux géodésiques infiniment voisines ne se coupent pas. Mais alors, à l'intérieur de cette aire, on pourrait tracer deux géodésiques infiniment voisines des premières et qui enfermeraient une aire plus petite, contrairement à l'hypothèse.

En particulier, sur une portion de surface à courbure négative, limitée par un seul contour, une ligne géodésique ne peut se fermer. Par contre, cette éventualité peut se présenter dans une aire à connexions multiples. Tel est le cas, par exemple, pour l'équateur intérieur d'un tore.

408. Théorème. — *Si l'on peut circonscrire, autour d'une géodésique* AB, *une portion de la surface sur laquelle les géodésiques issues du point* A *ne se coupent pas, la géodésique* AB *jouit de la propriété du minimum : elle est plus courte que toute ligne suffisamment voisine menée entre les mêmes extrémités.*

Prenons A comme pôle géodésique et soient, en coordonnées polaires géodésiques, $(0, v_0)$ et (u_1, v_0) les coordonnées des points A et B. L'élément linéaire ayant la forme (**15**) indiquée au n° 405, la longueur d'une ligne AB a pour expression

$$\int_{u_0}^{u_1} \sqrt{du^2 + m^2 dv^2}.$$

Elle est minimée si $dv = 0$, c'est-à-dire si la ligne est la géodésique.

Le même raisonnement prouve que, si l'élément linéaire est de cette forme, la surface est rapportée à un système de géodésiques $v = \text{const.}$ Ces lignes sont, en effet, des extrémales de l'intégrale précédente.

409. Equation des lignes géodésiques en coordonnées polaires géodésiques. — Si l'on calcule directement les extrémales de l'intégrale précédente en ne donnant de variation qu'à u (nº 277), on obtient immédiatement l'équation différentielle des géodésiques

$$d\,\frac{du}{ds} = m\,\frac{\partial m}{\partial u}\,\frac{dv}{ds}\,dv.$$

L'expression $du^2 + m^2\,dv^2$ de ds^2 montre que ds est la résultante de deux composantes rectangulaires, l'une du suivant la géodésique de référence, l'autre $m\,dv$ suivant la normale à cette courbe. Donc, si l'on désigne par θ l'angle que fait ds avec la géodésique, on a

$$\frac{du}{ds} = \cos\theta, \qquad \frac{m\,dv}{ds} = \sin\theta\,;$$

et l'équation différentielle précédente se réduit à

$$d\cos\theta = \frac{\partial m}{\partial u}\sin\theta\,dv\,;$$

ou, plus simplement encore, à

$$d\theta = -\,\frac{\partial m}{\partial u}\,dv. \tag{17}$$

Pour former la relation entre u et v, il faut encore éliminer $d\theta$ par la relation

$$\operatorname{tg}\theta = m\,\frac{\partial v}{\partial u}\,;$$

mais il est souvent avantageux de conserver l'équation différentielle des géodésiques sous la forme (17).

410. Théorème de Gauss. — *La différence* $A + B + C - \pi$ *entre la somme des angles d'un triangle géodésique* ABC *et deux angles droits, est égale, en grandeur et en signe, à la courbure totale de l'aire du triangle* ABC *sur la surface.*

Cette courbure totale s'exprime par l'intégrale double, étendue à l'aire du triangle sur la surface,

$$\iint \frac{d\sigma}{R_1 R_2}, \qquad = \iint \frac{\sqrt{EG - F^2}}{R_1 R_2}\,du\,dv.$$

On a

$$\frac{1}{R_1 R_2} = -\frac{1}{m}\frac{\partial^2 m}{\partial u^2}, \qquad \sqrt{EG - F^2} = \sqrt{G} = m.$$

L'intégrale double se réduit donc à la suivante, qui se ramène à une intégrale curviligne sur le contour du triangle par la formule de Green,

$$-\iint \frac{\partial^2 m}{\partial u^2}\, du\, dv = -\int \frac{\partial m}{\partial u}\, dv.$$

Cette intégrale doit être effectuée dans le sens direct, c'est-à-dire que $\int dv$ est positif. Sur une géodésique, d'après l'équation (17), l'intégrale curviligne se réduit à la suivante

$$\int d\theta,$$

étendue aux côtés successifs du triangle ABC dans le sens direct relativement à (u, v).

Pour simplifier le calcul, prenons le sommet A comme pôle d'un système de coordonnées polaires géodésiques. Il faudra compter l'angle θ dans le même sens que v qui est celui de la rotation directe du rayon vecteur autour de A. Seulement le point A est un point de discontinuité relativement à v et la formule de Green n'est pas applicable. Pour éviter la difficulté, nous recoupons le triangle ABC par une géodésique $\beta\gamma$ infiniment voisine du point A et formant un triangle infiniment petit $A\beta\gamma$ que nous excluons. Il faut maintenant calculer l'intégrale $\int d\theta$ sur le quadrilatère $\beta BC\gamma\beta$. Sur βB et sur $C\gamma$, l'angle θ est constant. On considère l'angle θ dans le prolongement et à gauche du rayon vecteur. On a donc

$$\int_{BC} d\theta = C - (\pi - B) = (B + C) - \pi.$$

Pour la même raison, on a dans le triangle $A\beta\gamma$ (assimilable à un triangle rectiligne)

$$\int_{\beta\gamma} d\theta = \gamma - (\pi - \beta) = (\beta + \gamma) - \pi = -A.$$

Mais, sur le quadrilatère, le côté $\beta\gamma$ est parcouru dans le sens contraire $\gamma\beta$; il faut donc retrancher cette intégrale de la précédente. On trouve donc, en définitive, en intégrant sur le quadrilatère,

$$\int d\theta = (A + B + C) - \pi.$$

Le théorème de Gauss est ainsi établi, pourvu que le système de coordonnées utilisé soit applicable dans tout le triangle. Mais le théorème est général ; il subsiste pour un triangle quelconque, pourvu que l'on puisse le décomposer, par des géodésiques transversales, en un réseau de triangles à chacun desquels le théorème s'applique. En effet, si le théorème est vrai pour chaque triangle partiel, une simple addition prouve qu'il subsiste pour le triangle entier. On observe seulement que, si l'on décompose un triangle en deux autres par une droite issue de l'un des sommets, on ajoute deux angles droits à la figure.

Le théorème de Gauss prend une forme particulièrement simple si on l'applique aux surfaces à courbure totale constante. Dans ce cas, l'aire du triangle sur la surface est égale au quotient de l'excès angulaire (positif ou négatif) par la courbure totale constante. L'aire est proportionnelle à l'excès angulaire. Dans le cas de la sphère, on retrouve le théorème classique donnant l'aire du triangle sphérique.

FIN.

www.ingramcontent.com/pod-product-compliance
Lightning Source LLC
LaVergne TN
LVHW011259110826
845149LV00001B/190

9781418184704